제3판

SPSS를 활용한

통계자료분석

| 박영옥 · 신지은 · 이부일 · 이서현 · 황현식 · 이석훈 지음 |

KM 경문사

머리말

통계 패키지 SPSS를 다룬 많은 교재들이 출판되어 있음에도 본 저자들이 또 하나의 교재를 집필하게 된 이유는 다음과 같다.

대다수의 통계 패키지 교재들의 특징 중 대표적인 것은 통계 Package 운영에 관한 내용을 주로 다룬다는 것이다. 그래서 분석기법과 관련된 통계적 개념이나 이론적 배경에 대해서는 독자들이 알고 있을 것으로 생각하고 기본적인 내용만 교재에 포함시킨다. 그러나 본 저자들은 다양한 수준의 강의 및 상담을 통해 결코 적지 않은 숫자의 SPSS 이용자들이 SPSS를 이용한 자료 분석에 대한 일차적, 표면적인 필요를 갖고 있지만 동시에 자료 입력 및 가공단계에서의 미숙함, 분석기법의 선택에 대한 자신 없음, 분석결과에 대한 기계적인 해석에 대한 불안감 등의 쉽게 표현하기 어려운 이면적인 어려움을 느끼면서 SPSS를 다루는 방법을 습득하려고 애쓰고 있다는 사실을 확인하였다.

실제로 분석을 하다 보면 자료 입력 단계에서 오류가 있어 작업이 힘들어지거나 분석결과에 오류가 발생하는 경우를 많이 접하게 된다. 그리고 분석을 하기 위해서는 여러 가지 변환 과정들을 필요로 하는 경우가 많아 분석기법에 대해서 잘 알고 있음에도 자료를 변환하는 과정이 익숙하지 않아 자료의 형태에 따른 분석기법에 대해 알고 있는 지식을 사용할 수 없는 경우를 많이 보아왔다.

그래서 본 저자들은 연구자들이 자료 분석을 할 때 도움이 되고자 하는 마음으로 자료 분석 과정에서 생길 수 있는 문제점들을 해결할 수 있는 방안들에 중점을 두고 자료 분석에서 주로 사용되는 SPSS의 기본적 사용방법과 통계의 기본적인 개념 및 분석 방법에 대한 내용으로 교재를 구성하였다.

또한 모든 작업과정은 중간과정을 상세히 기술하여 초보자도 따라할 수 있도록 구성하려고 애를 썼다.

1장에서는 통계학이 어떤 대상을 다루는 학문인지에 대해 정리를 하면서 통계학의 대상이 되는 자료의 종류를 그 특성에 따라 분류했고, 2장에서는 SPSS의 메뉴에 대한 설명을 다루었다. 3장에서는 자료를 입력하고 코딩 오류를 수정하는 방법에 대해 설명하였고, 4장에서는 입력된 자료를 분석에 필요한 형태로 변환하는 작업을 다루었다. 5장에서는 여러 개의 파일을 하나의 파일로 합치는 과정에서 발생할 수 있는 문제점의 해결방법들에 대해 정리하였다.

6장에서는 용어정리와 함께 평균, 표준편차를 포함한 자료의 분포 형태를 파악할 수 있는 여러 통계량들을 소개하였고, 확률모형 중 베르누이 분포와 정규분포에 대해 설명하였다. 그리고 표본비율과 표본평균의 표본추출분포에 대해 다루었다. 7장에서는 논문이나 보고서에 주로 실리는 형태의 표를 작성하는 방법에 대해 다루었고, 8장에서는 가설 검정의 기본 개념을 다루었다.

9장에서는 여러 집단의 평균을 비교하는 방법을 모수적 방법과 비모수적 방법으로 나누어서 다루었고, 10장에서는 요인이 2개인 이원배치 분산분석을 다루었다. 11장에서는 여러 분석에서 가정되고 있는 정규성을 검정하는 방법에 대해 알아보았다. 12장에서는 범주형 변수들간의 관련성을 분석하는 방법에 대해 다루었고, 13장에서는 양적 변수들 간의 관련성의 정도를 측정하는 상관계수의 의미와 해석할 때 유의할 부분들을 다루었다. 14장에서는 회귀분석을 다루었는데 특히 다중공선성이 모형의 추정 결과에 어떤 영향을 미치는지에 대해 알아보고, 질적변수를 포함한 회귀모형에 대해 알아보았다. 15장은 척도를 구성하는 문항들 간의 신뢰도에 영향을 미치는 요인에 어떤 것이 있는지 알아보고, 신뢰도를 근거로 척도를 계산해 보았다.

16장은 자료분석에 앞서 서로 연결된 질문에서의 응답 오류를 수정하는 방법과, 문자로 입력된 변수를 정리하는 방법을 다루었고, 텍스트 파일과 CSV 파일을 SPSS 파일로 불러오는 방법에 대해 설명하였다.

17장은 16장까지 다룬 내용을 복합적으로 연습할 수 있는 예제들을 제시해 실제로 논문이나 보고서 작성에 필요한 작업을 연습할 수 있도록 하였다.

본 교재는 IBM SPSS STATISTICS 23.0 버전을 사용했으며 교재에 사용된 자료와 17장의 연습문제 풀이는 경문사 홈페이지에서 다운받아 사용할 수 있다. 모든 자료는 원자료 파일과 교재에서 다룬 변환 작업을 실행한 파일로 구성하여, 교재를 보면서 작업한 내용을 다운받은 파일의 결과와 비교해 보면서 학습할 수 있도록 하였다.

아무쪼록 이 책이 통계분석 결과를 이용해서 논문이나 보고서를 작성해야 하는 연구자들에게 통계학의 기초와 SPSS에 친숙해지는 데 조금이나마 도움이 될 수 있기를 기원한다. 이 책이 나오기까지 준비가 많지 않은 저자들의 강의를 수강했던 모든 수강생들의 인내와 출판에 협조해 주신 경문사 여러분의 수고에 감사를 드린다.

저자 일동

차례

01 CHAPTER

통계학이란?

통계학이란 두 가지 이상의 결과가 나올 수 있는 다양성과 어떤 결과가 나올지 알 수 없는 불확실성을 포함하고 있는 현상의 특성을 파악하고 이를 적절하게 표현, 전달하는 학문이다. 따라서 어떤 현상의 주요 특성을 추출, 요약, 기술하고 현상과 관련된 입장을 정립하거나 의사결정을 수행하는 전 과정에 통계가 이용된다.

자료의 특성을 추출, 요약, 기술하는 방법은 분석하려고 하는 자료의 형태에 따라 달라지는데 통계학에서 다루어지는 자료는 다음과 같이 분류할 수 있다.

① 질적 자료(qualitative data) : 관찰값을 1, 2, 3 등 숫자로 바꾸어서 입력해도 수적 의미는 없이 범주만을 나타내는 자료

- 명목형 자료(nominal data) : 혈액형, 거주지, 직업 등 범주들 간에 서열이 존재하지 않는 자료
- 순위형 자료(ordinal data) : 학력(중졸, 고졸, 대졸, …), 연령(10대, 20대, 30대, …), 경제수준(상, 중, 하) 등 범주들 간에 서열이 존재하는 자료

② 양적 자료(quantitative data) : 관찰값이 수로서의 의미를 갖고 있는 자료로 키, 몸무게, 나이, 평균 월 소득 등 범주로 나누지 않고 실제 값을 기록한 자료

- 이산형 자료(discrete data) : 불만건수, 통화량, 자녀수 등 정수로만 측정이 가능한 자료
- 연속형 자료(continuous data) : 키, 혈압 등 실수로 표현이 가능한 자료

예제 1-1 〈표 1-1〉은 성별, 연령, 생활비를 알아보는 설문지이고, 〈표 1-2〉는 30명으로부터 조사한 성별, 연령, 생활비 자료이다. 〈표 1-1〉의 설문지에서 각 문항이 자료의 종류 중 어디에 해당하는지 구분해 보고, 분석 가능한 연구문제를 만들어 보자. □

〈표 1-1〉 생활비 자료 설문지

1. 성별 ① 남자 ② 여자
2. 연령 ① 20대 ② 30대 ③ 40대 ④ 50대
3. 한 달 평균 생활비 ________만원

〈표 1-2〉 성별과 연령, 생활비 자료

id	성별	연령	생활비	id	성별	연령	생활비
1	1	1	167	16	1	2	152
2	1	1	160	17	1	3	175
3	1	4	195	18	2	4	198
4	1	1	165	19	2	3	181
5	2	1	168	20	2	4	195
6	1	3	179	21	2	3	179
7	2	1	170	22	1	2	150
8	1	2	141	23	2	3	183
9	2	2	155	24	2	3	187
10	1	1	163	25	1	4	187
11	2	4	205	26	1	4	190
12	2	2	148	27	2	4	199
13	2	3	183	28	1	2	147
14	2	2	150	29	1	4	203
15	2	1	165	30	2	4	210

〈표 1-1〉의 설문지에서 성별과 연령은 질적 자료로 성별은 명목형 자료, 연령은 순위형 자료이다. 한 달 평균 생활비는 실제생활비를 만원 단위로 응답하도록 하고 있어서 양적 자료 중 연속형 자료로 분류할 수 있다.

〈표 1-1〉의 설문지로부터 다음과 같은 연구문제를 생각해 볼 수 있다.

① 성별과 연령 간에 교호작용이 있는지(연령에 따른 생활비의 변화 양상이 성별에 따라 차이가 있는지) 알아본다.

② 성별에 따라 생활비의 차이가 있는지 알아본다.

③ 연령에 따라 생활비의 차이가 있는지 알아본다.

TIP

분석 절차

① 연구과제, 분석목적, 개념적(이론적) 모형을 설정한다.

② 연구 목적에 맞게 표본의 크기(조사할 대상자의 수) 또는 실험 횟수, 조사할 변수, 표본을 추출하는 방법이나 실험 설계 등 세부적 계획을 수립한다.

③ 자료를 수집하고 수집된 자료로부터 분석에 필요한 가정(정규성, 비교하려는 집단의 등분산성 등)이 성립하는지 확인한다. → 분석에 필요한 가정이 만족되지 않으면 변수 변환 등을 통해 가정이 만족되도록 자료를 변환한 다음 분석을 하거나 분포에 대한 가정이 필요없는 비모수적 방법으로 분석한다.

④ 자료로부터 모수를 추정하고, 추정된 모형의 가중치나 계수 등이 현실감이 있는지, 이론에 위배되지는 않는지 점검한다.

⑤ 추정된 모형에서 많이 벗어나는 관찰치(이상치)는 없는지 살펴본다.

⑥ 자료 분석의 목적은 표본으로 조사된 자료를 가장 잘 설명하는 모형을 만드는 것이 아니라 관심대상인 전체 집단을 가장 잘 설명해 주는 모형을 구축하는 것이다. 따라서 자료 분석을 할 때 조사된 자료를 전부 사용하여 모형을 구축하는 대신 일부 자료(60~70%의 자료)만으로 모형을 만든 다음 나머지 자료(30~40%의 자료)에 대해 모형의 타당성(교차타당성)을 측정하여 자료로부터 만들어진 모형이 조사되지 않은 자료에 대해서도 타당한지 평가해 보아야 한다.

02 CHAPTER

SPSS에 대해 알아보기

2.1 SPSS화면 구성

2.1.1 데이터 보기 화면

〈그림 2-1〉은 SPSS의 데이터화면 하단의 **데이터 보기**를 클릭할 때 나타나는 화면으로 자료를 입력하거나 입력되어 있는 코딩값을 볼 수 있다.

① **행**에는 연구에서 기본단위가 되는 하나의 개체에 대한 정보를 입력한다.
② **열**에는 하나의 변수에 해당하는 자료를 입력한다.

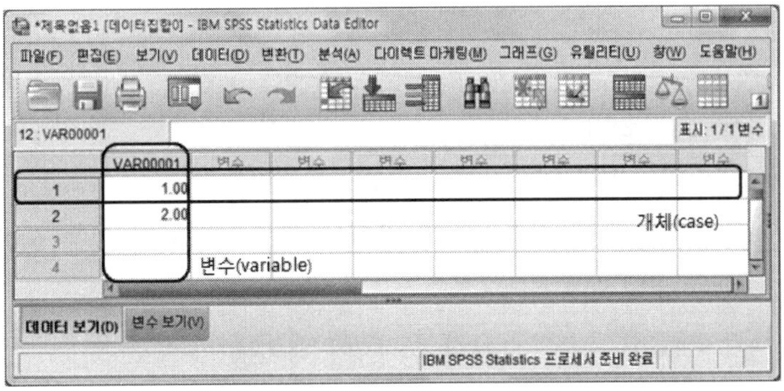

〈그림 2-1〉 데이터 보기 화면

2.1.2 변수 보기 화면

〈그림 2-2〉는 SPSS 데이터화면 하단의 **변수 보기**를 클릭할 때 나타나는 화면으로 변수에 대한 정보를 수정할 수 있다.

〈그림 2-2〉 변수 보기 화면

① **이름**에는 변수의 이름을 입력한다. 변수 이름은 문자로 시작해야 하고 공백이나 특수문자를 사용할 수 없다.

② **유형**에는 **숫자, 콤마, 문자** 등 변수 유형을 지정한다. 기본설정은 숫자이다.

③ **너비**에는 입력 가능한 자료의 너비를 지정한다. 기본설정은 8이다.

④ **소수점 이하 자리**에는 변수 유형이 문자나 날짜가 아닌 경우 입력된 자료의 소수점 자릿수를 지정할 수 있다. 기본설정은 2로 되어 있고, 설정된 자릿수보다 더 많은 소수점 자릿수로 자료를 입력하면 데이터 보기 화면에는 설정된 소수점 자릿수만큼 반올림된 값이 보인다.

⑤ **설명**에는 변수이름에 사용할 수 없는 빈칸이나 특수문자를 사용한 이름을 입력할 수 있다. 이름에는 서로 다른 변수에 같은 이름을 사용할 수 없지만 설명에는 서로 다른 변수에 같은 설명을 사용할 수 있다. 변수의 이름과 설명에 모두 입력을 하면 출력 결과에는 설명에 입력된 내용이 출력된다.

⑥ **값**에는 변수의 코딩된 값의 내용을 입력하면 출력결과에는 코딩값 대신 값에 입력된 내용이 출력된다.

⑦ **결측값**에는 변수의 값 중 특정한 값을 결측값으로 지정할 수 있다. 기본설정은 **결측값 없음**으로 숫자변수의 경우 수치가 입력되지 않은 셀은 시스템 결측으로 처리된다.

⑧ **열**은 데이터 보기 화면의 한 열의 너비를 정해 준다.

⑨ **측도**에는 입력된 자료의 종류를 **척도, 순서, 명목** 중 하나를 선택해서 지정할 수 있다. **척도**는 양적 자료로 측정된 변수로 이산형과 연속형은 구분하지 않는다. **순서**는 질적 자료 중 순위형 자료에 해당하는 변수이고, **명목**은 질적 자료 중 명목형 자료에 해당하는 변수이다.

2.1.3 데이터와 변환

〈그림 2-3〉과 〈그림 2-4〉는 SPSS 상단의 메뉴 중 **데이터**와 **변환**의 내용이다.

① **데이터**에서는 **케이스 정렬** (기준 변수의 자료 값의 크기 순으로 정렬), **파일 합치기** (여러 개의 파일을 하나의 파일로 합치는 작업으로 케이스를 추가하거나 변수를 추가), **파일분할** (특정 변수의 값에 따라 자료를 분할하여 각 집단별로 분석이 가능하게 함), **케이스 선택** (전체 자료 중 특정 조건을 만족하는 자료를 추출하거나 자료의 일부를 추출하여 부분적 작업이 가능하게 함) 등 입력된 자료의 값은 변경하지 않고 자료의 형태를 변경하는 작업을 할 수 있다.

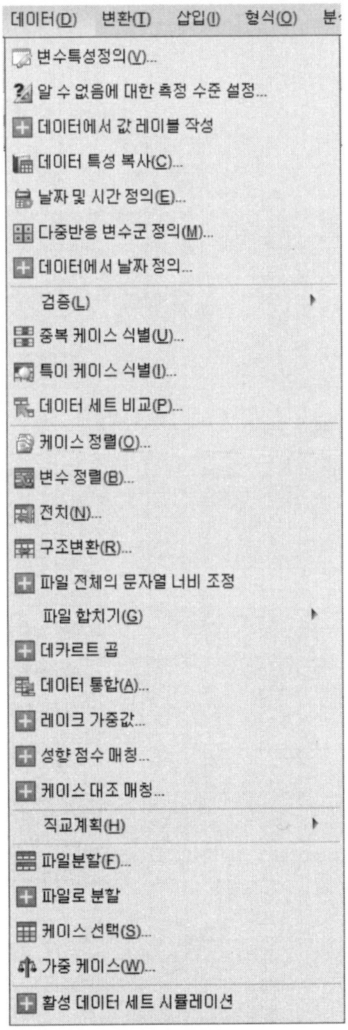

〈그림 2-3〉 데이터

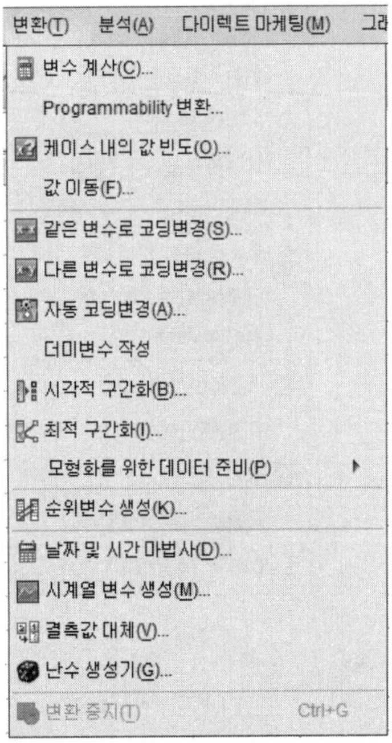

〈그림 2-4〉 변환

② **변환**에서는 **변수계산**(새로운 변수 생성), **케이스 내의 값 빈도**(여러 변수 중 특정 조건을 만족하는 변수 개수를 계산), **같은 변수로 코딩변경**(기존 변수 값의 일부를 수정), **다른 변수로 코딩변경**(기존 변수의 값을 수정하여 새로운 변수를 생성), **자동 코딩변경**(문자변수를 숫자변수로 변환), **더미변수 작성**(범주수만큼 더미변수를 생성), **시각적 구간화**(척도나 순위자료를 구간으로 나누어 새로운 순위변수를 생성) 등 새로운 변수를 생성하거나 입력된 코딩값을 변경하는 작업을 할 수 있다.

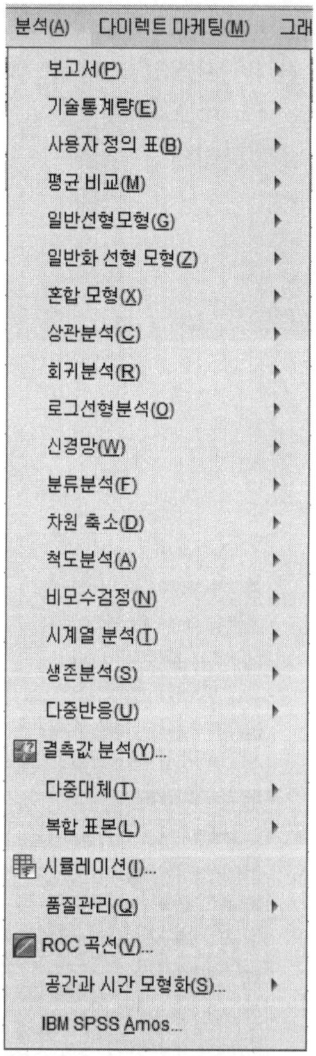

〈그림 2-5〉 분석

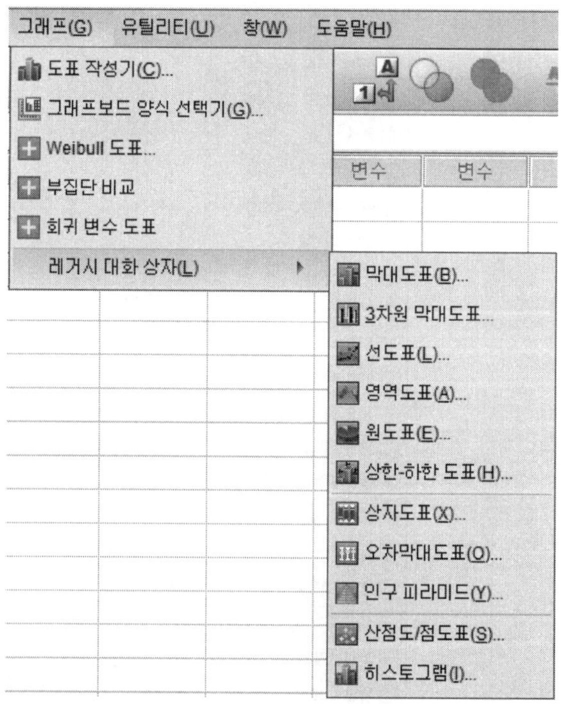

〈그림 2-6〉 그래프

2.1.4 분석과 그래프

〈그림 2-5〉와 〈그림 2-6〉은 SPSS 상단의 메뉴 중 **분석**과 **그래프**의 내용이다.

① **분석**에서는 입력된 자료의 빈도와 비율, 평균비교 등 다양한 분석 작업을 할 수 있다. 참고로, Amos 프로그램을 설치하면 분석에 IBM SPSS Amos가 생긴다.
② **그래프**에서는 다양한 도표(그래프)를 작성할 수 있다.

2.2 옵션

메뉴의 **편집–옵션**에서 SPSS의 기본 설정을 조정할 수 있다.

2.2.1 옵션 – 일반

〈그림 2-7〉은 **편집–옵션–일반**의 내용이다.

① **변수목록**의 기본설정은 **레이블 표시**로 분석의 변수목록에 변수의 설명과 이름에 입력되어 있는 내용이 모두 나타난다. 옵션의 변수목록에서 **이름 표시**를 선택하면 분석의 변수목록에 변수의 이름에 입력된 내용만 나타난다.
② Windows에서 **시작할 때 명령문 창 열기**를 선택하면 SPSS를 시작할 때 명령문 창이 기본으로 열린다. 변수변환 작업을 명령문으로 저장해 놓으면 변수변환을 마친 상태에서 일부 자료가 추가된 경우 새로운 자료에 대한 변수변환을 쉽게 할 수 있고 변수변환 작업이 바르게 되었는지 확인이 가능하여 실수를 줄일 수 있다. 명령문은 붙여넣기를 이용해서 작성이 가능한데, 명령문을 작성하는 부분은 본 교재에서는 다루지 않았다.
③ **한 번에 한 데이터 세트만 열기**를 선택하면 새로운 데이터 파일을 열면 이전에 열어 놓았던 데이터 파일은 닫아서 한 번에 하나의 데이터 파일만 열려 있게 된다. 기본은 한 번에 여러 개의 파일을 열 수 있도록 설정되어 있다.

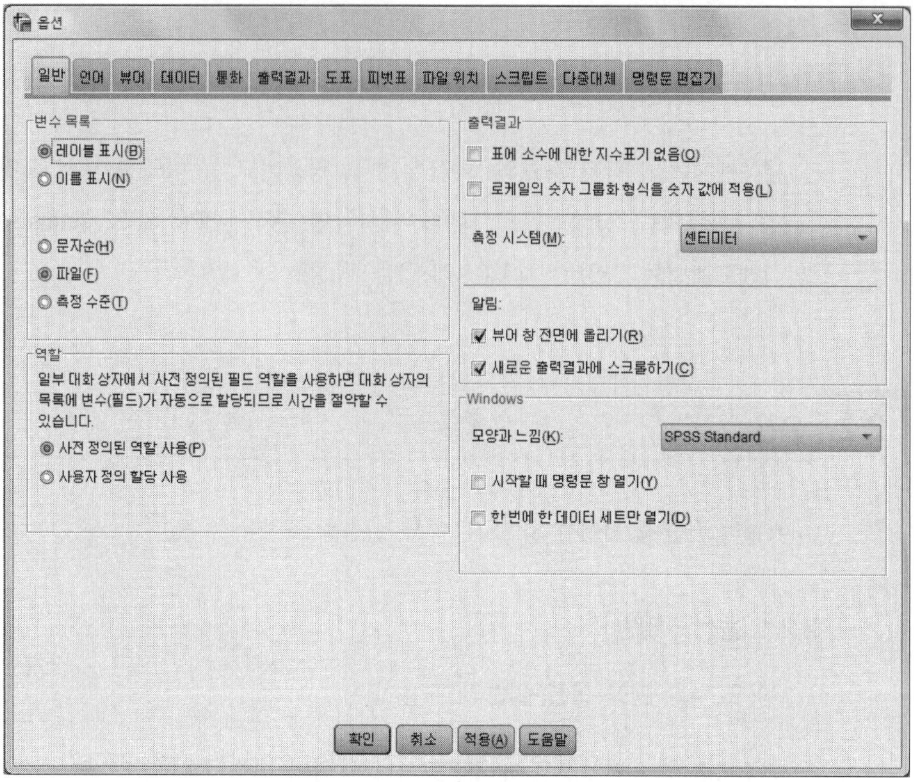

〈그림 2-7〉 편집–옵션–일반

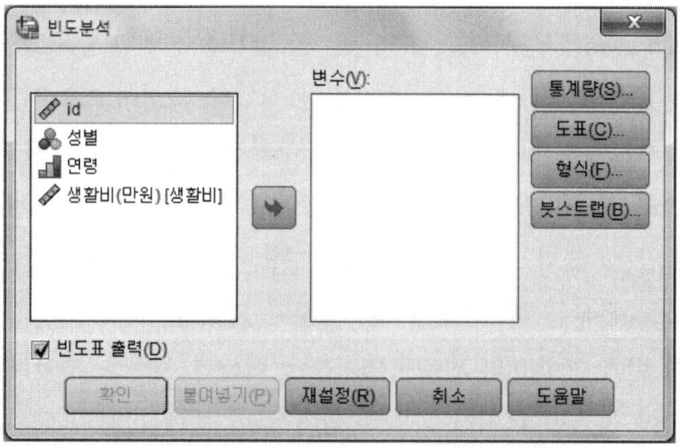

〈그림 2-8〉 변수목록 – 레이블 표시

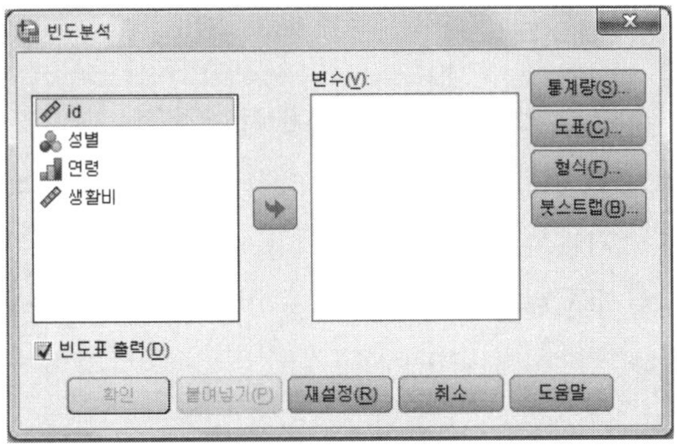

〈그림 2-9〉 변수목록 – 이름 표시

2.2.2 옵션 – 언어

〈그림 2-10〉은 **편집–옵션–언어**의 내용이다.

① **출력**에서 출력결과의 언어를 설정할 수 있다.

② **사용자 인터페이스**에서 SPSS 메뉴화면의 언어를 설정할 수 있다.

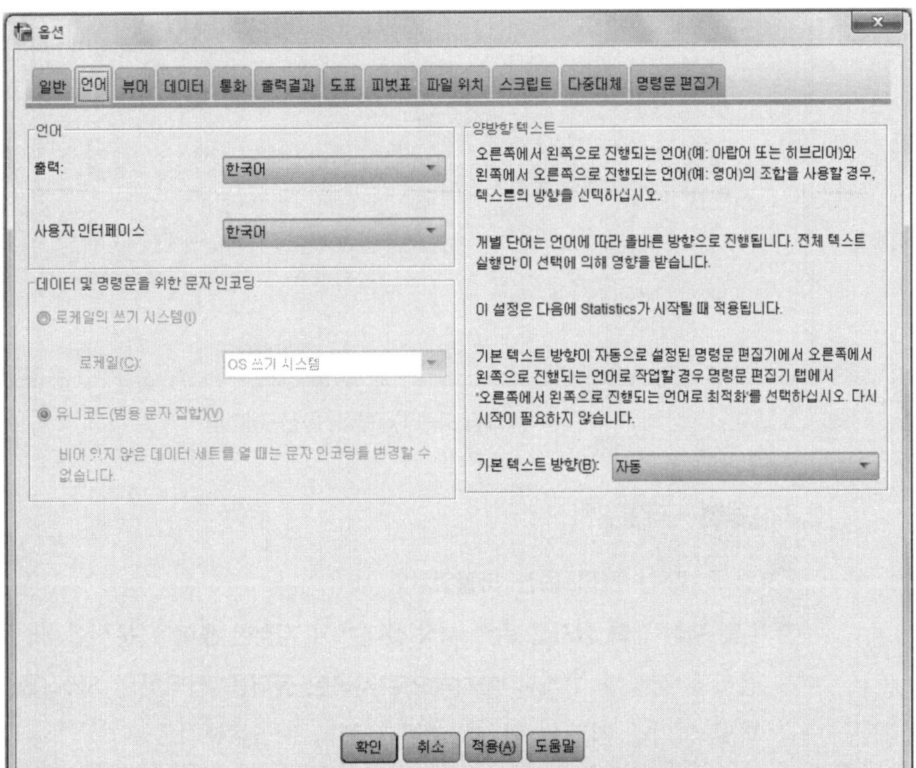

〈그림 2-10〉 편집–옵션–언어

2.2.3 옵션 – 데이터

〈그림 2-11〉은 **편집–옵션–데이터**의 내용이다.

새 숫자변수에 대한 표시 형식에서 숫자변수의 **너비**와 **소수점 이하 자리수**를 지정해 줄 수 있다. 기본설정은 너비는 8이고 소수점 이하 자리수는 2이다. 숫자 변수에 대한 표시형식의 변경된 내용은 변경 이후에 새롭게 만들어진 숫자변수에만 적용된다.

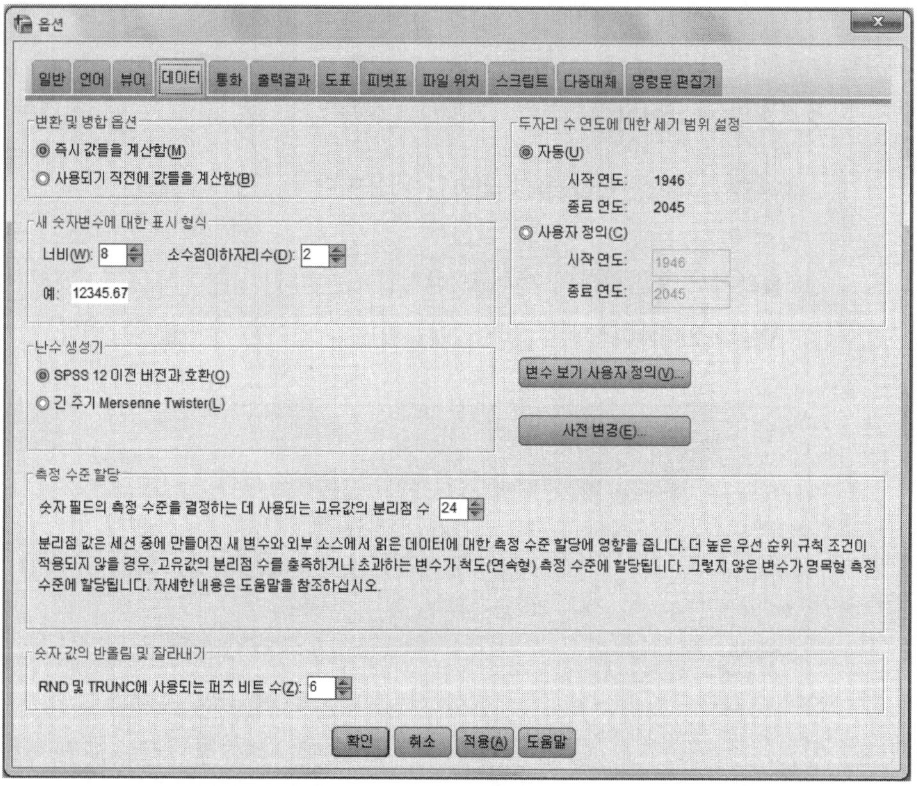

〈그림 2–11〉 편집–옵션–데이터

2.2.4 옵션 – 파일위치

〈그림 2-12〉는 **편집–옵션–파일위치**의 내용이다.

열기 및 저장 대화 상자를 위한 시작 폴더에서 **지정한 폴더**에 분석할 때 주로 사용하는 폴더를 지정해 주거나 **마지막으로 사용된 폴더**를 선택하면 SPSS를 실행시킨 다음 파일 열기나 저장을 할 때 지정된 폴더를 열어준다.

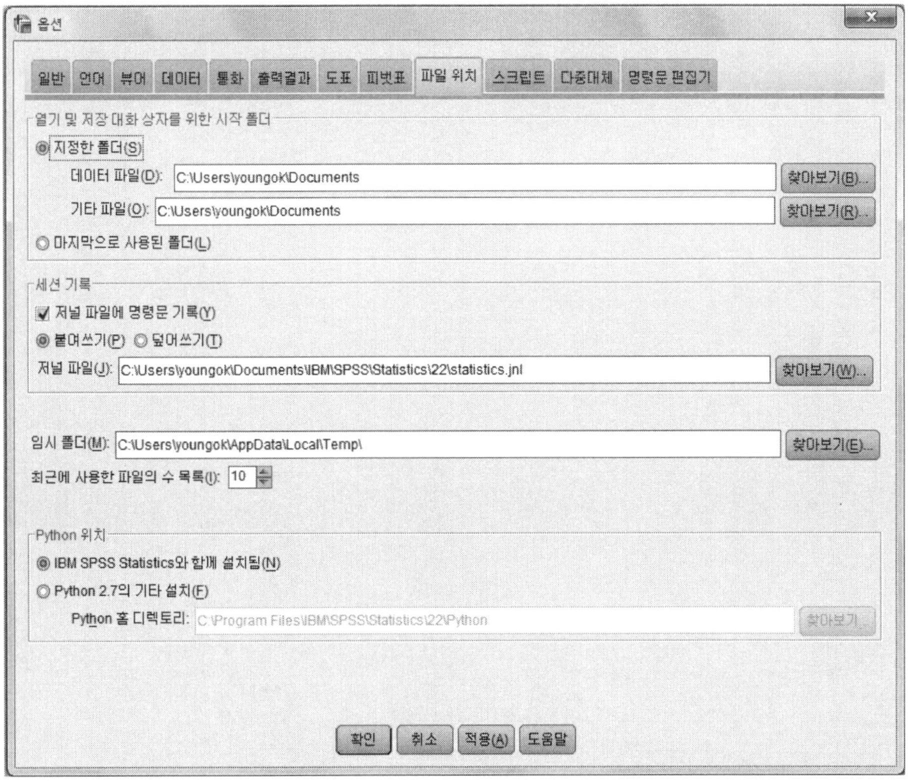

〈그림 2-12〉 편집–옵션–파일위치

03 CHAPTER

자료 입력

설문지 조사나 실험으로부터 얻은 자료를 분석하려면 수집된 자료를 입력해야 한다. 3장에서는 자료를 입력하고 입력 과정에서 생긴 입력 오류를 수정하는 방법에 대해 알아보자.

3.1 엑셀에서 자료 입력하고 SPSS로 불러오기

〈표 3-1〉은 1장에서 다루었던 생활비 자료를 입력할 때 생길 수 있는 오류를 포함시킨 자료로 〈표 1-2〉의 자료와는 차이가 있다.

엑셀에 자료를 입력하고 SPSS로 불러오는 방법에 대해 알아보자.

3.1.1 변수이름

① 엑셀을 실행시키고 워크시트의 첫 행에 변수이름을 입력한다.

② **보기–틀고정–첫 행 고정**을 선택한다.

TIP

변수이름 정하기

① 변수이름은 문자로 시작한다.

② 변수이름 중간에 공백이나 특수문자(&, ?, ( ), /, −, +, *, …)를 사용할 수 없다.

③ 변수이름의 대문자와 소문자는 구분하지 않는다(문자로 코딩된 자료의 소문자와 대문자는 다른 코딩값으로 구분한다).

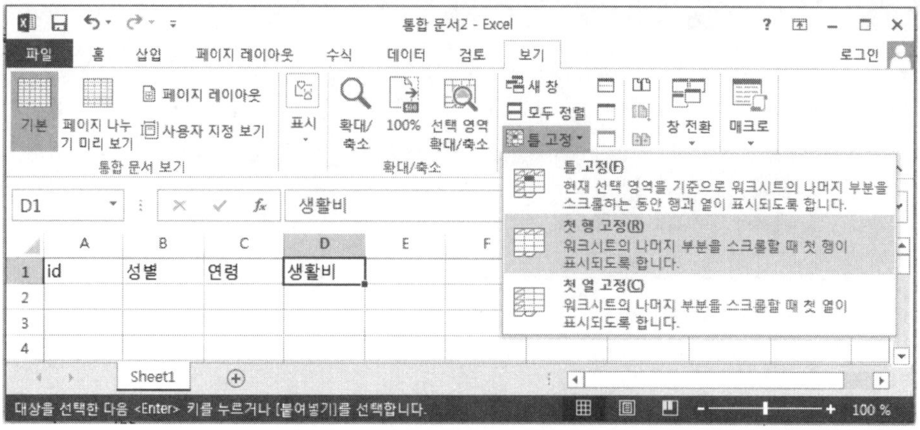

〈그림 3-1〉 첫 행에 변수이름 입력

〈표 3-1〉 성별과 연령, 생활비 자료

id	성별	연령	생활비	id	성별	연령	생활비
1	1	1	167	16	1	2	152
2	1	1	160	17	1	3	175
3	1	4	195	18	2	4	198
4	1	1	165	19	2	3	181
5	2	1	168	20	2	4	195
6	13	179		21	2	3	179
7	2	1	170	22	1	2	150
8	1	2	141	23	3		183
9	2	2	155	24	3		187
10	1	1	163	25	1	7	187
11	2	4	205	26	1	4	190
12	2	2	148	27	2	4	199
13	2	3	183	28	1	2	147
14	2	2	150	29	1	4	203
15	2	1	165	30	2	4	210

3.1.2 자료입력(Coding)

두 번째 행부터 〈표 3-1〉의 자료를 입력한다(생활비 입력 자료.xlsx).

설문지에 응답이 없는 경우(결측치)는 빈칸으로 처리하자. 결측값을 하나의 범주로 처리하려면 9나 99 등 범주에 없는 값을 정해서 입력하면 된다.

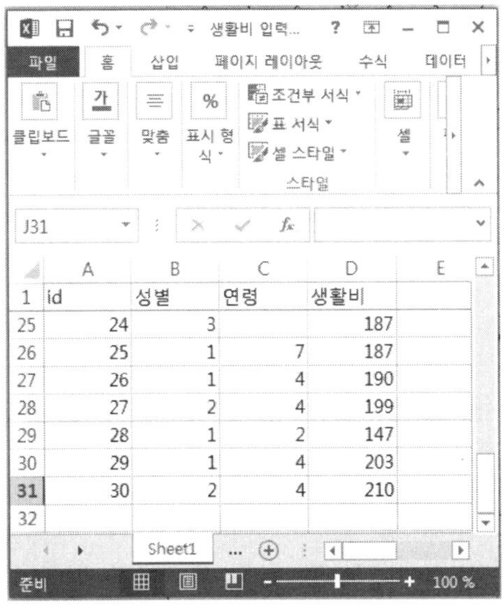

〈그림 3-2〉 엑셀에서 두 번째 행부터 자료입력

> **TIP**
>
> **엑셀에서 결측치 입력 시 유의사항**
>
> - SPSS에서 변수유형이 숫자인 변수의 셀에 값을 입력하지 않으면 dot(.)가 입력되면서 시스템 결측으로 처리된다.
> - SPSS에서 변수유형이 문자면 빈칸도 하나의 응답으로 처리된다.
> - 엑셀에서 dot(.)는 문자로 SPSS로 불러오는 과정에서 dot(.)를 포함한 열은 변수유형이 문자로 설정된다. 따라서 엑셀에 자료를 입력할 때는 숫자변수의 결측치에 dot(.)를 입력하지 않는다.

3.1.3 입력오류 수정

입력오류가 있는지 확인해보자.

남자를 여자로 입력한 오류를 찾는 것은 코딩자료와 설문지, 기록지 등을 비교해 보아야 알 수 있다. 여기서는 엑셀의 필터기능을 이용해서 입력범위를 벗어나는 값이 입력된 경우는 없는지 확인하고 수정하는 방법에 대해 알아보자.

변수이름이 입력된 첫 행의 틀 고정을 취소하고, 변수이름이 입력된 행과 설문지 번호가 입력된 열을 틀 고정한 다음 오류 수정을 시작해보자.

① **보기–틀고정–틀 고정 취소**를 한다.

② 커서가 어디에 위치하든지 변수 이름과 id가 항상 보이도록 변수이름과 id가

교차하는 B2에 커서를 놓고 **보기–틀고정–틀 고정**을 선택한다.

③ **데이터–필터**를 선택하면 변수이름에 이 생긴다.

④ id 다음에 오는 변수부터 변수이름 옆에 있는 를 클릭해서 입력된 자료 중 자료의 입력범위를 벗어나는 값은 없는지 확인한다.
성별은 설문지에서 1과 2의 범주로 되어 있어서 3과 13은 입력범위를 벗어나는 값이다. 3과 13을 선택하고 **확인**을 클릭하면 입력된 자료 중 성별에 3과 13이 입력된 행들만 남게 된다.

⑤ 설문지나 실험결과 기록지 등에서 오류가 있는 행의 id에 해당하는 자료를 찾아 잘못 입력된 부분을 수정한다.
〈표 3-2〉의 자료와 비교해 보면 id가 6인 케이스는 연령에 입력할 내용이 성별에 같이 입력되면서 한 칸씩 왼쪽으로 입력된 경우로 성별과 함께 연령과 생활비에 입력된 값도 수정해야 한다.
id가 23, 24인 케이스는 연령에 입력될 내용이 성별에 입력되어 성별은 잘못된 값이 입력되고 연령은 결측으로 처리된 경우이다. 〈표 3-2〉의 자료를 보고 성별과 함께 연령과 생활비도 바르게 수정하자. 성별에 대한 수정이 끝나고 **모두 선택**, **확인**을 클릭한다.

⑥ 다른 변수들도 성별과 동일한 방법으로 코딩 오류를 찾아 수정작업을 해보자.

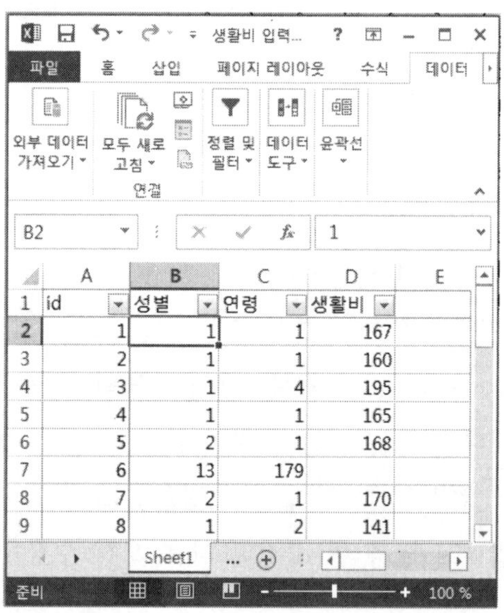

〈그림 3-3〉 엑셀 : 데이터 – 필터

〈그림 3-4〉 수정해야 할 값 선택하기

〈표 3-2〉 〈표 1-2〉의 생활비 원자료

id	성별	연령	생활비	id	성별	연령	생활비
1	1	1	167	16	1	2	152
2	1	1	160	17	1	3	175
3	1	4	195	18	2	4	198
4	1	1	165	19	2	3	181
5	2	1	168	20	2	4	195
6	1	3	179	21	2	3	179
7	2	1	170	22	1	2	150
8	1	2	141	23	2	3	183
9	2	2	155	24	2	3	187
10	1	1	163	25	1	4	187
11	2	4	205	26	1	4	190
12	2	2	148	27	2	4	199
13	2	3	183	28	1	2	147
14	2	2	150	29	1	4	203
15	2	1	165	30	2	4	210

3.1.4 엑셀파일 저장

입력오류 확인과 수정 작업이 끝나면 엑셀파일을 저장하고 엑셀을 종료시킨다.

3.1.5 SPSS에서 엑셀파일 불러오기

엑셀파일은 **파일-데이터베이스 열기-새쿼리, 파일-열기-데이터** 등을 이용해서 SPSS 파일로 불러올 수 있다. 본 교재에서는 **파일-열기-데이터**를 이용한 방법에 대해 알아보자. SPSS를 실행시킨다.

① **파일-열기-데이터**를 선택한다.
② **데이터 열기** 화면에서 **파일 유형**을 Excel로 바꾼다.
③ 불러오려고 하는 파일을 선택하고 **열기**를 클릭한다.
④ **워크시트**에서 불러오려고 하는 자료가 입력되어 있는 워크시트를 선택하고 **확인**을 클릭한다.

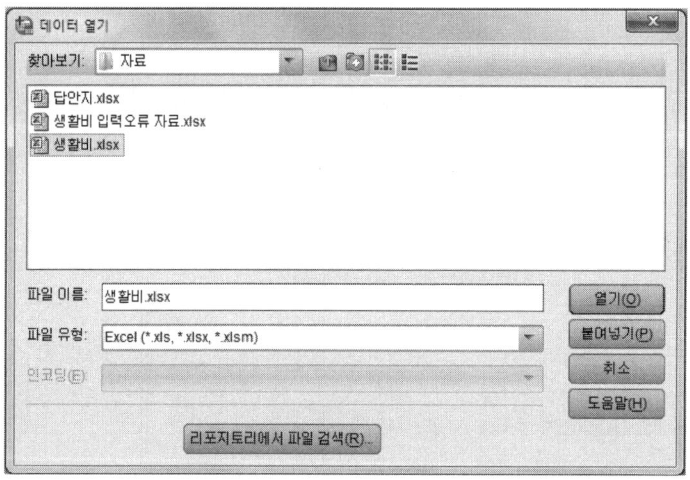

〈그림 3-5〉 SPSS에서 엑셀 파일 열기

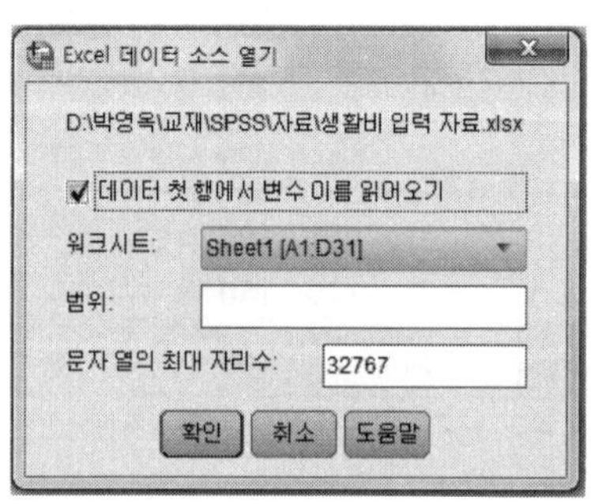

〈그림 3-6〉 불러올 시트 선택하기

TIP

워크시트

SPSS로 불러오려는 엑셀파일의 자료가 입력되어 있는 워크시트를 모두 보여준다. 여러 장의 워크시트에 자료가 입력되어 있는 경우에는 자료의 내용을 알 수 있도록 워크시트의 이름을 바꾸어 주면 자료를 불러올 때 혼동을 피할 수 있다.

범위

해당 워크시트에 자료가 입력되어 있는 범위를 지정해 준다.

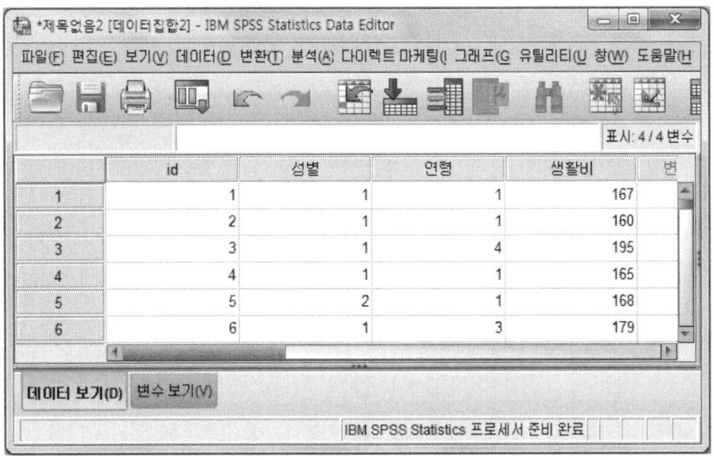

〈그림 3-7〉 생활비 자료

TIP

엑셀파일을 SPSS에서 불러올 때 변수이름만 불러와지는 경우가 있다.
이럴 때는 불러오려고 하는 엑셀파일을 2003버전으로 저장한 다음 불러오면 변수이름과 자료가 모두 SPSS 파일로 불러와진다.

3.1.6 설명과 값설명, 측도 설정

(1) 측도

SPSS화면 하단의 **변수 보기**를 클릭한다.

변수 보기 화면에는 변수에 대한 정보를 입력할 수 있다. 모든 변수의 측도를 각 변수의 유형에 맞게 설정해 보자. 성별과 연령은 범주 중 하나를 선택하도록 질문한 문항으로 성별은 순위가 없는 범주형 변수여서 명목, 연령은 순서가 있는 범주형 변수로 순서에 해당한다. 생활비는 실제 생활비를 만원 단위로 측정한 양적 변수로 척도에 해당한다.

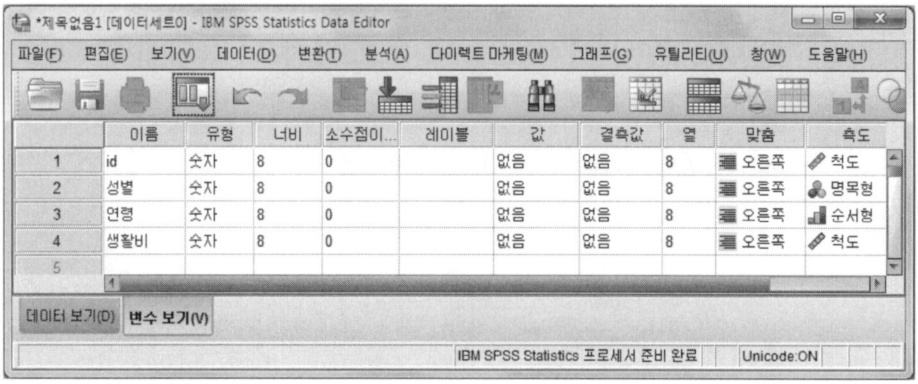

〈그림 3-8〉 생활비 자료 – 측도

(2) 레이블

데이터의 **변수 보기** 화면에서 **생활비**의 **레이블**에 '**생활비(만원)**'을 입력하면 출력 결과에 생활비(만원)으로 출력이 된다. 성별이나 연령은 이름에 있는 내용으로 충분하기 때문에 설명에 이름에 있는 것과 중복된 내용을 입력할 필요는 없다. 이 단계는 연구자의 판단에 따라 생략해도 된다.

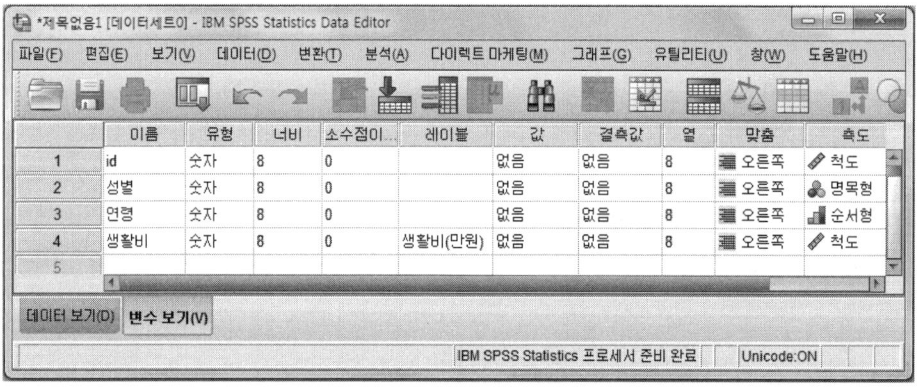

〈그림 3-9〉 생활비 자료 – 변수 이름에 대한 레이블

(3) 값설명

양적 자료는 관찰값 자체가 모든 정보를 담고 있지만 숫자 변수로 입력된 질적 자료는 수로써의 의미를 갖지 않아서 입력된 값만으로는 응답내용이 무엇인지 알 수가 없다. **변수 보기** 화면의 **값**에 명목형 변수와 순위형 변수의 입력된 값에 대한

설명을 해 보자.

① 데이터의 **변수 보기** 화면에서 **성별**의 **값**의 오른 쪽 부분(...)을 클릭하면 **값 레이블** 화면이 나타난다.

② **기준값**에 **1**, **레이블**에 **'남자'**를 입력하고 **추가**를 클릭한다.

③ **기준값**에 **2**, **레이블**에 **'여자'**를 입력하고 **추가**, **확인**을 클릭한다.

④ **연령**도 1장의 〈표 1-1〉 설문지를 보고 성별과 동일한 방법으로 값에 입력된 코딩 값에 해당하는 설명을 입력해 보자.

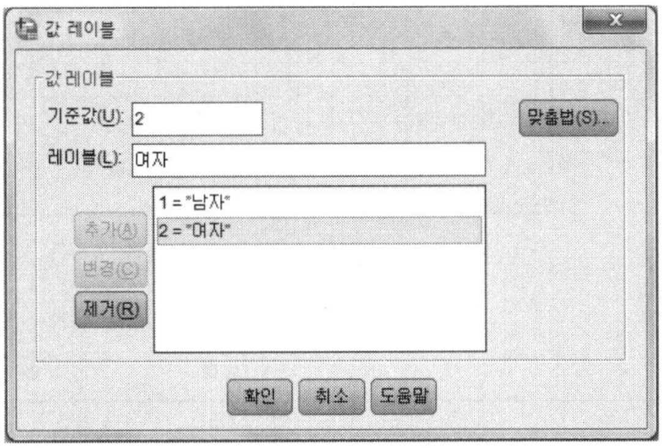

〈그림 3-10〉 성별 값 레이블

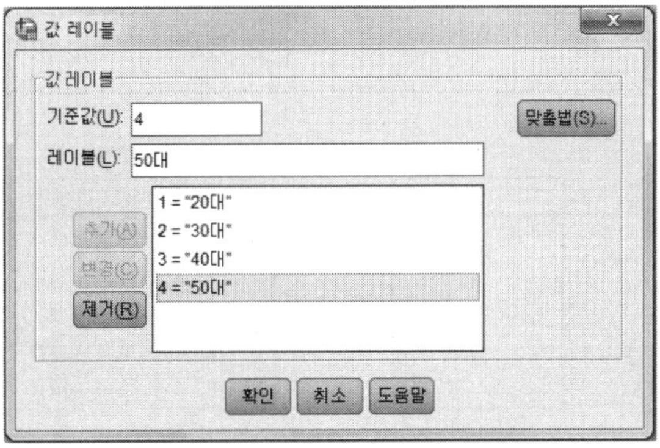

〈그림 3-11〉 연령 값 레이블

3.1.7 입력오류 확인

SPSS에서 자료의 오류를 확인하는 방법으로 빈도분석을 이용해 보자.

① **분석-기술통계량-빈도분석**을 선택한다.

② **변수**에 **성별**, **연령**을 보내고 **확인**을 클릭한다.

생활비는 양적 자료 중 연속형 자료로 입력된 값이 다양하고 값의 범위가 정해져 있지 않아서 빈도분석으로 오류를 발견하기는 어렵다. 양적 자료는 다른 자료와 비교했을 때 유난히 작거나 큰 값을 갖는 자료(이상치)는 없는지 확인해볼 필요가 있다. 이상치를 판단하는 기준은 6.1절을 참고하자.

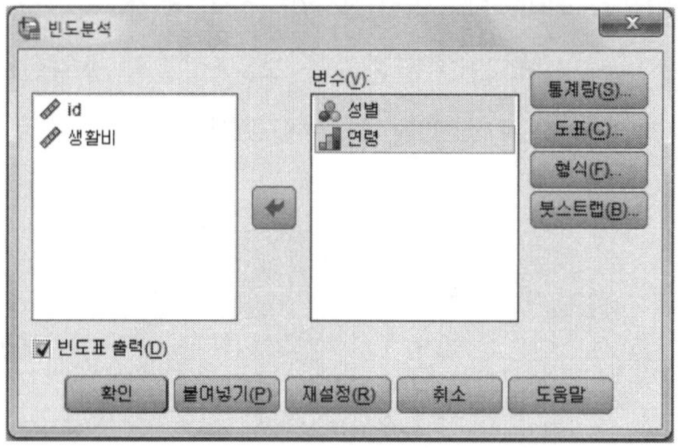

〈그림 3-12〉 빈도분석

성별

		빈도	퍼센트	유효 퍼센트	누적퍼센트
유효	남자	14	46.7	46.7	46.7
	여자	16	53.3	53.3	100.0
	합계	30	100.0	100.0	

〈그림 3-13〉 성별 변수의 빈도분석 결과

연령

		빈도	퍼센트	유효 퍼센트	누적퍼센트
유효	20대	7	23.3	23.3	23.3
	30대	7	23.3	23.3	46.7
	40대	7	23.3	23.3	70.0
	50대	9	30.0	30.0	100.0
	합계	30	100.0	100.0	

〈그림 3-14〉 연령 변수의 빈도분석 결과

성별과 연령 변수 모두 입력 범주를 벗어나는 응답이 없다. 응답범주를 벗어나는 오류가 있으면 3.2.4절의 SPSS에서 오류 수정하는 방법을 참고하자.

3.1.8 SPSS파일 저장

값 설명과 코딩오류 수정 작업이 끝나면 자료 파일을 저장한다.

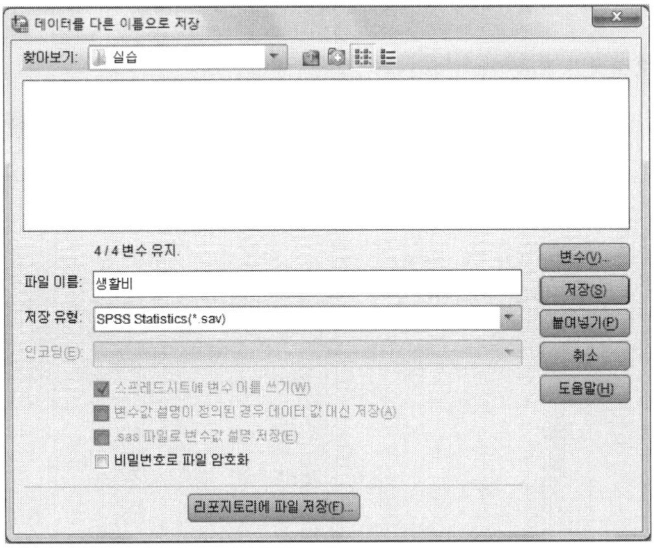

〈그림 3-15〉 원본파일 저장하기

① **파일-저장**을 선택한다.

② **파일 이름**에 원하는 이름을 입력하고 **저장**을 클릭한다.

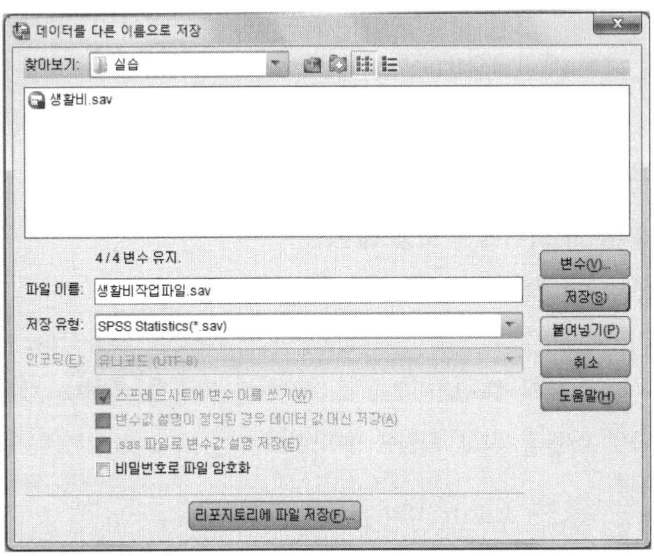

〈그림 3-16〉 작업파일 저장하기

3.1.9 출력결과 저장

출력결과를 저장해 보자.

(1) SPSS파일로 저장

① **출력결과** 화면에서 **파일-저장**을 클릭한다.

② **찾아보기**에서 출력결과를 저장할 폴더를 지정하고 **파일이름**에 저장할 파일 이름을 적고 **저장**을 클릭한다.

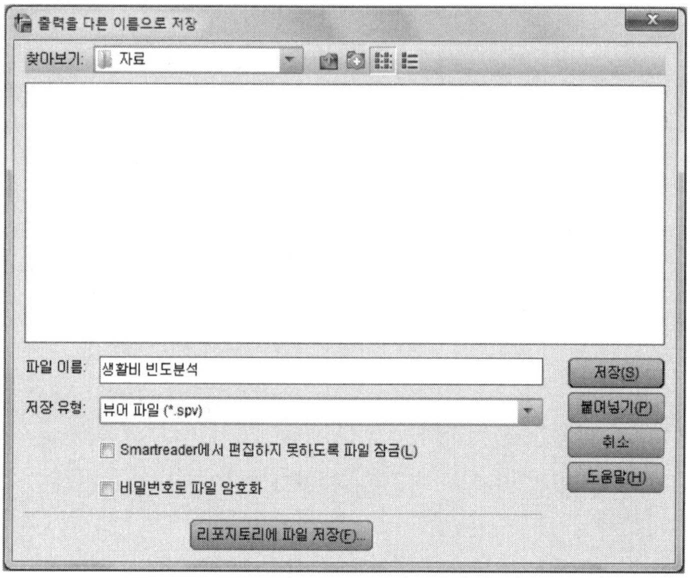

〈그림 3-17〉 출력결과 저장

(2) 외부 파일로 저장

① **출력결과** 화면에서 **파일-내보내기**를 클릭한다.

② **문서**에서 출력결과를 저장할 **유형**을 선택한다.
저장할 파일 유형은 주로 Excel이나 HTML을 사용한다.

③ 파일 이름의 **찾아보기**에서 출력결과를 저장할 폴더를 지정, **파일이름**에 저장할 파일 이름을 적고 **확인**을 클릭한다.

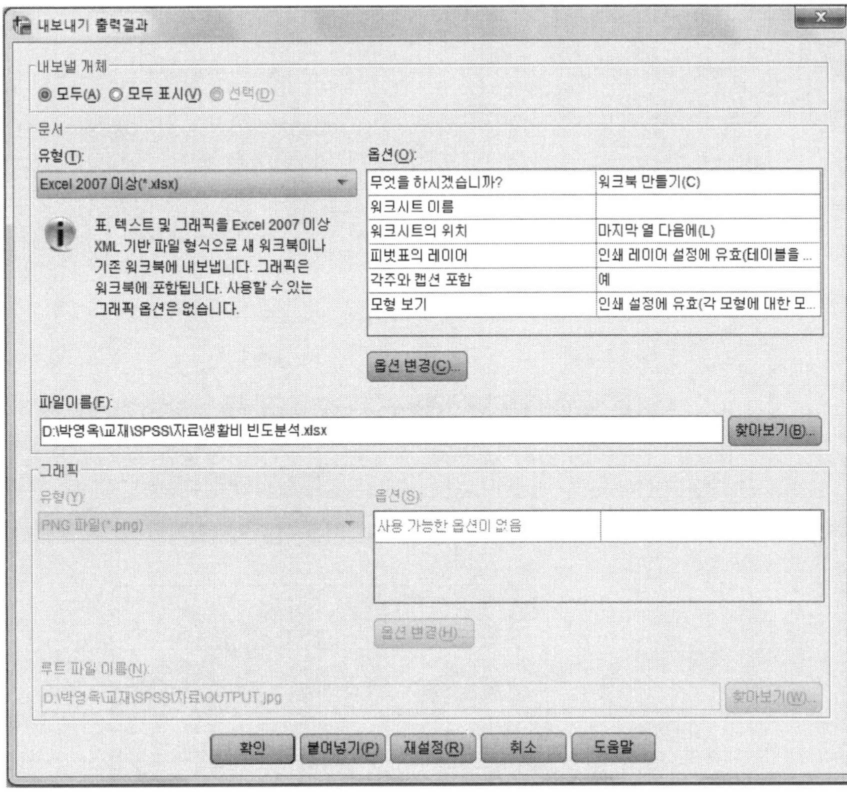

〈그림 3-18〉 출력결과 저장 – 외부 파일로 내보내기

3.2 SPSS에서 자료 입력하기

3.2.1 변수 이름 입력

① 조사, 관찰한 자료의 변수 이름을 **변수 보기** 화면의 **이름**에 입력한다.

② 각 변수의 **소수점 이하 자리**와 **척도**를 변수의 유형에 맞게 설정한다.

3.2.2 데이터 입력

① **데이터 보기** 화면에서 3.1절의 〈표 3-1〉에 있는 자료를 변수이름에 맞게 입력한다.

② 3.1.6절과 동일한 방법으로 **변수 보기** 화면에서 질적변수인 **성별**과 **연령**의 **값**에

코딩 값의 설명을 입력한다.

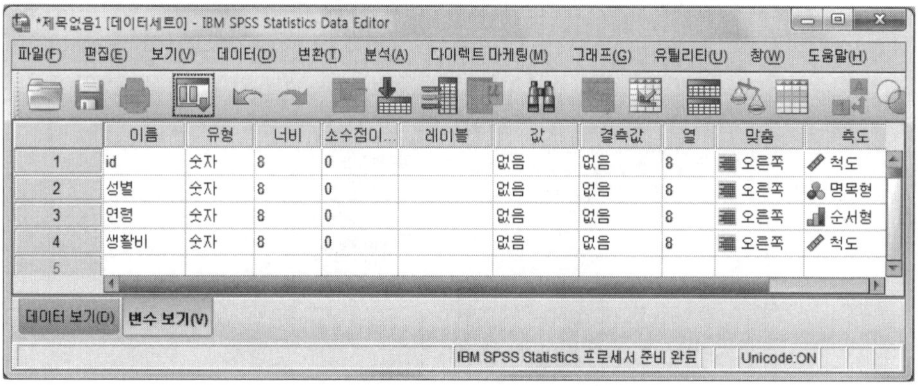

〈그림 3-19〉 변수이름 입력하기

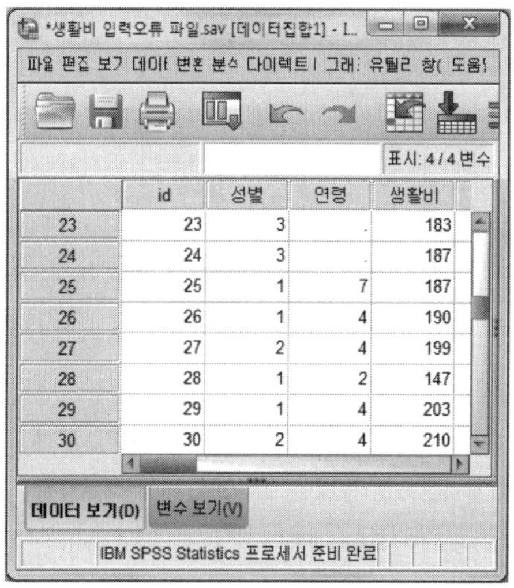

〈그림 3-20〉 자료 입력하기

3.2.3 입력오류 확인

SPSS에서 자료의 오류를 확인해보자.

① **분석-기술통계량-빈도분석**을 선택한다.

② **변수**에 **성별**, **연령**을 보내고 **확인**을 클릭한다.

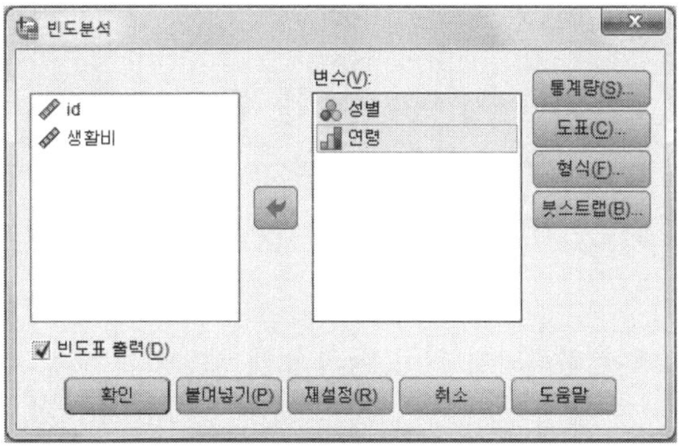

〈그림 3-21〉 빈도분석

성별

		빈도	퍼센트	유효 퍼센트	누적 퍼센트
유효	남자	13	43.3	43.3	43.3
	여자	14	46.7	46.7	90.0
	3	2	6.7	6.7	96.7
	13	1	3.3	3.3	100.0
	전체	30	100.0	100.0	

〈그림 3-22〉 성별의 빈도분석 결과

연령

		빈도	퍼센트	유효 퍼센트	누적 퍼센트
유효	20대	7	23.3	25.0	25.0
	30대	7	23.3	25.0	50.0
	40대	4	13.3	14.3	64.3
	50대	8	26.7	28.6	92.9
	7	1	3.3	3.6	96.4
	179	1	3.3	3.6	100.0
	전체	28	93.3	100.0	
결측	시스템	2	6.7		
전체		30	100.0		

〈그림 3-23〉 연령의 빈도분석 결과

성별은 남자와 여자 이외의 값인 3과 13, 연령은 20대부터 50대 이외의 값인 7, 179의 입력오류가 있다.

3.2.4 입력오류 수정

① **데이터 보기** 화면에서 변수이름 중 입력오류가 있는 **성별**을 클릭한다.

② **메뉴**의 **편집**에서 **찾기**를 선택한다.

③ **찾기**에 **3**을 입력하고 **다음 찾기**를 클릭하면 3이 입력되어 있는 셀에 커서가 위치한다.

④ 성별에 3이 입력되어 있는 행의 id에 해당하는 설문지에서 성별을 확인하고 해당 셀의 값을 수정한다. 이때 성별의 응답만 확인하지 말고 주변의 변수도 혹시 밀려서 입력되지 않았는지 확인을 하자. 더 이상 3에 해당하는 셀이 없을 때까지 **다음 찾기**를 클릭해서 성별의 3을 수정한다. 13도 3을 포함해서 **다음 찾기**를 하면 13이 입력된 셀도 찾아준다.

⑤ 성별에 수정할 내용이 더 있으면 **찾기**의 내용을 바꾸고 **다음 찾기**를 해서 수정을 한다. 성별에 대한 수정 작업이 끝나면 변수이름 중 **연령**을 클릭하고 연령의 7과 179의 입력 입력오류 수정을 성별과 동일한 방법으로 해보자.

⑥ 코딩오류 수정이 끝나면 파일을 저장한다.

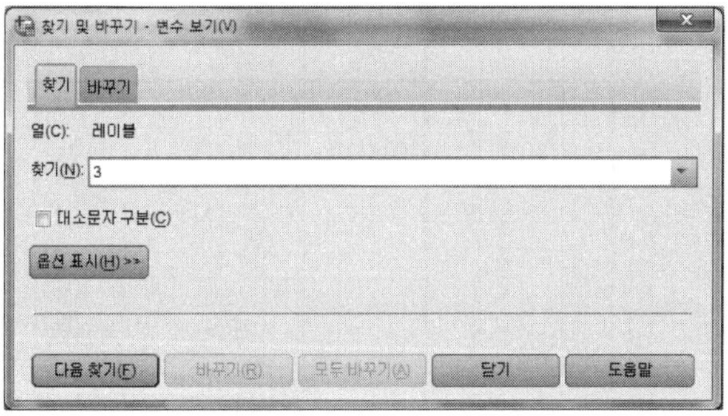

〈그림 3-24〉 편집 – 찾기

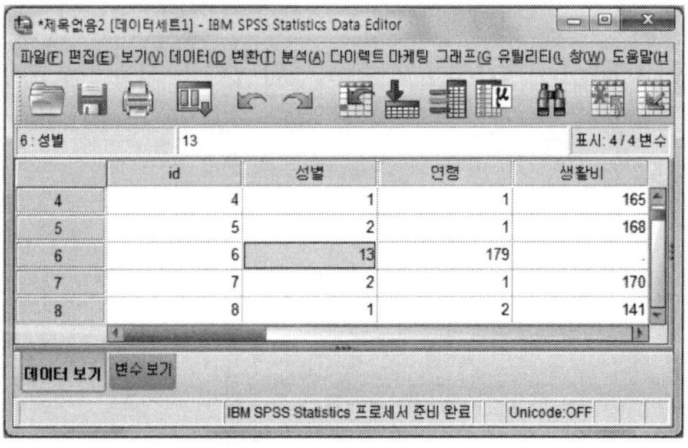

〈그림 3-25〉 편집 – 찾기(성별)

3.3 하나의 질문에 여러 개의 응답이 가능할 때

설문지를 구성하는 문항 중에는 여러 범주를 선택하도록 하는 복수응답(다중응답)이 있다. 예를 들어 〈표 3-3〉은 현재 앓고 있는 질환을 조사하는 문항으로 하나 이상의 범주를 선택할 수 있다.

〈표 3-3〉 현재 앓고 있는 질환 조사(복수응답)

현재 앓고 있는 질환을 <u>모두</u> 고르시오.		
① 암	② 심장질환	③ 당뇨
④ 관절염	⑤ 신경통	⑥ 호흡기 질환
⑦ 뇌졸중	⑧ 고혈압	⑨ 기타 (　　　　　)

복수응답이 가능한 자료를 입력할 때 복수응답 문항에 해당하는 변수를 하나 만든 다음 모든 응답을 콤마(,) 등으로 구분해서 하나의 셀에 입력을 하는 경우가 있는데 그렇게 하면 개별 범주의 응답 빈도나 비율을 구할 수 없다.

복수응답(다중응답)이 가능한 문항의 변수 이름을 만들고 코딩하는 방법에 대해 알아보자. 복수응답에 대한 분석은 7.3절과 7.4.5절을 참고하자.

3.3.1 최대 응답 개수만큼 변수 만들기

응답자들이 선택한 범주의 최대 개수만큼 변수를 만들고 각각의 변수에 응답자가 선택한 번호를 하나씩 입력한다. 여기서는 응답자들 중 가장 많은 범주를 선택한 경우가 4개라고 해보자.

① **변수 보기** 화면에서 **이름**에 '**질환1**', '**질환2**', '**질환3**', '**질환4**'를 입력한다. 기타에 응답되어 있는 내용을 입력하려면 **이름**에 '**질환기타**'를 입력하고 **유형**을 **문자**로 지정한다(질병1.sav).

② **데이터 보기** 화면에서 각 변수에 응답자가 선택한 번호를 하나씩 입력한다. 기타에 기입한 내용은 **질환기타**에 입력한다.

③ **변수 보기** 화면에서 **질환1**의 **값**을 클릭한 다음 **값 레이블**의 **기준값**에 **1**, **레이블**에 '**암**'을 입력하고 **추가**를 클릭한다.

④ **기준값**에 **2**, **레이블**에 '**심장질환**'을 입력하고 **추가**를 클릭한다.

⋮

⑤ **기준값**에 **9**, **레이블**에 '**기타**'를 입력하고 **추가**, **확인**을 클릭한다.

⑥ 나머지 변수의 값설명은 **변수 보기** 화면에서 질환1의 값을 복사해서 붙여넣기 한다. 질환기타는 기타에 기입한 내용을 입력한 문자변수로 값설명이 필요 없다.

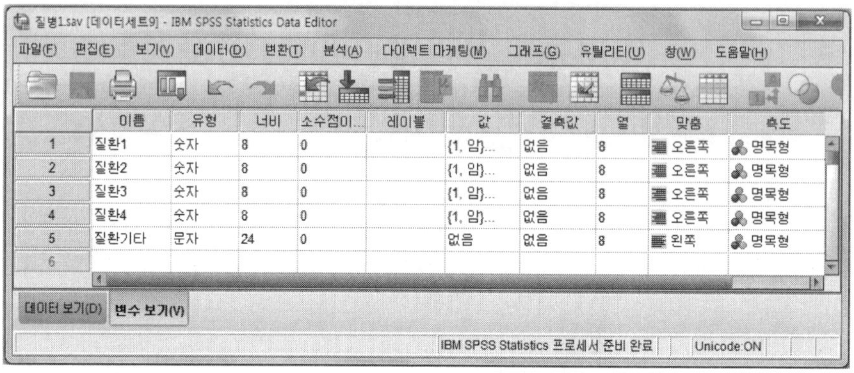

〈그림 3-26〉 복수응답 – 응답번호입력(변수이름)

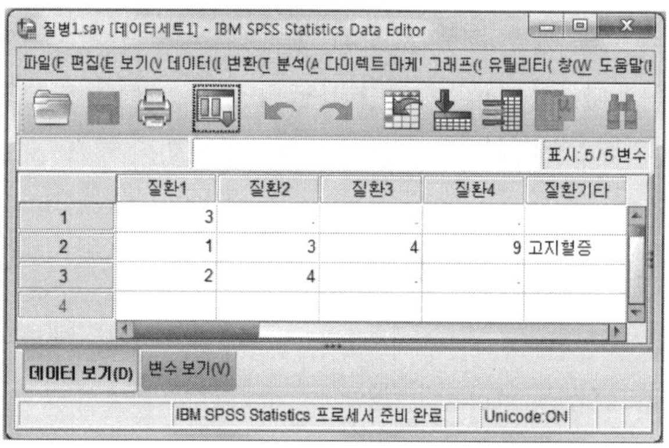

〈그림 3-27〉 복수응답 – 응답번호입력(자료 코딩)

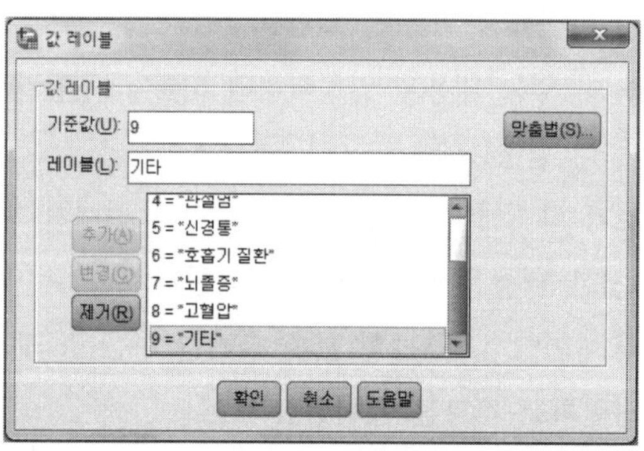

〈그림 3-28〉 복수응답 – 응답번호입력(값 설명하기)

3.3.2 개별 응답범주에 해당하는 변수 만들기

응답범주 수만큼 변수를 만든 다음 각각의 범주의 응답여부를 입력한다.

① 복수응답 문항의 응답범주 수만큼 변수를 만든다(질병2.sav).

② 각각의 변수에 해당하는 범주를 선택한 경우에는 **1**, 선택하지 않은 경우에는 **0**을 입력해 보자. 이때도 기타에 응답되어 있는 내용은 3.3.1과 동일한 방법으로 문자변수를 별도로 만들어서 응답내용을 입력한다.

③ 복수응답 변수의 **값**은 하나의 변수에 값설명을 하고 나머지 변수는 **붙여넣기** 한다. 값설명은 **0 '선택안함'**, **1 '선택함'** 으로 해보자.

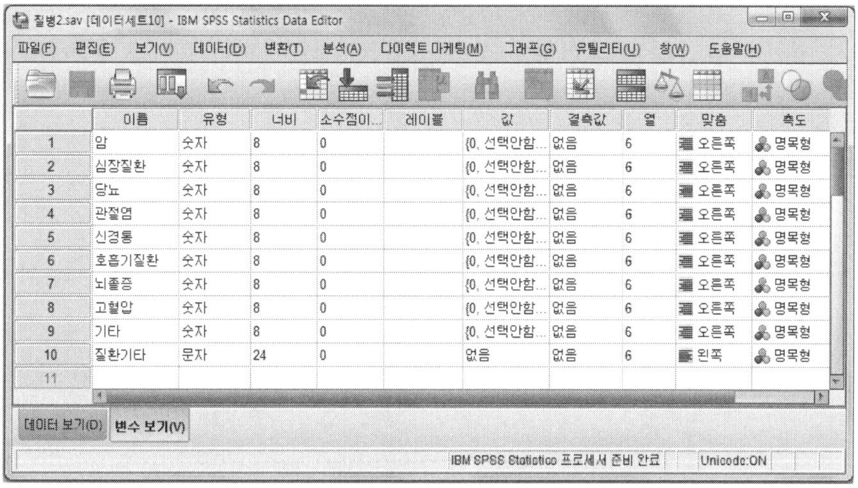

〈그림 3-29〉 복수응답 – 응답여부입력(변수이름)

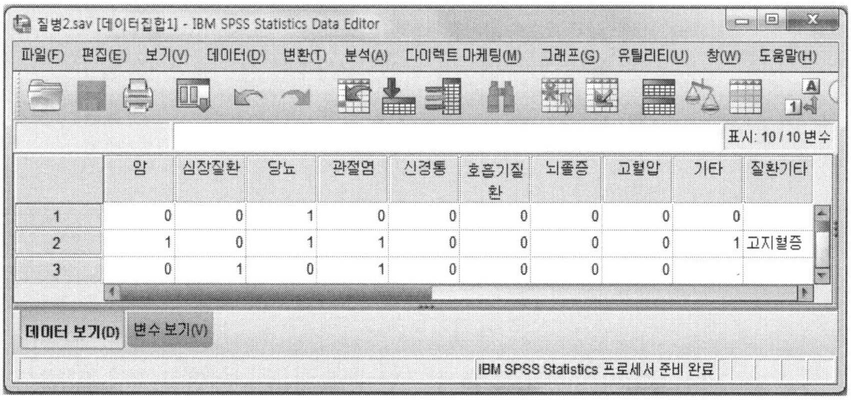

〈그림 3-30〉 복수응답 – 응답여부입력(자료코딩)

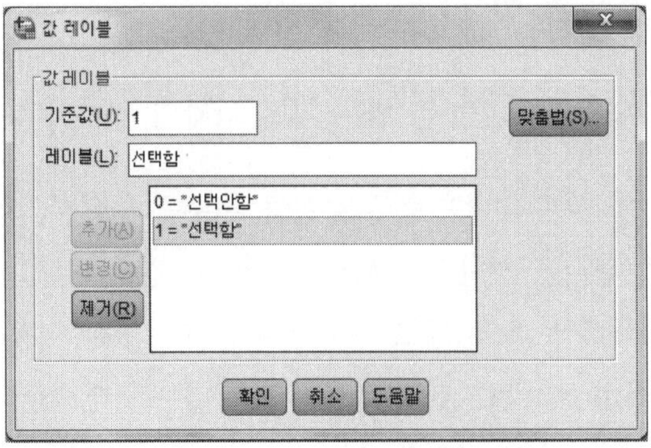

〈그림 3-31〉 복수응답 - 응답여부입력(값 설명하기)

3.3.3 응답에 순위가 있는 경우

〈표 3-4〉는 앓고 있는 질병을 심각한 정도에 따라 순위를 고려해서 묻는 질문이다.

〈표 3-4〉 현재 앓고 있는 질환조사(순위고려)

현재 앓고 있는 질환을 염려되는 순위대로 고르시오.		
		1순위 ____ 2순위 ____ 3순위 ____
① 암	② 심장질환	③ 당뇨
④ 관절염	⑤ 신경통	⑥ 호흡기 질환
⑦ 뇌졸중	⑧ 고혈압	⑨ 기타 ( )

TIP

아래 예처럼 각각의 범주 내용에 해당하는 순위를 쓰게 하는 방법도 있다.

(예) 현재 앓고 있는 질환에 대해 염려되는 정도에 따라 순위를 쓰시오.		
① 암( )	② 심장질환( )	③ 당뇨( )
④ 관절염( )	⑤ 신경통( )	⑥ 호흡기 질환( )
⑦ 뇌졸중( )	⑧ 고혈압( )	⑨ 기타( )

위 예처럼 설문지를 작성하면 같은 순위를 중복으로 기입하는 경우가 생길 수 있고, 순위에 해당하는 범주를 입력하기가 쉽지 않다.

① **변수 보기** 화면에서 **이름**에 응답해야 하는 순위만큼 변수를 만든다. 변수이름을 **질환1순, 질환2순, 질환3순**으로 하여 순위가 있는 자료임을 표시하였다(질병

3.sav).

② **데이터 보기** 화면에서 각 순위에 해당하는 번호를 입력한다.

③ **변수 보기** 화면에서 **질환1순**의 **값**을 클릭한다. **값 레이블**의 **기준값**에 **1**, **레이블**에 '**암**'을 입력하고 **추가**를 클릭한다.

④ **기준값**에 **2**, **레이블**에 '**심장질환**' 을 입력하고 **추가**를 클릭한다.

⋮

⑤ **기준값**에 **9**, **레이블**에 '**기타**'를 입력하고 **추가**, **확인**을 클릭한다.

⑥ 나머지 변수의 값 설명은 **변수 보기** 화면에서 **질환1순**의 **값**을 **복사**해서 **붙여넣기** 한다.

순위가 있는 응답의 분석은 7.4.4절을 참고하자.

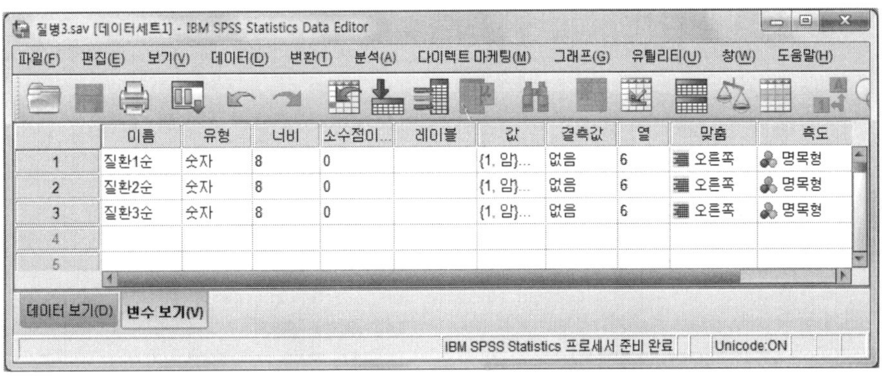

〈그림 3-32〉 순위별로 응답 입력 – 변수이름

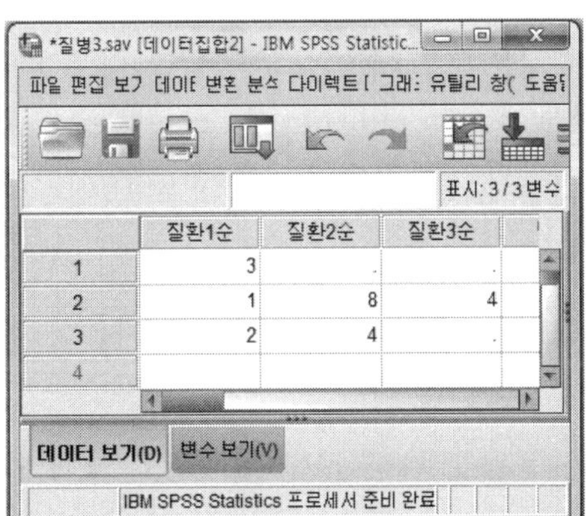

〈그림 3-33〉 순위별로 응답 입력 – 자료 코딩

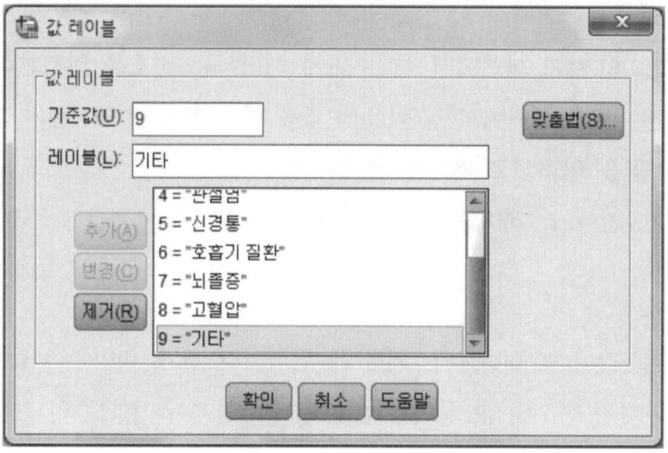

〈그림 3-34〉 순위별로 응답 입력 – 값 설명하기

3.4 질문한 단위와 다르게 응답했을 때

〈표 3-5〉는 현 직장에서의 경력을 묻는 문항으로 근무경력이 1년을 넘지 않았거나 1년 6개월처럼 년으로만 응답하지 않은 경우의 자료를 입력해서 처리하는 방법에 대해 알아보자.

〈표 3-5〉 경력

현 직장에서의 근무 경력은? _______년

경력을 묻는 질문에 2개월이라고 응답한 경우가 있다고 하자. 경력에 2라고 입력을 하면 2년과 구분이 되지 않는다. 단위를 구분하기 위해 2개월로 입력하면 범주에 대한 빈도를 구하는 것 외에는 다른 분석을 할 수가 없다. 2개월을 년으로 계산해서 0.17($=\frac{2}{12}$)로 입력하거나 년으로 입력된 자료를 모두 개월로 환산해서 입력할 수도 있으나 계산을 해야 하므로 번거롭고 계산실수로 잘못된 값이 입력될 수도 있다.

경력을 년과 개월로 나누어서 각각 다른 열에 입력하고 변수계산을 이용하여 경력을 년이나 개월 단위로 계산할 수 있다.

경력은 ___년 ___개월로 답할 수 있으므로 처음부터 〈표 3-6〉과 같이 질문하는 것도 방법이다.

〈표 3-6〉 경력을 ~년 ~개월로 질문하기

현 직장에서의 근무 경력은? ______년 ______개월

① **변수 보기** 화면에서 **이름**에 '**경력년**'과 '**경력개월**'을 입력한다.

② **데이터 보기** 화면에서 〈그림 3-36〉과 같이 자료를 입력한다.

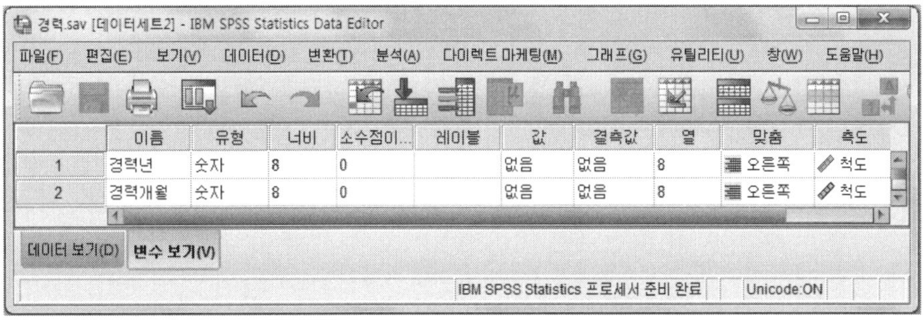

〈그림 3-35〉 경력 자료 – 변수이름 입력

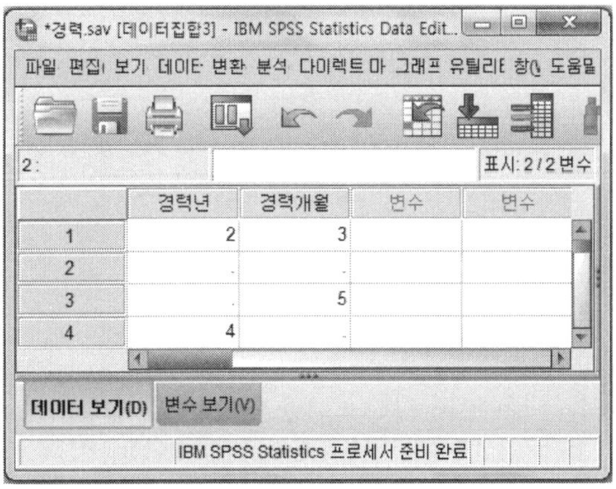

〈그림 3-36〉 경력 자료 – 년과 개월 구분해서 자료 입력

경력을 년 단위로 정리하려면 「경력년+경력개월/12」, 월 단위로 정리하려면 「경력년×12+경력개월」로 계산할 수 있다. 경력 년과 경력 개월을 이용해서 경력을 계산하는 과정은 4.1.1절을 참고하자.

04 CHAPTER

데이터 변환

4.1 변수계산

4.1.1 [+] 연산자와 [SUM] 함수

년과 월로 입력한 자료를 이용해서 경력을 계산하는 과정을 통해 [+] 연산자와 [SUM] 함수의 차이점에 대해 알아보자.

〈표 4-1〉 경력을 ~년 ~개월로 질문하기

현 직장에서의 근무 경력은? _______년 _______개월

경력.sav 파일을 불러온다.

① **변환-변수계산**을 선택한다.

② **목표변수**에 '**경력**1', **숫자표현식**에 '**경력년+경력개월/**12'를 입력하고 **확인**을 클릭한다.

③ **변환-변수계산**을 선택하고 **재설정**을 클릭한다.

④ **목표변수**에 '**경력**2', **숫자표현식**에 'SUM(**경력년, 경력개월/**12)'를 입력하고 **확인**을 클릭한다.

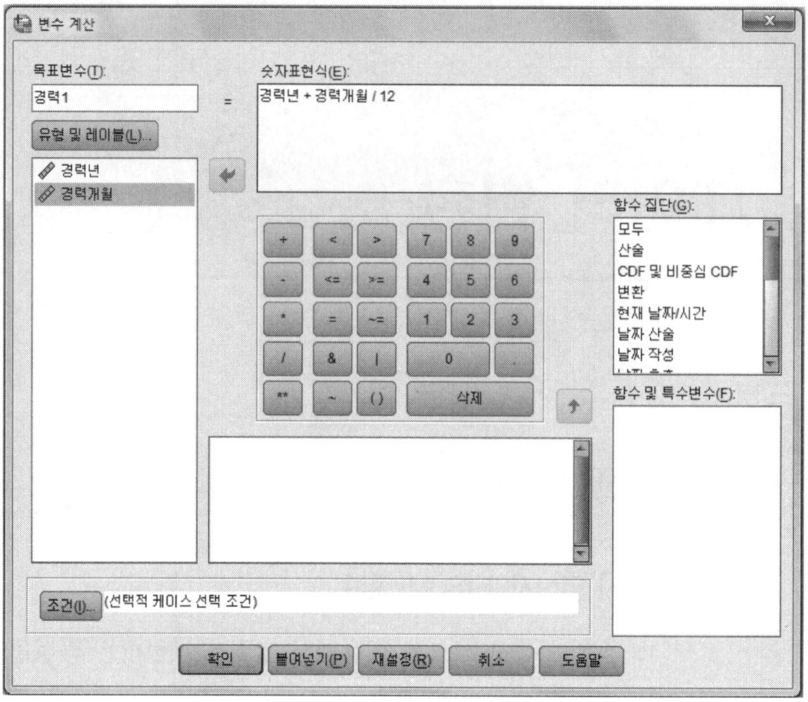

〈그림 4-1〉 + 연산자를 이용하여 경력 계산

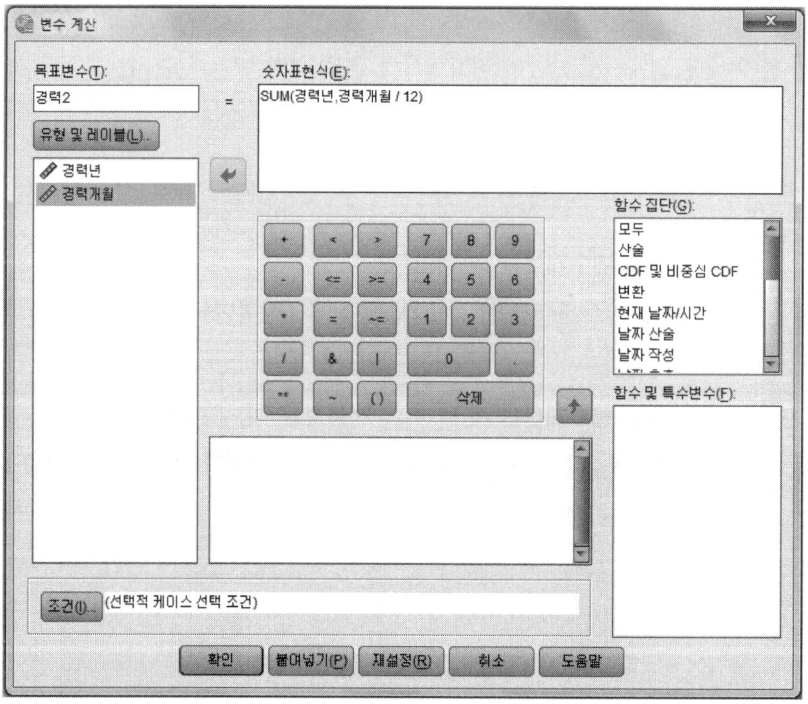

〈그림 4-2〉 SUM 함수를 이용하여 경력 계산

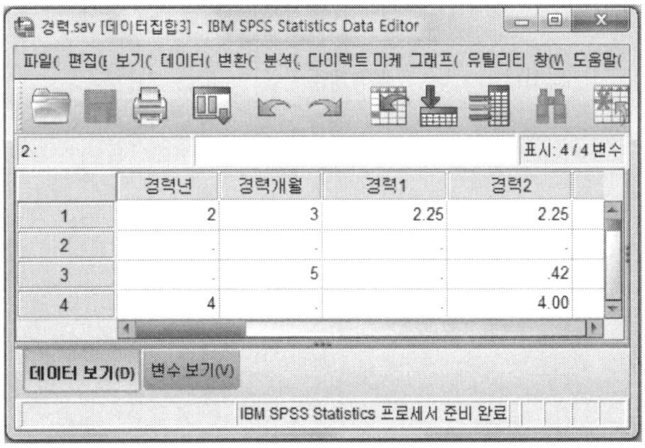

〈그림 4-3〉 +와 SUM을 이용하여 계산한 결과

[+] 연산자를 이용해서 계산한 경력1은 경력년과 경력개월이 모두 결측이 아닌 첫 번째 행의 자료만 경력1에 2.25(= 2 + 3/12)가 입력되고, 나머지는 모두 결측으로 처리된다. [SUM] 함수를 이용해서 계산한 경력2는 경력년과 경력개월이 모두 결측인 자료만 결측으로 처리되고 나머지 경우는 결측이 아닌 변수의 값만 사용하여 경력2의 값이 계산된다.

TIP

[+] 연산자와 [SUM] 함수의 차이

① X=A+B+C : A, B, C 모든 변수가 결측이 아닌 케이스만 세 변수의 합으로 X값을 계산한다. A, B, C 중 한 변수라도 결측이 있으면 X는 결측으로 처리된다.

② X=SUM(A,B,C) : A, B, C 변수가 모두 결측인 경우만 X를 결측으로 처리하고, 하나 이상의 변수가 결측이 아니면 결측이 아닌 변수들의 합으로 X값을 계산한다.

TIP

경력을 입력할 때 응답이 없는 경우에 0을 입력하게 되면 [+] 연산자나 [SUM] 함수 중 어느 것을 써도 동일한 결과를 얻게 된다. 그런데 경력년과 경력개월이 모두 결측일 때 경력이 0으로 계산되어서 경력의 0을 결측으로 처리하지 않으면 경력을 분석할 때 무응답인 경우의 경력이 0으로 처리되어 오류가 생기게 된다.

〈표 4-2〉 경력 계산결과

경력년	경력개월	+ 연산자	SUM 함수
2	3	2+3/12=2.25	2+3/12=2.25
.	.	.	.
.	5	.	0+5/12=0.42
4	.	.	4+0/12=4.00

4.1.2 [MEAN] 함수

1 '매우 만족', 2 '만족', 3 '보통', 4 '불만족', 5 '매우 불만족'의 5점 척도 5개 문항의 평균으로 만족도 점수를 계산해보자. 만족도.sav 파일을 불러온다.

① **변환-변수계산**을 선택한다.
② **목표변수**에 **만족도**, **숫자표현식**에 'MEAN(**만족도1**, **만족도2**, **만족도3**, **만족도4**, **만족도5**)'를 입력하고 **확인**을 클릭한다.

[MEAN] 함수로 만족도를 계산한 결과 2번째 행과 8번째 행을 제외한 자료는 만족도1부터 만족도5까지 모든 변수가 값을 가져 5개 변수의 합을 5로 나눈 값이 평균만족도에 입력된다. 그러나 2번째 행은 4개 변수만 값을 가져 4개 변수의 합인 9를 4로 나눈 값인 2.25가 평균만족도에 입력되고, 8번째 행은 3개 변수의 합인 10을 3으로 나눈 값인 3.33이 평균만족도에 입력된다.

〈표 4-3〉 평균만족도 계산

id	만족도1	만족도2	만족도3	만족도4	만족도5	평균만족도
1	2	2	3	2	2	(2+2+3+2+2)/5=2.20
2	3	2	.	3	1	(3+2+3+1)/4=2.25
3	4	5	4	4	5	(4+5+4+4+5)/5=4.40
4	5	5	5	4	5	(5+5+5+4+5)/5=4.80
5	1	2	2	2	1	(1+2+2+2+1)/5=1.60
6	2	2	1	1	2	(2+2+1+1+2)/5=1.60
7	5	4	5	5	5	(5+4+5+4+4)/5=4.80
8	3	.	4	.	3	(3+4+3)/3=3.33

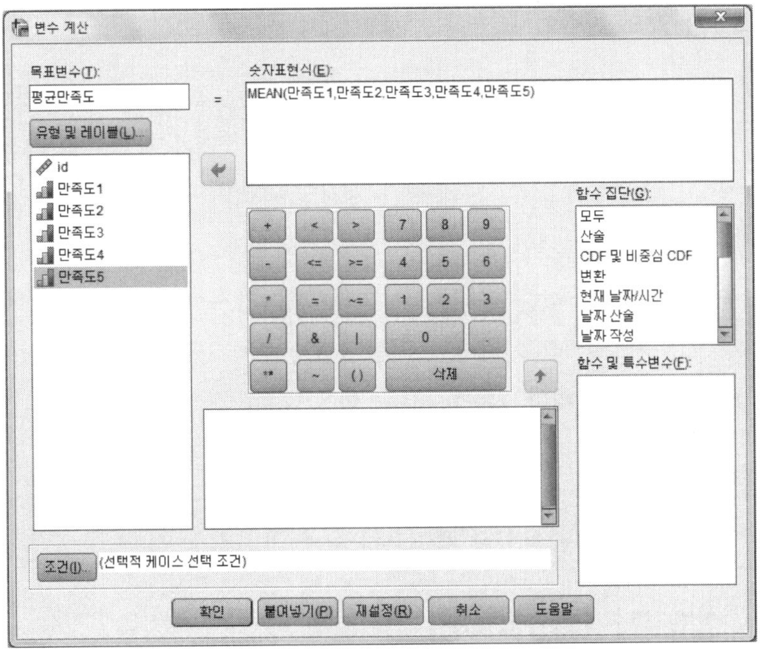

〈그림 4-4〉 MEAN을 이용하여 만족도 계산

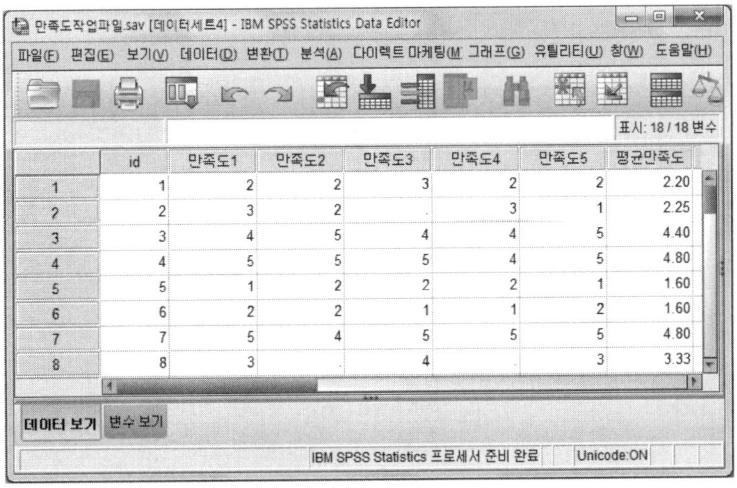

	id	만족도1	만족도2	만족도3	만족도4	만족도5	평균만족도
1	1	2	2	3	2	2	2.20
2	2	3	2	.	3	1	2.25
3	3	4	5	4	4	5	4.40
4	4	5	5	5	4	5	4.80
5	5	1	2	2	2	1	1.60
6	6	2	2	1	1	2	1.60
7	7	5	4	5	5	5	4.80
8	8	3	.	4	.	3	3.33

〈그림 4-5〉 평균만족도

TIP

MEAN 함수

X=MEAN(A,B,C) : A, B, C 중 결측이 아닌 변수의 합을 결측이 아닌 변수의 개수로 나눈 값을 변수 X에 저장한다.

4.1.3 양적 변수의 역코딩

만족도를 측정한 5개 문항이 1 '매우 만족', 2 '만족', 3 '보통', 4 '불만족', 5 '매우 불만족'의 5점 척도로 5문항의 평균으로 만족도 점수를 계산하면 점수가 작을수록 만족도가 높은 것이 되어 해석할 때 혼동이 올 수 있다. 평균만족도의 값을 수치가 클수록 만족도가 높은 것이 되도록 변환해 보자.

평균만족도의 값은 1에서 5 사이의 값을 가져서 1은 5로, …, 5는 1로 1과 5 사이 모든 가능한 값을 바꾸면 되는데 원점수와 변환된 점수의 합이 항상 6으로 6에서 원점수를 빼면 원하는 값을 얻을 수 있다.

(1) 값변환

만족도점수.sav 파일을 불러온다.

① **변환-변수계산**을 선택한다.

② **목표변수**에 '**만족도점수**', **숫자표현식**에 '**6-평균만족도**'를 입력하고 **확인**을 클릭한다.

〈표 4-4〉 평균만족도 역변환

평균만족도	만족도점수
2.20	6−2.20 = 3.80
2.25	6−2.25 = 3.75
4.40	6−4.40 = 1.60
4.80	6−4.80 = 1.20
1.60	6−1.60 = 4.40
1.60	6−1.60 = 4.40
4.80	6−4.80 = 1.20
3.33	6−3.33 = 2.67

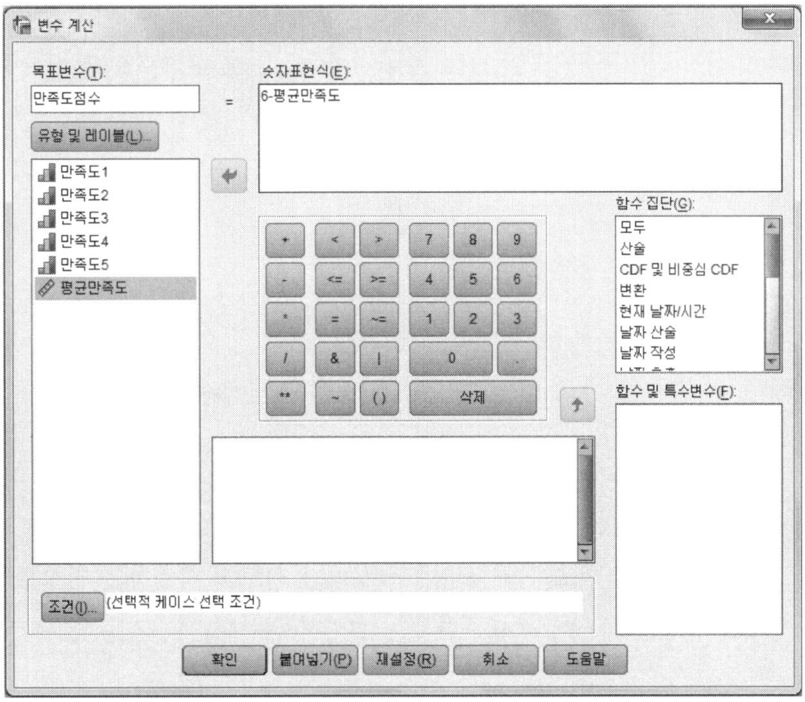

〈그림 4-6〉 평균만족도점수 역변환

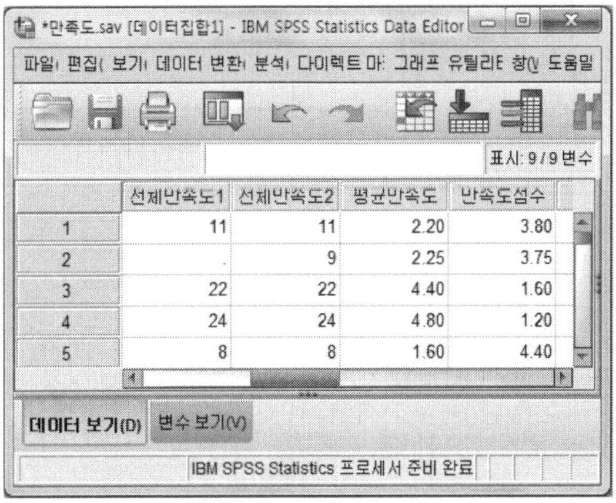

	선제만족도1	선제만족도2	평균만족도	만족도점수
1	11	11	2.20	3.80
2	.	9	2.25	3.75
3	22	22	4.40	1.60
4	24	24	4.80	1.20
5	8	8	1.60	4.40

〈그림 4-7〉 평균만족도점수 역변환 결과

(2) 변환 결과 확인

① **분석–기술통계량–기술통계**를 선택한다.

② **변수**에 **평균만족도**, **만족도점수**를 보내고 **확인**을 클릭한다.

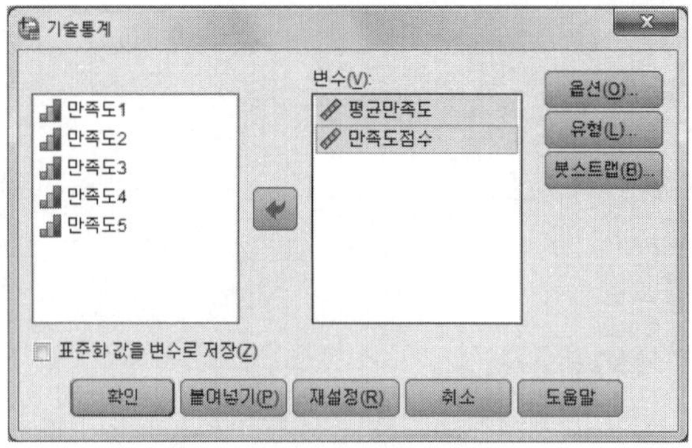

〈그림 4-8〉 만족도-기술통계

평균만족도의 최소값과 만족도점수의 최대값의 합, 평균만족도의 최대값과 만족도점수의 최소값의 합, 평균만족도와 만족도점수의 평균의 합이 모두 6이다. 표준편차는 개별 자료들이 평균에서 흩어진 정도를 측정하는 값으로 변수 값의 크기의 방향을 바꾸어도 표준편차는 변하지 않는다.

기술통계량

	N	최소값	최대값	평균	표준편차
평균만족도	8	1.60	4.80	3.1229	1.39144
만족도점수	8	1.20	4.40	2.8771	1.39144
유효 N(목록별)	8				

〈그림 4-9〉 만족도-기술통계량

TIP

양적 변수의 역변환 : 변환-변수계산

최소값을 최대값으로, 최대값을 최소값으로 값의 크기의 방향을 변환하려면 역변환하려는 변수(X)가 가질 수 있는 값의 범위의 최소값과 최대값의 합에서 X의 값을 뺀다.

$$Y = \text{최소값} + \text{최대값} - X$$

역으로 변환하려는 변수(X)가 가질 수 있는 값의 범위가 1~4라면 $Y=5-X$를 하면 Y는 X가 역으로 변환된 값을 가진다.

$$X=1 \rightarrow Y=5-1=4$$
$$X=4 \rightarrow Y=5-4=1$$
$$X=2.4 \rightarrow Y=5-2.4=2.6$$

4.2 다른 변수로 코딩변경

4.2.1 범주 합하기

1 '매우 만족', 2 '만족', 3 '보통', 4 '불만족', 5 '매우 불만족'의 5점 척도로 측정한 5개 문항의 범주를 1과 2를 합하고, 4와 5를 합해서 2 '만족', 3 '보통', 4 '불만족'의 3점 척도로 변환해보자. 만족도.sav 파일을 불러온다.

(1) 코딩변경

① **변환-다른 변수로 코딩변경**을 선택한다.

② **만족도1**을 **입력변수(숫자변수)→출력변수**로 보낸다. **출력변수**의 **이름**에 '**만족도1_3**'을 입력하고 **변경**을 클릭한다.

③ **만족도2**를 **숫자변수→출력변수**로 보낸다. **출력변수**의 **이름**에 '**만족도2_3**'을 입력하고 **변경**을 클릭한다.

④ **만족도3**을 **숫자변수→출력변수**로 보낸다. **출력변수**의 **이름**에 '**만족도3_3**'을 입력하고 **변경**을 클릭한다.

⑤ **만족도4**를 **숫자변수→출력변수**로 보낸다. **출력변수**의 **이름**에 '**만족도4_3**'을 입력하고 **변경**을 클릭한다.

⑥ **만족도5**를 **숫자변수→출력변수**로 보낸다. **출력변수**의 **이름**에 '**만족도5_3**'을 입력하고 **변경**을 클릭한다.

⑦ **기존값 및 새로운 값**을 클릭한다.

⑧ **기존값**의 **값**에 **1**, **새로운 값**의 **기준값**에 **2**를 입력하고 **추가**를 클릭한다.

⑨ **기존값**의 **값**에 **5**, **새로운 값**의 **기준값**에 **4**를 입력하고 **추가**를 클릭한다.

⑩ **기존값**의 **기타 모든 값**, **새로운 값**의 **기존값 복사**를 선택하고 **추가**를 클릭한다.

⑪ **계속**, **확인**을 클릭한다.

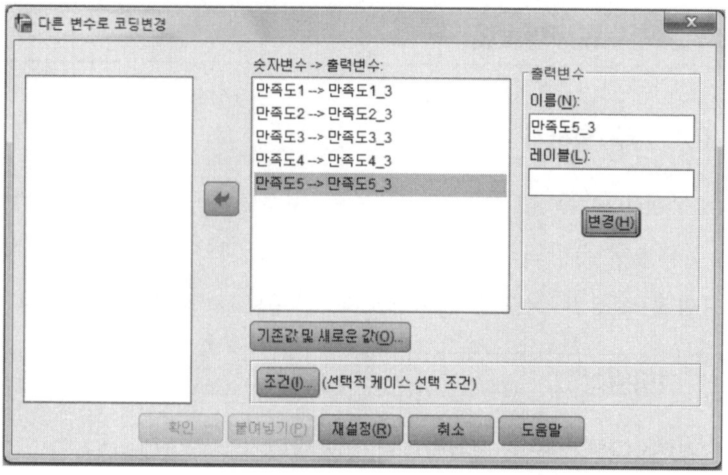

〈그림 4-10〉 다른 변수로 코딩변경 – 코딩변경할 변수에 새 이름 할당

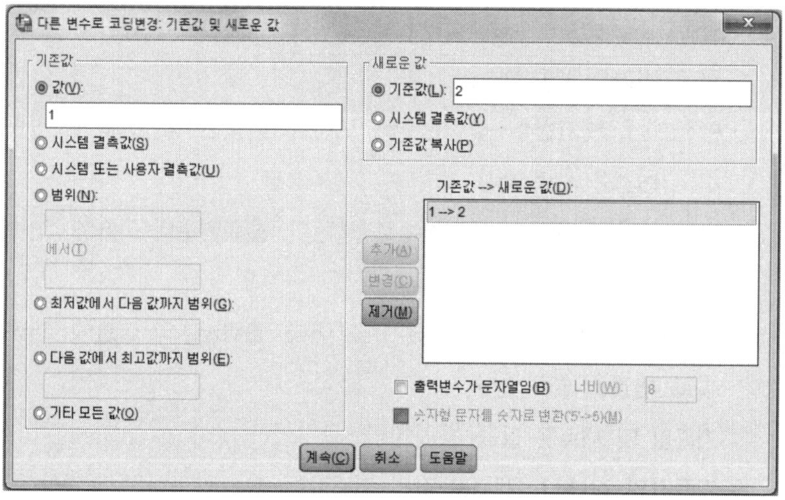

〈그림 4-11〉 다른 변수로 코딩변경 – 1을 2로 변환

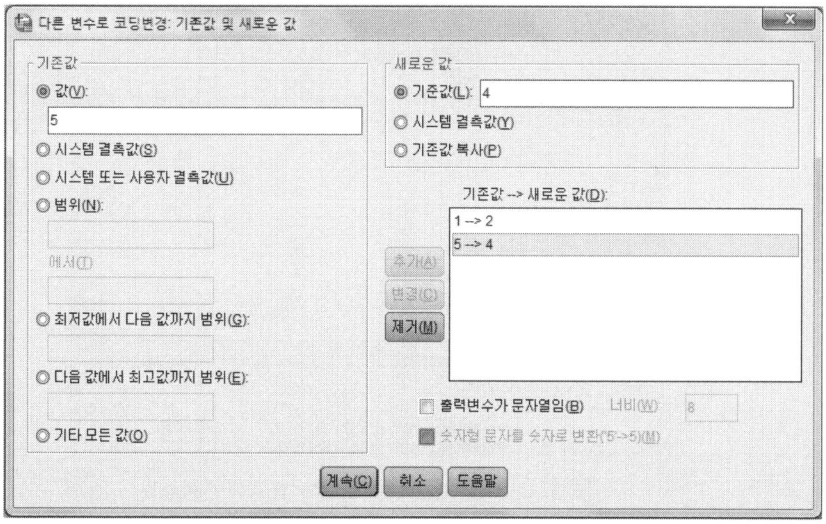

〈그림 4-12〉 다른 변수로 코딩변경 – 5를 4로 변환

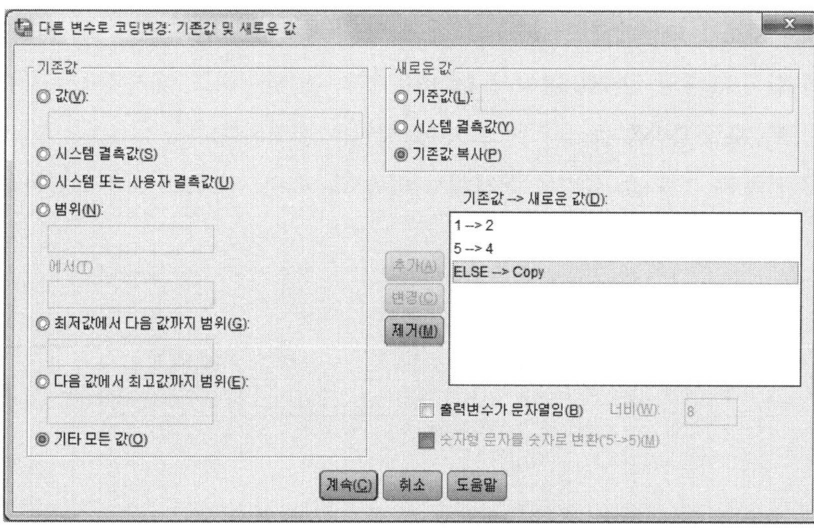

〈그림 4-13〉 다른 변수로 코딩변경 – 기타 모든 값 기존값 복사

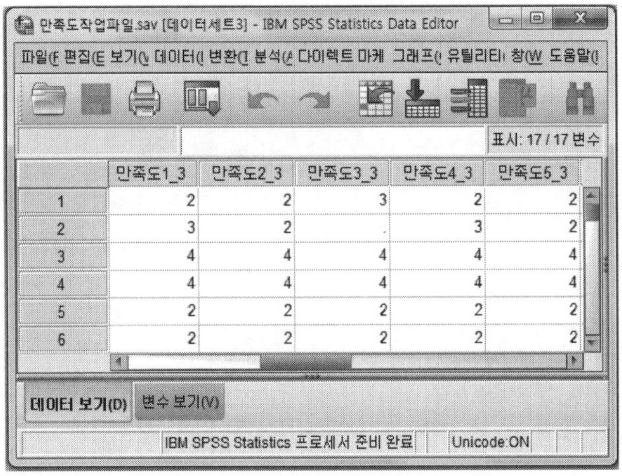

〈그림 4-14〉 다른 변수로 코딩변경 – 변환결과

(2) 값 레이블

① **변수보기** 화면에서 **만족도1**의 값 설명을 **복사**해서 **만족도1_1**에 **붙여넣기** 한다.

② **만족도1_1**의 **값 레이블**에서 **1=‘매우 만족’**을 클릭하고 **제거**를 클릭한다.

③ **5=‘매우 불만족’**을 클릭하고 **제거, 확인**을 클릭한다.

④ **만족도1_1**의 값 설명을 **복사**해서 **만족도2_3**부터 **만족도5_3**까지 **붙여넣기** 한다.

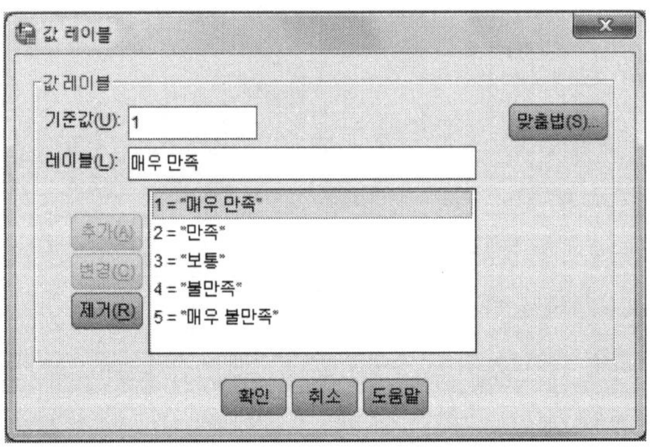

〈그림 4-15〉 기존의 값 설명 중 필요 없는 부분 제거

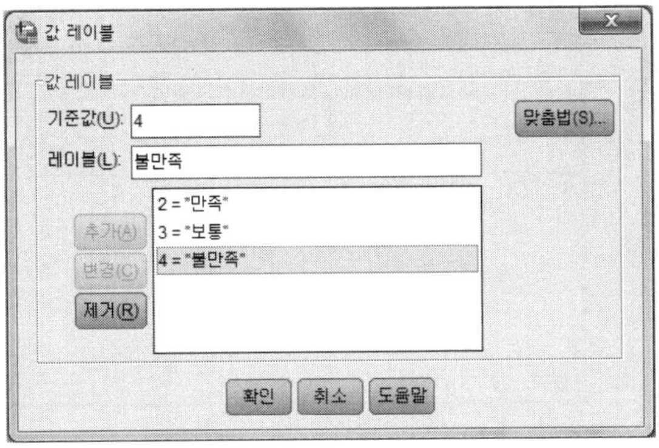

〈그림 4-16〉 만족도1_1의 값 레이블

(3) 코딩변경 결과 확인

① **분석-기술통계량-교차분석**을 선택한다.

② **행**에 **만족도1**, **열**에 **만족도1_3**을 보내고 **확인**을 클릭한다.

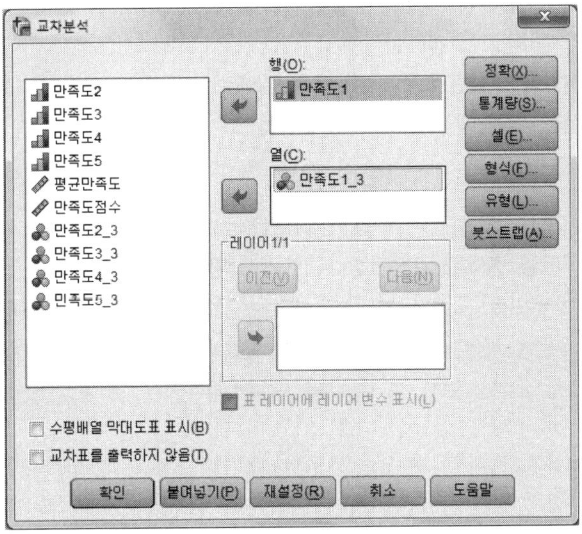

〈그림 4-17〉 코딩변경 결과 확인 – 교차분석

〈그림 4-18〉을 보면 만족도1의 만족과 매우 만족은 만족도1_3에서 만족으로, 만족도1의 보통은 만족도1_3에서 보통으로, 만족도1의 매우 불만족과 불만족은 만족도1_3의 불만족으로 변환되었다.

만족도1 * 만족도1_3 교차표

빈도

		만족도1_3			전체
		만족	보통	불만족	
만족도1	매우 만족	1	0	0	1
	만족	2	0	0	2
	보통	0	2	0	2
	불만족	0	0	1	1
	매우 불만족	0	0	2	2
전체		3	2	3	8

〈그림 4-18〉 교차분석 결과

TIP

다른 변수로 코딩변경

- **출력변수** : 기존 변수의 값을 변환해서 저장할 새로운 변수 이름
- **변경** : 기존 변수에 새로운 변수를 할당
- **기존값 및 새로운 값** : 기존 변수의 값을 새로운 변수의 어떤 값으로 변환할지에 대한 변환작업 내용을 설정
- **조건** : 변환작업을 모든 케이스가 아닌 특정 조건을 만족하는 케이스에 대해서만 실행하려고 할 때 설정
- **붙여넣기** : 작업 내용이 명령문 파일에 syntax 형태로 입력
- **재설정** : 화면에 보이는 모든 설정을 초기화

TIP

변환-다른 변수로 코딩변경 시 주의 사항

새로운 변수로 코딩변경할 때 변환 작업을 하지 않은 값은 결측(.)으로 처리되기 때문에 값이 변경되지 않는 값도 새 변수로 옮겨주는 작업이 필요하다.

TIP

변환 결과 확인 : 범주형 변수(질적변수)를 범주형 변수로 코딩변경한 경우

분석-기술통계량-교차분석에서 행과 열에 원변수와 새롭게 생성된 변수를 각각 보내 교차표를 작성하고 코딩 값이 맞게 변환되었는지 확인한다.

4.2.2 역코딩하기

1 '매우 만족', 2 '만족', 3 '보통', 4 '불만족', 5 '매우 불만족'의 5점 척도로 측정한 5개 문항의 범주를 1 '매우 불만족', 2 '불만족', 3 '보통', 4 '만족', 5 '매

우 만족'의 5점 척도로 변환해보자.

만족도.sav 파일을 불러온다.

(1) 코딩변경

① **변환–다른 변수로 코딩변경**을 선택한다.

② **만족도1**을 **입력변수(숫자변수)→출력변수**로 보낸다. **출력변수**의 **이름**에 '만족도1역'을 입력하고 **변경**을 클릭한다.

③ **만족도2**를 **숫자변수→출력변수**로 보낸다. **출력변수**의 **이름**에 '만족도2역'을 입력하고 **변경**을 클릭한다.

④ **만족도3**을 **숫자변수→출력변수**로 보낸다. **출력변수**의 **이름**에 '만족도3역'을 입력하고 **변경**을 클릭한다.

⑤ **만족도4**를 **숫자변수→출력변수**로 보낸다. **출력변수**의 **이름**에 '만족도4역'을 입력하고 **변경**을 클릭한다.

⑥ **만족도5**를 **숫자변수→출력변수**로 보낸다. **출력변수**의 **이름**에 '만족도5역'을 입력하고 **변경**을 클릭한다.

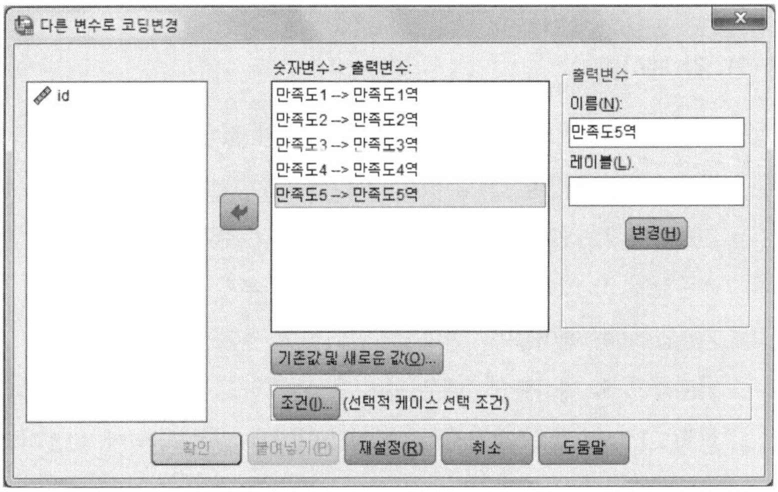

〈그림 4-19〉 다른 변수로 코딩변경 – 코딩변경할 변수에 새 이름 할당

⑦ **기존값 및 새로운 값**을 클릭한다.

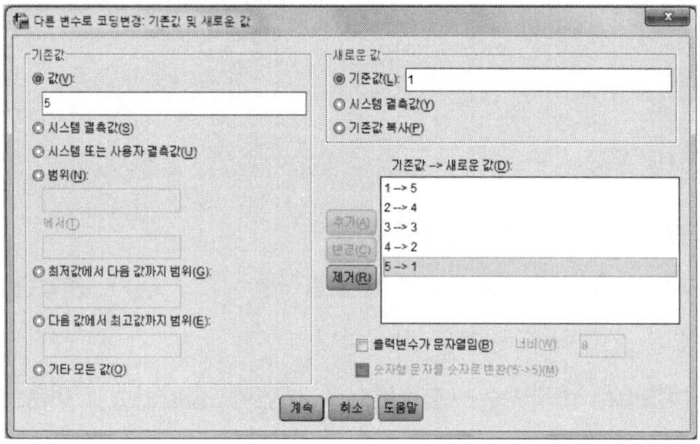

〈그림 4-20〉 다른 변수로 코딩변경 - 역으로 변환

⑧ **기존값**의 **값**에 **1**, **새로운 값**의 **기준값**에 **5**를 입력하고 **추가**를 클릭한다.

⑨ **기존값**의 **값**에 **2**, **새로운 값**의 **기준값**에 **4**를 입력하고 **추가**를 클릭한다.

⑩ **기존값**의 **값**에 **3**, **새로운 값**의 **기준값**에 **3**을 입력하고 **추가**를 클릭한다.

⑪ **기존값**의 **값**에 **4**, **새로운 값**의 **기준값**에 **2**를 입력하고 **추가**를 클릭한다.

⑫ **기존값**의 **값**에 **5**, **새로운 값**의 **기준값**에 **1**을 입력하고 **추가**를 클릭한다.

⑬ **계속**, **확인**을 클릭한다.

(2) 값 레이블

① 데이터의 **변수 보기** 화면에서 **만족도1역**의 **값**의 **값 레이블**에서 **기준값**에 **1**, **레이블**에 '**매우 불만족**'을 입력하고 **추가**를 클릭한다.

② **기준값**에 **2**, **레이블**에 '**불만족**'을 입력하고 **추가**를 클릭한다.

③ **기준값**에 **3**, **레이블**에 '**보통**'을 입력하고 **추가**를 클릭한다.

④ **기준값**에 **4**, **레이블**에 '**만족**'을 입력하고 **추가**를 클릭한다.

⑤ **기준값**에 **5**, **레이블**에 '**매우 만족**'을 입력하고 **추가**, **확인**을 클릭한다.

⑥ **만족도1역**의 값을 **복사**해서 **만족도2역**에서 **만족도5역**까지 **붙여넣기** 한다.

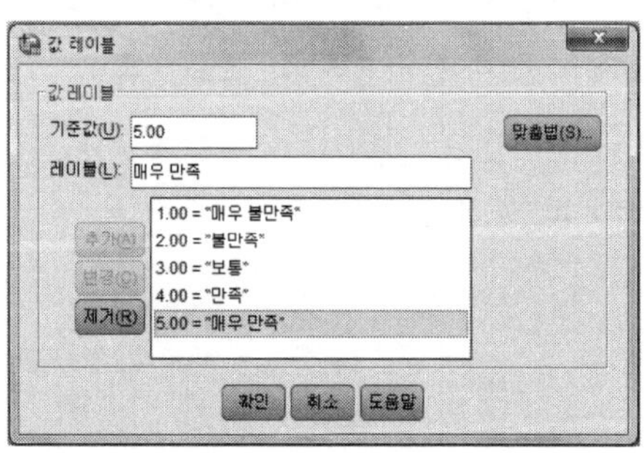

〈그림 4-21〉 만족도1역의 값 설명

예제4-1.1 사교육 실태조사 자료에서 한 달 사교육비와 사교육 자출 비율, 소득의 응답 빈도를 확인하고, 필요한 경우 분석하기에 적합한 형태로 범주를 수정하라(사교육실태조사.sav). □

〈표 4-5〉 사교육 실태조사 설문지

1. 거주지
   ① 서울　② 광역시　③ 시 지역　④ 읍/면 지역

2. 자녀는 초·중·고등학교 중 어디에 재학 중입니까? 자녀수를 기록해 주세요.
   ① 초등학교 (　)명　② 중학교 (　)명　③ 고등학교 (　)명

3. 성별　① 남자　② 여자

4. 연령　만(　)세

5. 자녀에게 학교 수업 외의 사교육을 시키고 있습니까?
   ① 있다　② 없다

   5-1 사교육을 시키고 있는 자녀는 몇 명입니까?
   ① 초등학교 (　)명　② 중학교 (　)명　③ 고등학교 (　)명

   5-2 어떤 종류의 사교육을 시키고 있습니까?
   ① 개인과외　② 그룹과외　③ 학원수강
   ④ 학습지 괴외　⑤ 통신과외　⑥ 기타 (　)

6. 한 달에 소요되는 사교육비는 대략 어느 정도입니까? (　)만원

   6-1 가계소득에서 자녀의 사교육비가 차지하는 비율은 어느 정도입니까?
   ① 5% 이내　② 6-10%　③ 11-15%　④ 16-20%
   ⑤ 21-30%　⑥ 31-40%　⑦ 41% 이상

7. 본인의 학력은?
   ① 국졸 이하　② 중졸　③ 고졸　④ 대재 이상

   7-1 배우자의 학력은?
   ① 국졸 이하　② 중졸　③ 고졸　④ 대재 이상

8. 보너스를 포함한 월평균 소득은 얼마나 됩니까?
   ① 100만원 이하　② 101-200만원　③ 201-300만원　④ 301만원 이상

(1) 원자료 빈도확인

사교육실태조사.sav 파일을 불러온다.

① **분석-기술통계량-빈도분석**을 선택한다.

② **변수**에 **사교육비**, **사교육비율**, **소득**을 보내고 **확인**을 클릭한다.

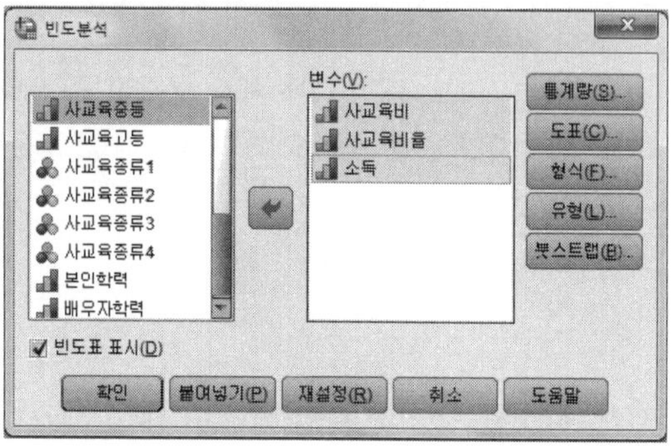

〈그림 4-22〉 빈도분석

〈그림 4-23〉에서 변수별로 응답빈도가 낮은 범주를 보면 한 달 사교육비는 50만원 이상이 12명(4.8%), 소득은 301만원 이상이 22명(8.9%)이다. 그런데 사교육비 지출비율은 31~40%와 41%이상의 응답빈도가 각각 5명(2.0%)과 1명(0.4%)으로 매우 낮아서 사교육 지출비율을 나눈 마지막 범주를 31%이상이나 21%이상으로 수정하는 것을 고려해 볼 수 있다. 여기서는 21%이상으로 범주를 수정(범주 6, 7을 범주 5로 수정)해 보자.

(2) 코딩변경

① **변환-다른 변수로 코딩변경**을 선택한다.

② **사교육비율**을 **입력변수(숫자변수)** → **출력변수**로 보낸다. **출력변수**의 **이름**에 '**사교육비율5**'를 입력하고 **바꾸기**를 클릭한다.

③ **기존값 및 새로운 값**을 클릭한다.

④ **기존값**의 **범위**에 **6, 7**, **새로운 값**의 **기준값**에 **5**를 입력하고 **추가**를 클릭한다.

⑤ **기존값**의 **기타 모든 값**, **새로운 값**의 **기존값 복사**를 선택하고 **추가**를 클릭한다.

⑥ **계속**, **확인**을 클릭한다.

한달사교육비(만원)

		빈도	퍼센트	유효 퍼센트	누적 퍼센트
유효	10만원 미만	25	10.1	17.9	17.9
	10~19 만원	46	18.5	32.9	50.7
	20~29 만원	31	12.5	22.1	72.9
	30~49 만원	26	10.5	18.6	91.4
	50만원 이상	12	4.8	8.6	100.0
	전체	140	56.5	100.0	
결측	시스템	108	43.5		
전체		248	100.0		

사교육비지출비율

		빈도	퍼센트	유효 퍼센트	누적 퍼센트
유효	5%이내	42	16.9	30.7	30.7
	6~10%	41	16.5	29.9	60.6
	11~15%	15	6.0	10.9	71.5
	16~20%	20	8.1	14.6	86.1
	21~30%	13	5.2	9.5	95.6
	31~40%	5	2.0	3.6	99.3
	41%이상	1	.4	.7	100.0
	전체	137	55.2	100.0	
결측	시스템	111	44.8		
전체		248	100.0		

소득

		빈도	퍼센트	유효 퍼센트	누적 퍼센트
유효	100만원 이하	52	21.0	21.0	21.0
	101~200만원	117	47.2	47.2	68.1
	201~300만원	57	23.0	23.0	91.1
	301만원 이상	22	8.9	8.9	100.0
	전체	248	100.0	100.0	

〈그림 4-23〉 한 달 사교육비, 사교육비 지출 비율, 소득 빈도

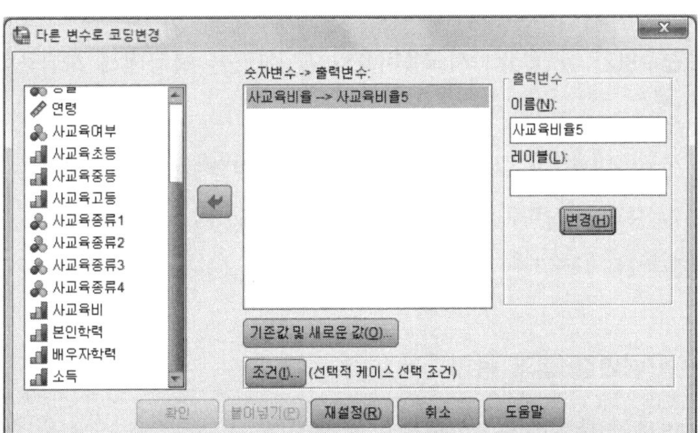

〈그림 4-24〉 다른 변수로 코딩변경 – 사교육비율

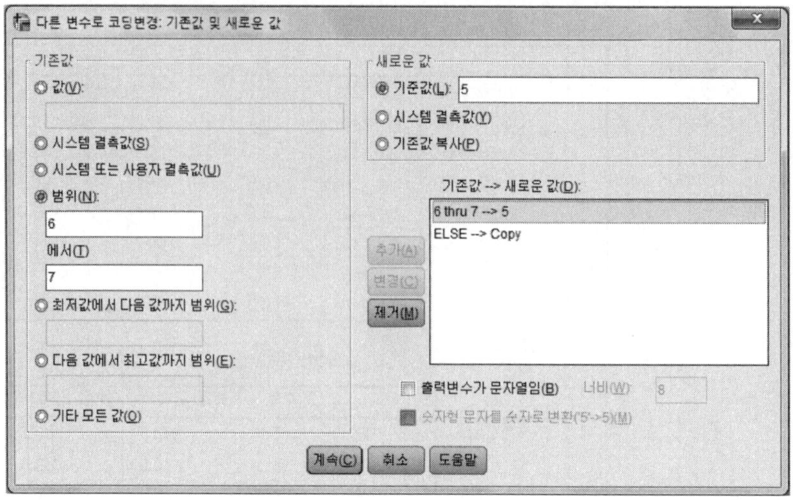

〈그림 4-25〉 다른 변수로 코딩변경

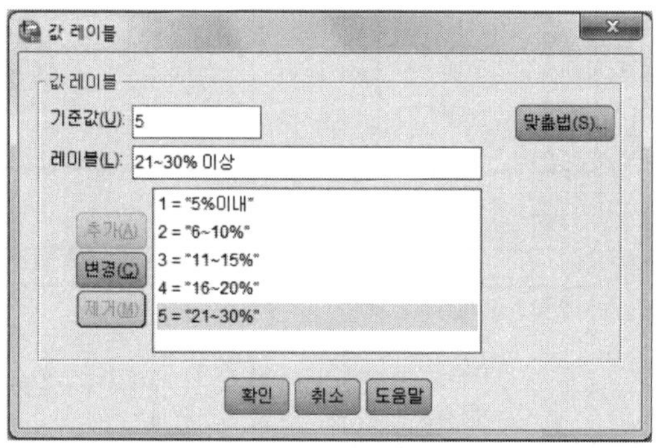

〈그림 4-26〉 변수값 설명

(3) 값설명

① **변수보기** 화면에서 **사교육비율**의 값 설명을 **복사**해서 **사교육비율5**에 **붙여넣기** 한다.

② **사교육비율5**의 **값 레이블**에서 6=**"31~40%"**를 클릭, **제거**를 클릭한다.

③ **7="41%이상"**을 클릭, **제거**를 클릭한다.

④ 5=**"21~43%"**를 클릭, **'21%이상'**을 입력하고 **변경**, **확인**을 클릭한다.

(4) 코딩변경 결과 확인

① **분석-기술통계량-교차분석**을 선택한다.

② **행**에 **사교육비율**, **열**에 **사교육비율5**를 보내고 **확인**을 클릭한다.

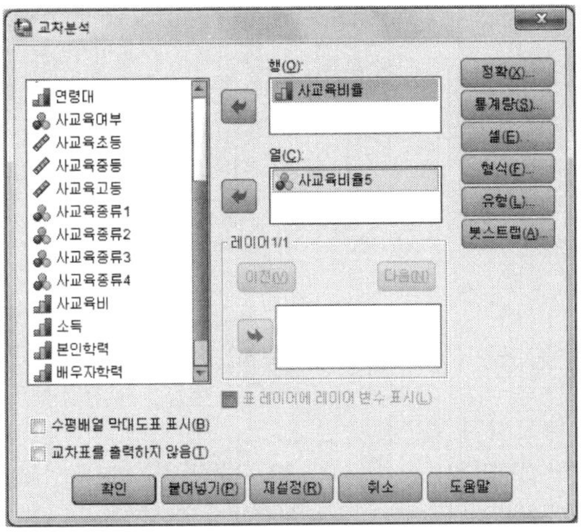

〈그림 4-27〉 교차분석

사교육비지출비율 * 사교육비율5 교차표

빈도

		사교육비율5					전체
		5%이내	6~10%	11~15%	16~20%	21%이상	
사교육비지출비율	5%이내	42	0	0	0	0	42
	6~10%	0	41	0	0	0	41
	11~15%	0	0	15	0	0	15
	16~20%	0	0	0	20	0	20
	21~30%	0	0	0	0	13	13
	31~40%	0	0	0	0	5	5
	41%이상	0	0	0	0	1	1
전체		42	41	15	20	19	137

〈그림 4-28〉 교차분석 결과

(5) 새롭게 생성된 변수이름 레이블

새롭게 생성된 사교육비율5가 출력결과에 사교육지출비율로 출력될 수 있도록 **변수 보기** 화면에서 **사교육비율5**의 **레이블**에 '**사교육지출비율**'을 입력한다.

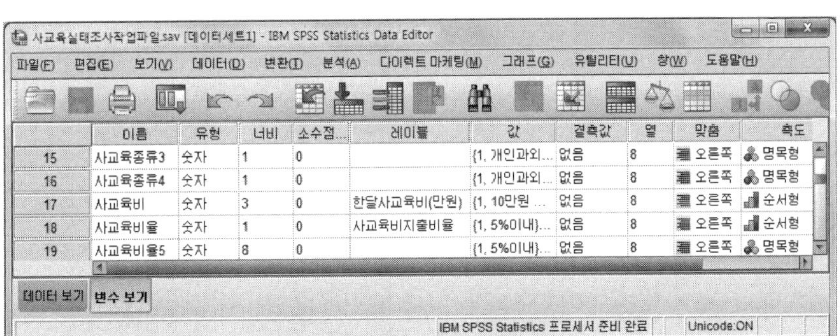

〈그림 4-29〉 변수이름 레이블

예제 4-2 해외연수 자료에서 부학력과 모학력의 응답 빈도를 확인하고, 필요한 경우 분석에 이용하기에 적합한 형태로 범주를 변환하라(해외연수.sav).

〈표 4-6〉 해외연수 실태조사 설문지

1. 성별 ① 남 ② 여

2. 현재 부모님과 함께 거주하는 지역
   ① 서울, 경기(인천) ② 충청도(대전)

3. 현재 부모님의 한 달 수입
   ① 150-200만원 ② 200-300만원 ③ 300-400만원
   ④ 400-500만원 ⑤ 500만원 이상

4. 아버지의 최종 학력
   ① 초등학교 졸 ② 중졸 ③ 고졸 ④ 대졸 ⑤ 대학원 졸

5. 어머니의 최종 학력
   ① 초등학교 졸 ② 중졸 ③ 고졸 ④ 대졸 ⑤ 대학원 졸

6. 해외연수 경험 유무 ① 있다 ② 없다

7. 해외 연수 경험이 있다면 연수지역을 모두 쓰시오. ____________________

8. TOEIC 점수는 ____________________

(1) 원자료 빈도분석

해외연수.sav 파일을 불러온다.

① **분석-기술통계량-빈도분석**을 선택한다.

② **변수**에 **부학력, 모학력**을 보내고 **확인**을 클릭한다.

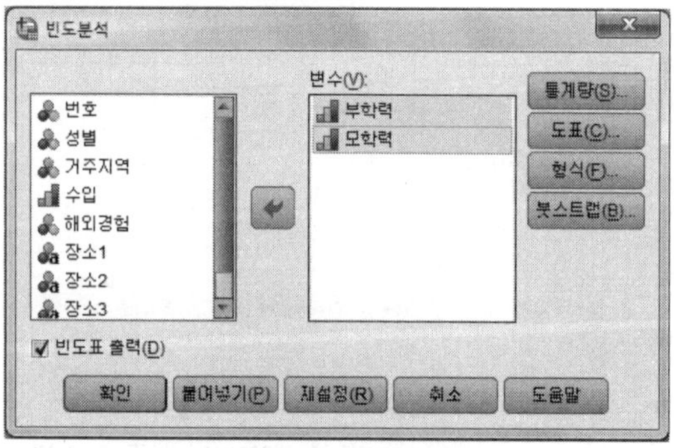

〈그림 4-30〉 빈도분석

〈그림 4-31〉을 보면 부학력은 초졸의 빈도가 4명이고 모학력은 초졸과 대학원졸이 5명으로 응답빈도가 적어서 부학력은 초졸(1)을 중졸(2)에 합하고, 모학력은 초졸(1)을 중졸(2)에, 대학원졸(5)을 대졸(4)에 합하는 것을 고려해 볼 수 있다.

범주를 합하는 작업은 응답빈도와 함께 범주 수정이 연구 목적과 부합하는지 자료의 특성을 고려해서 결정해야 한다.

부학력

		빈도	퍼센트	유효 퍼센트	누적퍼센트
유효	초졸	4	1.9	1.9	1.9
	중졸	12	5.6	5.6	7.4
	고졸	116	53.7	53.7	61.1
	대졸	62	28.7	28.7	89.8
	대학원졸	22	10.2	10.2	100.0
	합계	216	100.0	100.0	

모학력

		빈도	퍼센트	유효 퍼센트	누적퍼센트
유효	초졸	5	2.3	2.3	2.3
	중졸	17	7.9	7.9	10.2
	고졸	146	67.6	67.6	77.8
	대졸	43	19.9	19.9	97.7
	대학원졸	5	2.3	2.3	100.0
	합계	216	100.0	100.0	

〈그림 4-31〉 부학력, 모학력의 빈도분석 결과

(2) 부학력의 범주 수정

① **변환–다른 변수로 코딩변경**을 선택하고 **재설정**을 클릭한다.

② **입력변수(숫자 변수)→출력변수**에 **부학력**, **출력변수**의 **이름**에 '**부학력4**'를 입력하고 **변경**을 클릭한다.

③ **기존값 및 새로운 값**을 클릭한다.

④ **기존값**의 **값**에 **1**, **새로운 값**의 **기준값**에 **2**를 입력하고 **추가**를 클릭한다.

⑤ **기존값**의 **기타 모든 값**, **새로운 값**의 **기존값 복사**를 선택하고 **추가**, **계속**, **확인**을 클릭한다.

⑥ **변수 보기** 화면에서 **부학력**의 **값**을 **복사**해서 **부학력4**에 **붙여넣기** 한다.

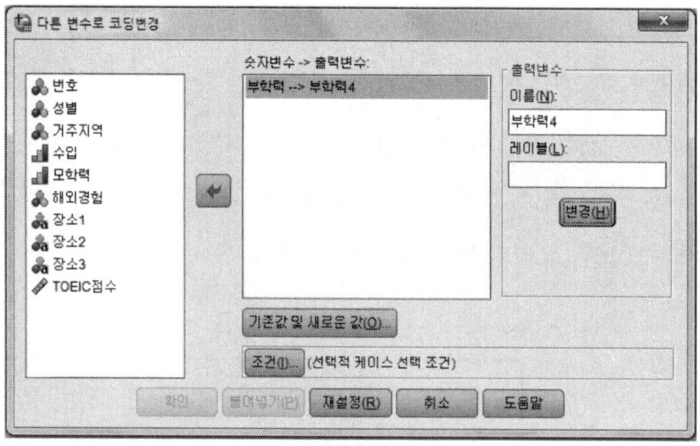

〈그림 4-32〉 다른 변수로 코딩변경 – 부학력

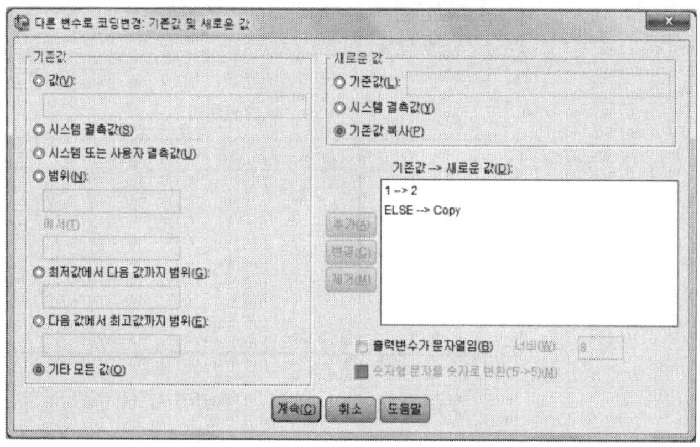

〈그림 4-33〉 다른 변수로 코딩변경 – 부학력의 1을 2로 변경

(3) 부학력4 값설명

① **변수 보기** 화면에서 **부학력**의 **값**을 **복사**해서 **부학력4**에 **붙여넣기** 한다.

② **변수 보기** 화면에서 **부학력4**의 **값**에서 1= **"초졸"**을 클릭, **제외**를 클릭한다.

③ 2= **"중졸"**을 클릭, **레이블**을 **'중졸 이하'** 로 수정하고 **변경**, **확인**을 클릭한다.

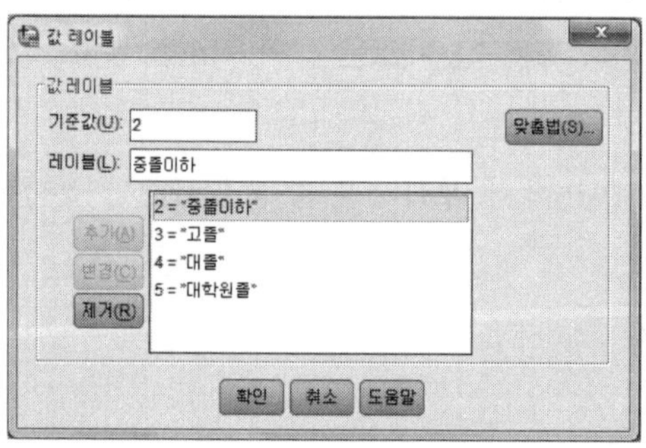

〈그림 4-34〉 부학력4 값설명

(4) 모학력의 범주 수정

① **변환-다른 변수로 코딩변경**을 선택하고 **재설정**을 클릭한다.

② **입력변수(숫자 변수)→출력변수**에 **모학력**, **출력변수**의 **이름**에 '**모학력3**'을 입력하고 **변경**을 클릭한다.

③ **기존값 및 새로운 값**을 클릭한다.

④ **기존값**의 **값**에 **1**, **새로운 값**의 **기준값**에 **2**를 입력하고 **추가**를 클릭한다.

⑤ **기존값**의 **값**에 **5**, **새로운 값**의 **기준값**에 **4**를 입력하고 **추가**를 클릭한다.

⑥ **기존값**의 **기타 모든 값**을 선택, **새로운 값**의 **기존값 복사**를 선택하고 **추가**를 클릭한다.

⑦ **계속**, **확인**을 클릭한다.

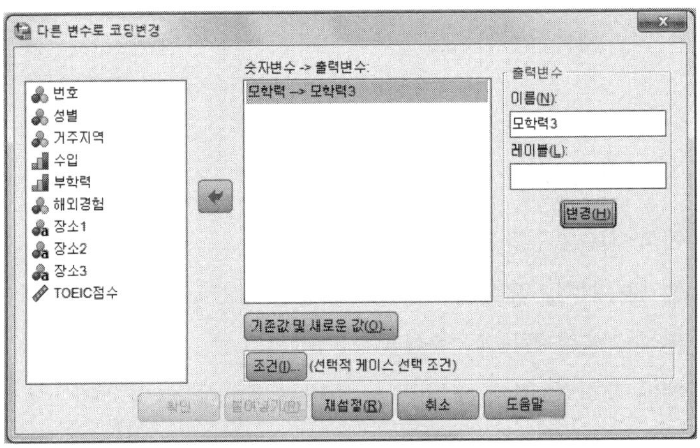

〈그림 4-35〉 다른 변수로 코딩변경 - 모학력

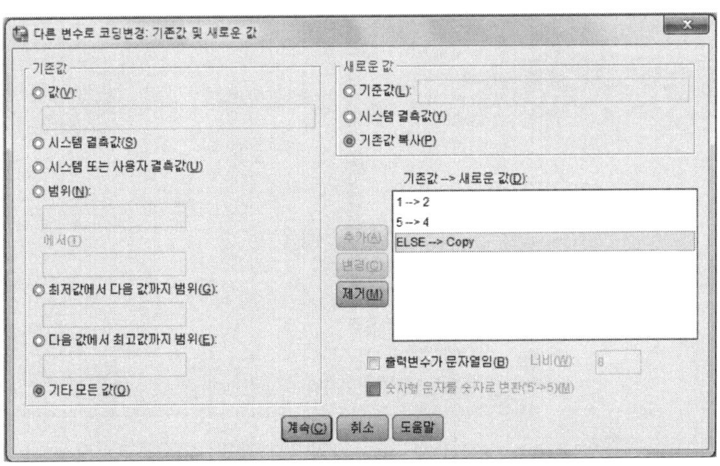

〈그림 4-36〉 다른 변수로 코딩변경 - 모학력의 1을 2, 5를 4로 변경

(5) 모학력3 값설명

① **변수 보기** 화면에서 **부학력4**의 **값**을 **복사**해서 **모학력3**에 **붙여넣기** 한다.
② 4= **"대졸"**을 클릭, **레이블**을 **'대졸이상'**으로 수정하고 **변경**을 클릭한다.
③ 5= **"대학원졸"**을 선택하고 **제거**, **확인**을 클릭한다.

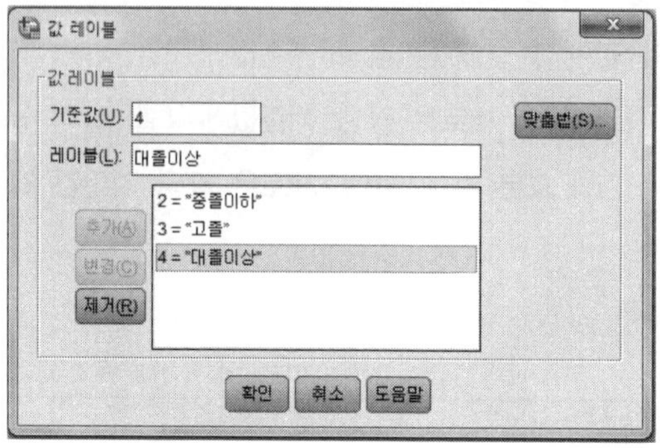

〈그림 4-37〉 모학력3 값설명 변경

(6) 범주 변경 결과 확인

① **분석-기술통계량-교차분석**을 선택한다.
② **행**에 **부학력**, **열**에 **부학력4**를 보내고 **확인**을 클릭한다.
③ **분석-기술통계량-교차분석**을 선택한다.
④ **행**에 **모학력**, **열**에 **모학력3**을 보내고 **확인**을 클릭한다.

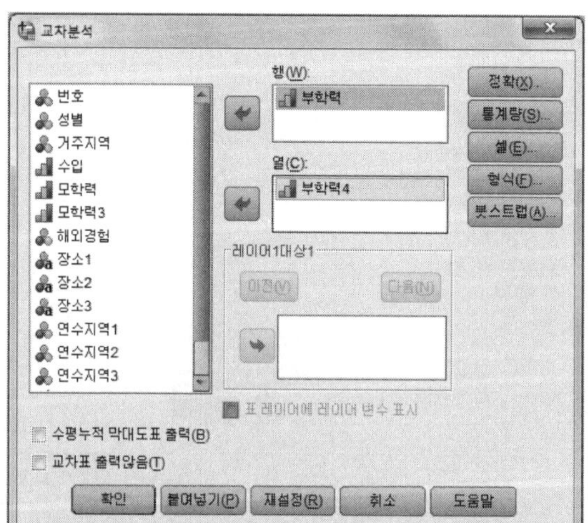

〈그림 4-38〉 코딩변경 결과 확인 – 교차분석

〈그림 4-39〉, 〈그림 4-40〉을 보면 부학력은 초졸과 중졸이 중졸이하로, 모학력은 초졸과 중졸이 중졸 이하로, 대졸과 대학원졸이 대졸이상으로 변환되었다.

부학력 * 부학력4 교차표

빈도

		부학력4				전체
		중졸이하	고졸	대졸	대학원졸	
부학력	초졸	4	0	0	0	4
	중졸	12	0	0	0	12
	고졸	0	116	0	0	116
	대졸	0	0	62	0	62
	대학원졸	0	0	0	22	22
전체		16	116	62	22	216

〈그림 4-39〉 부학력 교차분석 결과

모학력 * 모학력3 교차표

빈도

		모학력3			전체
		중졸이하	고졸	대졸이상	
모학력	초졸	5	0	0	5
	중졸	17	0	0	17
	고졸	0	146	0	146
	대졸	0	0	43	43
	대학원졸	0	0	5	5
전체		22	146	48	216

〈그림 4-40〉 모학력 교차분석 결과

(7) 새롭게 생성된 변수 레이블

새롭게 생성된 변수의 이름이 출력결과에 부학력과 모학력으로 출력될 수 있도록 **변수 보기** 화면에서 부학력4와 모학력3의 **레이블**에 **'부학력'**과 **'모학력'**을 입력한다.

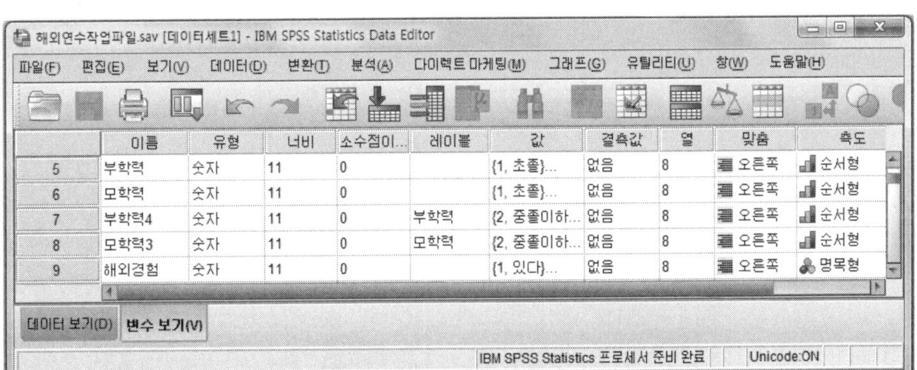

〈그림 4-41〉 변수이름 – 레이블

4.3 시각적 구간화

사교육 실태조사 자료에서 연령을 34세 이하, 35~39세, 40~44세, 45~49세, 50세 이상으로 나누어 보자.

사교육실태조사.sav 파일을 불러온다.

(1) 연령을 구간으로 나누기

① **변환-시각적 구간화**를 선택한다.

② **변수**에 있는 **연령**을 **구간화할 변수**로 보내고 **계속**을 클릭한다.

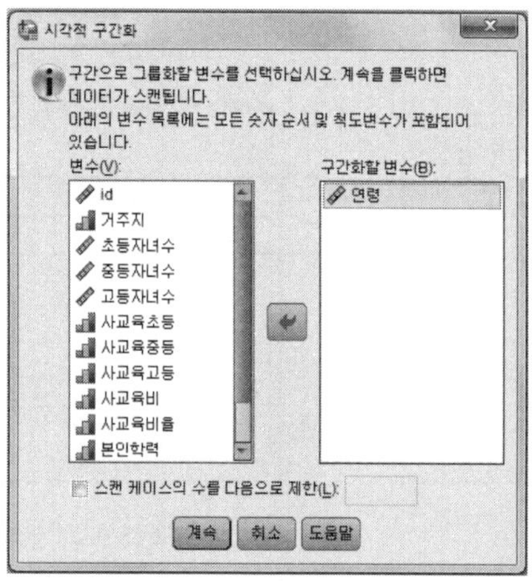

〈그림 4-42〉 시각적 구간화

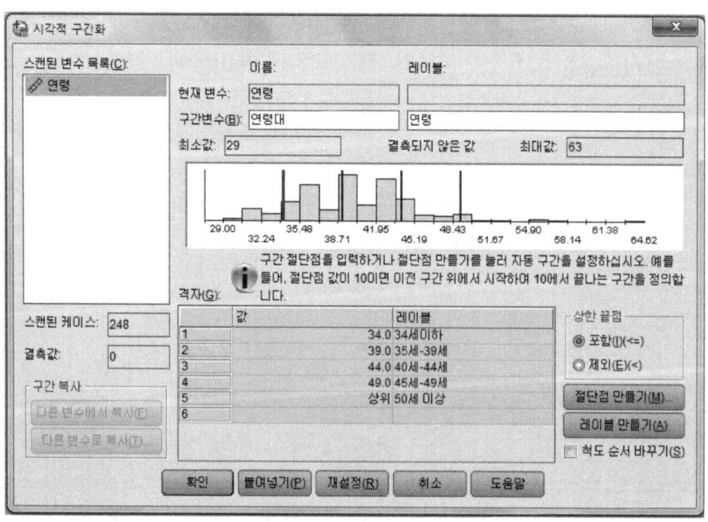

〈그림 4-43〉 시각적 구간화

③ **빈 변수**에 '**연연령대**', **설명**의 **연령(구간)**을 '**연령**'으로 수정한다.

④ **값**의 첫 번째 행에 **34**를 입력하고 Enter↵를 클릭한다.

⑤ **값**의 두 번째 행에 **39**를 입력하고 Enter↵를 클릭한다.

⑥ **값**의 세 번째 행에 **44**를 입력하고 Enter↵를 클릭한다.

⑦ **값**의 네 번째 행에 **49**를 입력하고 Enter↵를 클릭한다.

⑧ **설명**에 각각 34**세 이하**, 35**세**~39**세**, 40**세**~44**세**, 45**세**~49**세**, 50**세 이상**을 입력하고 **확인**을 클릭한다. **설명만들기**를 클릭하면 설정에 맞게 값설명이 자동으로 입력된다.

⑨ 작업한 변수 수가 맞으면 **확인**을 클릭한다.

〈그림 4-44〉 시각적 구간화

(2) 연령대별 빈도확인

① **분석-기술통계량-빈도분석**을 선택한다.

② **변수**에 **연령대**를 보내고 **확인**을 클릭한다.

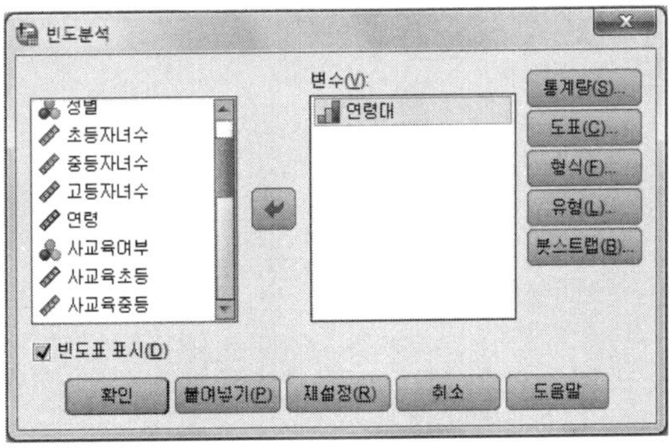

〈그림 4-45〉 빈도분석

연령

		빈도	퍼센트	유효 퍼센트	누적 퍼센트
유효	34세 이하	31	12.5	12.5	12.5
	35세~39세	86	34.7	34.7	47.2
	40세~44세	96	38.7	38.7	85.9
	45세~49세	26	10.5	10.5	96.4
	50세 이상	9	3.6	3.6	100.0
	전체	248	100.0	100.0	

〈그림 4-46〉 빈도분석 결과

(3) 변환결과 확인

① **분석-평균비교-평균분석**을 선택한다.

② **종속변수**에 **연령**, **독립변수**에 **연령대**를 보낸다.

③ **옵션**을 클릭, **최소값**과 **최대값**을 **셀 통계량**으로 보내고 **계속**, **확인**을 클릭한다.

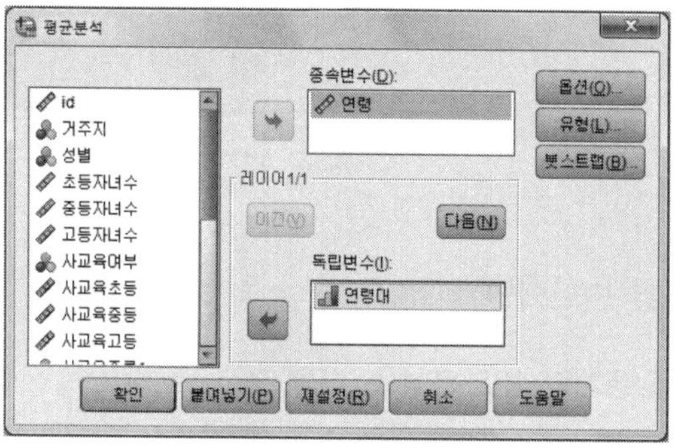

〈그림 4-47〉 평균분석

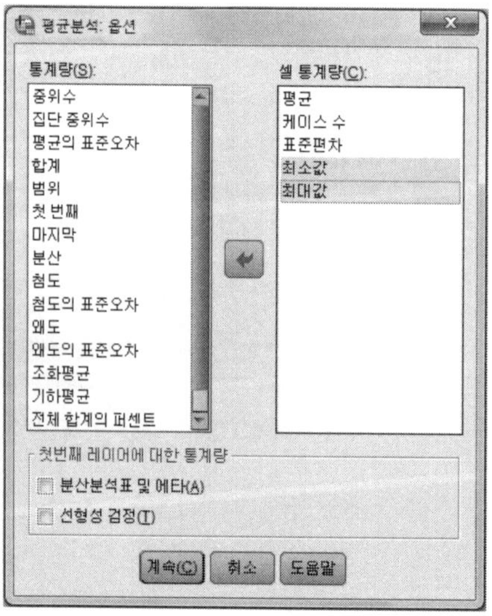

〈그림 4-48〉 평균분석 – 옵션

〈그림 4-49〉를 보면 각 연령 구간의 최소값과 최대값이 범주의 범위를 벗어나지 않게 잘 나누어진 것을 확인할 수 있다.

보고서

연령

연령	평균	N	표준 편차	최소값	최대값
34세 이하	32.45	31	1.410	29	34
35세~39세	37.36	86	1.363	35	39
40세~44세	41.89	96	1.391	40	44
45세~49세	46.23	26	1.423	45	49
50세 이상	53.89	9	4.428	50	63
총계	40.03	248	4.954	29	63

〈그림 4-49〉 평균분석 결과

TIP

시각적 구간화

• **이름**

구간변수 : 기존변수를 변환한 내용을 저장할 변수이름. 기존변수이름과 동일한 이름을 입력하면 기존변수의 값을 잃어버리게 된다.

레이블: 새롭게 생성되는 변수의 레이블을 입력

• **격자**

값 : 각 구간의 경계값에 해당하는 값을 입력

레이블 : 각 구간의 설명을 입력. 레이블 만들기를 이용하여 자동으로 설명을 입력하거나 문자나 숫자 등을 직접 입력할 수 있다.

• **상한 끝점**

포함 : 각 구간을 경계값 이하로 설정

제외 : 각 구간을 경계값 미만으로 설정

• **절단점 만들기** : 동일 간격이나 비율, 평균으로부터 표준편차의 배수인 값 등의 구간 경계점을 구함

동일한 너비 구간

처음 절단점 위치 : 맨 처음 구간의 경계점을 지정

절단점 수 : 구간 경계점의 수로 나누려고 하는 구간수보다 하나 작은 수를 입력

너비 : 각 구간의 간격

검색된 케이스로부터 계산된 동일 크기 백분위수

절단점 수 : 구간 경계점의 수로 나누려고 하는 구간수보다 하나 작은 수를 입력

너비 : 각 구간에 대해 희망하는 비율

검색된 케이스로부터 평균과 표준편차에 근거한 절단점

+/−1 표준편차 : 평균−표준편차와 평균+표준편차를 구간의 경계점으로 설정

+/−2 표준편차 : 평균−2×표준편차와 평균+2×표준편차를 구간의 경계점으로 정함

+/−3 표준편차 : 평균−3×표준편차와 평균+3×표준편차를 구간의 경계점으로 정함

• **레이블 만들기** : 각 구간의 경계값을 이용한 설명을 변수값의 설명에 입력

TIP

변환-시각적 구간화는 연속된 값들을 구간으로 나누는 작업으로 변수의 측도가 명목으로 설정된 변수는 변수 목록에 나타나지 않는다. 따라서 시각적 구간화를 이용해서 변환작업을 하려는 변수가 변수목록에 없는 경우에는 변수 보기 화면에서 측도를 순위나 척도로 변경하면 된다.

TIP

변환 결과 확인 : 연속형 변수(양적 변수)를 범주형 변수(질적변수)로 변환한 경우

분석-평균비교-집단별 평균분석에서 종속변수에 연속형 변수, 독립변수에 범주형 변수(질적변수)를 보내고 옵션에서 최소값과 최대값을 선택해 범주형 변수의 각 범주별로 연속형 변수의 경계값이 맞게 변환되었는지 확인한다.

예제 4-3 해외연수 자료에서 TOEIC 성적을 500점 미만, 500점~700점 미만, 700점 이상의 범주로 구분된 변수를 만들어 보자(해외연수.sav). □

해외연수.sav 파일을 불러온다.

(1) TOEIC 성적을 구간으로 나누기

① **변환-시각적 구간화**를 선택한다.

② **변수**에 있는 TOEIC**점수**를 **구간화할 변수**로 보내고 **계속**을 클릭한다.

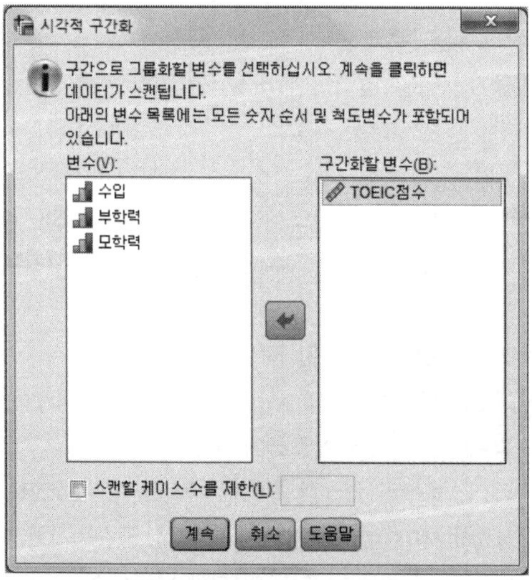

〈그림 4-50〉 시각적 구간화

③ **구간 변수**에 'TOEIC구간', **레이블**의 TOEIC점수(구간)을 'TOEIC점수'로 수정한다.

④ **값**의 첫 번째 행에 **500**을 입력하고 Enter↵를 클릭한다.

⑤ **값**의 두 번째 행에 **700**을 입력하고 Enter↵를 클릭한다.

⑥ **상한 끝점**에서 **제외**를 클릭한다.

⑦ **레이블**에 각각 '499점 이하', '500점~699점', '700점 이상'을 입력하고 **확인**을 클릭한다.

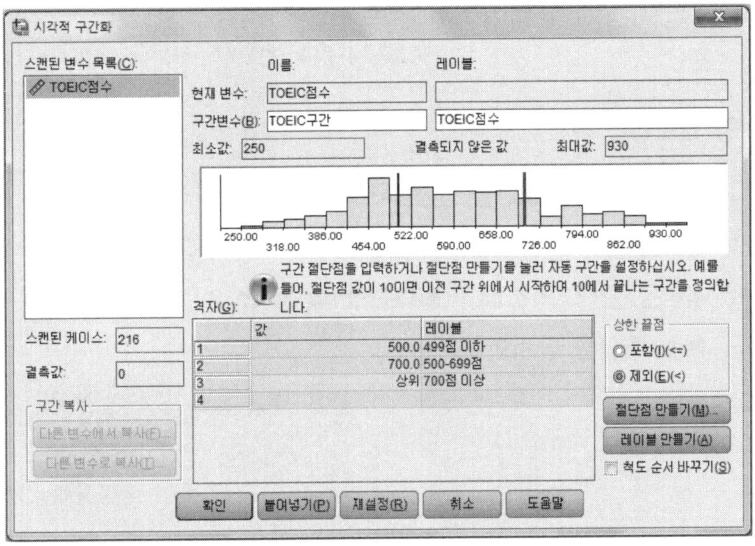

〈그림 4-51〉 시각적 구간화

(2) TOEIC 점수대별 빈도

① **분석-기술통계량-빈도분석**을 선택한다.

② **변수**에 TOEIC구간을 보내고 **확인**을 클릭한다.

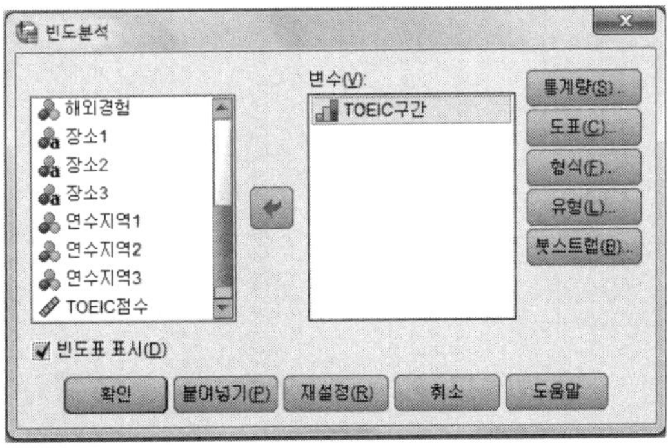

〈그림 4-52〉 빈도분석

〈그림 4-53〉을 보면 500점~699점이 47.7%로 가장 많고 그 다음으로 499점 이하가 30.1%로 많다. 700점 이상은 22.2%이다.

TOEIC점수

		빈도	퍼센트	유효 퍼센트	누적 퍼센트
유효	499점 이하	65	30.1	30.1	30.1
	500점~699점	103	47.7	47.7	77.8
	700점 이상	48	22.2	22.2	100.0
	전체	216	100.0	100.0	

〈그림 4-53〉 빈도분석 결과

(3) 변환결과 확인

① **분석-평균비교-집단별 평균분석**을 선택한다.

② **종속변수**에 TOEIC점수, **독립변수**에 TOEIC구간을 보낸다.

③ **옵션**을 클릭, **최소값**과 **최대값**을 **셀 통계량**으로 보낸다.

④ **계속**, **확인**을 클릭한다.

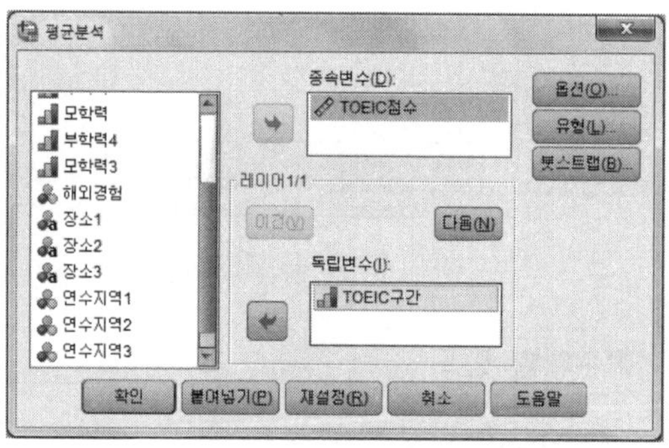

〈그림 4-54〉 평균분석

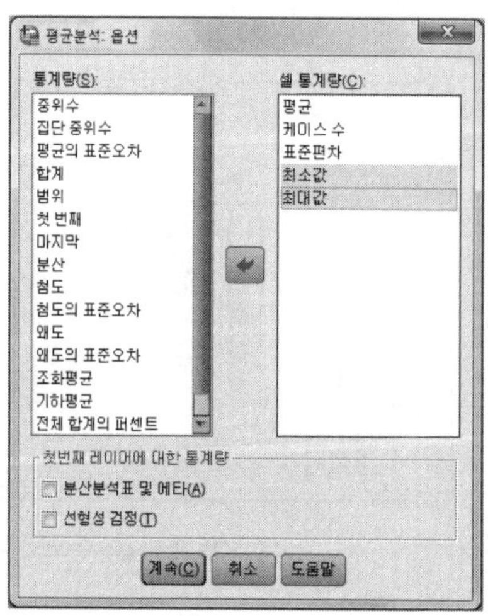

〈그림 4-55〉 평균분석 – 옵션

〈그림 4-56〉의 TOEIC점수 구간의 최소값과 최대값을 보면 범주의 범위에 맞게 구간이 잘 나누어진 것을 확인할 수 있다.

보고서

TOEIC점수

TOEIC점수	평균	N	표준편차	최소값	최대값
499점 이하	426.38	65	54.404	250	495
500점~699점	593.64	103	54.436	500	695
700점 이상	786.25	48	64.317	700	930
합계	586.11	216	140.976	250	930

〈그림 4-56〉 평균분석 결과

예제 4-4 해외연수 자료에서 TOEIC 성적을 하위 25%, 중간 50%, 상위 25%로 변환한 변수를 만들어 보자(해외연수.sav). □

(1) TOEIC 성적을 구간으로 나누기

하위 25%, 중간 50%, 상위 25%로 나누려면 먼저 25%씩 4개의 범주로 나눈 다음 중간 부분을 하나의 범주로 합하면 된다.

① **변환-시각적 구간화**를 선택한다.

② **변수**에 있는 TOEIC**점수**를 **구간화할 변수**로 보내고 **계속**을 클릭한다.

③ **절단점 만들기**를 클릭하고 **스캔된 케이스로부터 계산된 동일크기 백분위수**를 선택한다.

④ **절단점 수**에 **3**을 입력하고 **적용**을 클릭한다.

⑤ 값의 580을 삭제한다.

⑥ **상한 끝점**에서 **포함**이나 **제외**를 클릭한다. 여기서는 **제외**를 선택하자.

⑦ **구간변수**에 'TOEIC비율구간', **레이블**의 TOEIC점수(구간)을 'TOEIC**점수**'로 수정한다.

⑧ **레이블**에 각각 '**하위 25%**', '**중간 50%**', '**상위 25%**'를 입력하고 **확인**을 클릭한다.

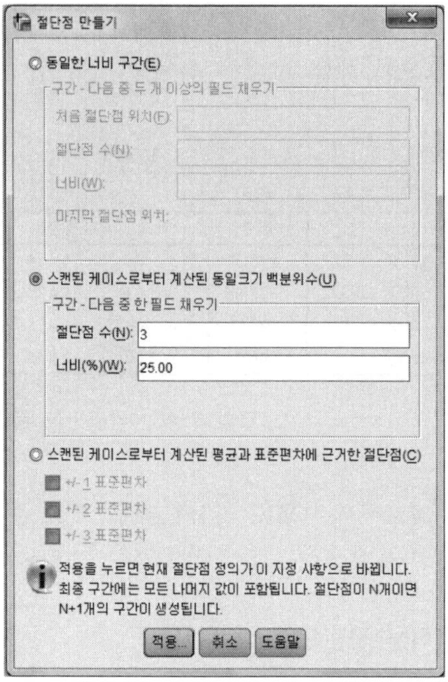

〈그림 4-57〉 시각적 구간화 – 절단점 만들기

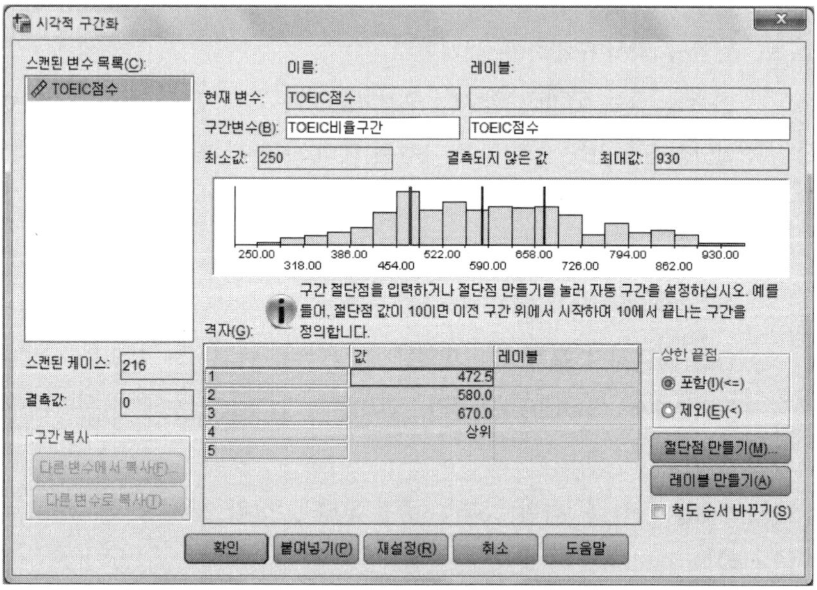

〈그림 4-58〉 시각적 구간화

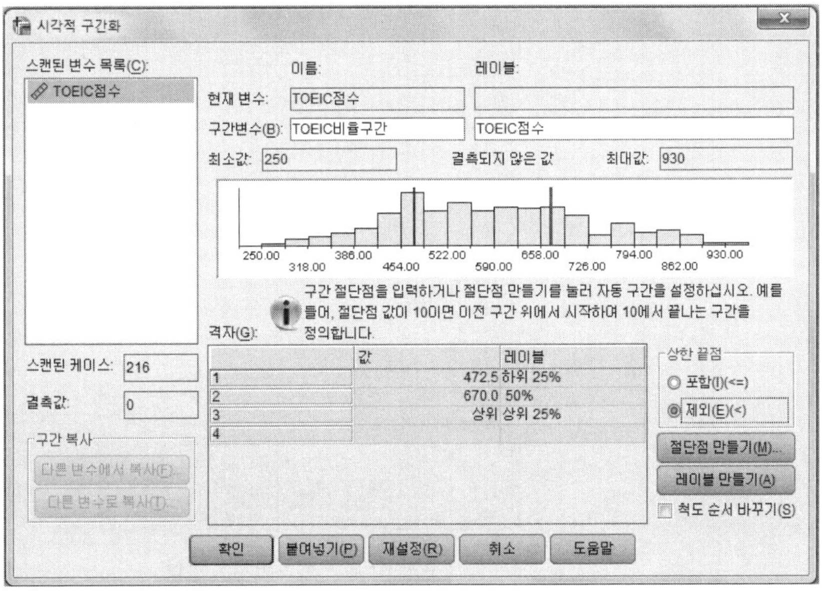

〈그림 4-59〉 시각적 구간화

(2) 변환결과 확인

① **분석-평균비교-집단별 평균분석**을 선택한다.

② **종속변수**에 TOEIC**점수**, **독립변수**에 TOEIC**비율구간**을 보낸다.

③ **옵션**을 클릭, **최소값**과 **최대값**을 **셀 통계량**으로 보내고 **계속, 확인**을 클릭한다.

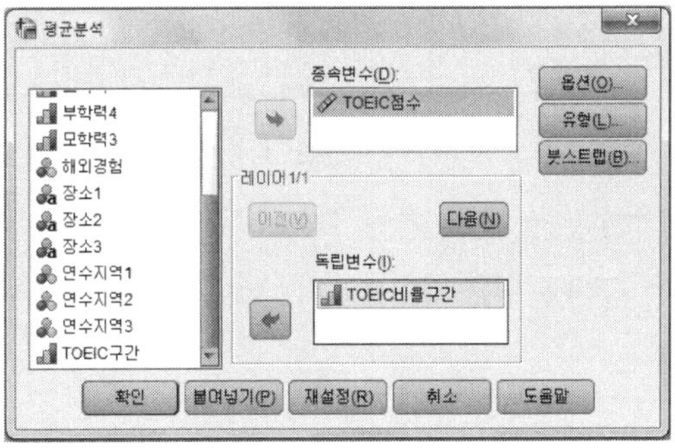

〈그림 4-60〉 평균분석

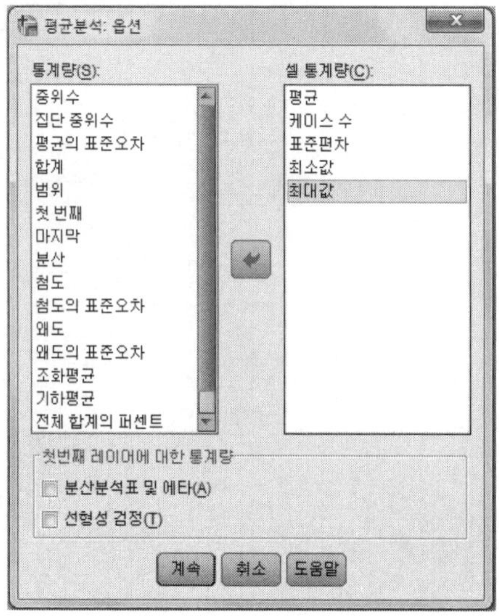

〈그림 4-61〉 평균분석 – 옵션

〈그림 4-62〉를 보면 하위 25%는 470점 이하, 상위 25%는 670점 이상이다. 각 구간의 경계선 점수를 갖는 개체가 2개 이상인 경우가 있을 수 있어서 하위 25%가 54명(25%), 상위 25%가 56명(25.9%)으로 두 구간의 빈도가 차이 날 수 있다.

TOEIC점수

TOEIC점수	평균	N	표준편차	최소값	최대값
하위 25%	414.81	54	52.530	250	470
50%	575.75	106	57.270	475	665
상위 25%	770.89	56	70.628	670	930
전체	586.11	216	140.976	250	930

〈그림 4-62〉 평균분석 결과

05 CHAPTER

파일 합치기

자료를 입력할 때 설문지의 양이 많아서 여러 사람이 나누어서 입력했거나 시간 간격을 두고 조사하여 조사시점별로 조사된 자료를 나누어서 입력한 경우 등 분석해야 할 자료가 여러 개의 파일에 저장이 되어 있으면 자료를 하나의 파일로 만드는 작업이 필요하다.

5.1 케이스 추가

교육전후1.sav 파일에는 번호가 1부터 12번까지인 케이스의 번호, 교육전, 교육

〈그림 5-1〉 교육전후1.sav

〈그림 5-2〉 교육전후2.sav

후, 차이가 입력되어 있고, 교육전후2.sav 파일에는 id가 13부터 24까지인 케이스의 id, 교육전, 교육후가 입력되어 있다. 두 개의 파일에 입력된 자료는 서로 다른 케이스에 대한 자료로 교육전후1.sav 파일에 있는 12개의 케이스에 교육전후2.sav 파일에 있는 12개의 케이스를 추가해서 24개의 케이스에 대한 자료 파일로 만들 수 있다.

교육전후1.sav 파일에 있는 번호와 교육전후2.sav 파일에 있는 id는 같은 변수이지만 두 파일에 이름이 서로 다르게 입력되어 있고, 차이는 교육전후1.sav 파일에만 있다. 이런 상황을 고려하면서 두 개의 파일을 하나의 파일로 만들어 보자.

TIP

케이스 추가를 하는 경우 생길 수 있는 문제점

① 같은 변수의 이름이 두개의 파일에 다르게 입력되어 있는 경우

② 한쪽 파일에는 있는 변수가 다른 쪽 파일에는 없는 경우 – 조사 대상자가 여러 개의 그룹으로 구성된 경우에 대부분의 문항은 모든 그룹에서 동일하지만 일부 문항이 각 그룹별로 다를 수 있다. 그룹별로 설문지가 다른 경우에 동일한 문항은 동일한 변수 이름을 사용해야 그룹별 비교가 가능하다.

교육전후1.sav 파일을 불러온다.

① **데이터–파일 합치기–케이스 추가**를 선택한다. 교육전후1.sav 파일의 자료에 추가할 자료가 있는 파일을 **외부 SPSS Statistics 데이터 파일**에서 **찾아보기**를 하거나 케이스 추가를 하려는 파일이 이미 열려 있는 경우에는 **열려 있는 데이터 파일**에서 원하는 파일을 선택하고 **계속**을 클릭한다.

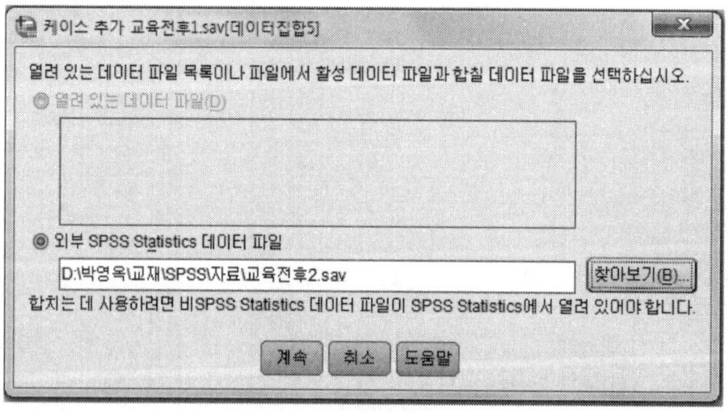

〈그림 5-3〉 케이스 추가

② 케이스를 추가하는 작업으로 두 개의 파일에 모두 있는 변수들은 **새 활성 데이터 세트에 포함될 변수**로, 한쪽 파일에만 있는 변수들은 **대응되지 않은 변수**로 옮겨진다.

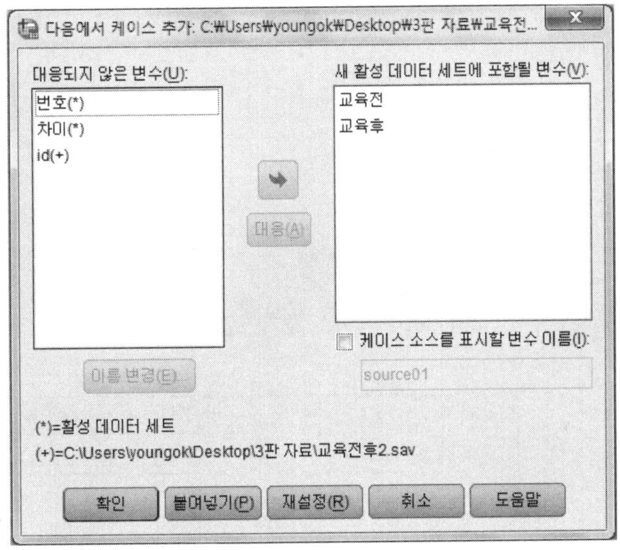

〈그림 5-4〉 케이스 추가 – 대응되지 않는 변수와 대응되는 변수

③ 번호와 id는 같은 변수로 Ctrl키를 이용해서 **번호**와 **id**를 선택하고 **대응**을 클릭하면 **새 활성 데이터 세트에 포함될 변수**에 하나의 변수로 옮겨진다. 번호와 id의 이름은 현재 열려 있는 파일에 있는 이름인 번호로 저장된다. 한쪽 파일에만 있는 변수를 새로운 파일에 포함시키려면 **대응되지 않는 변수**에서 해당하는 변수를 선택하고 ➡를 클릭하여 **새 활성 데이터 세트에 포함될 변수**로 옮긴다. 새롭게 만들려고 하는 파일에 포함시킬 변수 선택이 모두 끝나면 **확인**을 클릭한다. 차이는 교육전후1.sav 파일에만 있는 변수로 번호가 13인 케이스부터 24인 케이스까지는 결측치(.)로 처리된다.

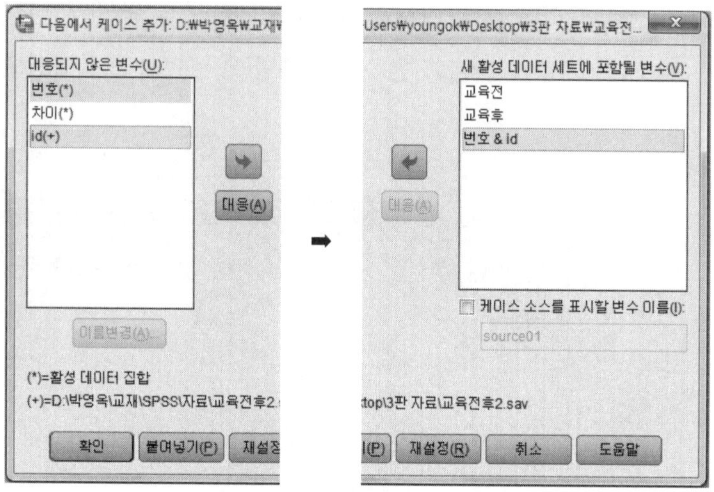

〈그림 5-5〉 케이스 추가 – 같은 변수로 이름만 다른 변수

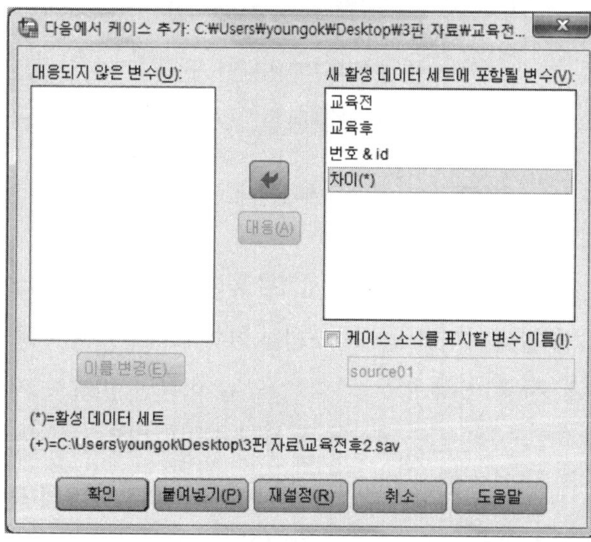

〈그림 5-6〉 케이스 추가 – 새 활성 데이터 파일에 포함시킬 변수 선택하기

④ 파일을 저장한다. 현재 열려 있는 파일에 변경된 내용을 저장하려면 **파일–저장**을 하고 다른 이름의 파일로 저장하려면 **파일–다른 이름으로 저장**을 한다.

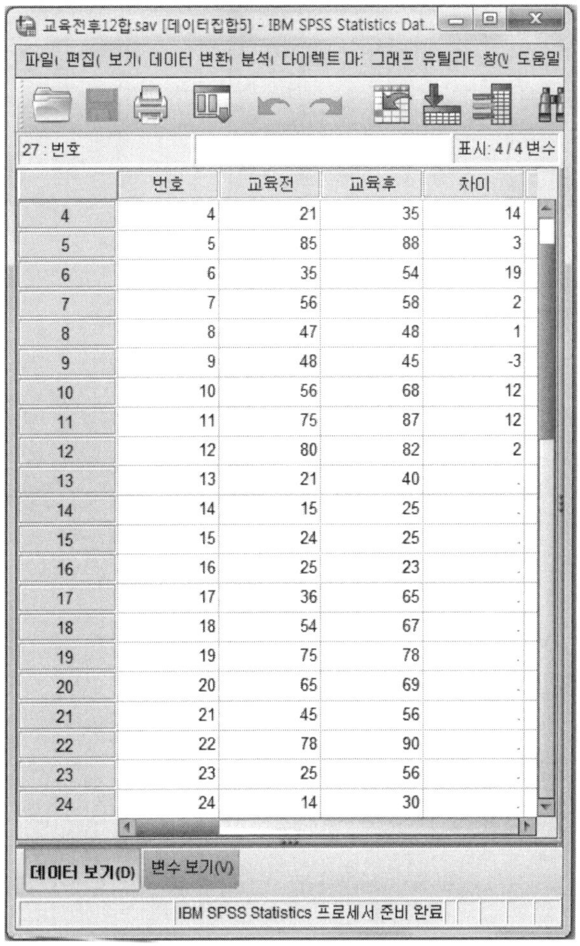

〈그림 5-7〉 케이스 추가로 합쳐진 데이터 파일

5.2 변수 추가

동일한 대상자에 대해 서로 다른 시점에 조사가 이루어졌거나 여러 내용의 조사가 이루어져 동일 대상자의 자료가 여러 개의 파일에 입력되어 있는 경우가 있다. 교육전.sav 파일에는 번호가 1부터 24까지의 교육 전 성적이 있고, 교육후.sav 파일에는 id가 1부터 24까지의 교육 후 성적이 입력되어 있다.

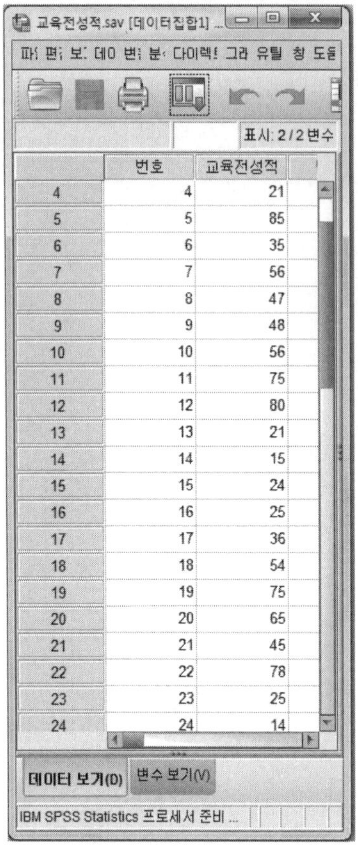

〈그림 5-8〉 교육전.sav

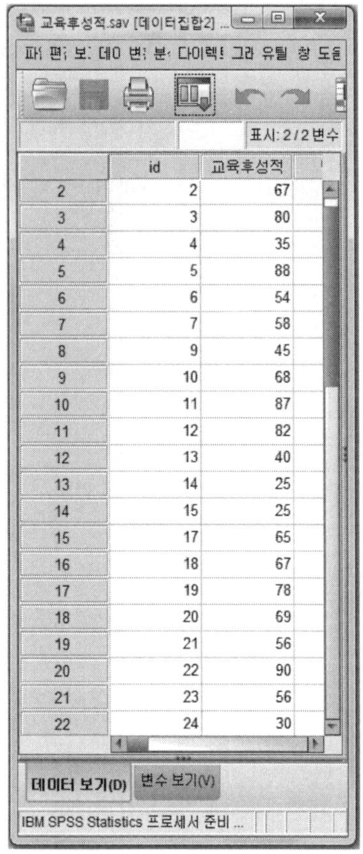

〈그림 5-9〉 교육후.sav

교육 전 성적과 교육 후 성적을 비교하기 위해서는 두 변수가 하나의 파일에 있어야 하는데 동일한 대상자들의 서로 다른 변수가 각각의 파일에 입력되어 있어서 교육전.sav 파일의 변수에 교육후.sav 파일의 변수를 추가해서 하나의 파일로 만들어야 한다. 그런데 교육전.sav 파일에는 모두 24개 케이스의 자료가 입력되어 있는 반면 교육후.sav 파일에는 id가 8과 16에 해당하는 자료가 없다. 그리고 교육전.sav 파일에 있는 번호와 교육후.sav 파일에 있는 id는 같은 변수이면서 이름이 다르게 입력되어 있다.

TIP

변수 추가를 하는 경우 생길 수 있는 문제점

① 두 파일에서 같은 변수의 이름이 다르게 입력된 경우

② 한 파일에는 있는 케이스가 다른 파일에는 없는 경우

교육전.sav 파일을 불러온다.

① **데이터-파일 합치기-변수 추가**를 선택한다.

② **교육전.**sav 파일의 자료에 추가할 자료가 있는 파일을 선택하고 **계속**을 클릭한다.

③ 변수를 추가하는 작업으로 두 개의 파일에 모두 들어 있는 변수의 경우 열려 있는 파일에 있는 변수는 **새 활성 데이터 세트**로 옮겨지고, 열려고 하는 파일에 들어 있는 변수는 **제외된 변수**로 옮겨진다. 한쪽 파일에만 들어 있는 변수는 **새 활성 데이터 세트**로 옮겨진다.

④ 번호와 id는 변수이름이 달라서 둘 다 **새 활성 데이터 세트**로 옮겨졌으나 실제로는 같은 변수로 두 변수 중 하나를 **제외된 변수**로 옮겨야 한다.

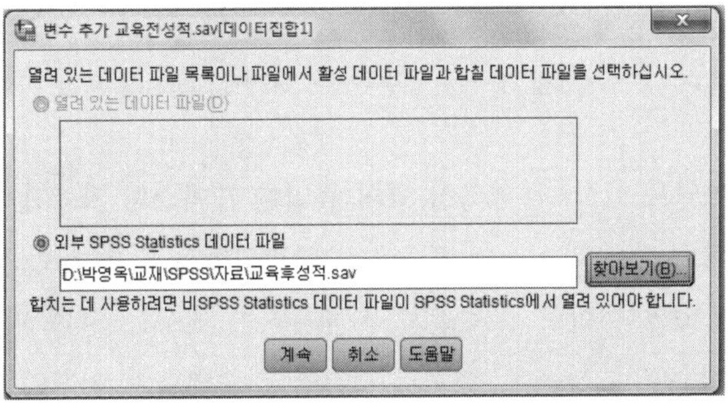

〈그림 5-10〉 변수 추가

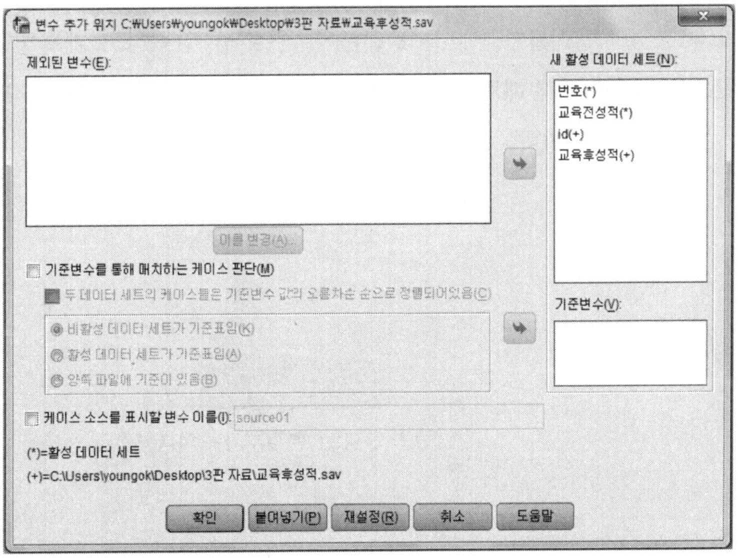

〈그림 5-11〉 변수추가 - 새 활성 데이터 세트 변수 선택1

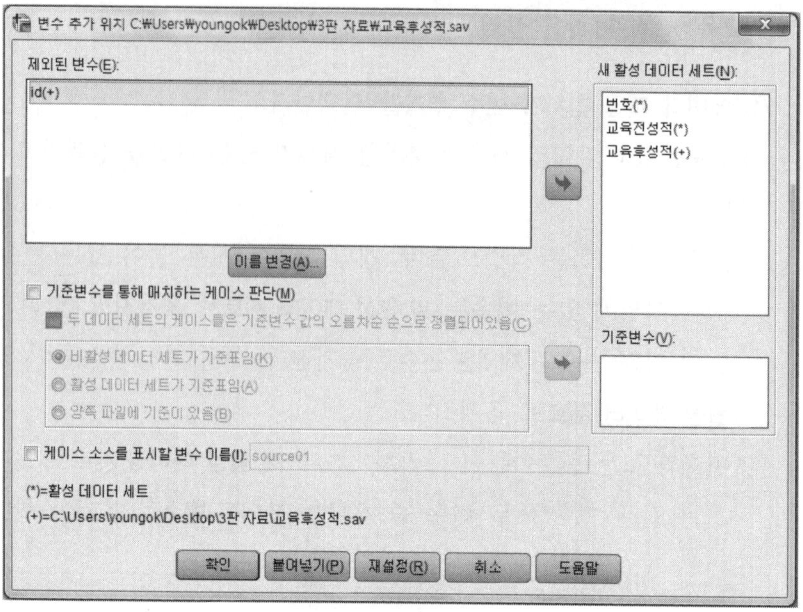

〈그림 5-12〉 변수추가 - 새 활성 데이터 세트 변수 선택2

두 파일을 합할 때 결측이 있어 동일한 케이스의 자료가 입력된 행의 위치가 다르면 서로 다른 케이스의 자료끼리 연결되어서 같은 케이스끼리 연결하려면 기준변수가 있어야 한다. 기준으로 사용하려는 변수는 양쪽 파일에서 동일한 이름을 가진 변수여야 하는데, 번호와 id처럼 기준변수의 이름이 다른 경우에는 변수의 이름을 동일하게 변경해 주어야 한다.

⑤ **id**를 클릭, **이름변경**에서 **새 이름**에 '**번호**'를 입력하고 **계속**을 클릭한다.

⑥ **기준변수를 통해 매치하는 케이스 판단**을 선택한다. id→**번호**를 **기준변수**로 보내고 **확인**을 클릭한다.

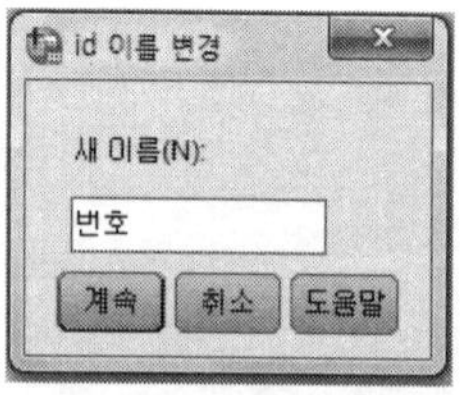

〈그림 5-13〉 변수추가 - 이름변경

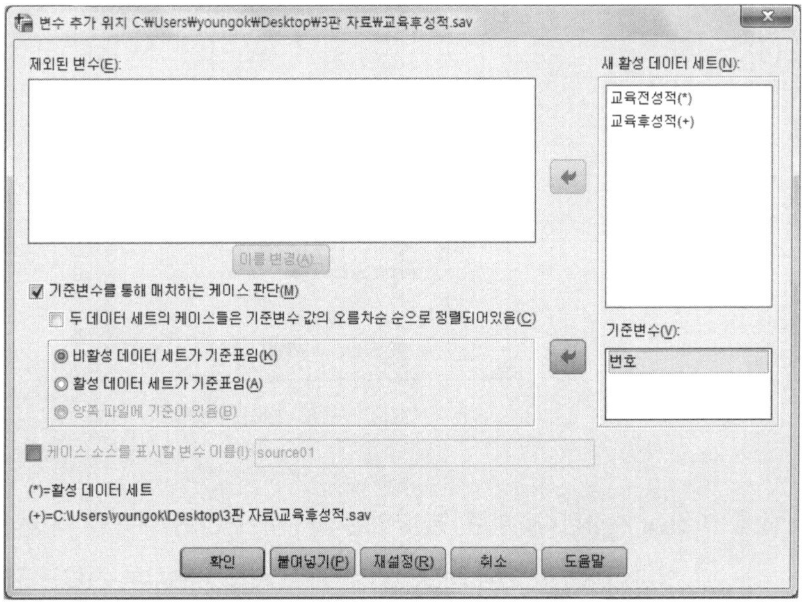

〈그림 5-14〉 변수추가 – 기준변수 설정

데이터가 지정된 기준변수에 따라 오름차순으로 정렬되어 있는지 확인하는 메시지가 나온다. 두 파일이 기준 변수에 따라 정렬이 되어 있지 않은 경우에는 **취소**를 클릭, 각 파일을 기준 변수에 따라 정렬(**데이터–케이스 정렬**)하는 작업을 먼저하고 **데이터–파일 합치기–변수 추가** 작업을 해야 기준변수의 값이 같은 케이스끼리 변수 추가가 된다.

⑦ 합치려는 두 파일의 자료가 기준변수에 따라 오름차순으로 정렬이 되어 있으면 **확인**을 클릭한다.

번호가 8과 16인 케이스는 교육전.sav 파일에만 있고 교육후.sav 파일에는 없어서 두 개의 파일을 합친 파일에서 번호가 8과 16에 해당하는 케이스의 교육후성적은 결측치(.)로 처리되어 있다.

〈그림 5-15〉 변수추가 – 오름차순 정렬 확인

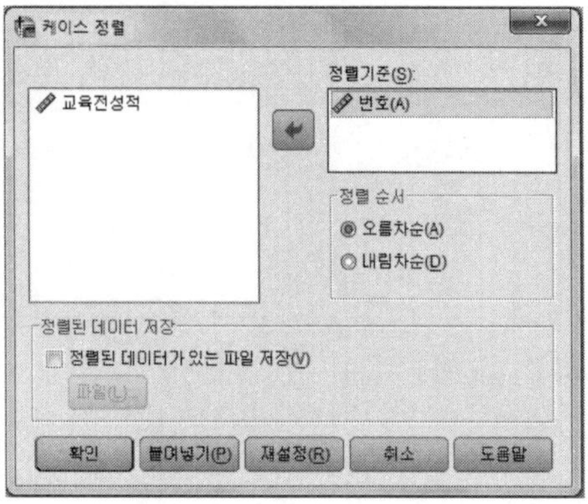

〈그림 5-16〉 케이스 정렬

⑧ 파일을 저장한다. 현재 열려 있는 파일에 변경된 내용을 저장하려면 **파일–저장**을 하고 다른 파일로 저장하려면 **파일–다른 이름으로 저장**을 한다.

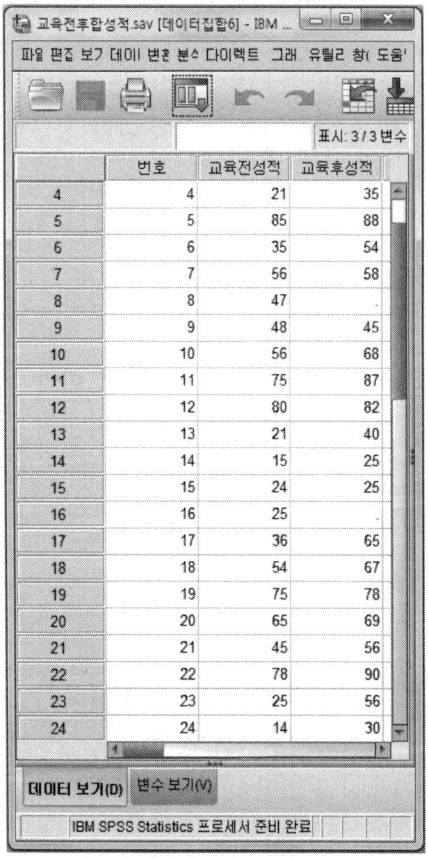

	번호	교육전성적	교육후성적
4	4	21	35
5	5	85	88
6	6	35	54
7	7	56	58
8	8	47	.
9	9	48	45
10	10	56	68
11	11	75	87
12	12	80	82
13	13	21	40
14	14	15	25
15	15	24	25
16	16	25	.
17	17	36	65
18	18	54	67
19	19	75	78
20	20	65	69
21	21	45	56
22	22	78	90
23	23	25	56
24	24	14	30

〈그림 5-17〉 변수 추가로 합쳐진 데이터파일

06 CHAPTER

자료와 모형

6.1 기술통계

통계학에서 주로 사용되는 용어를 정리해 보자.

모집단(population) : 관심을 가지고 있는 연구 대상인 전체 집단

표본(sample) : 모집단의 일부분으로 모집단에 대한 정보를 얻기 위해 모집단으로부터 추출한 집단

실험(experiment) : 독립 변수(조건)들이 종속 변수에 미치는 영향을 조사하기 위해 독립 변수를 통제한 다음 결과를 관찰하는 것

모수(parameter) : 모집단의 특성을 나타내는 수치(모평균, 모표준편차, 모비율 등)

통계량(statistic) : 추출된 표본에서 관찰될 값으로부터 구해질 특성치(표본평균, 표본표준편차, 표본비율 등)

통계치(statistics) : 추출된 표본에서 관찰된 값으로부터 계산된 결과치(표본평균값, 표본표준편차 값, 표본비율 값 등)

추정량(estimator) : 모수를 추정하려고 표본에서 얻게 될 값

추정치(estimate) : 모수를 추정하려고 표본에서 얻은 값

우리나라 유권자를 대상으로 특정정책을 지지하는 그룹과 반대하는 그룹의 소득 차이가 있는지 알아보기 위해 전체 유권자 중 랜덤하게 30명을 뽑아 지지여부와 소득을 조사한 자료에 대해 생각해 보자. 지지여부에 따른 소득 차이를 파악하기 위해 경제력이 있는 유권자를 모집단으로 하자.

연구 대상자들부터 조사할 변수는 지지여부와 소득으로 지지여부는 질적변수 중 명목형 변수이고 소득은 양적변수 중 연속형 변수로, 질적변수는 응답 범주별

로 비율을 구하고 양적자료는 평균을 구해볼 수 있다. 따라서 전체 유권자의 지지율과 지지하는 그룹과 지지하지 않는 그룹의 평균소득이 모수가 된다. 그러나 현실적으로 전체 유권자를 조사하는 것은 불가능하기 때문에 모집단을 대표할 만한 일부 유권자를 뽑아서 그들로부터 지지율과 평균소득을 추정하는데 모집단으로부터 추출된 유권자 집단을 표본이라고 한다. 그리고 표본으로부터 구하려고 하는 지지율과 평균소득을 통계량 또는 추정량이라고 하고, 표본으로부터 계산된 지지율과 평균소득을 통계치 또는 추정치라고 부른다. 위 예에서는 전체 유권자 중에서 랜덤하게 추출된 30명이 표본이고, 표본으로 뽑힌 개체의 수인 30이 표본의 크기다. 추출된 30명으로부터 구하게 될 지지율과 평균소득이 추정량이 되고, 30명의 자료로부터 구해진 지지율과 평균소득이 추정치가 된다.

질적 자료의 경우 응답 범주에 대한 빈도와 퍼센트로부터 자료의 특성을 파악할 수 있다. 그러나 양적 자료는 응답범주가 많아서 개별 값에 대한 빈도와 퍼센트로 분포의 특성을 파악하기는 어렵다.

양적 자료의 특성을 파악할 수 있는 요약값 중 자료의 중심경향과 흩어짐의 정도를 측정하는 척도에 대해 알아보자.

TIP

중심 : 대표가 되는 값

- **평균(mean)** : 모든 관찰 값의 합을 관찰된 케이스 수로 나눈 값으로 자료의 무게중심에 해당한다.
- **중앙값(중위수, median)** : 자료를 크기순으로 나열하였을 때 중앙에 위치하는 값으로 자료의 50%는 중앙값보다 작고, 50%는 중앙값보다 크다.

산포 : 자료의 흩어짐의 정도를 측정

- **범위(range)** : 자료에서 가장 큰 값과 가장 작은 값의 차이(Max–Min)
- **사분위 범위(interquartile range)** : 자료를 크기순으로 정리했을 때 하위 25%에 해당하는 값(Q_1)과 상위 25%에 해당하는 값(Q_3)의 차이($Q_3 - Q_1$)
- **분산(variance)** : 편차(관찰값 – 평균) 제곱의 평균
- **표준편차(standard deviation, SD)** : 분산의 양의 제곱근

확률표본을 $X_1, X_2, \cdots, X_n$이라고 하면 평균($\overline{X}$)과 분산(S^2), 표준편차(S)를 구하는 식은 다음과 같다.

$$\overline{X}=\frac{1}{n}\sum_{i=1}^{n}X_i$$

$$S^2=\frac{1}{n-1}\sum_{i=1}^{n}(X_i-\overline{x})^2$$

$$S=\sqrt{\frac{1}{n-1}\sum_{i=1}^{n}(X_i-\overline{x})^2}$$, 여기서 n은 표본을 구성하는 개체 수

TIP

분석하려는 자료가 표본 자료가 아닌 유한모집단이면 평균($E(X)$)과 분산($VAR(X)$), 표준편차($SD(X)$)를 구하는 식은 다음과 같다.

$$E(X)=\frac{1}{N}\sum_{i=1}^{N}X_i=\mu$$

$$VAR(X)=\frac{1}{N}\sum_{i=1}^{N}(X_i-\mu)^2=\sigma^2$$

$$SD(X)=\sqrt{\frac{1}{N}\sum_{i=1}^{N}(X_i-\mu)^2}=\sigma$$, 여기서 N은 모집단을 구성하는 개체 수

TIP

표본 자료로부터 분산을 추정할 때 표본크기인 n 대신 $n-1$로 나누는 이유는 편차를 구할 때 모집단의 평균 대신 표본으로부터 추정된 평균을 이용해서 자료의 크기인 n에서 분산을 추정할 때 사용된 추정치 수인 1만큼 뺀 값으로 나누어야 모집단 분산의 편향되지 않은 추정량($E(S^2)=\sigma^2$)이 되기 때문이다.
표본 자료로부터 평균을 추정할 때는 평균을 구할 때 이용된 추정치가 없어서 n으로 나누어서 구한 표본평균이 모집단의 평균에 대해 편향되지 않은 추정량($E(\overline{X})=\mu$)이 된다.

〈표 6-1〉은 30명으로부터 얻은 정책에 대한 지지여부와 소득에 대한 자료이다. 지지율과 지지여부에 따른 소득의 평균과 표준편차를 구해보자.

지지여부와 소득.sav 파일을 불러온다.

〈표 6-1〉 정책 지지여부와 소득

id	지지여부	소득	id	지지여부	소득
1	지지	384	16	지지	354
2	지지	370	17	지지	400
3	지지	440	18	지지	446
4	지지	380	19	반대	320
5	반대	302	20	반대	345
6	지지	408	21	지지	408
7	반대	305	22	지지	350
8	지지	332	23	지지	416
9	반대	282	24	반대	330
10	지지	376	25	지지	424
11	반대	360	26	지지	430
12	반대	272	27	반대	340
13	지지	416	28	지지	344
14	반대	275	29	지지	456
15	반대	300	30	반대	365

(1) 지지율

① **분석-기술통계량-빈도분석**을 선택한다.

② **변수**에 **지지여부**를 보내고 **확인**을 클릭한다.

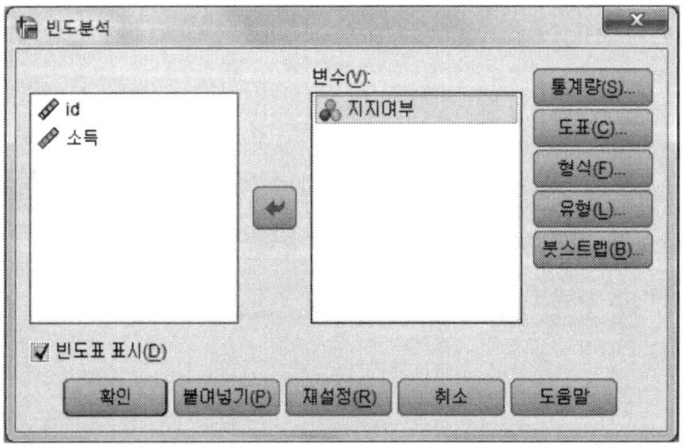

〈그림 6-1〉 기술통계량 – 빈도분석

〈그림 6-2〉를 보면 전체 30명 중 지지가 18명으로 지지율이 60%이다.

지지여부

		빈도	퍼센트	유효 퍼센트	누적퍼센트
유효	지지	18	60.0	60.0	60.0
	반대	12	40.0	40.0	100.0
	합계	30	100.0	100.0	

〈그림 6-2〉 빈도분석 결과

(2) 전체 소득의 평균과 표준편차

① **분석-기술통계량-기술통계**를 선택한다.

② **변수**에 **소득**을 보내고 **확인**을 클릭한다.

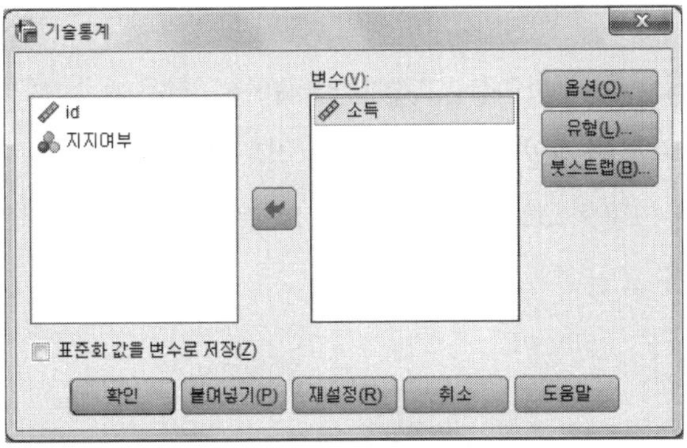

〈그림 6-3〉 기술통계량 – 기술통계

〈그림 6-4〉를 보면 전체 30명의 소득은 272만원에서 456만원 사이로 소득의 평균은 364.3만원, 표준편차는 52.7만원이다.

기술통계량

	N	최소값	최대값	평균	표준편차
소득(만원)	30	272	456	364.33	52.727
유효수 (목록별)	30				

〈그림 6-4〉 기술통계량

(3) 지지여부에 따른 소득의 평균과 표준편차

① **분석-평균비교-평균분석**을 선택한다.

② **종속변수**에 **소득, 독립변수**에 **지지여부**를 보내고 **확인**을 클릭한다.

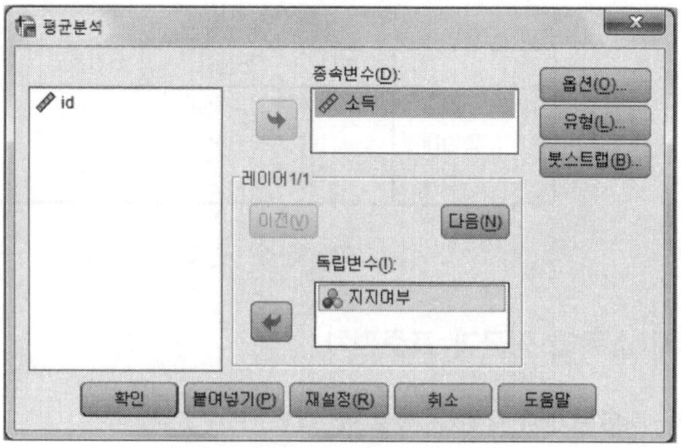

〈그림 6–5〉 평균비교 – 평균분석

〈그림 6-6〉을 보면 지지하는 그룹의 소득 평균이 396.3만원, 반대하는 그룹이 316.3만원으로 지지하는 그룹이 반대하는 그룹에 비해 평균적으로 80만원 정도 소득이 높다. 개개인 소득의 다양성 척도인 표준편차는 지지하는 그룹이 37.0만원, 반대하는 그룹이 32.1만원으로 지지하는 그룹이 반대하는 그룹보다 개개인의 소득 격차가 조금 더 크다.

보고서

소득(만원)

지지여부	평균	N	표준편차
지지	396.33	18	36.969
반대	316.33	12	32.066
합계	364.33	30	52.727

〈그림 6–6〉 집단별 평균과 표준편차

(4) 상자그림

〈그림 6-7〉과 〈그림 6-8〉은 평균 170, 표준편차 17인 자료의 히스토그램으로 평균과 표준편차가 같은 자료라도 두 자료의 분포형태는 판이하게 다를 수 있음을 보여 준다. 보통은 평균과 표준편차가 주어진 경우에 자료가 평균을 중심으로 〈그림 6-7〉과 같이 분포할 것이라고 예상하지만 실제로는 분포형태가 이와 다른 경우도 많다.

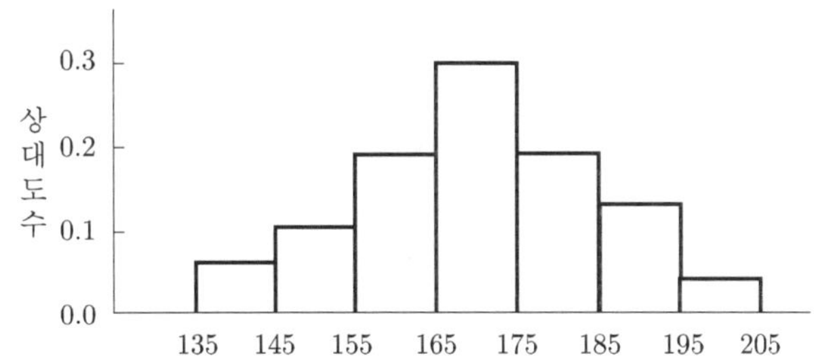

〈그림 6-7〉 평균 170, 표준편차 17인 자료의 히스토그램1

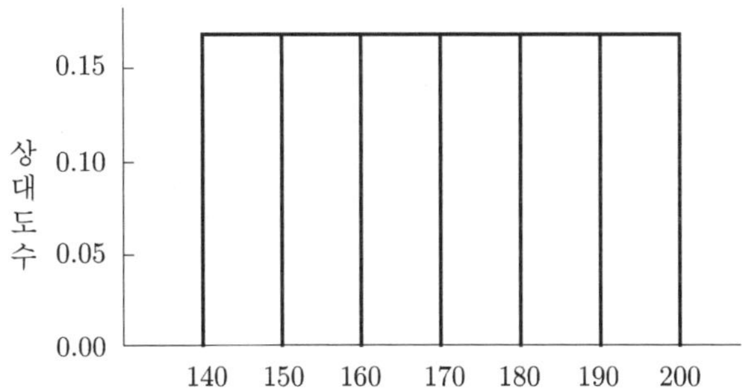

〈그림 6-8〉 평균 170, 표준편차 17인 자료의 히스토그램2

자료의 분포 중심에 대한 정보를 제공해 주는 평균과 중심으로부터 흩어진 정도에 대한 정보를 제공해 주는 표준편차만으로는 원 자료의 전체적인 분포모양에 대한 정보는 얻을 수 없다. 그래서 자료의 전체적인 분포형태를 최소값, 하위 25%값, 중앙값, 상위 25%값, 최대값의 다섯숫자요약치를 그림으로 표현한 것이 상자그림(Box Plot)이다.

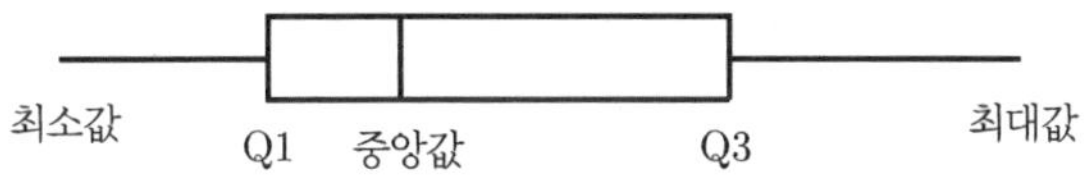

〈그림 6-9〉 상자그림

해외연수 자료를 이용해서 다양한 형태의 상자그림을 그려보자.
해외연수.sav 파일을 불러온다.

① **그래프-레거시 대화상자-상자도표**를 선택한다.
② **단순**을 선택하고 **정의**를 클릭한다.
③ **변수**에 TOEIC**점수**, **범주 축**에 **해외경험**을 보내고 **확인**을 클릭한다.

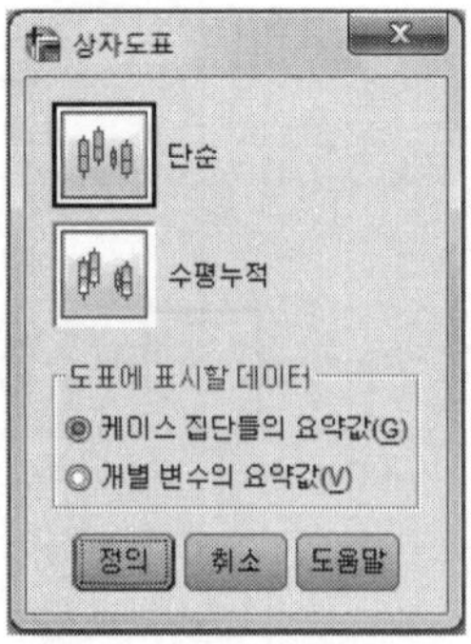

〈그림 6-10〉 상자도표-단순

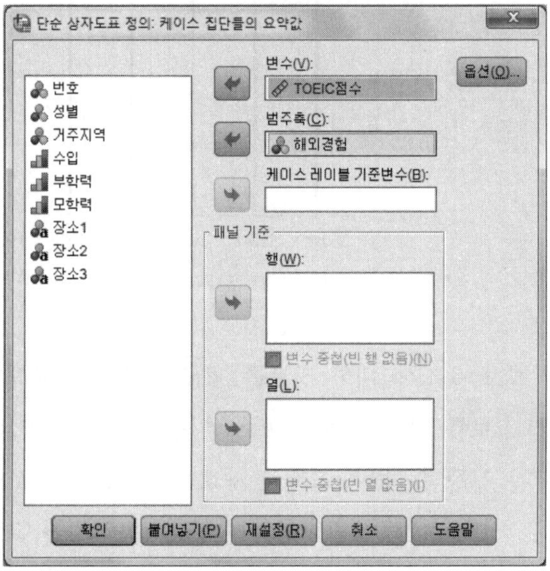

〈그림 6-11〉 단순상자도표

TIP

그래프-상자도표

- **변수** : 다섯 숫자 요약치를 구할 양적 변수를 지정
- **범주 축** : 상자그림을 분류해서 그려줄 기준 변수인 질적변수를 지정
- **케이스 레이블 기준변수** : 이상치에 해당하는 자료에 표시할 내용이 있는 변수를 지정
- **행** : 상자그림을 행으로 나누어 그릴 질적변수를 지정
- **열** : 상자그림을 열로 나누어 그릴 질적변수를 지정

〈그림 6-12〉의 해외연수 경험여부에 따른 TOEIC 점수의 상자도표를 보면 해외연수에 "있다"라고 응답한 경우가 "없다"라고 응답한 경우보다 TOEIC 점수의 최소값, 하위 25%값, 중앙값, 상위 25%값, 최대값이 모두 높다. 그런데 두 집단의

최대값은 비슷한 값을 보이는 반면 해외연수를 다녀온 학생들이 그렇지 않은 학생들에 비해 최소값이 높고, 하위 25%의 분포 폭이 상위 25%의 폭보다 적어서 성적이 낮은 학생들의 성적 차이가 성적이 높은 학생들보다 작다. 해외연수를 다녀오지 않은 학생들은 하위 25%에서 상위 25%의 차이(사분위 범위, box plot의 상자 부분)에 비해 하위 25%와 상위 25%에 포함된 학생들의 점수 차이가 크다.

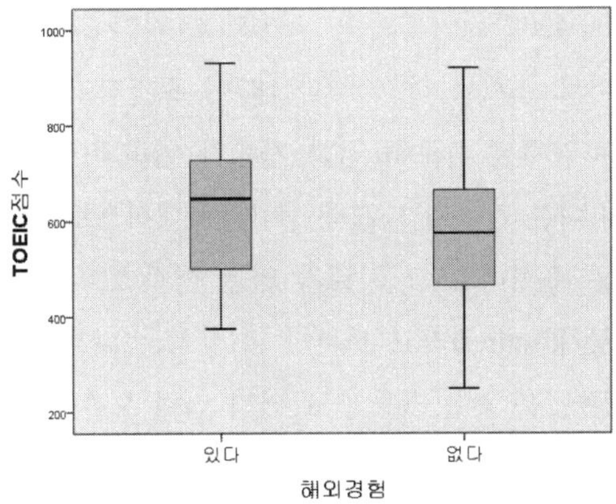

〈그림 6-12〉 해외연수 경험여부에 따른 TOEIC 점수 상자그림

더 다양한 형태의 상자도표를 그려보자.

■ 단순 상자 도표

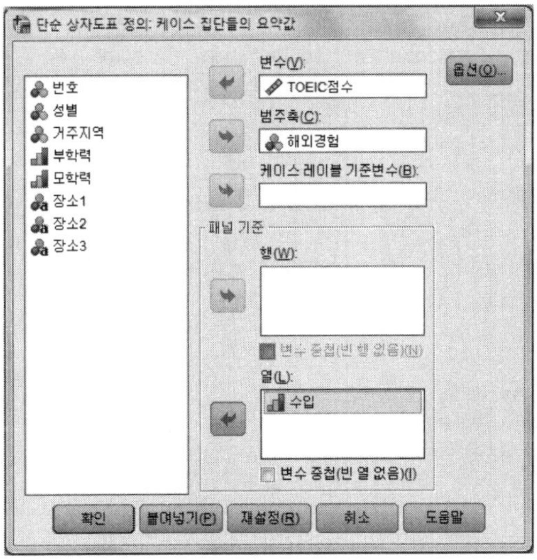

〈그림 6-13〉 상자도표 – 열로 펼치기

① **그래프-레거시 대화상자-상자도표**를 선택한다.

② **단순**을 선택하고 **정의**를 클릭한다.

③ **변수**에 TOEIC**점수**, **범주축**에 **해외경험**, **열**에 **수입**을 보내고 **확인**을 클릭한다.

〈그림 6-14〉는 해외연수 경험에 따른 TOEIC 점수의 상자그림이 창 기준 변수인 수입에 따라 그려져 있다.

수입이 300-400만원인 그룹과 400-500만원인 그룹의 상자그림에는 선으로 연결되지 않고 따로 표시를 하고 16과 187이 표기되어 있는 케이스가 있다. 16과 187은 데이터 파일에서 따로 표시한 자료가 입력되어 있는 행 번호를 나타낸다.

자료 값이 다른 값들과 비교해 볼 때 상대적으로 매우 크거나 매우 작은 관찰값의 경우 따로 표시하고 그 자료가 있는 행번호를 적어 주는데, 이렇게 따로 표시한 값을 **이상치(outlier)**라고 부른다. 이상치는 다른 케이스에 비해 상대적으로 매우 작거나 큰 값을 갖는 케이스로 먼저 입력 오류는 아닌지 살펴보고, 입력오류가 아니라면 다른 관찰치들과 차이가 많이 나는 이유를 분석해 볼 필요가 있다.

부모의 수입이 300-400만원인 그룹 중 해외연수 경험이 있는 학생 중에 TOEIC 점수가 같은 조건의 다른 학생들의 성적에 비해 상대적으로 높은 학생이 있고, 400-500만원인 그룹 중 해외연수 경험이 없는 학생 중에는 같은 조건의 다른 학생들에 비해 TOEIC 점수가 상대적으로 낮은 학생이 있다.

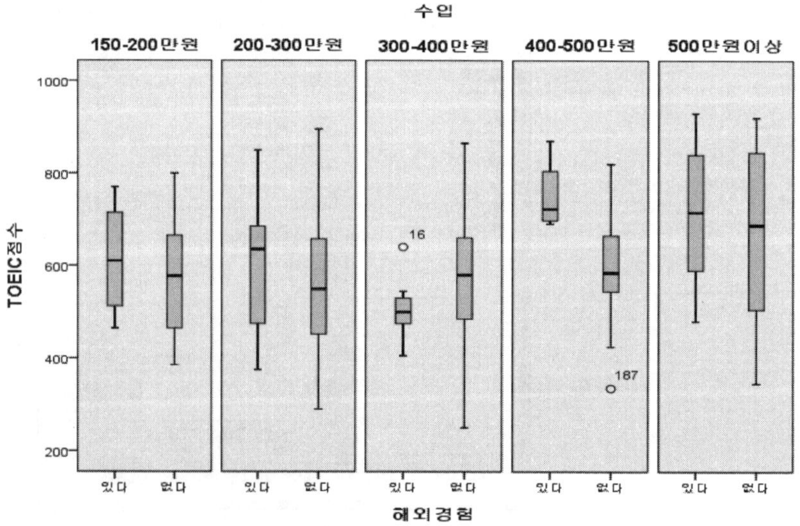

〈그림 6-14〉 수입과 해외연수 경험여부에 따른 TOEIC 점수 상자도표

TIP

상자그림의 이상치

하위 25%값(Q_1)과 상위 25%값(Q_3)에서 사분위 범위(상위 25%값–하위 25%값, Inner Quartile Rage, IQR)의 1.5배 이상 차이가 나는 관찰값을 이상치로 표시한다. 상자그림에서 이상치에 해당하는 관찰값은 자료가 정규분포를 따르면 평균에서의 거리가 표준편차의 2.7보다 큰 관찰값이다. 정규분포에서 이 값은 하위 0.35%와 상위 0.35%에 해당하는 값으로 표본의 크기가 1000이면 7개 정도 관측 가능한 값으로 표본의 크기가 작다면 관측될 가능성이 거의 없는 값에 해당한다(정규분포는 6.2.2절을 참고하자).

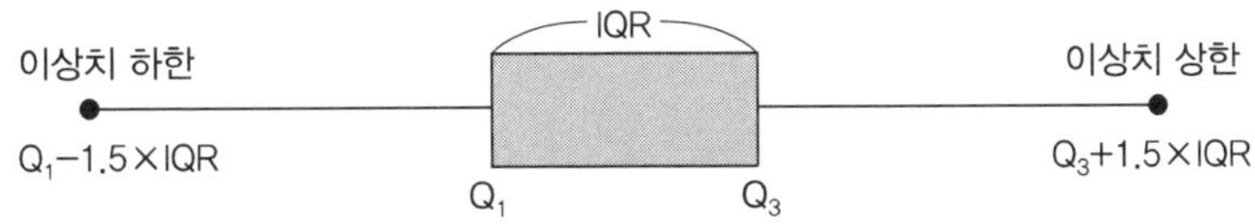

■ 수평 누적 상자도표

① **그래프–레거시 대화상자–상자도표**를 선택한다.

② **수평누적**을 선택하고 **정의**를 클릭한다.

③ **변수**에 TOEIC 점수, **범주축**에 **해외경험**, **수평배열 정의 기준**에 **수입**을 보내고 **확인**을 클릭한다.

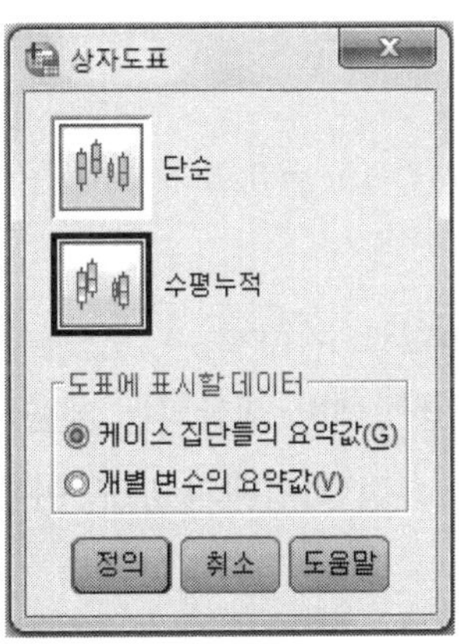

〈그림 6-15〉 상자도표 – 수평누적

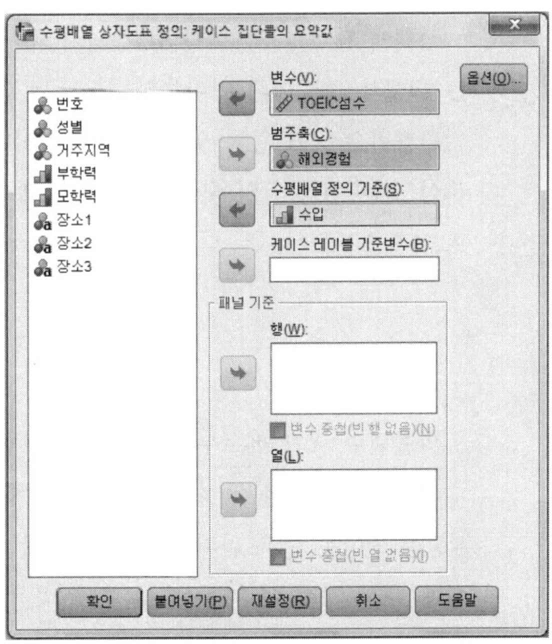

〈그림 6-16〉 상자도표 – 변수와 범주 축, 군집 정의

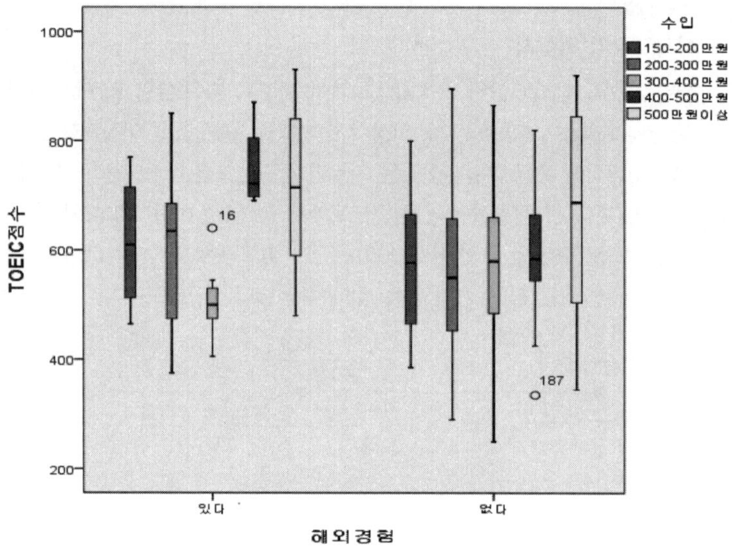

〈그림 6-17〉 상자도표

6.2 확률모형

6.2.1 베르누이 분포

정책에 대한 지지여부처럼 결과가 두 가지 중 하나로 관찰되는 현상을 표현하는 확률분포에 대해 알아보자.

확률변수 X를 관심 있는 현상이 일어나면 1, 일어나지 않으면 0으로 기록하고 관심 있는 현상이 일어날 확률을 p라고 하면 확률변수 X는 베르누이 분포를 따르고 확률분포함수는 다음과 같다.

$$P(X=x)=p^{x}(1-p)^{1-x}\ ,\ x=0,\ 1$$

확률변수 X가 베르누이 분포를 따르면 $E(X)$는 p, $Var(X)$는 $p(1-p)$이다.

베르누이 분포를 가정할 수 있는 사례로는 공장에서 생산되는 제품의 불량 여부, 암 진단을 받은 환자의 1년 내 재발 여부, 특정 기업체의 부도 여부, 특정 정책에 대한 지지 여부 등을 들 수 있다.

6.2.2 정규분포

확률변수 X가 정규분포를 따른다고 가정한다는 것은 관심대상이 되는 현상으로부터 관찰한 자료의 히스토그램이 종모양의 형태를 갖는다는 입장을 택하겠다는 것이다. 정규분포는 좌우대칭의 종모양의 분포 형태를 가지고, 중심을 나타내는 평균 μ와 자료의 산포의 정도를 나타내는 표준편차 σ에 의해 분포의 형태가 결정된다.

확률변수 X가 평균 μ, 표준편차 σ인 정규분포를 따를 때 μ와 σ에 따라 다음과 같은 특징을 가진다.

$$P(\mu-1\sigma < X < \mu+1\sigma) = 0.6826 \quad \Rightarrow \quad P(X > \mu+1\sigma) = P(X < \mu-1\sigma) = 0.1587$$
$$P(\mu-2\sigma < X < \mu+2\sigma) = 0.9544 \quad \Rightarrow \quad P(X > \mu+2\sigma) = P(X < \mu-2\sigma) = 0.0228$$
$$P(\mu-3\sigma < X < \mu+3\sigma) = 0.9974 \quad \Rightarrow \quad P(X > \mu+3\sigma) = P(X < \mu-3\sigma) = 0.0013$$

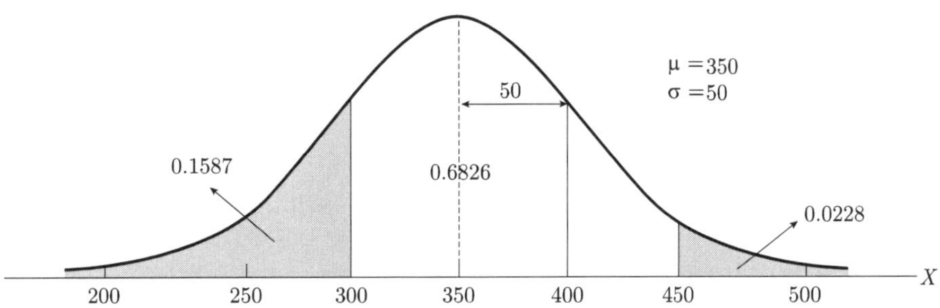

〈그림 6-18〉 평균이 350이고, 표준편차가 50인 정규분포

예를 들어 "소득이 평균 350만원, 표준편차 50만원인 정규분포를 따른다"고 가정했다면 소득이 300(= 300 − 1 × 50)만원에서 400(= 350 + 1 × 50)만원 사이인 경우가 전체의 약 68%라고 보겠다는 것이다. 따라서 소득이 300만원이라면 대략 하위 16%에 해당하고, 소득이 400만원이면 대략 상위 16%에 해당한다고 볼 수 있다. 그리고 소득이 250(= 350 − 2 × 50)만원에서 450(= 350 + 2 × 50)만원 사이는 전체의 95.44%로 소득이 250만원이라면 하위 2.28%에 해당하고, 소득이 450만원이라면 상위 2.28%에 해당한다고 생각하겠다는 것이다.

그런데 "소득이 평균 250만원, 표준편차 25만원인 정규분포를 따른다"고 가정하면 소득 300만원은 평균 250만원보다 표준편차인 25만원의 2배에 해당하는 50만원만큼 커서 상위 2.28%에 해당한다고 할 수 있다.

이렇듯 정규분포는 μ와 σ에 따라서 무수히 많은 형태를 가져서 분석할 때마다 자료의 μ와 σ에 따라 정규분포의 확률을 계산해야 한다. 그래서 정규분포가 평균에 따라 분포가 위치하는 중심이 결정되고 표준편차에 비례해서 분포의 폭이 커지는 특성을 이용해서 한 가지 정규분포의 확률만 알고 있으면 어떤 정규분포의 확률도 계산할 수 있는 표준화(standardization) 기법을 사용한다.

개체의 관찰값과 평균의 차이를 표준편차로 나눈 값을 표준화 값으로 정의하면 표준화 값은 본래의 관찰값이 생활비에 대한 자료이거나 기업의 투자액에 관한 자료이거나 자료의 내용과 관계없이 평균이 0이고 표준편차가 1인 값들로 바뀌게 된다. 관찰값의 분포가 정규분포였다면 표준화한 값의 분포는 평균이 0, 표준편차가 1인 정규분포를 따르게 되고 이것을 표준정규분포라고 부른다.

$$\text{표준화 값 } Z = \frac{X-\mu}{\sigma}$$

정규분포의 특성에 따라 표준정규분포는 다음과 같은 특성을 갖는다.

$$P(-1 < Z = \frac{X-\mu}{\sigma} < 1) = 0.6826 \quad \Rightarrow \quad P(Z > 1) = P(Z < -1) = 0.1587$$
$$P(-2 < Z = \frac{X-\mu}{\sigma} < 2) = 0.9544 \quad \Rightarrow \quad P(Z > 2) = P(Z < -2) = 0.0228$$
$$P(-3 < Z = \frac{X-\mu}{\sigma} < 3) = 0.9974 \quad \Rightarrow \quad P(Z > 3) = P(Z < -3) = 0.0013$$

표준정규분포에 대해 현장에서 주로 사용되는 몇 가지 경우를 더 살펴보자.

$$P(-1.645 < Z < 1.645) = 0.90 \quad \Rightarrow \quad P(Z > 1.645) = P(Z < -1.645) = 0.05$$
$$P(-1.96 < Z < 1.96) = 0.95 \quad \Rightarrow \quad P(Z > 1.96) = P(Z < -1.96) = 0.025$$
$$P(-2.576 < Z < 2.576) = 0.99 \quad \Rightarrow \quad P(Z > 2.576) = P(Z < -2.576) = 0.005$$

표준화 값 Z는 관찰값이 평균으로부터 표준편차의 몇 배만큼 떨어져 있는지를 알려주는 값으로 관찰값에 해당하는 표준화 값을 알면 그 값이 집단에서 갖는 상대적 위치를 알 수 있다. 자료가 정규분포를 따를 때 관찰값의 표준화 값 Z가 +1이면 전체 집단에서 상위 16%쯤에 해당하고, 표준화 값 Z가 -1이면 하위 16%쯤에 해당한다고 볼 수 있다. 그리고 표준화 값 Z가 +1.96이면 전체 집단에서 상위 2.5%에 해당하고, 자료의 표준화 값 Z가 -1.96이면 하위 2.5%에 해당한다고 할 수 있다.

표준정규분포의 확률은 부록의 [표 2]를 이용하거나 EXCEL의 NORMSDIST 함수를 이용해서 구할 수 있다.

6.3 표본추출분포

6.1절에서 다루었던 지지여부와 소득 자료에서 30명으로부터 구한 지지율 60%와 지지하는 그룹의 소득 평균 396.3만원, 반대하는 그룹의 소득 평균 316.3만원은 전체 유권자의 일부인 표본으로부터 구한 추정치로 모집단의 결과와 비슷한 값일 수도 있지만 차이가 많이 나는 값일 수도 있다. 따라서 우리가 표본으로부터 얻은 추정치가 모수와 얼마나 차이가 나는 값인지에 대한 언급이 필요하다.

6.3.1 표본평균의 표본추출분포

우리가 분석하려는 변수를 X, $E(X)=\mu$, $Var(X)=\sigma^2$라고 하면 표본평균 $\overline{X}$의 기댓값 $E(\overline{X})$와 표준오차 $SE(\overline{X})$는 다음과 같다.

$$E(\overline{X})=\mu \qquad SE(\overline{X})=\frac{\sigma}{\sqrt{n}}$$

TIP

- **표준편차** : 모집단이나 관심 있는 현상에서 나타나는 개별 자료의 다름의 정도
- **표준오차** : 지금 표본으로 뽑힌 n개의 개체가 아닌 다른 n개의 개체가 뽑혔을 때 얻을 수 있는 표본평균 값들이 모평균으로부터 떨어져 있는 정도로 표본평균의 다름의 정도

TIP

중심극한정리-표본평균

모집단이 정규분포를 따르지 않아도 표본의 크기 n이 충분히 크면(보통 30 이상이면) 표본평균의 분포는 근사적으로 정규분포를 따르고, 표본평균의 기댓값은 모평균(μ)이고 표준오차는 $\sigma/\sqrt{n}$이다.

표본평균은 모집단의 분포가 정규분포를 따르면 평균이 μ이고 분산이 σ^2/n인 정규분포를 따르고 모집단의 분포가 정규분포를 따르지 않을 때도 n이 충분히 커지면(보통 30 이상이면) 평균이 μ이고 분산이 σ^2/n인 정규분포를 근사적으로 따

르게 되어 다음과 같은 특성을 갖는다.

$$P(\mu-1\frac{\sigma}{\sqrt{n}}<\overline{X}<\mu+1\frac{\sigma}{\sqrt{n}})=0.6826$$

$$P(\mu-2\frac{\sigma}{\sqrt{n}}<\overline{X}<\mu+2\frac{\sigma}{\sqrt{n}})=0.9544$$

$$P(\mu-3\frac{\sigma}{\sqrt{n}}<\overline{X}<\mu+3\frac{\sigma}{\sqrt{n}})=0.9974$$

$$P(\mu-1.645\frac{\sigma}{\sqrt{n}}<\overline{X}<\mu+1.645\frac{\sigma}{\sqrt{n}})=0.90$$

$$P(\mu-1.96\ \frac{\sigma}{\sqrt{n}}<\overline{X}<\mu+1.96\ \frac{\sigma}{\sqrt{n}})=0.95$$

$$P(\mu-2.576\frac{\sigma}{\sqrt{n}}<\overline{X}<\mu+2.576\frac{\sigma}{\sqrt{n}})=0.99$$

표본으로부터 얻은 평균 $\overline{X}$는 모평균 μ로부터 한 배의 표준오차 이내에 있는 값일 수도 있고 모평균과 차이가 많이 나는 값일 수도 있다. n명을 표본으로 추출하여 얻게 될 표본평균은 개별 자료가 정규분포를 따르거나 n이 충분히 크면 정규분포를 따르게 된다. 따라서 우리가 모집단에서 추출한 표본으로부터 얻게 될 표본평균이 모평균과 한 배의 표준오차보다 차이가 적을 가능성이 68%, 모평균보다 표준오차의 한 배 이상 큰 값일 가능성이 16%, 모평균보다 표준오차의 한 배 이상 적은 값일 가능성이 16%라고 예상할 수 있다. 그리고 표본평균이 모평균보다 1.96배의 표준오차 이상 큰 값을 갖거나 작은 값을 가질 가능성은 각각 2.5%일 것이다.

우리가 얻은 표본평균을 아주 극단적인 경우라고 생각해 보자. 그렇다면 표본평균은 모평균에서 얼마나 차이가 나는 값이라고 생각할 수 있을까? 아무리 극단적으로 차이가 큰 결과라고 해도 모든 가능한 표본평균 값 중 하위 2.5%보다 작거나 상위 2.5%보다 큰 값을 갖지는 않을 것이라고 생각해 보면 모평균은 표본평균과 차이가 나겠지만 1.96배의 표준오차 이내일 것이라고 생각할 수 있다. 이 생각을 95% 신뢰수준이라고 한다. 95%의 가능성까지 고려했을 때 발생할 수 있는 오차의 최대값인 1.96배의 표준오차가 95% 신뢰수준에서의 표본오차(최대허용오차), $(\overline{X}-1.96\times\frac{\sigma}{\sqrt{n}},\ \overline{X}+1.96\times\frac{\sigma}{\sqrt{n}})$가 모평균의 95% 신뢰구간이다.

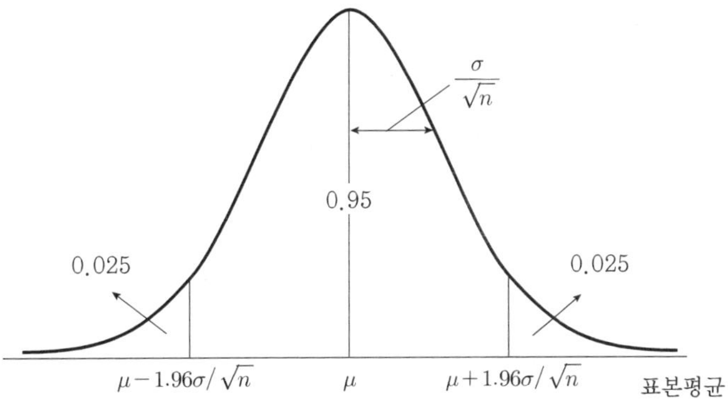

〈그림 6-19〉 표본평균의 분포

> **TIP**
>
> • **표준오차** : 표본평균의 표준편차로 $\frac{\sigma}{\sqrt{n}}$ 이다.
>
> • **표본오차** : 원하는 신뢰수준에서의 표본평균의 최대오차로 신뢰수준이 95%이면 $1.96\frac{\sigma}{\sqrt{n}}$ 가 된다.

표본평균 $\overline{X}$는 기댓값이 μ, 표준오차가 $\frac{\sigma}{\sqrt{n}}$로 표본평균을 표준화하면 $Z=\frac{\overline{X}-\mu}{\sigma/\sqrt{n}}$이 된다. 표본평균의 분포가 정규분포를 따르면 표본평균을 표준화한 값 Z의 분포는 평균이 0이고 표준편차가 1인 정규분포를 따르게 된다.

$$P(-1.96 < Z = \frac{\overline{X}-\mu}{\sigma/\sqrt{n}} < 1.96) = 0.95$$

6.3.2 표본비율의 표본추출분포

우리의 관심사가 특정 정책이나 특정 후보에 대한 지지율인 경우에 대해 생각해 보자.

특정 정책이나 후보의 지지율 p를 알아보기 위해 표본으로부터 지지율(표본비율, $\hat{p}$)을 구하면 표본비율의 기댓값 $E(\hat{p})$와 표본비율의 표준오차 $SE(\hat{p})$는 다음과 같다.

$$E(\hat{p}) = p \qquad SE(\hat{p}) = \sqrt{\frac{p(1-p)}{n}}$$

TIP

중심극한정리-표본비율

n이 충분히 크면(보통 30 이상이면) 표본비율의 분포는 근사적으로 정규분포를 따르고, 표본비율의 기댓값은 모비율 p이고 표본비율의 표준오차는 $\sqrt{\frac{p(1-p)}{n}}$ 이다.

예제 6.1 1000명의 19세 이상 성인을 대상으로 전화조사원 인터뷰를 통해 헌법재판소의 정당 해산 결정에 대한 찬반 의견을 조사한 결과 58%가 찬성하는 것으로 나타났다. 조사결과에 대한 95% 신뢰수준에서 표본오차를 구하라. 조사 결과를 바탕으로 정당 해산 결정을 지지하는 비율이 50%를 넘는다고 할 수 있는가? □

표본비율의 표준오차를 구하는 식은 $\sqrt{p(1-p)/n}$ 로 모비율 p 대신 표본으로부터 얻은 추정치 0.58을 이용해서 표준오차를 추정하면 $\sqrt{0.58 \times 0.42/1000}$ $= 0.0156$(1.56%p)가 되고, 95% 신뢰수준에서 표본오차는 $1.96 \times 0.0156 = 0.031$ (3.1%p)가 된다.

표본비율로부터 전체 유권자의 지지율에 대한 95% 신뢰구간의 하한과 상한을 구하면 0.549($= 0.58 - 0.031$), 0.611($= 0.58 + 0.031$)로 95% 신뢰구간의 하한값이 0.5보다 커서 1000명으로부터 얻은 결과를 바탕으로 50% 이상이 정당 해산 결정을 지지한다고 결론 내릴 수 있다.

6.3.3 자료분석

좀더 다양한 기술통계량과 도표를 작성해 보자.

지지여부와 소득.sav 파일을 불러온다.

① **분석-기술 통계량-데이터 탐색**을 선택한다.

② **종속변수**에 **소득**, **요인**에 **지지여부**를 보내고 **확인**을 클릭한다.

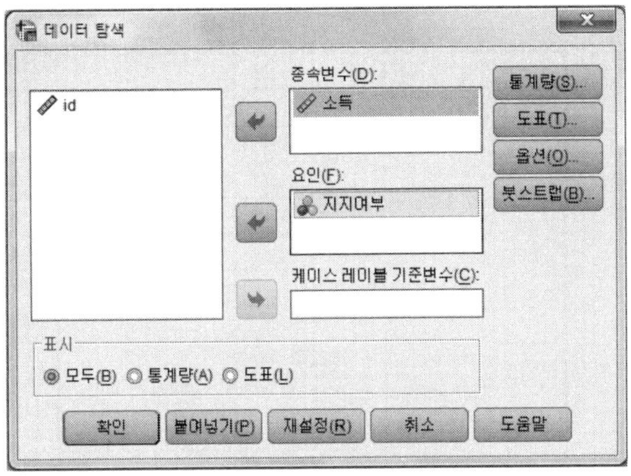

〈그림 6-20〉 데이터 탐색

〈그림 6-21〉의 케이스 처리 요약에는 분석에 이용된 자료 중 유효한 케이스 수와 결측인 케이스 수가 출력된다.

케이스 처리 요약

	지지여부	케이스					
		유효		결측		전체	
		N	퍼센트	N	퍼센트	N	퍼센트
소득(만원)	지지	18	100.0%	0	.0%	18	100.0%
	반대	12	100.0%	0	.0%	12	100.0%

〈그림 6-21〉 케이스 처리 요약

〈그림 6-22〉의 기술통계에는 지지여부에 따른 소득의 평균, 중위수, 표준편차, 왜도 등 자료의 특성을 정리한 기술통계량 값들이 출력된다.

지지하는 그룹의 소득에 대한 기술통계를 보면 평균은 396.33만원, 표준편차는 36.969만원이다. 표본평균의 표준오차는 $\sigma/\sqrt{n}$ 인데 모집단의 표준편차 σ를 모르기 때문에 18명으로부터 구한 표준편차를 이용해서 표준오차를 추정하면 소득의 평균을 추정하는 데 이용된 자료의 크기가 18이고 자료로부터 추정한 소득의 표준편차가 36.969만원으로 표본평균의 표준오차(SE)의 추정치는 8.714 $(=36.969/\sqrt{18})$만원이 된다.

기술통계

지지여부				통계량	표준오차
소득(만원)	지지	평균		396.33	8.714
		평균의 95% 신뢰구간	하한	377.95	
			상한	414.72	
		5% 절사평균		396.59	
		중위수		404.00	
		분산		1366.706	
		표준편차		36.969	
		최소값		332	
		최대값		456	
		범위		124	
		사분위수 범위		60	
		왜도		-.160	.536
		첨도		-1.019	1.038
	반대	평균		316.33	9.257
		평균의 95% 신뢰구간	하한	295.96	
			상한	336.71	
		5% 절사평균		316.09	
		중위수		312.50	
		분산		1028.242	
		표준편차		32.066	
		최소값		272	
		최대값		365	
		범위		93	
		사분위수 범위		57	
		왜도		.102	.637
		첨도		-1.266	1.232

〈그림 6-22〉 데이터 탐색 – 자료 변경 전과 후 기술통계량

모집단의 표준편차가 아닌 표본의 표준편차 값을 이용해서 추정한 표본평균의 표준오차 8.714를 이용해서 95% 신뢰수준에서의 표본오차를 구해서 표준 정규분포의 1.96 대신 자유도 17인 상위 2.5%에 해당하는 t값 2.11을 사용했다(t분포는 8장을 참고하자). 표준오차 추정치의 2.11배인 18.39($= 2.11 \times 8.714$)만원이 95% 신뢰수준에서의 표본오차가 되고, 95% 신뢰구간의 하한과 상한은 각각 377.94($= 396.33 - 18.39$)만원과 414.72($= 396.33 + 18.39$)만원이 된다.

5% 절사평균은 평균이 이상치의 영향을 많이 받는 것을 고려해서 자료의 양끝에서 각각 5%의 케이스를 뺀 90%의 자료로부터 구한 평균으로 평균이 396.33만원이고 5% 절사평균은 396.59만원으로 약간 커져서 지지자들의 소득은 값이 작은 부분이 큰 부분보다는 약간 긴 꼬리를 갖는 분포형태를 가진다. 그러나 평균과 5% 절사평균의 차이가 크지 않아서 비대칭 정도가 크지는 않고 평균보다 큰 값과

작은 값의 흩어진 정도가 비슷하다.

중위수는 404.00만원으로 18명의 지지자 중 50%인 9명의 소득은 404.00만원 이하이고 나머지 9명의 소득은 404.00만원 이상이다.

평균과 중위수의 차이가 크지 않은 것으로 봐서 자료의 분포는 대칭의 모양을 띠는 것으로 생각된다. 중위수보다 큰 값들의 분포 폭이 작은 값들보다 넓으면 중위수에 비해 평균이 커지고, 중위수보다 작은 값들의 분포 폭이 큰 값들에 비해 넓으면 중위수보다 평균이 작은 값을 갖게 된다.

범위는 최대값과 최소값의 차이로 소득이 가장 높은 사람과 가장 낮은 사람의 차이는 124만원이다.

사분위 범위는 상위 25%에 해당하는 값과 하위 25%에 해당하는 값의 차이로 소득이 중간 50%에 해당하는 그룹 중 소득이 가장 높은 사람과 가장 낮은 사람의 차이는 60만원으로 전체 자료의 분포 폭인 124만원의 절반 정도이다.

왜도는 자료의 대칭성을 재는 척도로 양수(+)면 평균보다 큰 값들의 분포 폭이 작은 값들의 분포 폭보다 넓고, 0이면 대칭, 음수(−)면 평균보다 작은 값들의 분포 폭이 큰 값들의 분포 폭보다 넓다. 지지자 18명의 소득의 왜도는 −0.160으로 평균보다 작은 값들의 분포 폭이 큰 값들의 분포 폭보다 약간 넓다. 그런데 왜도 −0.160은 18명의 표본으로부터 구한 값으로 전체 유권자 중 지지자 소득의 왜도와는 차이가 있을 것이다. 자료로부터 추정한 왜도의 표준오차가 0.536으로 왜도 −0.160은 자료가 비대칭이라고 할 만큼 큰 수치는 아니다.

```
소득(만원) Stem-and-Leaf Plot for
지지여부= 지지

 Frequency    Stem &  Leaf

     2.00        3 .  34
     6.00        3 .  557788
     9.00        4 .  000112344
     1.00        4 .  5

 Stem width:       100
 Each leaf:       1 case(s)
```

〈그림 6-23〉 지지자 소득의 줄기-잎 그림

```
소득(만원) Stem-and-Leaf Plot for
지지여부= 반대

 Frequency    Stem &  Leaf

     3.00        2 .  778
     7.00        3 .  0002344
     2.00        3 .  66

 Stem width:       100
 Each leaf:       1 case(s)
```

〈그림 6-24〉 반대자 소득의 줄기-잎 그림

〈그림 6-23〉의 줄기-잎 그림에서 Stem width가 100으로 Stem(줄기)에 있는 숫자들은 100의 자리에 해당하는 숫자이고, Leaf(잎)에 있는 숫자들은 10의 자리에 해당하는 숫자이다. Frequency(빈도)에 있는 수는 각 줄기에 분포하는 케이스 수이다. 따라서 Stem이 3이고 Leaf가 3인 자료는 330으로 원 자료의 일의 자리는 버리고 100의 자리와 10의 자리까지 줄기-잎 그림으로 정리한 것이다. 10의 자리 숫자는 0~4까지인 자료를 하나의 줄기에 정리하고 5~9까지인 자료는 다른 줄기에 정리하였다. 지지하는 사람들의 줄기-잎 그림을 보면 지지하는 18개 케이스 중 15개 케이스가 350만원에서 440만원 사이에 분포하고 있다.

〈그림 6-24〉는 특정 정책을 반대하는 사람들의 소득의 줄기-잎 그림으로 300만원에서 340만원 사이에 12개 케이스 중 7개 케이스가 분포하고 있다.

〈그림 6-25〉의 상자그림을 보면 지지하는 그룹이 반대하는 그룹에 비해 다섯 숫자 요약치가 커서 지지하는 그룹이 반대하는 그룹에 비해 소득이 높다.

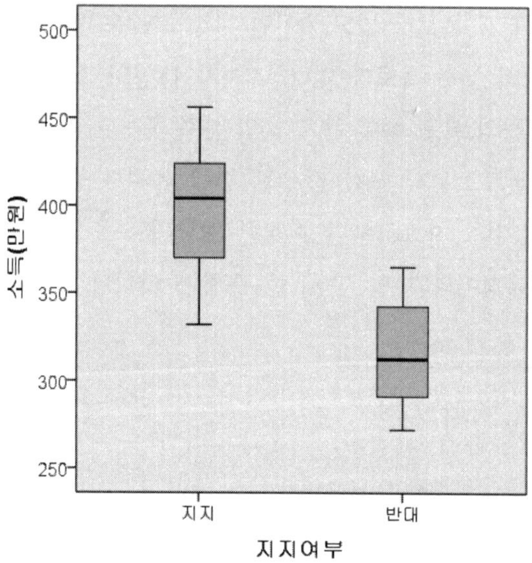

〈그림 6-25〉 데이터 탐색 – 상자그림

TIP

데이터 탐색

- **종속변수** : 통계량과 도표를 작성할 양적 변수를 지정
- **요인** : 요인에 있는 변수의 범주에 따라 통계량과 도표를 출력, 지정하지 않으면 전체 자료에 대한 결과를 출력
- **표시**

  모두 : 통계량과 도표가 모두 출력되며, 기본으로 설정되어 있음

  통계량 : 출력결과에 통계량만 출력

  도표 : 도표만 출력

TIP

- **분석–기술통계량–기술통계량** : 2개 이상 변수에 대해 분석을 하면 각 변수별로 결측이 아닌 케이스에 대한 분석 결과를 제시해서 변수별로 분석된 유효 케이스 수가 다를 수 있음
- **분석–기술통계량–데이터 탐색** : 2개 이상 변수에 대해 분석을 하면 모든 변수가 결측이 아닌 케이스에 대한 분석 결과를 제시해서 분석에 이용된 모든 변수의 유효 케이스 수는 같음

07 CHAPTER

여러 형태의 표 작성

7.1 빈도분석

7.1.1 숫자변수의 빈도분석

〈표 7-1〉은 해외연수 실태조사를 위한 설문지다. 해외연수 자료를 이용해서 숫자로 입력된 질적 자료의 빈도와 퍼센트를 구해보자.

〈표 7-1〉 해외연수 실태조사 설문지

1. 성별 ① 남 ② 여

2. 현재 부모님과 함께 거주하는 지역
   ① 서울, 경기(인천) ② 충청도(대전)

3. 현재 부모님의 한 달 수입
   ① 150-200만원 미만 ② 200-300만원 미만 ③ 300-400만원 미만
   ④ 400-500만원 미만 ⑤ 500만원 이상

4. 아버지의 최종 학력
   ① 초등학교 졸 ② 중졸 ③ 고졸 ④ 대졸 ⑤ 대학원 졸

5. 어머니의 최종 학력
   ① 초등학교 졸 ② 중졸 ③ 고졸 ④ 대졸 ⑤ 대학원 졸

6. 해외연수 경험 유무 ① 있다 ② 없다

7. 해외 연수 경험이 있다면 연수지역을 모두 쓰시오. ____________________

8. TOEIC 점수는 ____________________

해외연수.sav 파일을 불러온다.

① **분석-기술통계량-빈도분석**을 선택한다.

② **변수**에 **성별**, **거주지역**, **수입**, **부학력**, **모학력**, **해외경험**을 보내고 **확인**을 클릭한다.

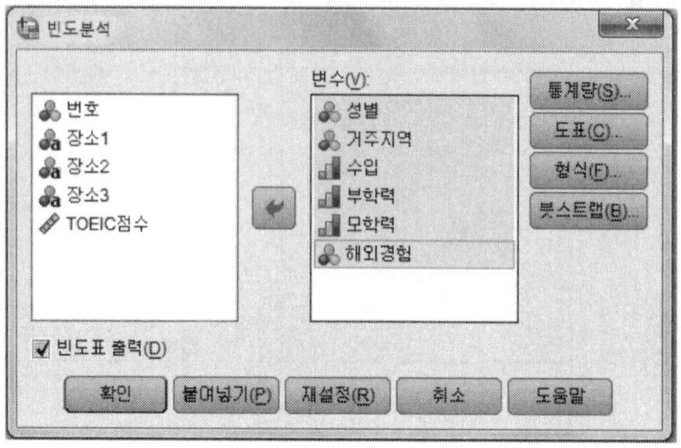

〈그림 7-1〉 빈도분석

출력결과 중 결측을 포함하고 있는 수입의 빈도표를 읽어 보자.

〈그림 7-2〉의 수입 빈도표에서 빈도는 각 범주에 해당하는 케이스 수이고 퍼센트는 전체 대상자 216에 대한 퍼센트로 시스템 결측이 2케이스가 있어 결측이 전체의 0.9%에 해당하고 유효한 케이스(결측이 아닌 케이스)는 214 케이스로 전체의 99.1%에 해당한다. 유효 퍼센트는 유효한 케이스인 214명에 대한 퍼센트이고, 누적 퍼센트는 유효 퍼센트에 대한 누적 퍼센트로 결측을 제외한 214명 중 200-300만원 미만에 해당하는 응답 비율은 45.3%이고 300만원 미만인 응답자는 59.3%이다.

수입

		빈도	퍼센트	유효 퍼센트	누적 퍼센트
유효	150-200만원 미만	30	13.9	14.0	14.0
	200-300만원 미만	97	44.9	45.3	59.3
	300-400만원 미만	53	24.5	24.8	84.1
	400-500만원 미만	17	7.9	7.9	92.1
	500만원이상	17	7.9	7.9	100.0
	전체	214	99.1	100.0	
결측	시스템	2	.9		
전체		216	100.0		

〈그림 7-2〉 수입 빈도분석 결과

부학력과 모학력은 결측인 케이스가 없어서 퍼센트와 유효퍼센트가 일치한다.

7.1.2 문자변수의 빈도분석

해외연수 자료를 이용해서 문자변수의 빈도분석 결과가 숫자변수와 어떤 차이점이 있는지 알아보자.

해외연수.sav 파일을 불러온다.

① **분석-기술통계량-빈도분석**을 선택한다.

② **변수**에 변수유형이 문자인 **장소1**, **장소2**, **장소3**을 보내고 **확인**을 클릭한다.

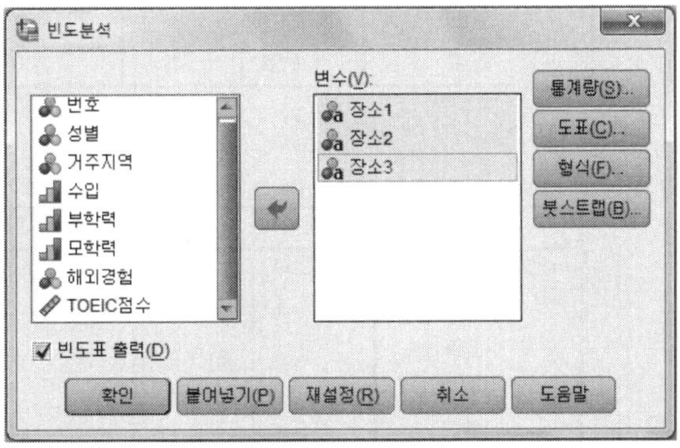

〈그림 7-3〉 빈도분석

유형이 숫자인 변수는 자료를 입력하지 않은 빈칸이 시스템 결측으로 처리된다. 그러나 장소1, 장소2, 장소3처럼 유형이 문자인 변수는 무응답인 빈칸도 유효한 자료로 처리가 된다. 장소1, 장소2, 장소3은 복수응답으로 전체 응답자 중 일본을 다녀온 빈도는 장소1의 빈도 6과 장소2의 빈도 1을 합한 7이다. 다중응답 변수의 분석은 7.3절을 참고하자.

> **TIP**
>
> **문자변수에서 무응답을 결측으로 처리하려면** 무응답을 빈칸으로 처리하지 말고 특정 숫자나 문자를 입력한 다음 변수 보기 화면의 결측값에서 이산형 결측값에 해당하는 숫자나 문자를 입력해서 결측으로 처리하는 방법이 있다.

장소1

		빈도	퍼센트	유효 퍼센트	누적퍼센트
유효		180	83.3	83.3	83.3
	뉴질랜드	1	.5	.5	83.8
	독일	1	.5	.5	84.3
	동남아시아	1	.5	.5	84.7
	미국	7	3.2	3.2	88.0
	미국(LA)	1	.5	.5	88.4
	베트남	2	.9	.9	89.4
	영국	2	.9	.9	90.3
	유럽	1	.5	.5	90.7
	유타주	1	.5	.5	91.2
	일본	6	2.8	2.8	94.0
	중국	8	3.7	3.7	97.7
	체코	1	.5	.5	98.1
	태국	1	.5	.5	98.6
	필리핀	3	1.4	1.4	100.0
	합계	216	100.0	100.0	

장소2

		빈도	퍼센트	유효 퍼센트	누적퍼센트
유효		208	96.3	96.3	96.3
	싱가포르	1	.5	.5	96.8
	인도	1	.5	.5	97.2
	일본	1	.5	.5	97.7
	중국	1	.5	.5	98.1
	태국	2	.9	.9	99.1
	프랑스	1	.5	.5	99.5
	필리핀	1	.5	.5	100.0
	합계	216	100.0	100.0	

장소3

		빈도	퍼센트	유효 퍼센트	누적퍼센트
유효		215	99.5	99.5	99.5
	인도	1	.5	.5	100.0
	합계	216	100.0	100.0	

〈그림 7-4〉 장소1, 장소2, 장소3의 빈도분석 결과

7.2 교차분석

연수지역 자료에서 거주지별 해외연수 비율을 정리해 보자. 해외연수.sav 파일을 불러온다.

① **분석-기술통계량-교차분석**을 선택한다.

② **행**에 **거주지역**, **열**에 **해외경험**을 보낸다.

③ **셀**을 클릭, **퍼센트**에서 **행**을 선택하고 **계속**, **확인**을 클릭한다.

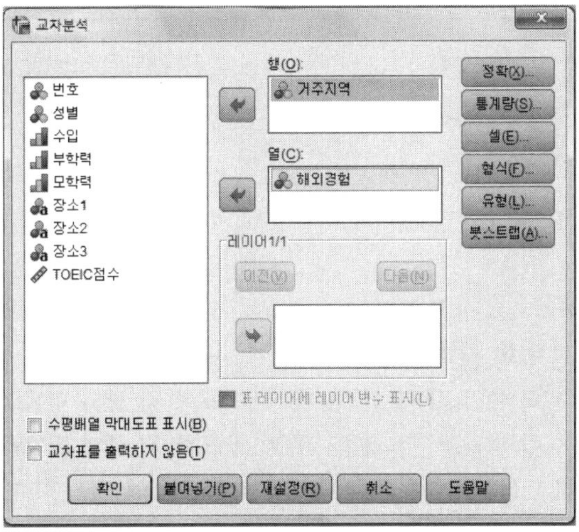

〈그림 7-5〉 교차분석

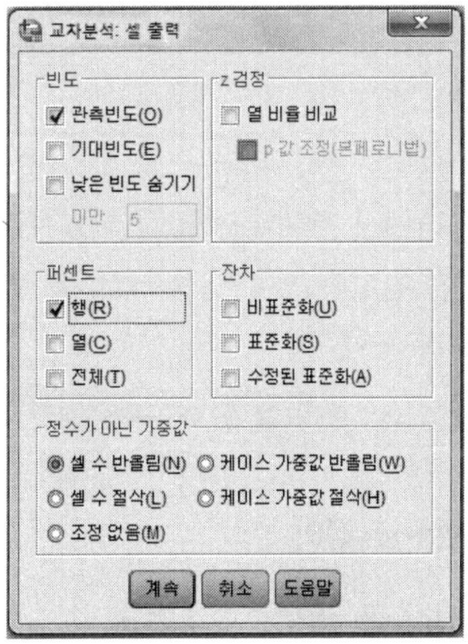

〈그림 7-6〉 교차분석 – 셀

〈그림 7-7〉에서 빈도는 거주지역별 해외경험이 "있다"와 "없다"에 해당하는 케이스 수이다.

거주지역 * 해외경험 교차표

			해외경험		전체
			있다	없다	
거주지역	서울, 경기	빈도	16	41	57
		거주지역 중 %	28.1%	71.9%	100.0%
	충청도	빈도	20	139	159
		거주지역 중 %	12.6%	87.4%	100.0%
전체		빈도	36	180	216
		거주지역 중 %	16.7%	83.3%	100.0%

〈그림 7-7〉 거주지역에 따른 해외경험의 교차분석 결과

거주지역 중 %를 보면 거주지역이 서울, 경기인 57명 중 28.1%가 해외경험이 있고 충청도인 159명 중 12.6%가 해외 경험이 있다고 응답했다.

TIP

교차분석의 셀 퍼센트

- **행** : 각 행의 퍼센트 합이 100이 되도록 각 셀의 퍼센트를 구함
- **열** : 각 열의 퍼센트 합이 100이 되도록 각 셀의 퍼센트를 구함
- **전체** : 행이나 열로 나누지 않고 전체 응답에 대한 각 셀의 퍼센트를 구함

7.3 다중응답

7.1절의 〈표 7-1〉에서 해외연수를 다녀온 지역을 미국, 유럽, 아시아로 정리하는 과정은 16.3절을 참고하고 여기서는 범주를 수정해 놓은 자료를 이용해서 복수응답 자료를 정리해 보자.

해외연수작업파일.sav 파일을 불러온다.

7.3.1 다중응답-변수군 정의

① **분석-다중반응-변수군 정의**를 선택한다.

② **변수군에 포함된 변수**에 **연수지역1**, **연수지역2**, **연수지역3**을 보낸다.

③ **변수들의 코딩형식**에서 **범주**를 선택하고 **범위**에 **1**과 **3**을 입력한다.

④ **이름**에 **'연수지역'**을 입력하고 **추가**, **닫기**를 클릭한다.

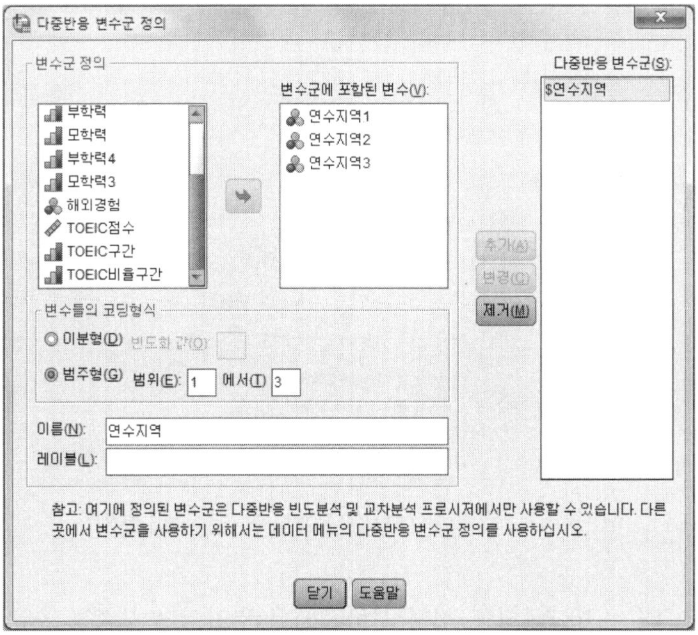

〈그림 7-8〉 다중반응 – 변수군 정의

TIP

분석-다중반응-변수군 정의

- **변수군에 포함된 변수** : 다중응답으로 처리할 변수를 지정
- **변수들의 코딩형식** : 다중응답으로 처리할 변수들의 코딩 방식을 지정
- **이분형** : 각 범주를 변수로 하여 각 범주의 선택 여부를 자료로 입력한 경우로 빈도화 값에 선택을 의미하는 값을 입력
- **범주** : 복수응답 변수의 응답 범주의 최소값과 최대값을 입력

분석-다중응답-빈도분석: 복수응답 퍼센트 계산 기준

- **케이스** : 응답한 케이스를 기준으로 각 범주의 퍼센트를 계산해서 응답자 한 명이 하나 이상의 응답을 할 수 있으므로 응답한 케이스 수보다 응답자의 수가 많아서 모든 범주의 퍼센트 합이 100%를 넘을 수 있음
- **응답** : 응답수를 기준으로 퍼센트를 계산해서 모든 범주의 퍼센트 합은 100%임

7.3.2 다중응답 – 빈도분석

① **분석–다중반응–빈도분석**을 선택한다.

② **표작성 반응군**에 **$연수지역**을 보내고 **확인**을 클릭한다.

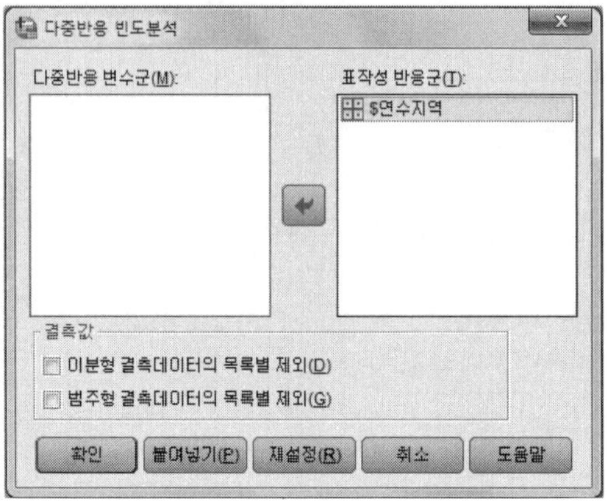

〈그림 7-9〉 다중반응 – 빈도분석

〈그림 7-10〉을 보면 전체 216명 중 36명이 연수지역에 응답을 하였고 180명은 결측이다.

케이스 요약

	케이스					
	유효		결측		전체	
	N	퍼센트	N	퍼센트	N	퍼센트
$연수지역[a]	36	16.7%	180	83.3%	216	100.0%

a. 범주형 변수 집단

〈그림 7-10〉 다중응답 – 빈도분석 케이스 요약

$연수지역 빈도

		반응		케이스 중 %
		N	퍼센트	
$연수지역[a]	미국	9	20.0%	25.0%
	유럽	6	13.3%	16.7%
	아시아	30	66.7%	83.3%
전체		45	100.0%	125.0%

a. 범주형 변수 집단

〈그림 7-11〉 다중응답 – 빈도분석 출력결과

〈그림 7-11〉에서 연수지역은 복수응답으로 해외연수를 다녀온 36명 중 미국이

라고 응답한 빈도가 9, 유럽이 6, 아시아가 30으로 해외연수를 다녀온 빈도는 총 45로 연수지역1, 연수지역2, 연수지역3의 변수에 나타난 빈도를 합한 결과가 출력되었다.

반응 퍼센트는 36명이 방문한 45개 국가 중 각 지역이 차지하는 비율로 미국이 차지하는 비율은 20.0%이고, 반응 퍼센트의 총합은 100%이다. 케이스 중 %는 36명 중 해당하는 지역을 방문한 비율로 미국을 다녀온 비율은 25.0%이고, 한 명의 응답자가 여러 지역을 선택할 수 있어서 전체 응답수가 케이스 수보다 많을 수 있어서 각 범주의 케이스 중 % 합이 100%를 넘을 수 있다. 여기서는 케이스 중 % 합이 125%로 해외연수를 다녀온 학생의 경우 평균적으로 1.25개 지역으로 연수를 다녀왔다. 반응 퍼센트와 케이스 중 % 중에서 연구자가 자료 특성에 맞는 비율로 결과를 정리하면 된다.

7.3.3 다중응답 – 교차분석

① **분석–다중반응–교차분석**을 선택한다.
② **행**에 **거주지역**, **열**에 **$연수지역**을 보낸다.
③ **행**의 **거주지역(? ?)**을 선택하고 **범위지정**을 클릭한다. **거주지역**의 범주가 **1**과 **2**로 **최소값**에 **1**, **최대값**에 **2**를 입력하고 **계속**을 클릭한다.

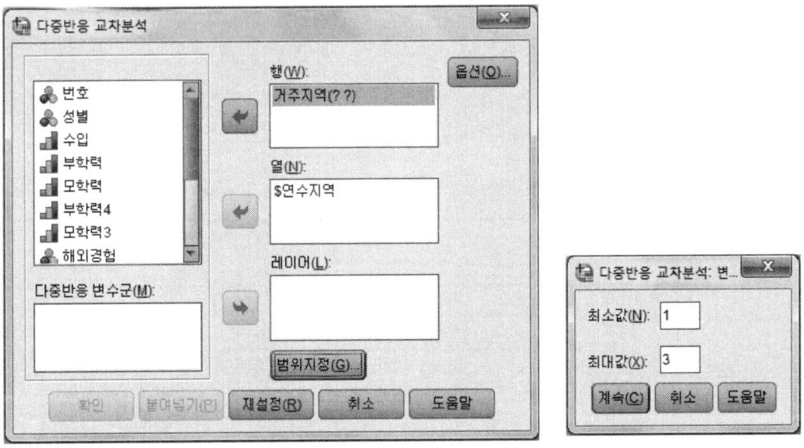

〈그림 7-12〉 다중반응 – 교차분석

④ **옵션**을 클릭하고 **셀 퍼센트**에서 퍼센트를 계산할 기준을 지정해 준다. 여기서는 거주지에 따라 정리해 보기 위해서 **행**을 선택하고 **계속**, **확인**을 클릭한다.

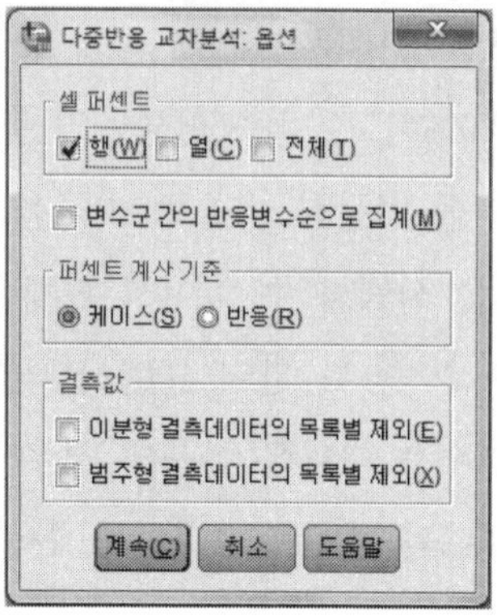

〈그림 7-13〉 다중반응 – 교차분석의 옵션

〈그림 7-14〉를 보면 거주지역이 서울, 경기 지역인 학생 17명의 연수지역은 아시아가 52.9(= 9/17 × 100)%로 가장 많았고, 유럽 35.3%, 미국 23.5% 순이었다. 거주지역이 충청도인 학생 19명 중 아시아가 110.5%로 가장 많고 서울, 경기 지역과 달리 유럽을 방문한 학생은 한 명도 없다.

서울, 경기 지역의 연수지역 합은 19(= 4 + 6 + 9)로 서울, 경기의 합계 17과 차이가 있다. 여기서 17은 연수지역에 응답한 사람 중 서울, 경기 지역에 거주하는 응답자 수이고, 19는 서울, 경기 지역 거주자 17명이 응답한 해외연수 빈도이다. 충청도의 응답자는 19명이고, 19명이 해외연수를 다녀온 빈도는 총 26(= 5 + 0 + 21)이다.

거주지역*$연수지역 교차표

			$연수지역[a]			전체
			미국	유럽	아시아	
거주지역	서울, 경기	빈도	4	6	9	17
		거주지역 중 %	23.5%	35.3%	52.9%	
	충청도	빈도	5	0	21	19
		거주지역 중 %	26.3%	0.0%	110.5%	
전체		빈도	9	6	30	36

퍼센트 및 합계는 반응자수를 기준으로 합니다.

a. 범주형 변수 집단

〈그림 7-14〉 다중반응 교차분석 출력결과

7.4 통계표 작성

보고서나 논문에 자주 등장하는 표를 작성해보자.

분석결과를 정리할 때 보통 가장 먼저 등장하는 표는 〈표 7-2〉와 같은 조사 대상자의 일반적 특성의 분포를 빈도와 퍼센트로 정리한 표이다.

〈표 7-2〉 조사 대상자의 일반적 특성

변수	구분	빈도	퍼센트
성별	남자	64	29.6
	여자	152	70.4
거주지역	서울, 경기	57	26.4
	충청도	159	73.6
수입	150-200만원	30	14.0
	200-300만원	97	45.3
	300-400만원	53	24.8
	400-500만원	17	7.9
	500만원 이상	17	7.9
부학력	중졸 이하	16	7.4
	고졸	116	53.7
	대졸	62	28.7
	대학원 졸	22	10.2
모학력	중졸 이하	22	10.2
	고졸	146	67.6
	대졸 이상	48	22.2

질적변수 간의 관련성을 분석할 때는 〈표 7-3〉처럼 연관성을 보려고 하는 변수를 각각 행과 열에 나열하고 빈도와 퍼센트를 검정결과인 p값(p-value, 유의확률)과 함께 표로 정리할 수 있다. 유의확률은 8장을 참고하자.

〈표 7-3〉 일반적 특성에 따른 해외연수 비율

변수	구분	해외경험		p
		있다	없다	
		n (%)	n (%)	
성별	남자	11 (17.2)	53 (82.8)	.894
	여자	25 (16.4)	127 (83.6)	
거주지역	서울, 경기	16 (28.1)	41 (71.9)	.007**
	충청도	20 (12.6)	139 (87.4)	
수입	150-200만원	4 (13.3)	26 (86.7)	.000***
	200-300만원	9 (9.3)	88 (90.7)	
	300-400만원	8 (15.1)	45 (84.9)	
	400-500만원	4 (23.5)	13 (76.5)	
	500만원 이상	11 (64.7)	6 (35.3)	
부학력	중졸 이하	3 (18.8)	13 (81.3)	.219
	고졸	14 (12.1)	102 (87.9)	
	대졸	13 (21.0)	49 (79.0)	
	대학원 졸	6 (27.3)	16 (72.7)	
모학력	중졸 이하	2 (9.1)	20 (90.9)	.008**
	고졸	19 (13.0)	127 (87.0)	
	대졸 이상	15 (31.3)	33 (68.8)	

** p<.01 *** p<.001

일반적 특성에 따라 종속변수의 평균을 비교하는 것이 목적인 경우에는 〈표 7-4〉와 같이 일반적 특성별로 종속변수의 평균(M), 표준편차(SD)를 유의확률(p)과 함께 표로 정리할 수 있다.

〈표 7-4〉 일반적 특성에 따른 TOEIC 점수

		TOEIC점수			p
		M	±	SD	
성별	남자	569.5	±	182.5	.342
	여자	593.1	±	119.3	
거주지역	서울, 경기	612.9	±	162.0	.131
	충청도	576.5	±	131.9	
수입	150-200만원 미만	584.0	±	123.4	.003**
	200-300만원 미만	563.6	±	135.2	
	300-400만원 미만	568.3	±	126.7	
	400-500만원 미만	632.6	±	137.3	
	500만원 이상	696.8	±	175.3	
부학력	중졸 이하	544.1	±	115.8	.000***
	고졸	549.7	±	127.9	
	대졸	630.8	±	137.1	
	대학원 졸	682.7	±	159.4	
모학력	중졸 이하	521.8	±	127.8	.000***
	고졸	571.6	±	132.0	
	대졸 이상	659.7	±	147.5	
해외경험	있다	634.0	±	148.8	.025*
	없다	576.5	±	137.8	

* p<.05 ** p<.01 *** p<.001

통계표 작성을 이용해서 〈표 7-2〉, 〈표 7-3〉, 〈표 7-4〉의 표를 작성해 보자. 해외연수작업파일.sav파일을 불러온다.

7.4.1 빈도표(frequency table) 작성

조사대상자의 일반적 특성을 정리한 〈표 7-2〉를 작성해 보자.

① **분석-사용자 정의표-사용자 정의표**를 선택하고 **확인**을 클릭한다.

② **변수**에 있는 변수 중 **성별**을 드래그해서 **행**으로 보낸다.
추가로 변수를 보낼 때 **행**으로 드래그하면 이미 있는 변수의 앞부분에 중첩되고, 이미 선택되어 있는 변수 아래로 드래그하면 세로 방향으로 표가 작성된다.

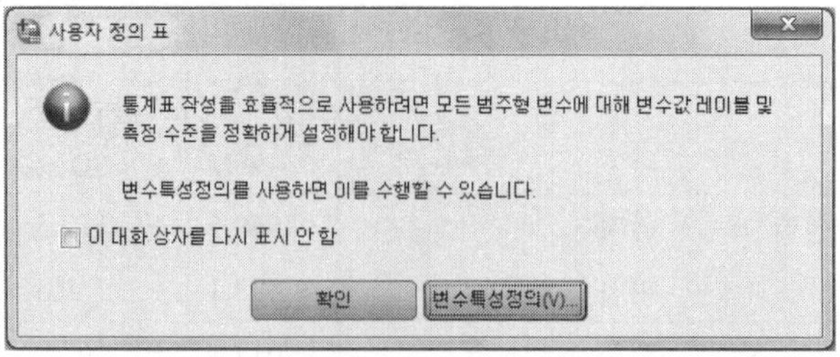

〈그림 7-15〉 사용자 정의 표 – 변수 특성 정의

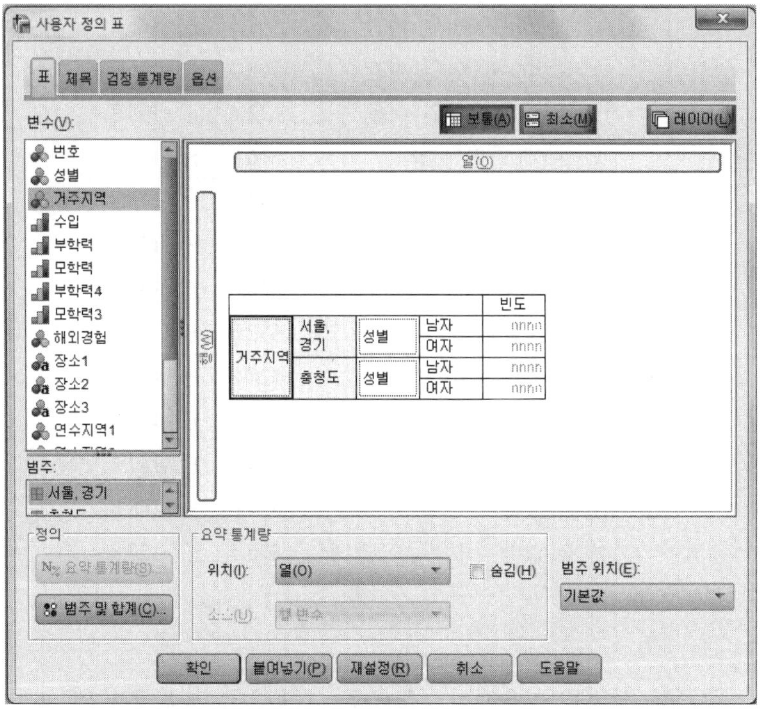

〈그림 7-16〉 사용자 정의 표 작성 – 세로로 중첩된 표

③ **행**의 **성별** 아래에 **거주지역, 수입, 부학력**4, **모학력**3을 보낸다.

통계표에는 변수보기 화면의 설명에 있는 내용이 출력되어서 부학력4, 모학력3은 부학력, 모학력으로 표에 출력된다.

④ **요약통계량**을 클릭하고 **통계량**에서 **열N%**를 **표시**로 보낸다. **형식**을 **nnn.n**으로 바꾸고 **모든 항목에 적용**을 클릭한다.

⑤ **확인**을 클릭한다.

〈그림 7-17〉 사용자 정의 표 작성 – 세로로 펼쳐진 표

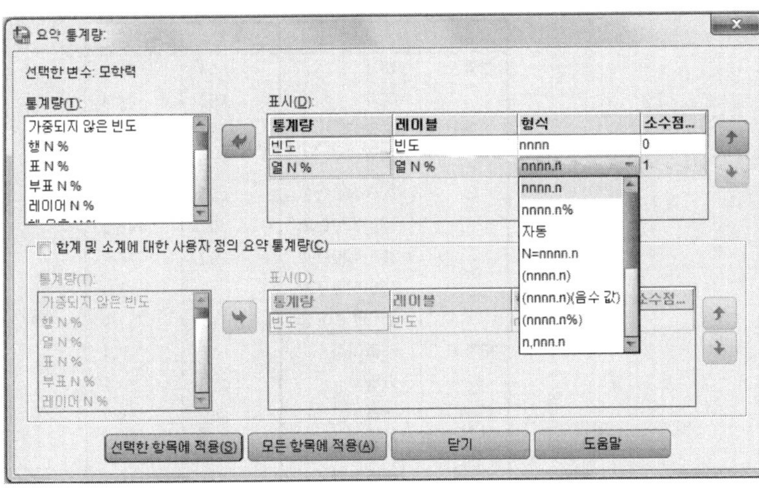

〈그림 7-18〉 사용자 정의 표 작성 – 요약통계량

〈그림 7-19〉 사용자 정의 표 작성 – 일반적 특성의 빈도와 퍼센트

		개수	열 N %
성별	남자	64	29.6
	여자	152	70.4
거주지역	서울, 경기	57	26.4
	충청도	159	73.6
수입	150-200만원	30	14.0
	200-300만원	97	45.3
	300-400만원	53	24.8
	400-500만원	17	7.9
	500만원이상	17	7.9
부학력	중졸이하	16	7.4
	고졸	116	53.7
	대졸	62	28.7
	대학원졸	22	10.2
모학력	중졸이하	22	10.2
	고졸	146	67.6
	대졸이상	48	22.2

〈그림 7-20〉 사용자 정의 표

TIP

분석–사용자 정의표–사용자 정의표로 표를 작성할 때 변수의 유형이 명목( )이나 순서( )로 설정이 되어 있으면 변수의 모든 값에 대해 빈도를 포함한 질적 자료에 대한 통계량을 제공하고, 척도( )로 설정이 된 경우에는 평균을 포함한 양적 자료에 대한 통계량을 제공한다. 따라서 표를 작성할 때 요약하려는 내용과 변수의 유형이 맞지 않으면 원하는 작업을 할 수 없으므로 변수보기 화면이나 분석–사용자 정의표–사용자 정의표의 변수 특성 정의에서 자료의 특성에 맞게 변수 유형을 설정해 주어야 한다.

출력결과를 한글 파일로 작성해 보자.

① 출력결과에서 도표를 **복사**해서 엑셀에 **붙여넣기** 한다.

② 작업할 부분을 드래그해서 블록을 지정한다.

③ 엑셀의 **홈**에서 **병합**을 클릭해 병합을 풀어 준다.

④ **홈**에서 **테두리**를 클릭하고 **테두리 없음**을 선택해 SPSS에서 기본으로 작성된 테두리 선을 없앤 다음 **복사**해서 한글에 **붙여넣기** 한다.

⑤ 한글에서 표를 클릭한 다음 단축메뉴로 들어가 **개체속성**의 **기본**에서 **글자처럼 취급**을 선택하고 **설정**을 클릭한다.

⑥ 테두리의 수정할 부분을 선택한 다음 단축메뉴의 **셀 테두리/배경**에서 원하는 형태로 테두리 선을 수정해서 원하는 형태의 표를 완성한다.

테두리 선은 ④번 단계에서 SPSS에시 기본적으로 작성된 테두리선을 없애고 엑셀에서 원하는 형태로 테두리를 그린 다음 한글로 붙여넣기 해도 된다.

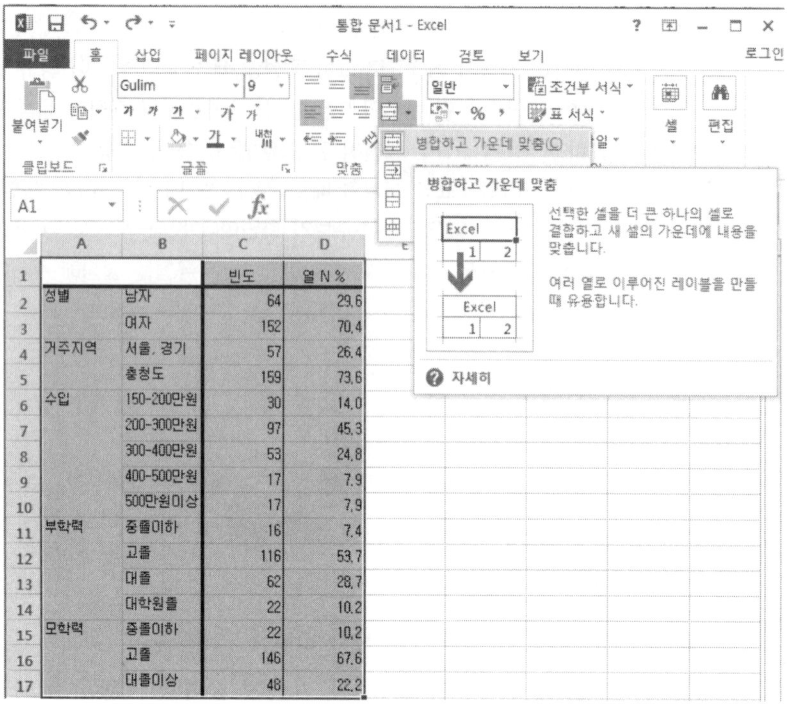

〈그림 7-21〉 엑셀 – 병합풀기

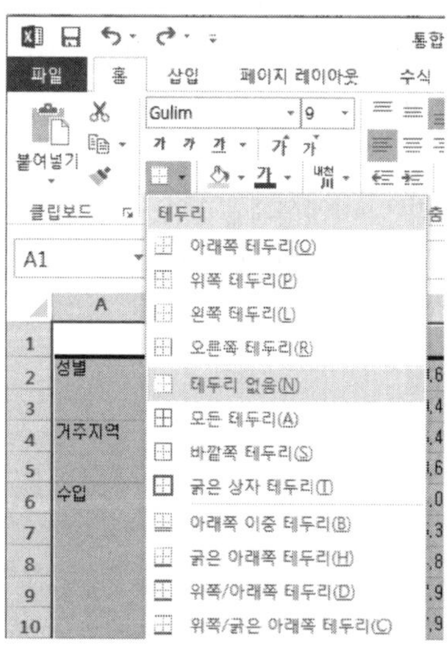

〈그림 7-22〉 엑셀 – 테두리 수정

〈표 7-5〉 조사 대상자의 일반적 특성

변수	구분	빈도	퍼센트
성별	남자	64	29.6
	여자	152	70.4
거주지역	서울, 경기	57	26.4
	충청도	159	73.6
수입	150-200만원	30	14.0
	200-300만원	97	45.3
	300-400만원	53	24.8
	400-500만원	17	7.9
	500만원 이상	17	7.9
부학력	중졸 이하	16	7.4
	고졸	116	53.7
	대졸	62	28.7
	대학원 졸	22	10.2
모학력	중졸 이하	22	10.2
	고졸	146	67.6
	대졸 이상	48	22.2

7.4.2 교차표(cross table) 작성

일반적 특성에 따른 해외 연수 비율을 정리한 〈표 7-3〉을 작성해 보자.

① **분석–사용자 정의표–사용자 정의 표**를 선택하고 **확인**을 클릭한다.

② **성별, 거주지역, 수입, 부학력4, 모학력3**은 **행**으로, **해외경험**은 **열**로 보낸다.

③ **행**에 있는 변수인 **성별**을 클릭하면 **요약 통계량**이 활성화된다. **요약 통계량**을 클릭하고 **통계량**의 **행 N%**를 **표시**로 보낸다. **행N%**의 **형식**을 (nnn.n)으로 바꾸고 **모든 항목에 적용, 확인**을 클릭한다.

④ 〈그림 7-26〉의 형태로 그려진 도표를 복사해서 엑셀에 붙여넣기 하고 병합과 테두리 선을 수정한다.

⑤ 한글에 붙여넣기 해서 원하는 형태의 표를 완성한다.

〈그림 7-23〉 사용자 정의 표 작성 – 교차 표

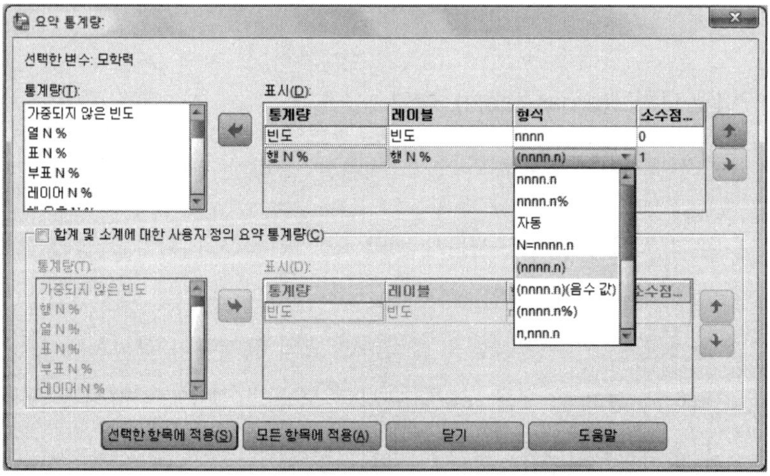

〈그림 7-24〉 사용자 정의 표 작성 – 요약통계량

〈그림 7-25〉 사용자 정의 표 작성 – 일반적 특성에 따른 해외연수 빈도와 퍼센트

		해외경험			
		있다		없다	
		개수	행 N %	개수	행 N %
성별	남자	11	(17.2)	53	(82.8)
	여자	25	(16.4)	127	(83.6)
거주지역	서울, 경기	16	(28.1)	41	(71.9)
	충청도	20	(12.6)	139	(87.4)
수입	150-200만원	4	(13.3)	26	(86.7)
	200-300만원	9	(9.3)	88	(90.7)
	300-400만원	8	(15.1)	45	(84.9)
	400-500만원	4	(23.5)	13	(76.5)
	500만원이상	11	(64.7)	6	(35.3)
부학력	중졸이하	3	(18.8)	13	(81.3)
	고졸	14	(12.1)	102	(87.9)
	대졸	13	(21.0)	49	(79.0)
	대학원졸	6	(27.3)	16	(72.7)
모학력	중졸이하	2	(9.1)	20	(90.9)
	고졸	19	(13.0)	127	(87.0)
	대졸이상	15	(31.3)	33	(68.8)

〈그림 7-26〉 사용자 정의 표 – 일반적 특성에 따른 해외연수 비율

〈표 7-6〉 일반적 특성에 따른 해외연수 비율

변수	구분	해외경험	
		있다	없다
		n (%)	n (%)
성별	남자	11 (17.2)	53 (82.8)
	여자	25 (16.4)	127 (83.6)
거주지역	서울, 경기	16 (28.1)	41 (71.9)
	충청도	20 (12.6)	139 (87.4)
수입	150-200만원	4 (13.3)	26 (86.7)
	200-300만원	9 (9.3)	88 (90.7)
	300-400만원	8 (15.1)	45 (84.9)
	400-500만원	4 (23.5)	13 (76.5)
	500만원 이상	11 (64.7)	6 (35.3)
부학력	중졸 이하	3 (18.8)	13 (81.3)
	고졸	14 (12.1)	102 (87.9)
	대졸	13 (21.0)	49 (79.0)
	대학원 졸	6 (27.3)	16 (72.7)
모학력	중졸 이하	2 (9.1)	20 (90.9)
	고졸	19 (13.0)	127 (87.0)
	대졸 이상	15 (31.3)	33 (68.8)

TIP

사용자 정의 표 작성: 교차 표 작성-요약 통계량

분석-사용자 정의 표-사용자 정의 표에서 행과 열이 모두 질적변수인 교차표를 작성할 때 행과 열 중에서 먼저 지정해 준 방향의 변수이름을 클릭해야 요약통계량이 활성화된다.

7.4.3 집단별 평균과 표준편차 정리

일반적 특성에 따른 TOEIC 점수를 정리한 〈표 7-4〉를 작성해 보자.

① **분석-사용자 정의표-사용자 정의표**를 선택하고 **확인**을 클릭한다.

② **성별, 거주지역, 수입, 부학력4, 모학력3, 해외경험**을 **행**으로 보내고, **TOEIC점수**를 **열**로 보낸다.

③ **요약통계량**을 클릭하고 **통계량**의 **표준편차**를 **표시**로 보낸다.

④ **평균**의 **형식**은 nnnn, **소수점이하자리**는 **1**, **표준편차**의 **형식**은 nnnn, **소수점이하자리**는 **1**로 바꾼다.

⑤ **선택한 항목에 적용**, **확인**을 클릭한다.

⑥ 〈그림 7-30〉의 형태로 그려진 도표를 엑셀에 붙여넣기를 한다. 병합과 테두리 선을 수정하고 한글에 붙여넣기 해서 원하는 형태의 표를 완성한다.

⑦ ±는 **수식 편집기**나 **문자표**에서 찾아 입력하면 된다.

〈그림 7-27〉 사용자 정의 표 작성

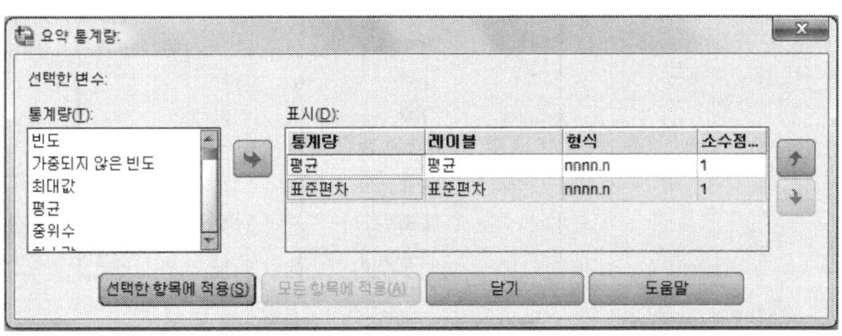

〈그림 7-28〉 사용자 정의 표 작성 – 요약통계량

〈그림 7-29〉 사용자 정의 표 작성 – 일반적 특성에 따른 TOEIC 평균과 표준편차

		빈도	열 N %
성별	남자	64	29.6
	여자	152	70.4
거주지역	서울, 경기	57	26.4
	충청도	159	73.6
수입	150-200만원	30	14.0
	200-300만원	97	45.3
	300-400만원	53	24.8
	400-500만원	17	7.9
	500만원이상	17	7.9
부학력	중졸이하	16	7.4
	고졸	116	53.7
	대졸	62	28.7
	대학원졸	22	10.2
모학력	중졸이하	22	10.2
	고졸	146	67.6
	대졸이상	48	22.2

〈그림 7-30〉 사용자 정의 표

〈표 7-7〉 일반적 특성에 따른 TOEIC 점수

변수	구분	TOEIC점수		
		M	±	SD
성별	남자	569.5	±	182.5
	여자	593.1	±	119.3
거주지역	서울, 경기	612.9	±	162.0
	충청도	576.5	±	131.9
수입	150-200만원	584.0	±	123.4
	200-300만원	563.6	±	135.2
	300-400만원	568.3	±	126.7
	400-500만원	632.6	±	137.3
	50만원 이상	696.8	±	175.3
부학력	중졸이하	544.1	±	115.8
	고졸	549.7	±	127.9
	대졸	630.8	±	137.1
	대학원졸	682.7	±	159.4
모학력	중졸이하	521.8	±	127.8
	고졸	571.6	±	132.0
	대졸이상	659.7	±	147.5
해외경험	있다	634.0	±	148.8
	없다	576.5	±	137.8

TIP

사용자 정의 표 작성 : 집단별로 평균과 표준편차를 정리–요약통계량

분석–사용자 정의 표–사용자 정의 표에서 행과 열 중 한 쪽에는 질적변수를 보내고 다른 쪽에는 양적 변수를 보낸 경우에는 양적 변수를 클릭해야 요약통계량이 활성화된다.

7.4.4 순위형 자료

〈표 7-8〉은 현재 앓고 있는 질환을 순위를 고려해서 조사한 문항이다. 각 순위에 해당하는 질환을 입력한 질환1순, 질환2순, 질환3순의 순위형 자료를 사용자 정의 표를 이용해서 〈표 7-9〉 형태의 빈도표를 작성해 보자.

〈표 7-8〉 현재 앓고 있는 질환조사(순위고려)

현재 앓고 있는 질환을 염려되는 순위대로 고르시오.		
	1순위 ____ 2순위 ____ 3순위 _____	
① 암	② 심장질환	③ 당뇨
④ 관절염	⑤ 신경통	⑥ 호흡기 질환
⑦ 뇌졸중	⑧ 고혈압	⑨ 기타 ( )

질병자료.sav 파일을 불러온다.

질병자료.sav 파일의 질병1, 질병2, 질병3이 현재 앓고 있는 질환을 종류대로 입력한 자료이고, 질병1순, 질병2순, 질병3순은 염려되는 순위를 고려해서 입력한 자료이다.

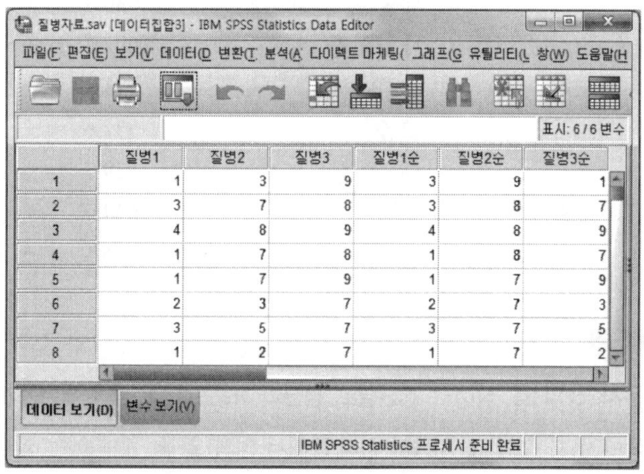

〈그림 7-31〉 질병자료

〈표 7-9〉 현재 앓고 있는 질환

질병	1순위	2순위	3순위
	n (%)	n (%)	n (%)
암	13 (25.0)	5 (9.6)	4 (7.7)
심장질환	3 (5.8)	5 (9.6)	6 (11.5)
당뇨	5 (9.6)	3 (5.8)	8 (15.4)
관절염	10 (19.2)	14 (26.9)	8 (15.4)
신경통	8 (15.4)	9 (17.3)	5 (9.6)
호흡기 질환	2 (3.8)	5 (9.6)	8 (15.4)
뇌졸중	3 (5.8)	7 (13.5)	8 (15.4)
고혈압	5 (9.6)	3 (5.8)	3 (5.8)
기타	3 (5.8)	1 (1.9)	2 (3.8)

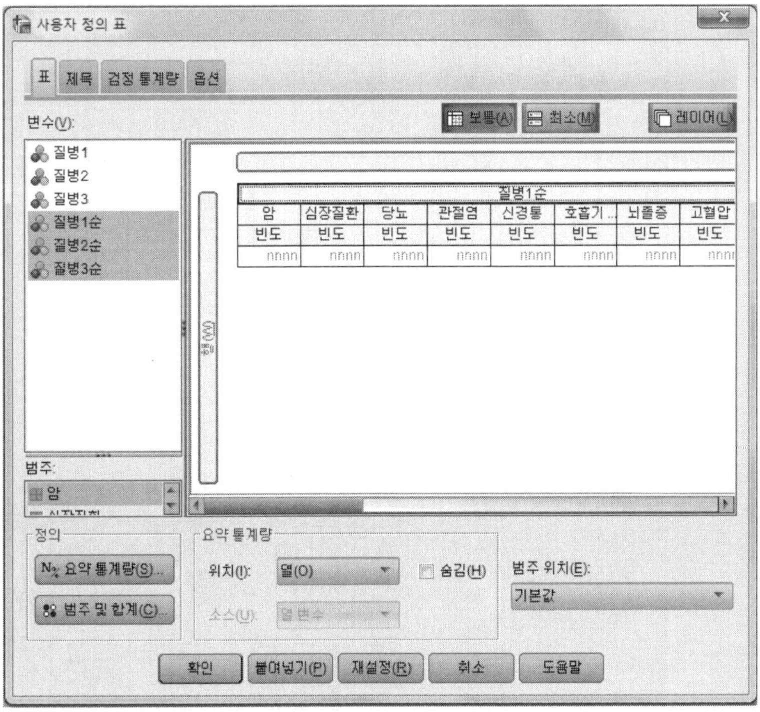

〈그림 7-32〉 사용자 정의 표 작성

① **분석–사용자 정의표–사용자 정의표**를 선택하고 **확인**을 클릭한다.

② **질병1순**과 **질병2순**, **질병3순**을 **열**로 보낸다.

③ **범주 위치**의 **기본값**을 **열 레이블을 행으로 표시**로 바꾼다. 모든 변수의 범주가 동일할 때 **범주 위치**를 이용해서 범주의 출력 방향을 수정할 수 있다.

④ **요약통계량**을 클릭하고 **통계량**에서 **열N%**를 **표시**로 보낸다.

⑤ **형식**을 **(mmm.n)**으로 바꾸고 **선택한 항목에 적용**을 클릭한다.

⑥ **확인**을 클릭한다.

〈그림 7-33〉 사용자 정의 표 작성 – 범주 위치 변경

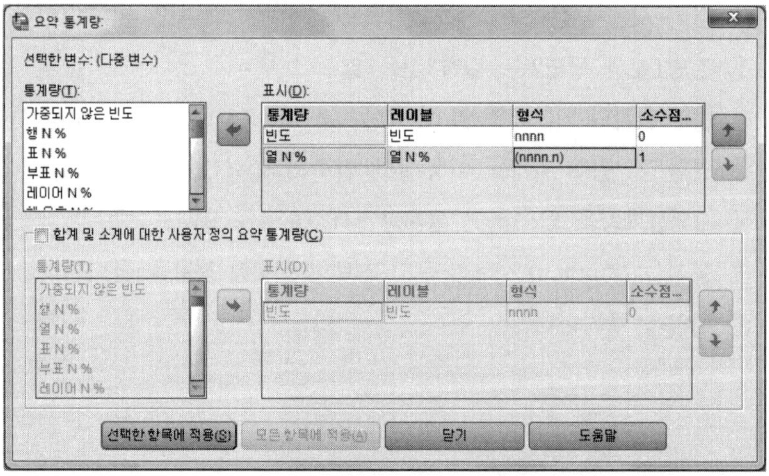

〈그림 7-34〉 사용자 정의 표 작성 – 요약통계량

〈그림 7-35〉 사용자 정의 표 작성 – 빈도와 퍼센트

	질병1순		질병2순		질병3순	
	빈도	열 N %	빈도	열 N %	빈도	열 N %
암	13	(25.0)	5	(9.6)	4	(7.7)
심장질환	3	(5.8)	5	(9.6)	6	(11.5)
당뇨	5	(9.6)	3	(5.8)	8	(15.4)
관절염	10	(19.2)	14	(26.9)	8	(15.4)
신경통	8	(15.4)	9	(17.3)	5	(9.6)
호흡기 질환	2	(3.8)	5	(9.6)	8	(15.4)
뇌졸증	3	(5.8)	7	(13.5)	8	(15.4)
고혈압	5	(9.6)	3	(5.8)	3	(5.8)
기타	3	(5.8)	1	(1.9)	2	(3.8)

〈그림 7-36〉 사용자 정의 표

그런데 각 순위별로 응답을 정리하는 것만으로는 어떤 범주의 순위가 높은지 파악하기가 어려운 경우가 많다. 이럴 때 각 문항별로 우선순위에 따라 점수를 할당하여 총점수를 계산하거나 평균점수를 구해서 우선순위를 파악하는 방법을 생각해 볼 수 있다. 3순위까지 선택을 하게 했으므로 1순위를 얻은 문항에는 3점, 2순위를 얻은 문항은 2점, 3순위를 얻은 문항은 1점, 순위를 얻지 못한 문항은 0점

을 할당해서 각 문항의 총 순위점수를 구하거나 평균 순위점수를 구해서 각 범주별로 순위를 구해 보자. 이때 각 순위에 대해 할당하는 점수는 연구자가 연구목제에 맞게 결정하면 된다. 각 질병에 대해 순위 점수를 구한 결과는 〈표 7-10〉에 있다.

〈표 7-10〉 각 문항별 순위를 고려한 획득점수

질병	1순위	2순위	3순위	총 순위점수	평균순위점수
암	13	5	3	13×3+5×2+3×1=52	53/52=1.00
심장질환	4	4	5	4×3+4×2+5×1=25	25/52=0.48
당뇨	5	3	8	5×3+3×2+8×1=29	29/52=0.56
관절염	10	14	7	10×3+14×2+7×1=65	66/52=1.25
신경통	7	10	5	7×3+10×2+5×1=46	47/52=0.88
호흡기 질환	2	5	8	2×3+5×2+8×1=24	24/52=0.46
뇌졸중	3	7	8	3×3+7×2+8×1=31	31/52=0.60
고혈압	5	3	5	5×3+3×2+5×1=26	24/52=0.50
기타	3	1	3	3×3+1×2+3×1=14	13/52=0.27

1순위만 보면 암이 가장 높은 비율을 차지하지만 전체 순위를 고려해 보면 1순위와 2순위에서 높은 비율을 차지한 관절염이 가장 높은 점수를 얻었고 다음으로 암, 신경통 순이다.

7.4.5 다중응답

다중응답(복수응답) 자료의 빈도를 구해 보자.

해외연수작업파일.sav 파일을 불러온다. 해외연수자료의 연수지역은 다중응답으로 최대 3개까지 응답하였다. 연수지역1, 연수지역2, 연수지역3으로부터 연수지역의 분포를 구해 보자.

(1) 다중응답 변수군 정의

① **분석–사용자 정의 표–다중반응 변수군**을 선택한다.

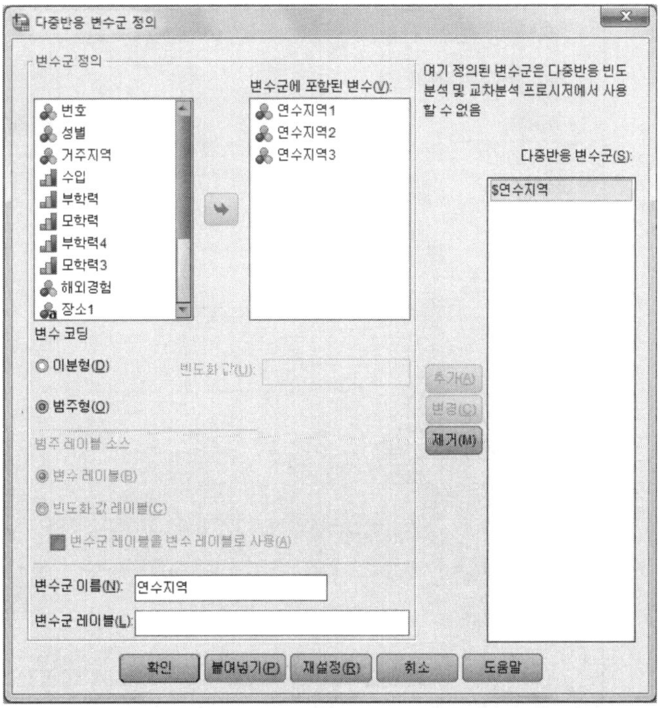

〈그림 7-37〉 사용자 정의 표 – 다중응답 변수군 정의

② **연수지역1, 연수지역2, 연수지역3**을 **변수군에 포함된 변수**로 보내고 **변수 코딩**은 **범주형**을 선택한다.

③ **변수군 이름**에 '**연수지역**'을 입력하고 **추가, 확인**을 클릭한다.

(2) 사용자 정의 표 작성

① **분석–사용자 정의 표–사용자 정의 표**를 선택하고 **확인**을 클릭한다.

② **$연수지역**을 **행**으로 보낸다.

③ **요약 통계량**을 클릭하고 **통계량**에서 **열N%**를 **표시**로 보낸다.

④ **형식**을 **nnn.n**으로 바꾸고 **선택한 항목에 적용**을 클릭한다.

⑤ **확인**을 클릭한다.

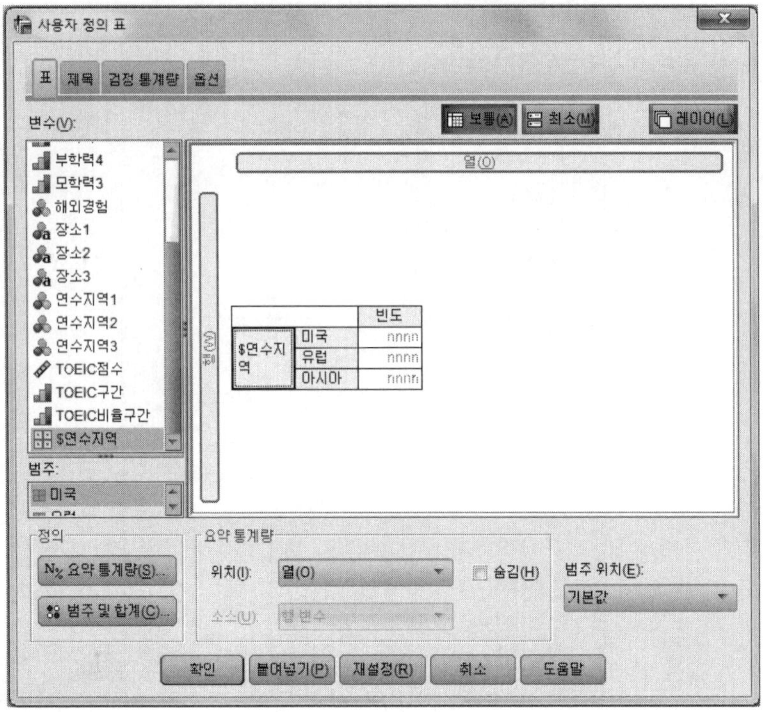

〈그림 7-38〉 사용자 정의 표 작성

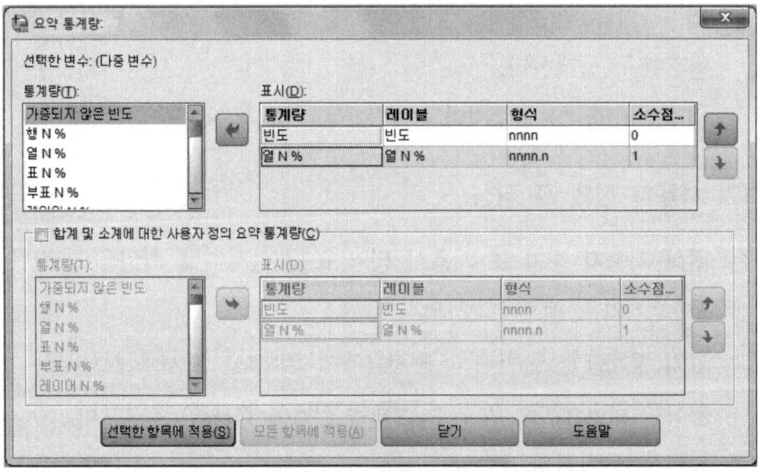

〈그림 7-39〉 사용자 정의 표 – 요약통계량

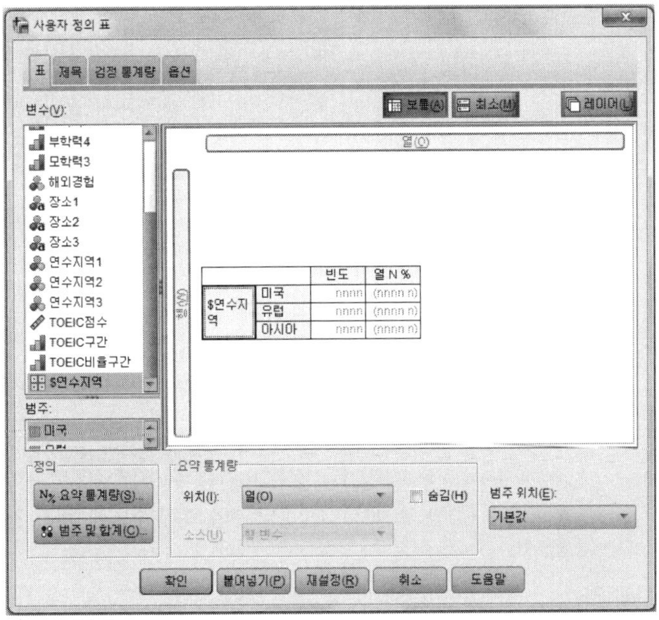

〈그림 7-40〉 사용자 정의 표 – 다중응답 빈도와 퍼센트

〈그림 7-41〉을 보면 미국을 방문한 사람은 9명, 유럽은 5명, 아시아는 24명으로 분석-다중반응으로 정리한 〈그림 7-42〉의 결과와 유럽과 아시아의 결과에서 차이가 난다. 그 이유는 〈그림 7-43〉을 보면 45번째 줄 응답자는 영국과 프랑스를 다녀온 사람으로 미국, 유럽, 아시아로 변환하면 두 국가가 모두 유럽에 해당하여 연수지역1과 연수지역2가 2(유럽)에 해당되어 중복된 응답의 처리방식에 따라 결과가 차이가 난다.

		빈도	열 N %
$연수지역	미국	9	25.0
	유럽	5	13.9
	아시아	24	66.7

〈그림 7-41〉 분석 – 표 – 사용자 정의 표 결과

$연수지역 빈도

		반응		케이스 중 %
		N	퍼센트	
$연수지역[a]	미국	9	20.0%	25.0%
	유럽	6	13.3%	16.7%
	아시아	30	66.7%	83.3%
전체		45	100.0%	125.0%

a. 범주형 변수 집단

〈그림 7-42〉 분석 – 다중반응 – 빈도분석 결과

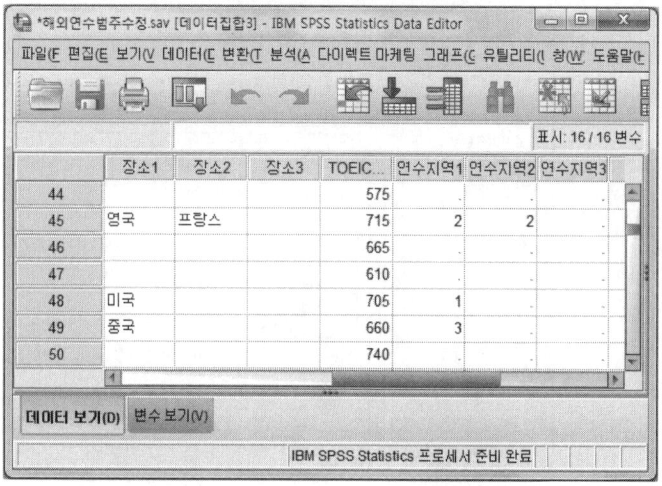

〈그림 7-43〉 다중응답 변수의 변수변환 처리 결과

TIP

다중응답 분석: 중복된 응답이 있는 경우

변수 변환에 의해 같은 범주로 변환이 된 경우 중복된 응답이 생길 수 있다.

① 분석-다중반응-변수군 정의 : 다중응답 변수군에 중복된 응답이 있으면 개별 빈도로 계산

② 분석-사용자 정의 표-다중반응 변수군 : 다중응답 변수군에 중복된 응답이 있으면 한 번으로 계산

7.4.6 리커드 척도로 측정된 자료

만족도나 자존감 등 리커드 척도로 측정한 문항은 응답 범주의 빈도, 퍼센트와 함께 개별 문항에 대한 평균, 표준편차를 표를 작성하는 경우가 있다.

〈표 7-11〉은 어머니에 대한 기억을 통해 어머님의 양육태도를 4점 척도로 측정한 문항들이다. 자녀양육 자료를 이용해서 〈표 7-12〉를 작성해 보자.

사용자 정의 표는 변수의 유형이 척도로 설정되어 있으면 평균을 구하고, 순위나 명목으로 설정이 되어 있으면 빈도를 구해준다. 따라서 변수의 측도가 정리하려는 내용과 맞지 않으면 원하는 통계량을 얻을 수 없어서 측도를 정리하려는 통계량에 맞게 설정해 주어야 한다. 자녀양육 자료는 기억1부터 기억25의 측도가 순서로 설정되어 있다. 먼저 통계표를 이용하여 빈도와 퍼센트를 표로 만들어 보자.

〈표 7-11〉 자녀양육 설문지

나의 어머니는	전혀 아님	아님	그랬음	아주 그랬음
1. 나에게 따뜻하고 다정하게 말해 주었다.	1	2	3	4
2. 내가 원하는 만큼 도와주었다.	1	2	3	4
3. 내가 하고 싶었던 일을 하도록 해 주었다.	1	2	3	4
4. 나에게 쌀쌀하게 대한 편이었다.	1	2	3	4
5. 나의 문제와 걱정을 이해하려 했다.	1	2	3	4
6. 나에게 다정다감했다.	1	2	3	4
7. 나의 일은 내가 결정하도록 도와주었다.	1	2	3	4
8. 나의 정신적 성장을 원하였다.	1	2	3	4
9. 내가 하는 것은 무엇이든지 간섭하려 했다.	1	2	3	4
10. 나의 개인 생활을 침범했다.	1	2	3	4
11. 나와 함께 대화하길 즐겼다.	1	2	3	4
12. 나에게 미소를 보여 주었다.	1	2	3	4
13. 나를 어린애 취급하였다.	1	2	3	4
14. 내가 필요하거나 원하는 것을 이해하는 듯 했다.	1	2	3	4
15. 내가 스스로 일을 결정하도록 하였다.	1	2	3	4
16. 나는 원치 않는 자식이란 느낌이 들도록 하였다.	1	2	3	4
17. 내가 언짢을 때 기분을 풀어 주었다.	1	2	3	4
18. 나와 가끔 이야기하였다	1	2	3	4
19. 어머니에게 의존심을 갖게 하였다.	1	2	3	4
20. 어머니는 자신이 옆에 없으면 내가 내 몸 하나 돌보지 못한다고 여겼다.	1	2	3	4
21. 내가 원하는 만큼 자유를 주었다.	1	2	3	4
22. 내가 원하면 되도록 밖으로 나가게 해 주었다.	1	2	3	4
23. 나를 과잉보호하였다.	1	2	3	4
24. 나를 칭찬해 주었다.	1	2	3	4
25. 내가 좋아하는 대로 옷을 입게 하였다.	1	2	3	4

〈표 7-12〉 어머니의 자녀 양육

문항	전혀 아님 n (%)	아님 n (%)	그랬다 n (%)	아주 그랬다 n (%)	M ± SD
기억1	0 (.0)	16 (6.2)	169 (65.0)	75 (28.8)	3.23 ± 0.55
기억2	1 (.4)	18 (6.9)	164 (63.1)	77 (29.6)	3.22 ± 0.58
기억3	3 (1.2)	31 (12.0)	154 (59.5)	71 (27.4)	3.13 ± 0.65
기억4	125 (48.3)	109 (42.1)	19 (7.3)	6 (2.3)	1.64 ± 0.72
기억5	2 (.8)	33 (12.7)	173 (66.8)	51 (19.7)	3.05 ± 0.59
기억6	2 (.8)	25 (9.6)	155 (59.6)	78 (30.0)	3.19 ± 0.63
기억7	0 (.0)	33 (12.7)	162 (62.3)	65 (25.0)	3.12 ± 0.60
기억8	4 (1.5)	49 (18.9)	154 (59.5)	52 (20.1)	2.98 ± 0.67
기억9	37 (14.3)	156 (60.2)	56 (21.6)	10 (3.9)	2.15 ± 0.70
기억10	36 (13.9)	143 (55.2)	70 (27.0)	10 (3.9)	2.21 ± 0.72
기억11	1 (.4)	44 (16.9)	155 (59.6)	60 (23.1)	3.05 ± 0.64
기억12	3 (1.2)	31 (11.9)	160 (61.5)	66 (25.4)	3.11 ± 0.64
기억13	21 (8.2)	127 (49.4)	93 (36.2)	16 (6.2)	2.40 ± 0.73
기억14	2 (.8)	34 (13.1)	192 (74.1)	31 (12.0)	2.97 ± 0.53
기억15	9 (3.5)	40 (15.4)	161 (62.2)	49 (18.9)	2.97 ± 0.70
기억16	153 (58.8)	78 (30.0)	24 (9.2)	5 (1.9)	1.54 ± 0.74
기억17	5 (1.9)	63 (24.2)	166 (63.8)	26 (10.0)	2.82 ± 0.62
기억18	7 (2.7)	73 (28.1)	144 (55.4)	36 (13.8)	2.80 ± 0.70
기억19	21 (8.2)	130 (50.8)	91 (35.5)	14 (5.5)	2.38 ± 0.72
기억20	80 (30.9)	128 (49.4)	48 (18.5)	3 (1.2)	1.90 ± 0.73
기억21	4 (1.5)	57 (21.9)	153 (58.8)	46 (17.7)	2.93 ± 0.67
기억22	11 (4.2)	51 (19.6)	157 (60.4)	41 (15.8)	2.88 ± 0.71
기억23	66 (25.4)	147 (56.5)	36 (13.8)	11 (4.2)	1.97 ± 0.75
기억24	4 (1.5)	35 (13.5)	185 (71.2)	36 (13.8)	2.97 ± 0.58
기억25	3 (1.2)	45 (17.3)	157 (60.4)	55 (21.2)	3.02 ± 0.66

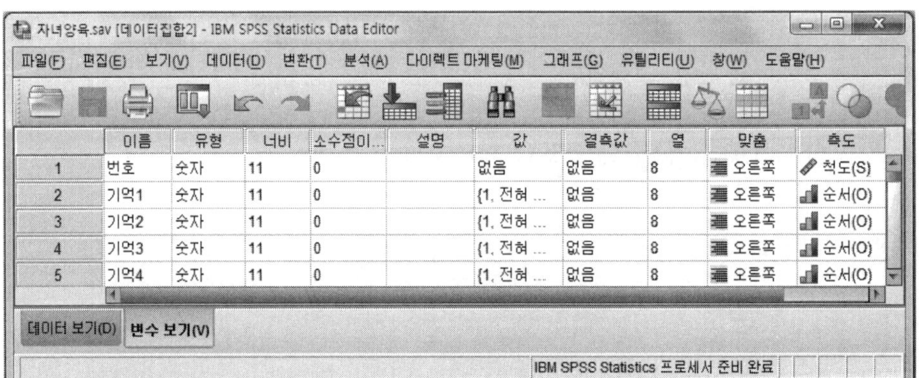

〈그림 7-44〉 자녀양육

(1) 빈도와 퍼센트

기억1부터 기억25까지 모든 변수의 측도가 순서로 설정되어 있다. 먼저 기억1부터 기억25의 빈도와 퍼센트를 표로 정리해 보자.

자녀양육.sav 파일을 불러온다.

① **분석-사용자 정의 표-사용자 정의 표**를 선택하고 **확인**을 클릭한다.

② **기억1**부터 **기억25**를 Shift 키를 이용해서 블록으로 지정하고 **행**으로 보낸다.

③ **범주 위치**의 **기본값**을 **행 레이블을 열로 표시**로 바꾼다.

④ **요약 통계량**을 클릭하고 **요약통계량**에서 **행N%**를 **표시**로 보낸다.

⑤ **행N%**의 **형식**을 **(mmm.n)**으로 바꾸고 **선택한 항목에 적용**을 클릭한다.

⑥ **확인**을 클릭한다.

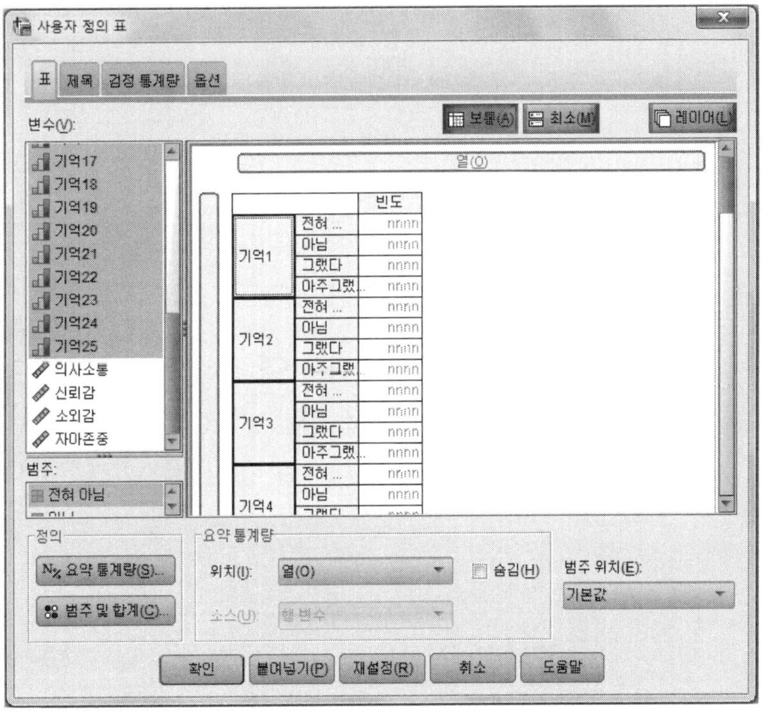

〈그림 7-45〉 사용자 정의 표 작성

〈그림 7-46〉 사용자 정의 표 작성 - 범주 위치 수정

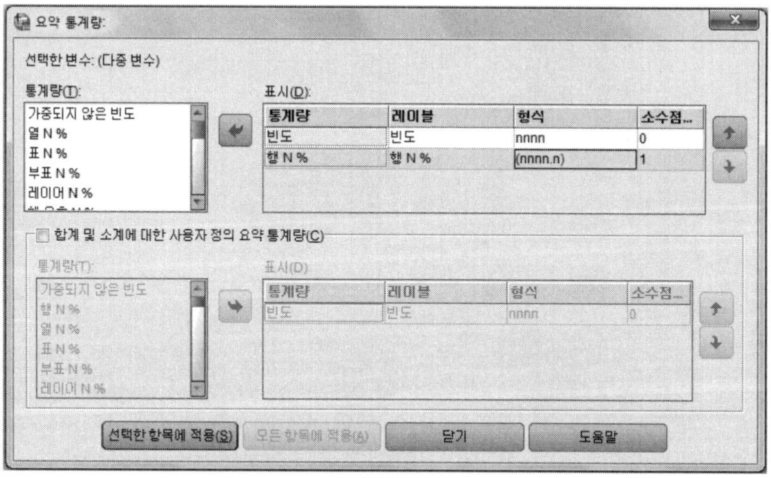

〈그림 7-47〉 사용자 정의 표 - 요약 통계량

	전혀 아님		아님		그렇다		아주그렇다	
	빈도	행 N %	빈도	행 N %	빈도	행 N %	빈도	행 N %
기억1	0	(.0)	16	(6.2)	169	(65.0)	75	(28.8)
기억2	1	(.4)	18	(6.9)	164	(63.1)	77	(29.6)
기억3	3	(1.2)	31	(12.0)	154	(59.5)	71	(27.4)
기억4	125	(48.3)	109	(42.1)	19	(7.3)	6	(2.3)
기억5	2	(.8)	33	(12.7)	173	(66.8)	51	(19.7)
기억6	2	(.8)	25	(9.6)	155	(59.6)	78	(30.0)
기억7	0	(.0)	33	(12.7)	162	(62.3)	65	(25.0)
기억8	4	(1.5)	49	(18.9)	154	(59.5)	52	(20.1)
기억9	37	(14.3)	156	(60.2)	56	(21.6)	10	(3.9)
기억10	36	(13.9)	143	(55.2)	70	(27.0)	10	(3.9)
기억11	1	(.4)	44	(16.9)	155	(59.6)	60	(23.1)
기억12	3	(1.2)	31	(11.9)	160	(61.5)	66	(25.4)
기억13	21	(8.2)	127	(49.4)	93	(36.2)	16	(6.2)
기억14	2	(.8)	34	(13.1)	192	(74.1)	31	(12.0)
기억15	9	(3.5)	40	(15.4)	161	(62.2)	49	(18.9)
기억16	153	(58.8)	78	(30.0)	24	(9.2)	5	(1.9)
기억17	5	(1.9)	63	(24.2)	166	(63.8)	26	(10.0)
기억18	7	(2.7)	73	(28.1)	144	(55.4)	36	(13.8)
기억19	21	(8.2)	130	(50.8)	91	(35.5)	14	(5.5)
기억20	80	(30.9)	128	(49.4)	48	(18.5)	3	(1.2)
기억21	4	(1.5)	57	(21.9)	153	(58.8)	46	(17.7)
기억22	11	(4.2)	51	(19.6)	157	(60.4)	41	(15.8)
기억23	66	(25.4)	147	(56.5)	36	(13.8)	11	(4.2)
기억24	4	(1.5)	35	(13.5)	185	(71.2)	36	(13.8)
기억25	3	(1.2)	45	(17.3)	157	(60.4)	55	(21.2)

〈그림 7-48〉 사용자 정의 표

(2) 평균과 표준편차를 표로 작성

기억1부터 기억25까지의 변수 유형이 순서인 상태에서 작성된 것을 척도로 바꾸기 위해 재설정을 한 다음 측도를 수정하고 표 작성을 해 보자.

① **분석-사용자 정의표-사용자 정의표**를 선택하고 **확인**을 클릭한다.
② **재설정**, **현재 탭**을 클릭한다.
③ **기억1**부터 **기억25**를 클릭하고 단축메뉴에서 **변수정보**를 **척도**로 수정한다.
④ **기억1**부터 **기억25**를 **행**으로 보낸다.

〈그림 7-49〉 사용자 정의 표 작성 – 재설정

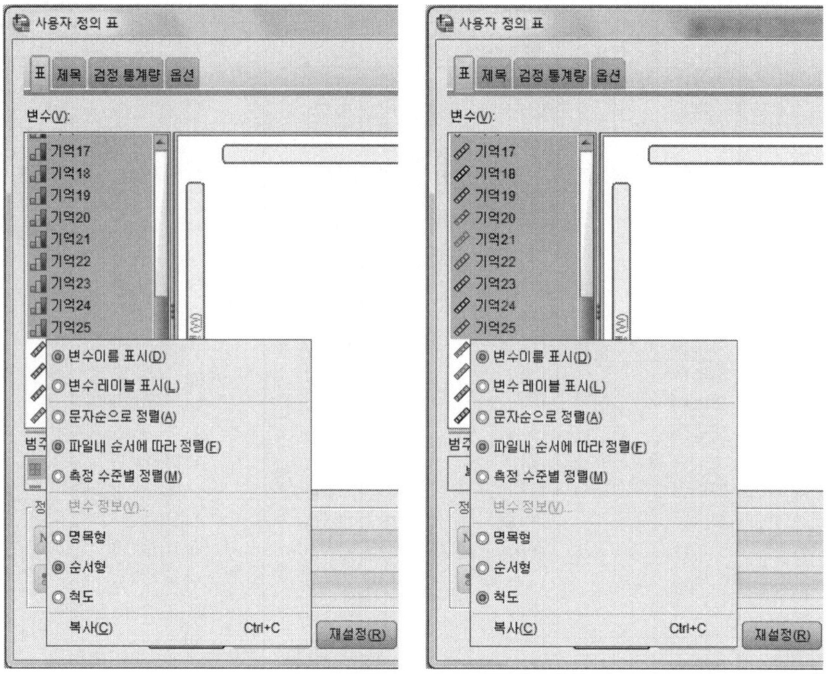

〈그림 7-50〉 사용자 정의 표 작성 - 측도수정

〈그림 7-51〉 사용자 정의 표 작성

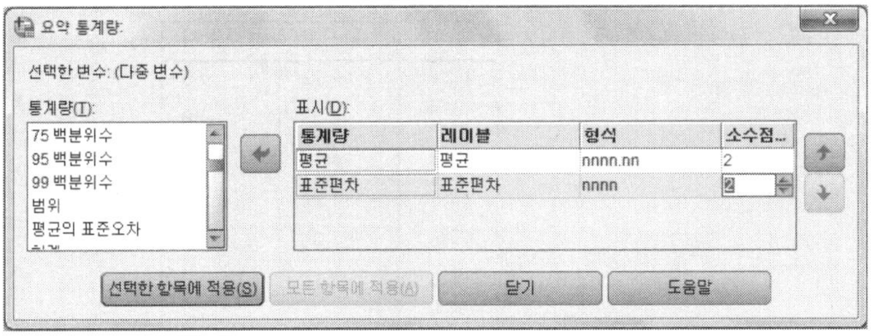

〈그림 7-52〉 사용자 정의 표 작성 – 요약통계량

〈그림 7-53〉 사용자 정의 표 작성 – 평균과 표준편차

⑤ **요약통계량**을 클릭하고 **통계량**의 **표준편차**를 **표시**로 보낸다.

⑥ **평균**과 **표준편차**의 **형식**은 nnn, **소수점이하자리**는 **2**로 바꾸고 **선택한 항목에 적용**을 클릭한다.

⑦ **확인**을 클릭한다.

	평균	표준편차
기억1	3.23	.55
기억2	3.22	.58
기억3	3.13	.65
기억4	1.64	.72
기억5	3.05	.59
기억6	3.19	.63
기억7	3.12	.60
기억8	2.98	.67
기억9	2.15	.70
기억10	2.21	.72
기억11	3.05	.64
기억12	3.11	.64
기억13	2.40	.73
기억14	2.97	.53
기억15	2.97	.70
기억16	1.54	.74
기억17	2.82	.62
기억18	2.80	.70
기억19	2.38	.72
기억20	1.90	.73
기억21	2.93	.67
기억22	2.88	.71
기억23	1.97	.75
기억24	2.97	.58
기억25	3.02	.66

〈그림 7-54〉 사용자 정의 표

(3) 보고서 만들기

① 〈그림 7-48〉과 〈그림 7-54〉의 도표를 엑셀에 **붙여넣기** 한다. 두 표에서 중복되는 부분을 삭제하고 하나의 표로 합한다.

② 자료가 입력된 부분을 블록으로 지정한 다음 **홈**에서 **테두리**를 클릭하고 **테두리 없음**을 선택해 테두리 선을 없앤다.

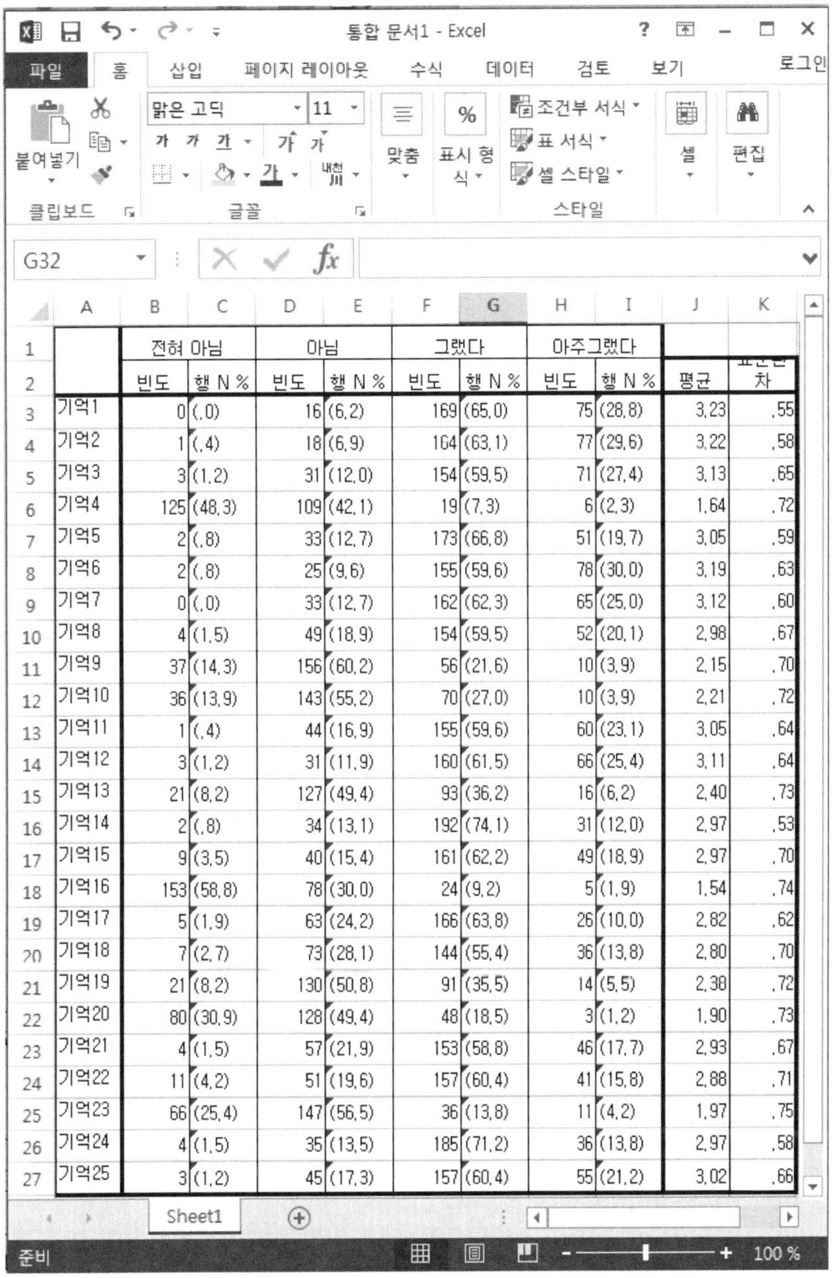

	전혀 아님		아님		그랬다		아주그랬다			
	빈도	행 N %	빈도	행 N %	빈도	행 N %	빈도	행 N %	평균	표준편차
기억1	0	(.0)	16	(6.2)	169	(65.0)	75	(28.8)	3.23	.55
기억2	1	(.4)	18	(6.9)	164	(63.1)	77	(29.6)	3.22	.58
기억3	3	(1.2)	31	(12.0)	154	(59.5)	71	(27.4)	3.13	.65
기억4	125	(48.3)	109	(42.1)	19	(7.3)	6	(2.3)	1.64	.72
기억5	2	(.8)	33	(12.7)	173	(66.8)	51	(19.7)	3.05	.59
기억6	2	(.8)	25	(9.6)	155	(59.6)	78	(30.0)	3.19	.63
기억7	0	(.0)	33	(12.7)	162	(62.3)	65	(25.0)	3.12	.60
기억8	4	(1.5)	49	(18.9)	154	(59.5)	52	(20.1)	2.98	.67
기억9	37	(14.3)	156	(60.2)	56	(21.6)	10	(3.9)	2.15	.70
기억10	36	(13.9)	143	(55.2)	70	(27.0)	10	(3.9)	2.21	.72
기억11	1	(.4)	44	(16.9)	155	(59.6)	60	(23.1)	3.05	.64
기억12	3	(1.2)	31	(11.9)	160	(61.5)	66	(25.4)	3.11	.64
기억13	21	(8.2)	127	(49.4)	93	(36.2)	16	(6.2)	2.40	.73
기억14	2	(.8)	34	(13.1)	192	(74.1)	31	(12.0)	2.97	.53
기억15	9	(3.5)	40	(15.4)	161	(62.2)	49	(18.9)	2.97	.70
기억16	153	(58.8)	78	(30.0)	24	(9.2)	5	(1.9)	1.54	.74
기억17	5	(1.9)	63	(24.2)	166	(63.8)	26	(10.0)	2.82	.62
기억18	7	(2.7)	73	(28.1)	144	(55.4)	36	(13.8)	2.80	.70
기억19	21	(8.2)	130	(50.8)	91	(35.5)	14	(5.5)	2.38	.72
기억20	80	(30.9)	128	(49.4)	48	(18.5)	3	(1.2)	1.90	.73
기억21	4	(1.5)	57	(21.9)	153	(58.8)	46	(17.7)	2.93	.67
기억22	11	(4.2)	51	(19.6)	157	(60.4)	41	(15.8)	2.88	.71
기억23	66	(25.4)	147	(56.5)	36	(13.8)	11	(4.2)	1.97	.75
기억24	4	(1.5)	35	(13.5)	185	(71.2)	36	(13.8)	2.97	.58
기억25	3	(1.2)	45	(17.3)	157	(60.4)	55	(21.2)	3.02	.66

〈그림 7-55〉 엑셀 - 표 하나로 합하기

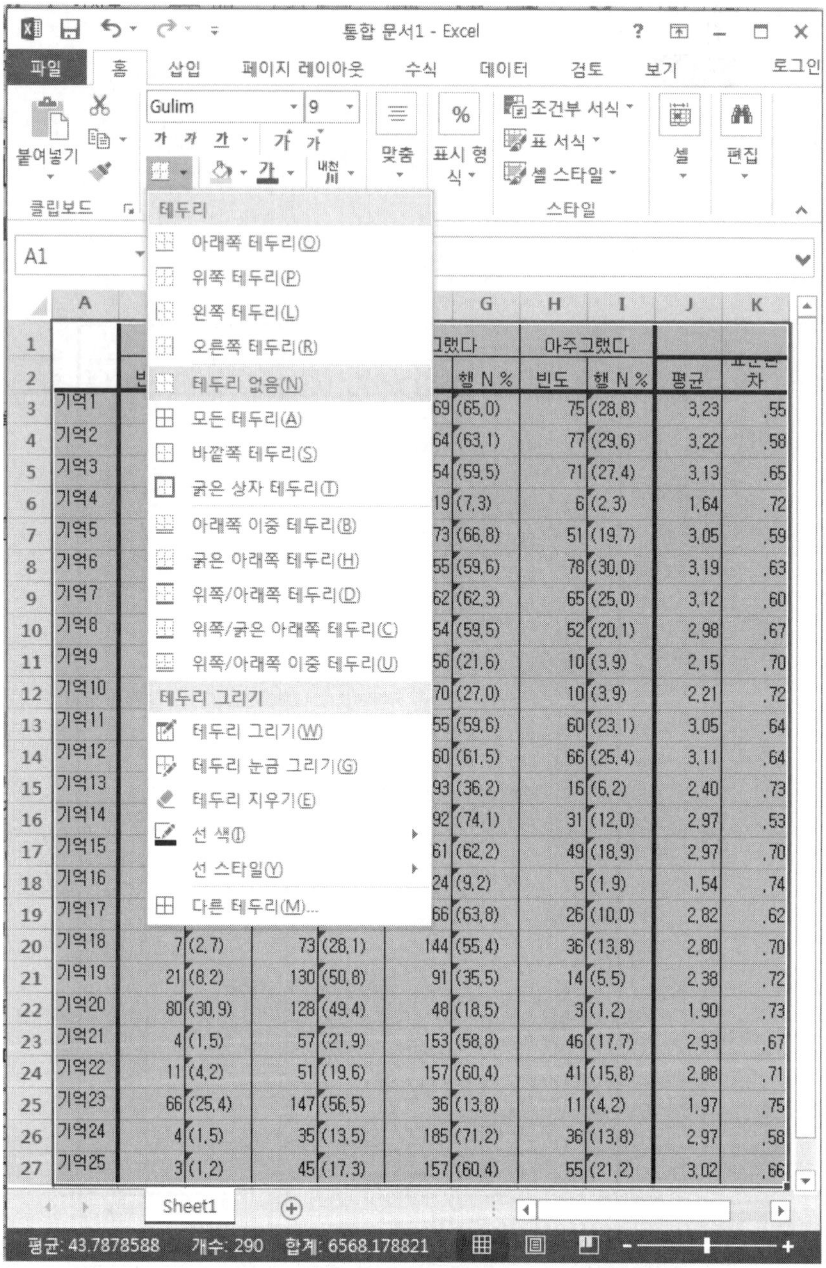

〈그림 7-56〉 엑셀 – 테두리 없애기

③ K3부터 K27까지 블록을 지정하고 단축메뉴에서 **셀 서식**으로 들어간다.

④ **표시 형식**을 **숫자**, **소수 자릿수**를 **2**로 바꾸고 **확인**을 클릭한다.

⑤ **복사**해서 한글에 **붙여넣기**해서 원하는 형태의 표로 완성한다.

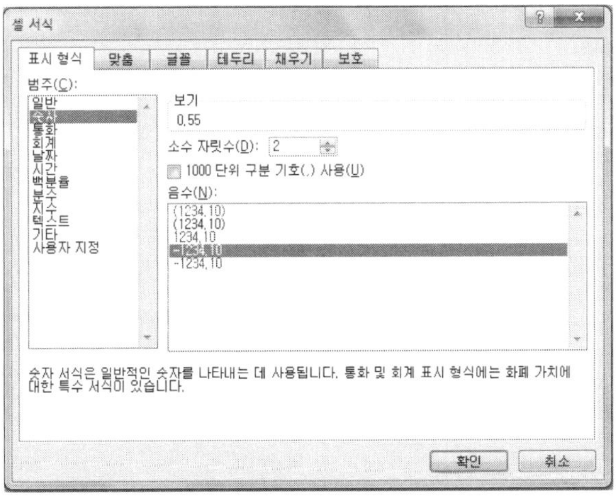

〈그림 7-57〉 엑셀 – 셀 서식

〈표 7-13〉 어머니의 자녀 양육

문항	전혀 아님	아님	그랬다	아주 그랬다	M ± SD
	n (%)	n (%)	n (%)	n (%)	
기억1	0 (.0)	16 (6.2)	169 (65.0)	75 (28.8)	3.23 ± 0.55
기억2	1 (.4)	18 (6.9)	164 (63.1)	77 (29.6)	3.22 ± 0.58
기억3	3 (1.2)	31 (12.0)	154 (59.5)	71 (27.4)	3.13 ± 0.65
기억4	125 (48.3)	109 (42.1)	19 (7.3)	6 (2.3)	1.64 ± 0.72
기억5	2 (.8)	33 (12.7)	173 (66.8)	51 (19.7)	3.05 ± 0.59
기억6	2 (.8)	25 (9.6)	155 (59.6)	78 (30.0)	3.19 ± 0.63
기억7	0 (.0)	33 (12.7)	162 (62.3)	65 (25.0)	3.12 ± 0.60
기억8	4 (1.5)	49 (18.9)	154 (59.5)	52 (20.1)	2.98 ± 0.67
기억9	37 (14.3)	156 (60.2)	56 (21.6)	10 (3.9)	2.15 ± 0.70
기억10	36 (13.9)	143 (55.2)	70 (27.0)	10 (3.9)	2.21 ± 0.72
기억11	1 (.4)	44 (16.9)	155 (59.6)	60 (23.1)	3.05 ± 0.64
기억12	3 (1.2)	31 (11.9)	160 (61.5)	66 (25.4)	3.11 ± 0.64
기억13	21 (8.2)	127 (49.4)	93 (36.2)	16 (6.2)	2.40 ± 0.73
기억14	2 (.8)	34 (13.1)	192 (74.1)	31 (12.0)	2.97 ± 0.53
기억15	9 (3.5)	40 (15.4)	161 (62.2)	49 (18.9)	2.97 ± 0.70
기억16	153 (58.8)	78 (30.0)	24 (9.2)	5 (1.9)	1.54 ± 0.74
기억17	5 (1.9)	63 (24.2)	166 (63.8)	26 (10.0)	2.82 ± 0.62
기억18	7 (2.7)	73 (28.1)	144 (55.4)	36 (13.8)	2.80 ± 0.70
기억19	21 (8.2)	130 (50.8)	91 (35.5)	14 (5.5)	2.38 ± 0.72
기억20	80 (30.9)	128 (49.4)	48 (18.5)	3 (1.2)	1.90 ± 0.73
기억21	4 (1.5)	57 (21.9)	153 (58.8)	46 (17.7)	2.93 ± 0.67
기억22	11 (4.2)	51 (19.6)	157 (60.4)	41 (15.8)	2.88 ± 0.71
기억23	66 (25.4)	147 (56.5)	36 (13.8)	11 (4.2)	1.97 ± 0.75
기억24	4 (1.5)	35 (13.5)	185 (71.2)	36 (13.8)	2.97 ± 0.58
기억25	3 (1.2)	45 (17.3)	157 (60.4)	55 (21.2)	3.02 ± 0.66

08 CHAPTER

가설검정

주요 정책에 대해 의사 결정을 내려야 하는 경우나 새로운 이론을 정립하거나 기존의 이론을 수정하려고 할 때 대부분 상반된 의견이 존재한다. 모집단 전체를 조사하지 않고 현실적인 크기의 표본을 조사한 결과를 근거로 상반된 입장 중 어느 한쪽을 선택하는 의사결정의 과정에 필요한 통계적 방법론인 가설검정에 대해 알아보자.

의사결정 과정에서 모수에 대해 기존의 입장을 그대로 받아들이거나 비교하려는 그룹 간에 차이가 없음을 주장하는 입장이 귀무가설(H_0), 귀무가설에 상반된 입장으로 모수에 대해 기존의 입장과 다르거나 비교하려는 집단 간에 차이가 있음을 주장하는 입장이 대립가설(H_A 또는 H_1)이다.

가설검정을 할 때 연구자가 이론을 근거로 주장하고자 하는 내용인 연구가설이 있을 것이다. 연구가설에서 주장하고자 하는 내용에 따라 연구가설이 귀무가실일 수도 있고 대립가설일 수도 있다.

1장에서 우리는 분석에 이용되는 변수를 그 특성에 따라 질적변수와 양적 변수로 구분하였다. 8장에서는 가설검정에 이용되는 변수를 쓰임에 따라 종속변수와 독립변수로 분류해 보자. 가설검정을 통해 성별과 성적, 연령과 생활비, 지역과 지지하는 정당, 업무에서 오는 스트레스와 업무에 대한 만족도 등 변수들 간의 관련성을 다룰 때 성적, 생활비, 지지정당, 업무 만족도 등 특성을 파악하고자 하는 연구의 목표가 되는 변수가 종속변수(목표변수), 성별, 연령, 지역, 업무 스트레스처럼 종속변수에 영향을 미치는 요인에 해당하는 변수가 독립변수(요인)이다.

다음 연구문제에서 종속변수와 독립변수를 정의해 보고 귀무가설과 대립가설을 세워 보자.

연구문제 1 학생들의 실력이 예전에 비해 떨어졌다는 우려가 근거가 있는지 알아보기 위해 학생들의 실력이 평균적으로 60점은 되는지 검정하려고 한다.

> **종속변수** : 성적 (양적 변수)
> ① 귀무가설 : 학생들의 성적은 평균적으로 60점은 된다. $\mu \geq 60$
> ② 대립가설 : 학생들의 성적은 평균적으로 60점이 안 된다. $\mu < 60$

연구문제 2 학생의 성별이 성적에 영향을 미치는지 검정하려고 한다.

> **독립변수** : 성별 (질적변수)
> **종속변수** : 성적 (양적 변수)
> **두 가지 입장**
> ① 귀무가설 : 남학생과 여학생의 성적은 차이가 없다.
> ② 대립가설 : 남학생과 여학생의 성적은 차이가 있다.

연구문제 3 연령대별로 한 달 평균생활비가 차이가 있는지 검정하려고 한다.

> **독립변수** : 연령대 (질적변수)
> **종속변수** : 생활비 (양적 변수)
> **두 가지 입장**
> ① 귀무가설 : 연령대별 한 달 생활비는 차이가 없다.
> ② 대립가설 : 연령대별 한 달 생활비는 차이가 있다.

연구문제 4 영남, 호남, 충정 3개 지역의 A정당에 대한 지지정도가 차이가 있는지 검정하려고 한다.

> **독립변수** : 지역 (질적변수)
> **종속변수** : A정당 지지여부 (질적변수)
> **두 가지 입장**
> ① 귀무가설 : 지역과 A정당에 대한 지지정도는 무관하다.
> ② 대립가설 : 지역과 A정당에 대한 지지정도는 관련이 있다.

연구문제 5 분석하려는 자료가 정규분포를 따르는지 검정하려고 한다.

> **두 가지 입장**
> ① 귀무가설 : 이 자료는 정규분포를 따른다.
> ② 대립가설 : 이 자료는 정규분포를 따르지 않는다.

연구문제로부터 귀무가설과 대립가설을 세우고 두 가설 중 어느 쪽을 채택할지 결정하는 과정에서 우리가 범하게 되는 오류 중 귀무가설이 참인데 귀무가설을 기각하고 대립가설을 채택하는 오류를 1종 오류(Type I error), 대립가설이 참인데 귀무가설을 채택하는 오류를 2종 오류(Type II error)라고 한다.

〈표 8-1〉 귀무가설과 대립가설에 따른 오류

사실 \ 결정	H_0 채택	H_0 기각(H_1 채택)
H_0(차이가 없음) true	옳은 결정	1종 오류
H_1(차이가 있음) true	2종 오류	옳은 결정

귀무가설을 기각하는 기준(기각치, critical value)을 어떻게 정하는가에 따라 1종 오류를 범할 가능성(α, 유의수준, significant level)과 2종 오류를 범할 가능성(β)이 결정된다.

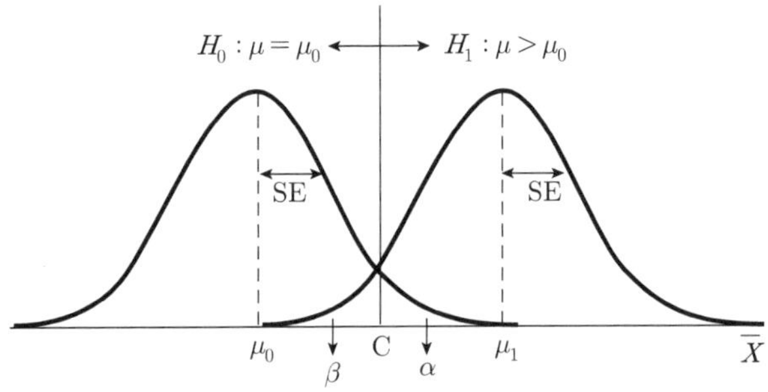

C : 귀무가설을 기각하기로 한 기준(기각치)
α : 1종 오류를 범할 최대 확률(유의수준), $\alpha = P(\overline{X} > C \mid \mu = \mu_0)$
β : 2종 오류를 범할 최대 확률, $\beta = P(\overline{X} < C \mid \mu = \mu_1)$
1-β : H_1이 참일 때 H_1을 채택할 확률. 검정력($Power$)

〈그림 8-1〉 의사결정 기준에 따른 오류

$H_0 : \mu = \mu_0$와 $H_1 : \mu > \mu_0$의 가설검정에서 검정 기준을 표본평균이 C보다 크면 귀무가설을 기각하는 것으로 하면 모평균이 μ_0일 때 C보다 큰 표본평균이 관찰될 확률은 α로 $\mu = \mu_0$임에도 $\mu > \mu_0$라고 결정하는 1종 오류를 범할 가능성이 최대 α가 되고, 모평균이 μ_0보다 큰 μ_1일 때 C보다 작은 표본 평균이 관찰될 확률은 β로 $\mu > \mu_0$임에도 $\mu = \mu_0$라고 결정하는 2종 오류를 범할 가능성이 최대 β

가 된다.

표본크기를 크게 하면 표본으로부터 추정한 평균의 표준오차(SE)가 작아져서 표본평균이 모평균에 더 가깝게 분포하게 되어 1종 오류와 2종 오류를 범할 가능성을 모두 줄일 수 있다.

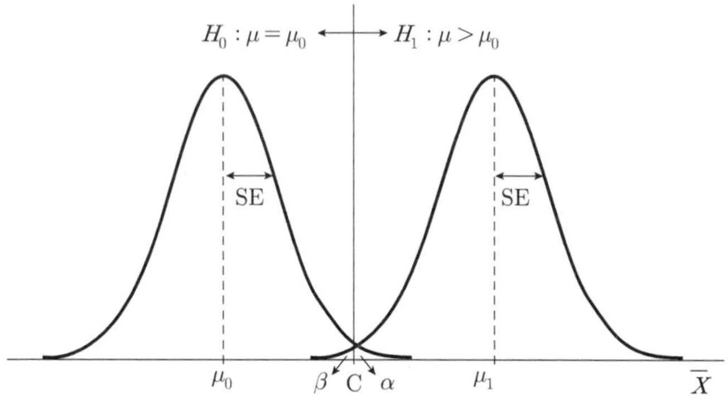

〈그림 8-2〉 1종 오류와 2종 오류를 범할 확률이 모두 작은 경우

TIP

표본크기(n)의 영향

- **n이 작으면**

  표본조사의 결과를 일반화하기가 어렵다.

  표준오차가 커져서 1종 오류를 범할 확률을 어느 수준 이하로 줄이려면 귀무가설을 기각하는 기각치를 크게 해야 하기 때문에 검정력(차이가 있을 때 차이가 있다고 결정할 가능성)이 낮아져 변화나 차이에 매우 둔감한 검정이 된다.

- **n이 크면**

  표준오차가 0에 가까워져 귀무가설을 기각하는 기각치를 작게 해도 1종 오류를 범할 확률이 작아져 변화나 차이에 매우 민감한 검정이 되어서 표본에서 관찰된 변화나 차이가 통계적으로 유의하다는 결론이 난 경우라도 변화된 정도나 차이가 너무 작아 실질적으로는 의미가 없을 수 있다. 따라서 검정결과 통계적으로 유의하다고 결론이 난 경우에도 변화된 정도나 차이가 실질적으로 유의한지 고려해 보아야 한다.

실제로 가설검정을 할 때 연구자는 귀무가설이 참인데 귀무가설을 기각하게 되는 오류인 1종 오류를 범하게 될 가능성의 최대 허용치인 유의수준을 어느 정도까지 허용할 것인지를 결정하고 그 기준에 따라 검정을 한다.

가설검정을 할 때 1종 오류를 범하게 될 최대 확률인 유의수준은 보통 0.05(5%)로 정한다. 유의수준을 0.05로 했다는 것은 모집단으로부터 추출한 표본으로부터 얻은 추정치가 귀무가설이 참이라면 관찰될 가능성이 5%보다 더 작은 결과일 때 귀무가설을 기각하고 대립가설을 받아들이기로 하겠다는 것을 의미한다.

> **TIP**
>
> **유의수준**
>
> 마음에서 허용하는 1종 오류(기존의 주장이 맞거나 비교하는 그룹 간에 차이가 없음에도 기존의 입장과 차이가 나거나 그룹 간에 차이가 있다는 결론을 내릴 오류)를 범할 최대 확률

예제를 풀면서 가설검정 절차에 대해 알아보자.

예제 8-1 우리나라 성인 남성들의 신장은 평균이 172cm이고 표준편차가 5cm인 정규분포를 따른다고 알려져 있다고 하자. 그런데 최근 보고서에서 성인 남성들의 신장이 이전보다 커졌다는 견해가 나오면서 성인 남성의 평균 신장이 172cm보다 클 것이라는 주장이 나오고 있다. 이를 검정하기 위하여 25명의 성인 남성을 임의로 추출하여 신장을 측정한 결과 신장 평균은 173cm, 표준편차는 4.5cm였다. 표본으로부터 얻은 정보를 근거로 성인 남성의 평균 신장이 전보다 커졌다는 견해를 받아들여도 될지 검정하라. □

① 기호정리

X를 성인 남성들의 신장, μ를 신장의 평균, σ를 신장의 표준편차라고 하자.

② 가설 수립

성인 남성들의 신장 평균이 전보다 커졌는가를 검정하는 문제로 가설은 다음과 같다([예제 8-1]처럼 대립가설이 모수가 특정 값보다 "크다" 또는 "작다"를 검정하는 것을 단측검정이라고 한다).

$$\text{귀무가설}(H_0):\ \mu = 172$$
$$\text{대립가설}(H_1):\ \mu > 172(\text{단측검정})$$

③ 유의수준 결정 : $\alpha = 0.05(5\%)$

④ 검정규칙(검정통계량이라고도 함)과 유의확률

대립가설이 "$\mu > 172$"로 평균 신장 $\overline{X}$가 C(기각치, critical value)보다 클 때 "$\mu = 172$"라는 귀무가설을 기각하게 된다. 유의수준을 0.05로 정하면 $\mu = 172$일 때 표본으로부터 관찰 가능한 평균 중 상위 5%에 해당하는 평균값인 C, 즉 상위 5%에 해당하는 기각치 C를 찾으면 된다.

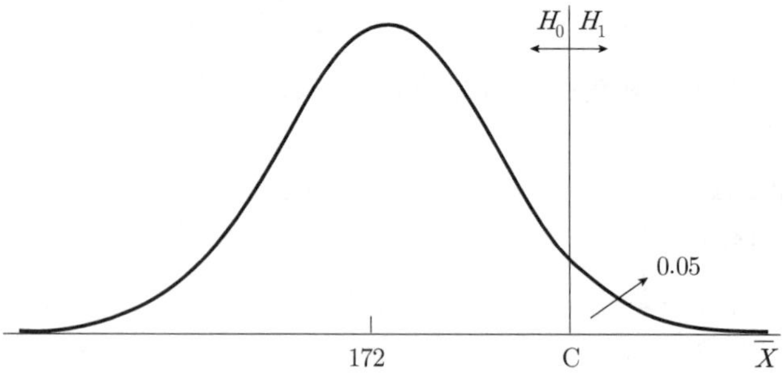

〈그림 8-3〉 표본평균의 분포와 유의수준에 따른 기각치

기각치는 연구자의 유의수준에 따라 달라진다. 그래서 실제로 가설검정을 할 때는 유의수준에 맞는 기각치를 구하는 대신 표본으로부터 관찰된 표본평균 값을 검정기준으로 삼았을 때 1종 오류를 범할 확률인 유의확률(p-value)을 구해서 이 값이 연구자가 정한 1종 오류를 범할 최대 허용치인 유의수준보다 큰지 작은지에 따라 귀무가설을 채택할 것인지 기각할 것인지 결정 내리는 방법을 사용한다.

SPSS의 경우 양측검정($H_1 : \mu \neq 172$)에 대한 유의확률을 계산해 준다. 양측검정에 대한 유의확률은 [예제 8-2]를 참고하자.

성인 남자의 신장이 정규분포를 따르고 귀무가설이 참이라면 표본평균은 기댓값이 172이고 표준오차($\sigma/\sqrt{n}$)가 $1(=5/\sqrt{25})$인 정규분포를 따르게 된다. "$\mu = 172$"라는 귀무가설이 참일 때 표본에서 구한 표본평균 173을 검정기준으로 삼으면 1종 오류를 범할 확률은 $\mu = 172$일 때 표본평균이 173보다 큰 값을 가질 확률로 표준화 기법을 이용해서 다음과 같이 구할 수 있다.

$$
\begin{aligned}
P(\overline{X} > 173 \mid \mu=172) &= P\left(\frac{\overline{X}-\mu}{\sigma/\sqrt{n}} > \frac{173-172}{1}\right) \\
&= P(Z > 1) \\
&= 0.1587 \ (\text{유의확률})
\end{aligned}
$$

⑤ 유의확률 0.1587과 유의수준 0.05의 비교 : 관찰된 표본평균 173은 $\mu = 172$인 상황에서 표본으로 뽑힐 수 있는 25명의 신장 평균값 중 상위 15.87%에 해당되는 값으로 $\mu = 172$인 모집단으로부터 다른 25명의 표본을 추출할 때 173보다 더 큰 평균값이 나타날 수 있는 가능성이 15.87%가 되어 173은 상위 5%에 해당하는 C보다 작은 값이 되고 173을 보고 귀무가설을 기각하게 되면 1

종 오류를 범할 확률이 약 16%가 된다.

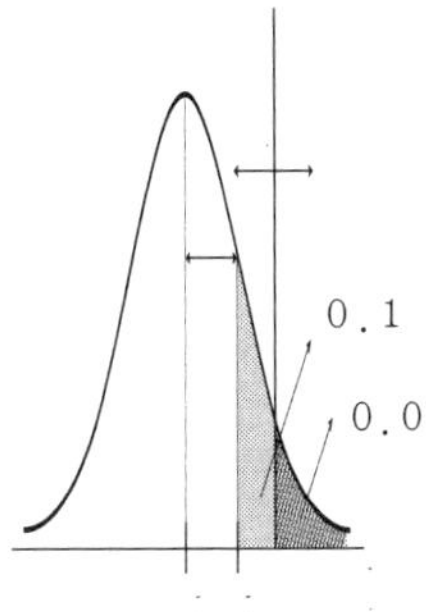

〈그림 8-4〉 표본평균의 분포와 유의확률 – 모표준편차를 알 때 단측검정

따라서 표본으로부터 관찰한 25명의 평균키 173을 보고 귀무가설을 기각한다면 1종 오류를 범할 확률이 우리가 정해 놓은 1종 오류에 대한 최대허용확률인 0.05보다 크기 때문에 표본평균 173은 유의수준 0.05에 해당하는 기각치 C보다 작은 값으로 귀무가설을 기각할 수 없다.

TIP

- **유의수준** : 마음에서 허용하는 1종 오류를 범할 최대 확률
- **유의확률** : 귀무가설이 참이라는 입장에서 관찰된 값이 귀무가설을 기각하는 기준이 될 때 1종 오류를 범할 확률로 귀무가설이 참이라는 입장에서 볼 때 관찰된 값이 얼마나 관찰되기 어려운 값인지를 나타내는 확률

그런데 분석이 진행되는 상황에서는 모집단의 표준편차를 모르는 경우가 대부분으로 [예제 8-1]을 25명의 표본으로부터 얻은 표준편차 4.5를 이용해서 풀어보자.

① 에서 ③ 까지는 동일하다.

④ 유의확률 $P(\overline{X} > 173 \mid \mu=172)$를 구할 때 표본평균의 표준화 값이 필요한데 표본평균에 대한 표준화 값 $Z=\dfrac{\overline{X}-\mu}{\sigma/\sqrt{n}}$는 모평균과 모집단의 표준편차를 알아야 구할 수 있다. 모평균 μ는 귀무가설에서 설정한 172를 사용하면 되지만, 모집단의 표준편차 σ가 주어지지 않았다면 표본에서 구한 표준편차를 이용해야 한다. 표본 크기가 큰 경우에는 중심극한 정리에 따라 표본평균의 분포가

정규분포를 따르고 표본에서 추정한 표준편차를 모집단 표준편차 대신 사용해서 표본 평균을 표준화하면 근사적으로 정규분포를 따르지만 표본 크기가 30 (비대칭 정도가 크지 않으면 15)보다 작은 경우에는 중심극한정리를 사용할 수 없다.

따라서 표본 크기가 작은 경우에는 개별 자료가 정규분포를 따를 때 표본으로부터 구한 표준편차를 이용해서 표본평균을 표준화한 값 t가 표본분산의 자유도(df)인 $n-1$에 따라 분포의 모양이 결정되는 t분포를 따른다고 알려져 있다.

$$Z = \frac{\overline{X} - \mu}{\sigma / \sqrt{n}}$$

$$t = \frac{\overline{X} - \mu}{S / \sqrt{n}}$$ 여기서 S는 표본의 표준편차

〈표 8-2〉를 보면 자유도(df)가 커질수록 t의 값이 표준정규분포에 가까워짐을 볼 수 있다. 표본으로부터 추정한 표준오차를 이용해서 표본평균을 표준화한 값 t는 자료의 크기가 작아서 중심극한 정리를 적용할 수 없을 때 자료가 정규분포를 따르면 Z를 대신해서 사용할 수 있다.

〈표 8-2〉 상위 5%와 상위 2.5%에 해당하는 t값

자유도(df)	상위 5%	상위 2.5%
1	6.314	12.71
2	2.920	4.30
10	1.812	2.23
24	1.711	2.06
100	1.660	1.98
⋮	⋮	⋮
Z	**1.645**	**1.96**

표준화 값 Z는 상위 5%에 해당하는 값이 1.645이지만 자유도가 24일 때 상위 5%에 해당하는 t 값은 1.711이다. 이것은 우리가 구한 표준오차가 참 값이면 표본평균과 귀무가설에서 주장하고 있는 값과의 차이가 표준오차의 1.645배보다 큰 차이를 보이면 우연이 아닌 의미 있는 차이로 보고 귀무가설

을 기각하면 된다. 그러나 우리가 구한 표준오차가 표본으로부터 구한 추정치라면 표본평균과 귀무가설에서 주장하고 있는 값과의 차이가 표본으로부터 구한 표준오차의 1.711배보다 큰 차이를 보일 때 귀무가설을 기각하고 성인의 평균 신장이 172보다 크다고 결론 내릴 수 있다.

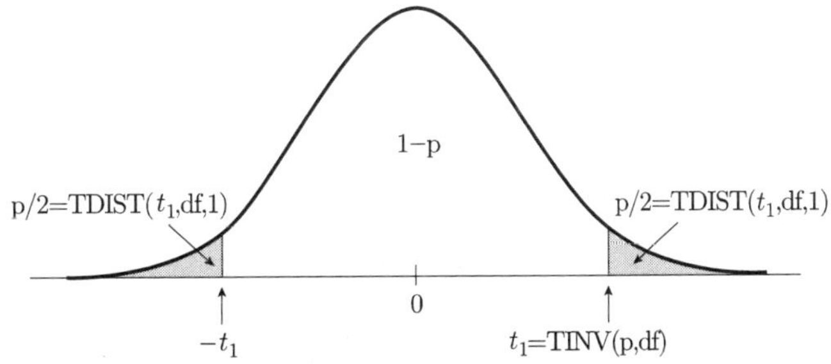

〈그림 8-5〉 t분포

TIP

t분포의 엑셀함수

$P(t > t1) = P(t < -t1) = TDIST(t1,\ df,\ 1) = p/2$

$P(t > t1$ 또는 $t < -t1) = P(|t| > t1) = TDIST(t,\ df,\ 2) = p$

상위 5% t값 = TINV(0.1, df)　　　상위 2.5% t값 = TINV(0.05, df)

상위 5% Z값 = NORMSINV(0.95)　　　상위 2.5% Z값 = NORMSINV(0.975)

유의확률을 계산해보자.

"$H_o : \mu = 172$"이 참일 때 173을 검정기준으로 삼으면 1종 오류를 범할 확률인 유의확률은 $\mu = 172$일 때 25명의 표본으로부터 구한 평균이 173보다 큰 값일 확률로 다음과 같다. P(t > 1.11)은 엑셀함수 TDIST(1.11, 24, 1)로 구할 수 있다.

$$
\begin{aligned}
P(\overline{X} > 173 \mid \mu = 172) &= P(\frac{\overline{X} - \mu}{s/\sqrt{n}} > \frac{173 - 172}{4.5/\sqrt{25}}) \\
&= P(t > 1.11) \\
&= 0.1390
\end{aligned}
$$

표본평균의 표준오차를 표본에서 구한 표준편차를 이용해서 추정하면 0.9 $(= 4.5/\sqrt{25})$로 표본평균 173은 귀무가설에서 주장하고 있는 172보다 표준오

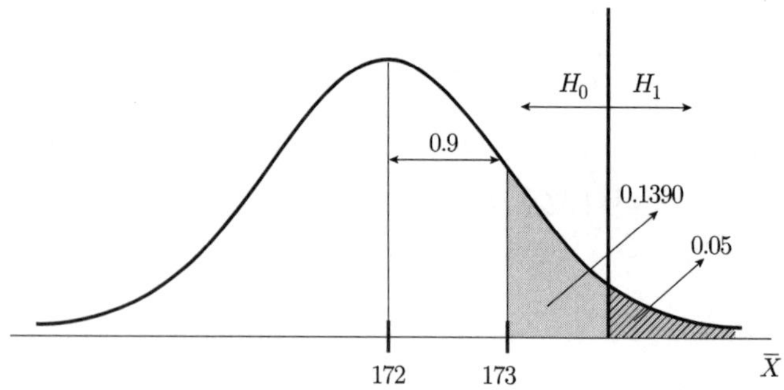

〈그림 8-6〉 표본평균의 분포와 유의확률 – 모표준편차를 모를 때 단측검정

차 추정치의 1.11$(=\dfrac{173-172}{0.9})$배 큰 값에 해당한다. 이 값은 자유도 24에서 상위 5%에 해당하는 표준화 값 1.711보다 작고 표본평균 173은 귀무가설이 참일 때 상위 13.9%에 해당하는 값으로 유의확률 0.1390이 유의수준 0.05보다 커서 표본으로부터 관찰된 $1cm$의 차이는 통계적으로 볼 때 오차범위를 벗어나는 정도로 큰 차이는 아니다. 따라서 "$\mu=172$"라는 귀무가설을 기각하지 못한다.

[예제 8-1]의 문제를 청년들의 신장이 전과 달라졌는지를 검정하는 양측검정으로 바꾸어 보자.

예제 8-2 우리나라 성인 남성들의 신장은 평균이 172cm라고 알려져 있다. 25명의 성인 남성을 임의로 추출하여 신장을 측정한 결과 신장 평균은 173cm, 표준편차는 4.5cm였다. 이 관찰값을 보고 성인 남성들의 신장이 전과 달라졌다는 견해를 받아들여도 될지 검정하라. □

① 가설을 수립

귀무가설(H_0) : $\mu=172$

대립가설(H_1) : $\mu\neq172(\mu>172$ 또는 $\mu<172$, 양측검정)

② 유의확률 계산

대립가설이 $\mu\neq172$로 양측검정이다. 따라서 귀무가설이 참($\mu=172$)일 때 표본으로부터 구한 평균이 172보다 큰지, 작은지는 상관이 없고 차이가 얼마인지만 문제가 된다. 25명으로부터 구한 평균 173의 유의확률은 표본으로부터 구한 평균이 귀무가설에서 주장하고 있는 모평균 172와 1 이상 차이가 날 확률로 다음과 같다. 유의확률 $2\times P(t > 1.11)$은 엑셀함수 TDIST(1.11, 24, 2)로 구하면 된다.

$$
\begin{aligned}
2\times P(\overline{X} > 173 \mid \mu = 172) &= 2\times P\left(t > \frac{173-172}{4.5/\sqrt{25}}\right) \\
&= 2\times P(t > 1.11) \\
&= 0.2780
\end{aligned}
$$

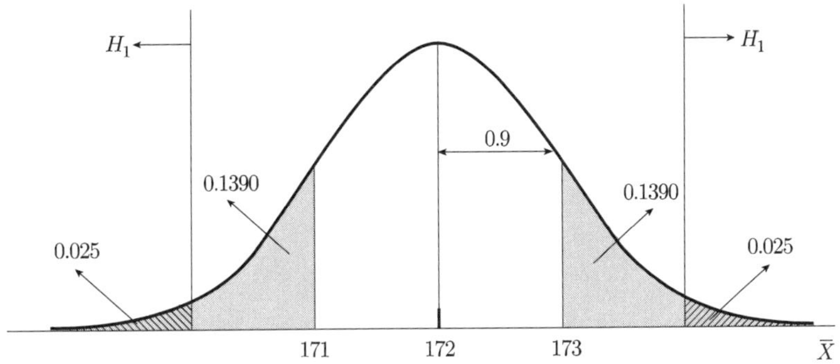

〈그림 8-7〉 표본평균의 분포와 양측 검정의 유의확률

25명으로부터 구한 평균이 171이었더라도 표본평균과 귀무가설에서 주장하고 있는 모평균 172와의 차이가 1이기 때문에 유의확률은 0.2780이다.

〈표 8-2〉에서 자유도가 24일 때 상위 2.5%에 해당하는 t값은 2.06으로 표본평균이 172로부터 표준오차 추정치인 0.9의 ±2.06배 이상 차이가 날 때 귀무가설을 기각하게 된다. 그런데 표본평균 173의 표준화 값 t는 1.11이고 유의확률이 0.2780으로 표본에서 관찰된 173을 보고 귀무가설을 기각하게 되면 1종 오류를 범할 확률이 27.8%나 되어 유의수준인 0.05보다 커서 귀무가설을 기각할 수 없다.

09 CHAPTER

집단 비교

9.1 일표본 검정

8장에서 다루었던 [연구문제 1]의 가설검정을 해 보자.

연구문제 1 학생들의 실력이 예전에 비해 떨어졌다는 우려가 근거 있는 것인지 알아 보기 위해 학생들의 실력이 평균적으로 60점은 되는지 검정해 보자.

귀무가설 : 학생들의 성적은 평균적으로 60점은 된다. $\mu = 60$
대립가설 : 학생들의 성적은 평균적으로 60점이 안 된다. $\mu < 60$

[연구문제 1]에서 대립가설은 $\mu < 60$이지만, 먼저 60점인지 아닌지 양측검정을 해 보자. 학생들의 교육 전 성적과 교육 후 성적을 각각 X_1, X_2, 모평균을 각각 μ_1, μ_2라고 하면 귀무가설과 대립가설은 다음과 같이 세울 수 있다.

$$H_0 : \mu_1 = 60 \quad vs. \quad H_A : \mu_1 \neq 60$$
$$H_0 : \mu_2 = 60 \quad vs. \quad H_A : \mu_2 \neq 60$$

교육전후성적.sav 파일을 불러온다.

SPSS를 이용해서 교육 전 성적과 교육 후 성적이 각각 평균적으로 60점이 아니라고 할 수 있는지 검정해 보자.

① **분석-평균비교-일표본 T검정**을 선택한다.

② **검정변수**에 **교육전**과 **교육후**, **검정값**에는 귀무가설에서 설정한 값인 **60**을 입력하고 **확인**을 클릭한다.

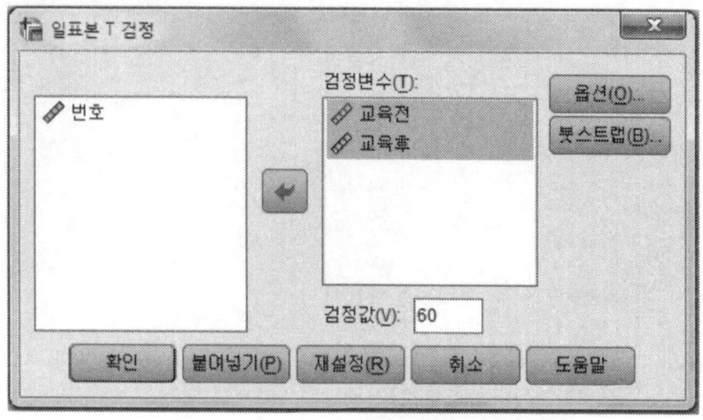

〈그림 9-1〉 일표본 T검정

〈그림 9-2〉의 일표본 통계량을 보면 24명 학생들의 교육전 성적은 평균 48.96, 표준편차 22.829이고, 교육후 성적은 평균 58.17, 표준편차 20.844로 귀무가설에서 검정하려고 하는 60보다 교육전 성적은 11.042, 교육후 성적은 1.833 낮다.

교육전과 교육후 성적이 귀무가설에서 제시하는 점수인 60과 각각 11.042와 1.833 차이가 나는데 표본평균의 표준오차가 어떤 값인가에 따라 작은 차이일 수도 있고 큰 차이일 수도 있다. 표본으로부터 관찰된 차이를 자료로부터 추정한 표준오차를 이용하여 표준화한 값 t와 유의확률을 구해 보면 교육전 성적의 표준화값 t는 −2.369(= −11.042 / 4.660), 유의확률은 0.027이고, 교육후 성적은 t가 −0.431(= −1.833 / 4.255), 유의확률은 0.671이다.

일표본 통계량

	N	평균	표준편차	평균의 표준오차
교육전	24	48.96	22.829	4.660
교육후	24	58.17	20.844	4.255

일표본 검정

	검정값 = 60					
					차이의 95% 신뢰구간	
	t	자유도	유의확률 (양쪽)	평균차	하한	상한
교육전	-2.369	23	.027	-11.042	-20.68	-1.40
교육후	-.431	23	.671	-1.833	-10.64	6.97

〈그림 9-2〉 일표본 T검정 결과

유의확률을 엑셀함수를 이용해서 구해보자.

$$2 \times P(\overline{X} < 48.96 \mid \mu = 60) = 2 \times P(t < -2.369)$$
$$= 0.027(\text{엑셀함수 } TDIST(2.369,\ 23,\ 2))$$

$$2 \times P(\overline{X} < 58.17 \mid \mu = 60) = 2 \times P(t < -0.431)$$
$$= 0.671(\text{엑셀함수 } TDIST(0.431,\ 23,\ 2))$$

24명의 교육전 성적의 표본평균 48.96은 귀무가설에서 주장하고 있는 60보다 표준오차의 2.369배 낮은 값으로 교육전 성적의 평균이 60이라는 귀무가설이 참이라면 11.042점 이상 차이가 나는 표본평균이 관찰될 확률인 유의확률은 0.027이다. 0.027은 유의수준 0.05보다 작은 값으로 24명으로부터 관찰된 11.042점 차이는 우연히 관찰되기에는 큰 차이로 평균이 60이라는 귀무가설을 기각하고 대립가설을 채택한다.

24명의 교육후 성적의 표본평균 58.17은 60보다 표준오차의 0.431배 낮은 값으로 교육후 성적의 평균이 60이라는 귀무가설이 참일 때 1.833 이상 차이가 나는 표본평균이 관찰될 확률은 0.671이다. 유의수준을 0.05로 하면 24명으로부터 관찰된 1.833의 차이는 귀무가설을 기각할 만큼 큰 차이는 아니어서 평균이 60이라는 귀무가설을 기각할 수 없다.

결과적으로 교육전 학생들의 실력은 60과 통계적으로 유의한 차이가 있고 그 점수가 48.96으로 60에 못 미치는 낮은 성적이다. 반면 교육 후 성적은 평균이 60보다 낮지만 그 차이는 통계적으로 볼 때 60이 아니라고 할 만큼 유의한 차이는 아니어서 교육 후 성적의 평균은 60점이 아니라고 할 수는 없다.

결과는 〈표 9-1〉과 같은 형태의 표로 정리할 수 있다. 별표시는 유의확률이 0.05보다 작으면 *, 0.01보다 작으면 **, 0.001보다 작으면 ***를 표시하는데 생략해도 된다. 표를 작성하는 과정은 7장을 참고하자.

〈표 9-1〉 교육 전과 교육 후 성적

변수	M ± SD	t	p
교육 전 성적	49.0 ± 22.8	−2.369	.027*
교육 후 성적	58.2 ± 20.8	−0.431	.671

* p<.05

9.2 이표본 검정 – 모수적 방법

〈표 9-2〉는 무작위로 추출한 14명의 성인 남성과 16명의 성인 여성으로부터 생활비를 조사해 정리한 표다. 전체 30명의 자료를 통해 남자와 여자의 생활비를 살펴보면 남자는 평균 169.6, 여자는 평균 179.8로 평균적으로 여자가 남자에 비해 10.2만큼 더 소비하는 것으로 나타났다. 표준편차는 남자가 19.18, 여자가 19.19로 조사되었다. 자료에서 나타난 10.2의 평균 차이를 근거로 남자와 여자의 평균생활비는 차이가 있다고 할 수 있는지 검정해 보자.

〈표 9-2〉 성별에 따른 생활비

성별	빈도	평균	표준편차
남자	14	169.6	19.18
여자	16	179.8	19.19
전체	30	175.0	19.55

먼저 귀무가설과 대립가설을 세워보자. 남자의 생활비를 X_1, 여자의 생활비를 X_2, 남자와 여자의 생활비가 평균이 각각 $E(X_1)=\mu_1$, $E(X_2)=\mu_2$, 분산이 각각 $Var(X_1)=\sigma_1^2$, $Var(X_2)=\sigma_2^2$인 정규분포를 따른다고 하자. 남자와 여자의 표본 크기를 각각 n_1, n_2, 표본으로부터 구한 남자와 여자의 생활비 평균을 각각 $\overline{X}_1$, $\overline{X}_2$, 분산을 각각 S_1^2, S_2^2이라고 하면 귀무가설과 대립가설을 다음과 같이 세울 수 있다.

$$H_0 \ : \ \mu_1 = \mu_2 \ \ (\mu_1 - \mu_2 = 0)$$
$$H_1 \ : \ \mu_1 \neq \mu_2 \ \ (\mu_1 - \mu_2 \neq 0)$$

남자와 여자의 생활비 평균 차이($\mu_1-\mu_2$)가 0인지 0이 아닌지 검정하는 것으로 표본으로부터 구한 두 집단의 표본평균 차이($\overline{X}_1-\overline{X}_2$)가 0에 가까우면 두 집단의 평균이 같다는 귀무가설을 채택하고, 두 집단의 표본평균 차이가 큰 값을 가지면 귀무가설을 기각하게 된다. 이제 얼마나 큰 차이가 나야 귀무가설을 기각할 것인지를 결정해야 하는데, 그러려면 귀무가설이 참일 때 $\overline{X}_1-\overline{X}_2$의 분포를 알아야 한다.

X_1과 X_2가 모두 정규분포를 따르면 $\overline{X}_1 - \overline{X}_2$도 정규분포를 따르게 된다. 그러나 정규분포를 따르지 않더라도 표본크기가 30 이상(비대칭이 크지 않은 경우 15개 이상)으로 충분히 크면 6장에서 다룬 중심극한정리에 의해 표본평균의 표본추출분포가 근사적으로 정규분포를 따르게 된다. 만일 표본크기가 작고 각 집단의 자료도 정규분포를 따르지 않는 경우에는 비모수적 방법으로 검정을 해야 한다. 두 집단에 대한 비모수 검정은 9.3절을 참고하자.

$\overline{X}_1 - \overline{X}_2$의 기댓값 $E(\overline{X}_1 - \overline{X}_2)$와 표준오차 $SE(\overline{X_1} - \overline{X_2})$를 구해보자. 남자와 여자의 자료크기가 각각 n_1과 n_2이면 기댓값과 표준오차는 다음과 같다.

$$E(\overline{X_1} - \overline{X_2}) = E(\overline{X_1}) - E(\overline{X_2}) = \mu_1 - \mu_2 \quad \cdots\cdots (1)$$

$$Var(\overline{X_1} - \overline{X_2}) = Var(\overline{X_1}) + Var(\overline{X_2}) = \frac{\sigma_1^2}{n_1} + \frac{\sigma_2^2}{n_2} \quad \cdots\cdots (2)$$

($Var(X \pm Y) = Var(X) + Var(Y) \pm 2COV(X, Y)$이고,

X와 Y가 서로 독립이면 $COV(X, Y) = 0$이기 때문)

$$SE(\overline{X_1} - \overline{X_2}) = \sqrt{\frac{\sigma_1^2}{n_1} + \frac{\sigma_2^2}{n_2}} \quad \cdots\cdots (3)$$

따라서 $\overline{X_1} - \overline{X_2}$의 분포는 〈그림 9-3〉과 같다.

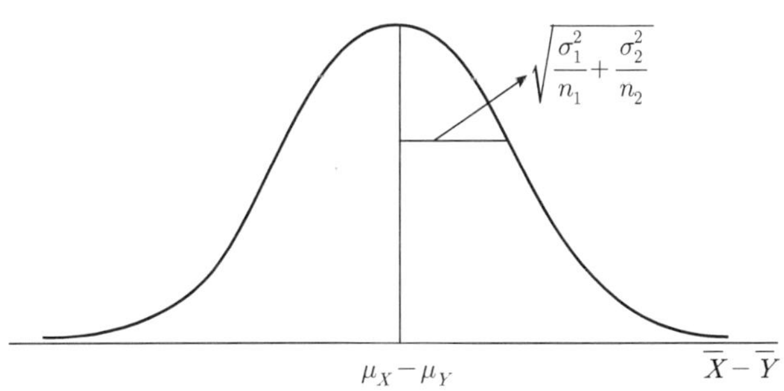

〈그림 9-3〉 $\overline{X}_1 - \overline{X}_2$의 분포

귀무가설이 참이라면 $\mu_1 - \mu_2 = 0$이다. $\overline{X}_1 - \overline{X}_2$의 표준오차는 σ_1^2와 σ_2^2를 알면 식 (3)으로 구하면 되지만 모분산을 모르는 경우가 대부분으로 자료로부터 구한 분산을 이용해서 표준오차를 추정해야 한다. 두 집단의 분산이 같은 경우(등분산)와 다른 경우(이분산)에 두 집단의 표본 평균 차이의 표준오차는 다음과 같이 구할 수 있다.

① $\sigma_1^2 = \sigma_2^2 = \sigma^2$(등분산)이면

$$\widehat{SE}(\overline{X} - \overline{Y}) = \hat{\sigma}\sqrt{\frac{1}{n_1} + \frac{1}{n_2}} \quad \cdots\cdots (4)$$

$$\text{여기서 } \hat{\sigma} = \sqrt{\frac{\sum_{i=1}^{n}(X_i - \overline{X})^2 + \sum_{i=1}^{n}(Y_i - \overline{Y})^2}{n_1 + n_2 - 2}}$$

$$= \sqrt{\frac{(n_1 - 1)S_1^2 + (n_2 - 1)S_2^2}{n_1 + n_2 - 2}}$$

$$df(\text{자유도}) = n_1 + n_2 - 2$$

② $\sigma_1^2 \neq \sigma_2^2$(이분산)이면

$$\widehat{SE}(\overline{X_1} - \overline{X_2}) = \sqrt{\frac{\widehat{\sigma_1^2}}{n_1} + \frac{\widehat{\sigma_2^2}}{n_2}} = \sqrt{\frac{S_1^2}{n_1} + \frac{S_2^2}{n_2}} \quad \cdots\cdots (5)$$

$$\text{여기서 } df = \frac{(s_1^2/n_1 + s_2^2/n_2)^2}{\frac{(s_1^2/n_1)^2}{n_1 - 1} + \frac{(s_2^2/n_2)^2}{n_2 - 1}}$$

따라서 두 집단의 평균을 비교할 때 먼저 두 집단의 분산이 같은지를 검정한 다음 그 결과에 따라 식 (4)나 식 (5)를 이용해서 표준오차를 추정해야 한다.

두 집단의 분산이 같은지 다른지에 대해 검정하는 귀무가설과 대립가설을 설정해 보자.

$$H_0 \ : \ \sigma_1^2 = \sigma_2^2 \ \left(\frac{\sigma_1^2}{\sigma_2^2} = 1, \text{ 등분산}\right)$$

$$H_A \ : \ \sigma_1^2 \neq \sigma_2^2 \ \left(\frac{\sigma_1^2}{\sigma_2^2} \neq 1, \text{ 이분산}\right)$$

자료로부터 표본 분산비 $F = S_1^2/S_2^2$를 계산한 다음 그 값이 1에 가까우면 두 집단의 분산이 같다는 귀무가설을 채택하고, 표본에서 구한 분산비 F가 1과 차이가 많이 나면 등분산이라는 귀무가설을 기각하고 두 집단의 분산은 다르다고 결론 내리게 된다. 이제 두 집단의 분산 차이가 얼마나 클 때 귀무가설을 기각할 것인지 생각해보자.

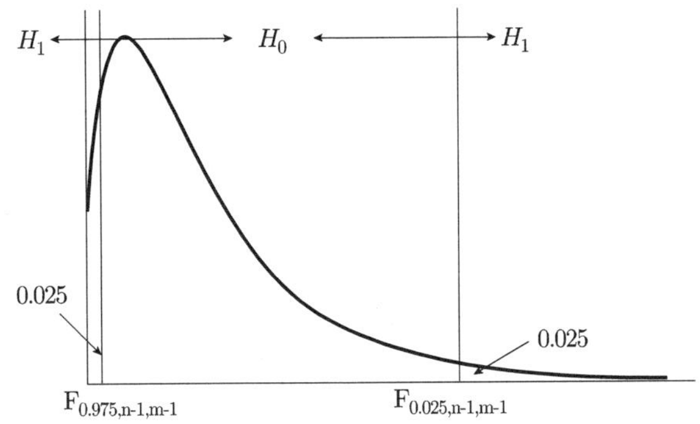

〈그림 9-4〉 $\sigma_1^2 = \sigma_2^2$일 때 표본분산비 F의 분포와 기각역

귀무가설이 참일 때 표본 분산비($F = S_1^2/S_2^2$)가 가질 수 있는 값의 분포를 알아야만 표본으로부터 구한 분산비가 1에서 어느 정도 차이가 날 때 두 집단의 분산이 차이가 없다는 귀무가설을 기각할지를 결정할 수 있다. 두 집단의 개별 자료가 각각 정규분포를 따르고 두 집단의 모분산이 같으면 표본 분산비 F는 F분포를 따르고, F분포는 S_1^2의 자유도(n_1-1)와 S_2^2의 자유도(n_2-1)에 따라 분포의 모양이 결정된다. $\sigma_1^2 = \sigma_2^2$일 때 표본 분산비 F의 분포는 〈그림 9-4〉와 같고 유의수준이 0.05이므로 표본에서 계산된 분산비가 F의 분포에서 하위 2.5%보다 작거나 상위 2.5%보다 크면 "두 집단의 분산이 같다"는 귀무가설을 기각하게 된다.

하위 2.5%와 상위 2.5%에 해당하는 F값은 〈표 9-3〉과 같다.

〈표 9-3〉 자유도에 따른 하위 2.5%와 상위 5%에 해당하는 F값

분자 자유도(n_1-1)	분모 자유도(n_2-1)	하위 2.5% F값	상위 2.5% F값
9	9	0.25	4.03
13	15	0.33	2.92
24	24	0.44	2.27
29	29	0.48	2.10
99	99	0.67	1.49

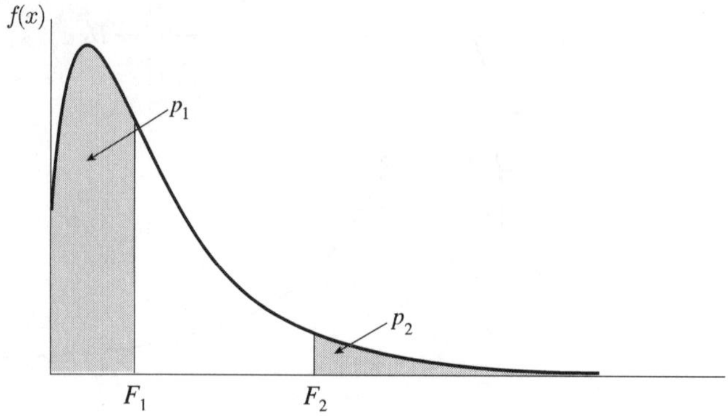

〈그림 9-5〉 F분포

TIP

F분포의 엑셀함수

$FDIST(F_1,\ n_1-1,\ n_2-1)=P(F>F_1)=1-p_1$

$FDIST(F_2,\ n_1-1,\ n_2-1)=P(F>F_2)=p_2$

$FINV(1-p_1,\ n_1-1,\ n_2-1)=F_1,\quad FINV(p_2,\ n_1-1,\ n_2-1)=F_2$

성별에 따른 생활비 자료에서 남자 14명, 여자 16명으로 자유도는 각각 13과 15가 된다. 〈표 9-3〉으로부터 자유도가 13, 15일 때 하위 2.5%에 해당하는 F값은 0.33, 상위 2.5%에 해당하는 F값은 2.92로 표본에서 구한 분산비가 0.33보다 작거나 2.92보다 크면 "두 집단의 분산은 차이가 없다"는 귀무가설을 기각한다.

〈표 9-2〉로부터 표본 분산비를 구하면 $F=19.18^2/19.19^2=0.999$로 자유도 13과 15에서의 하위 2.5%인 0.33(엑셀함수 FINV(0.975,13,15))과 상위 2.5%인 2.92(엑셀함수 FINV(0.025,13,15)) 사이에 있는 값으로 표본에서 관찰된 두 집단의 분산 차이는 "두 집단의 분산은 차이가 없다"는 귀무가설을 기각할 만큼 큰 차이는 아니어서 등분산이 아니라고 결론 내릴 수 없다.

남자와 여자 생활비는 등분산으로 식 (4)를 이용해서 $\overline{X}_1-\overline{X}_2$의 표준오차를 추정하면 다음과 같다.

$$\widehat{SE}(\overline{X_1}-\overline{X_2})=\hat{\sigma}\sqrt{\frac{1}{n_1}+\frac{1}{n_2}}$$

$$=\sqrt{\frac{(n_1-1)S_1^2+(n_2-1)S_2^2}{n_1+n_2-2}}\sqrt{\frac{1}{n_1}+\frac{1}{n_2}}$$

$$= \sqrt{\frac{(13 \times 19.18^2) + (15 \times 19.19^2)}{14 + 16 - 2}} \sqrt{\frac{1}{14} + \frac{1}{16}}$$
$$= 19.185 \times 0.366$$
$$= 7.02$$

귀무가설이 참일 때 $\overline{X_1} - \overline{X_2}$의 분포는 〈그림 9-6〉과 같다.

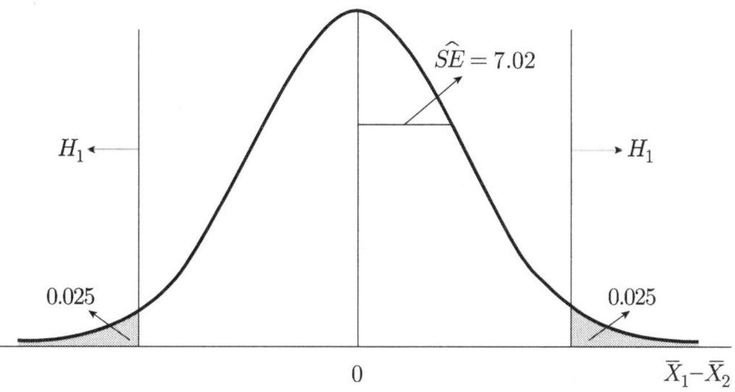

〈그림 9-6〉 $\overline{X_1} - \overline{X_2}$의 분포

남자와 여자의 생활비 평균 차이 10.18에 해당하는 유의확률을 구해 보자.

대립가설이 $\mu_1 - \mu_2 \neq 0$ 이고, $\overline{X}_1 - \overline{X}_2 = -10.18$을 표준오차 추정치 7.02를 이용해서 표준화 값 t를 구하면

$$t = \frac{\overline{X} - \overline{Y}}{\widehat{SE}} = -\frac{10.18}{7.02} = -1.45$$

로 유의확률은

$$p = 2 \times P(\overline{X}_1 - \overline{X}_2 < -10.18)$$
$$= 2 \times P(t < -1.45)$$

로, 자유도는 식 (4)에서 $n_1 + n_2 - 2 = 28$로 엑셀함수 TDIST(1.45, 28, 2)를 이용해서 구할 수 있다.

자료로부터 구한 표본평균 차이의 표준화 값 t가 −1.45, 유의확률은 0.158로 "성별에 따른 생활비는 차이가 없다"는 귀무가설이 참일 때 두 집단의 표본평균 차이 10.18은 귀무가설에서 주장하는 0으로부터 표준오차의 1.45배만큼 차이가 나는 값으로 "두 집단의 평균이 차이가 없다"는 귀무가설이 참일 때 표본으로부터

구한 남자와 여자의 평균생활비 차이인 10.18보다 더 큰 차이가 관찰될 가능성은 15.8%이다. 따라서 표본에서 관찰된 10.18의 차이를 보고 "성별에 따라 생활비가 차이가 없다"는 귀무가설을 기각하게 되면 1종 오류를 범할 확률이 15.8%나 되어 남자와 여자의 한 달 평균 생활비는 통계적으로 유의한 차이가 있다고 할 수 없다.

SPSS를 이용해서 남자와 여자의 생활비 차이가 유의한지 검정해 보자.
생활비.sav 파일을 불러온다.

① **분석–평균비교–독립표본 T검정**을 선택한다.
② **검정변수**에 **생활비**를 보내고 **집단변수**에 **성별**을 보낸다.
③ **집단정의**를 클릭, **집단** 1과 **집단** 2에 성별의 범주 값–여기서는 **1**과 **2**–을 입력하고 **계속**을 클릭한다.
④ **확인**을 클릭한다.

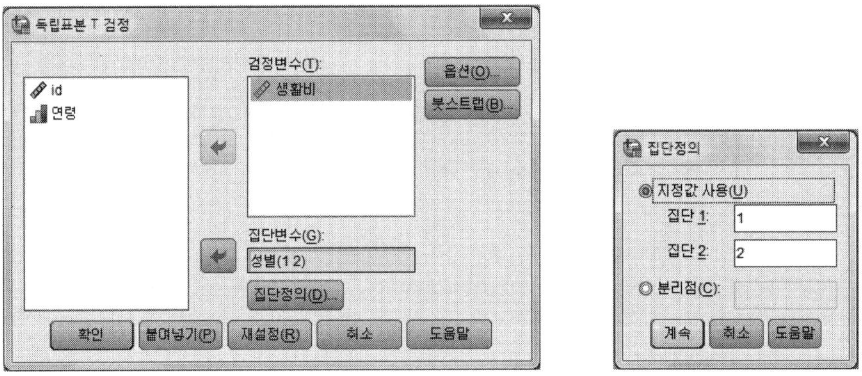

〈그림 9-7〉 독립표본 t 검정

두 집단의 평균을 비교하기 전에 먼저 두 집단이 등분산인지를 검정해야 한다. 〈그림 9-8〉에서 독립표본 검정의 Levene의 등분산 검정의 귀무가설은 "남자와 여자의 생활비의 분산은 동일하다"는 것이다. 유의확률이 0.888로 등분산이라는 귀무가설이 참일 때 표본에서 나타난 분산 차이(남자의 표본 분산은 19.182^2이고 여자는 19.185^2)보다 더 큰 분산 차이가 나타날 가능성이 88.8%로 표본에서 관찰된 분산 차이를 가지고 두 집단의 분산이 다르다고 결론을 내리면 1종 오류를 범할 확률이 0.888로 등분산이라는 귀무가설을 기각할 만큼 큰 차이가 아니다(SAS나

EXCEL은 표본분산비($F = S_1^2/S_2^2$)를 이용하여 등분산 검정을 하는 반면 SPSS는 Levene의 등분산 검정을 한다). Levene의 등분산 검정 결과에 따라 평균의 동일성에 대한 t검정에서 등분산이 가정됨에 해당하는 결과를 읽으면 된다. Levene의 등분산 검정에 대한 내용은 9.6절을 참고하자.

집단통계량

	성별	N	평균	표준편차	평균의 표준오차
생활비(만원)	남자	14	169.57	19.182	5.127
	여자	16	179.75	19.185	4.796

독립표본 검정

		Levene의 등분산 검정		평균의 동일성에 대한 t-검정				
		F	유의확률	t	자유도	유의확률 (양쪽)	평균차	차이의 표준오차
생활비(만원)	등분산이 가정됨	.020	.888	-1.450	28	.158	-10.179	7.021
	등분산이 가정되지 않음			-1.450	27.475	.158	-10.179	7.020

〈그림 9-8〉 독립표본 t 검정 출력결과

등분산 가정이 만족되어 평균 차이의 표준오차는 7.021이 된다. “두 집단의 평균이 같다”는 귀무가설이 참이라고 가정하면 자료에서 나타난 평균 차이 −10.179를 표준화시킨 t값은 −1.450(=−10.179 / 7.021)로 표본에서 나타난 평균차이는 표준오차의 1.450배 차이가 나는 값이다. 두 집단의 평균 차이가 없을 때 표본에서 관찰된 차이보다 더 큰 차이를 갖는 표본이 관찰될 가능성인 유의확률(양쪽)은 0.158로 표본에서 관찰된 평균 차이인 -10.179를 보고 “두 집단의 평균 차이가 없다”는 귀무가설을 기각하면 1종오류를 범할 확률이 0.158로 유의수준 0.05보다 커 귀무가설을 기각하지 못해서 남자와 여자의 생활비는 통계적으로 유의한 차이가 있다고 할 수 없다.

〈표 9-4〉 성별에 따른 생활비

성별	생활비 M ± SD	t	p
남자	169.6 ± 19.2	−1.450	.158
여자	179.8 ± 19.2		

분석결과를 〈표 9-4〉와 같은 형태의 표로 정리하고 분석결과를 다음과 같이 해석해 볼 수 있다.

남자의 경우 한 달 생활비가 평균 169.6만원, 여자는 평균 179.8만원으로 남자에 비해 여자가 10.2만원 더 쓰는 것으로 조사되었으나 그 차이가 유의수준 0.05에서 유의하지 않다(p=.158).

예제 9-1 특정 정책에 대한 지지여부와 소득을 조사한 자료(지지여부와 소득.sav)를 이용해서 지지하는 그룹과 지지하지 않는 그룹의 소득 차이가 있는지 검정하라. 지지여부에 따른 소득은 정규분포를 따른다고 가정하자. □

① **분석–평균비교–독립표본 T검정**을 선택한다.

② **검정변수**에 **소득**을 보내고 **집단변수**에 **지지여부**를 보낸다.

③ **집단정의**를 클릭, **집단 1**과 **집단 2**에 지지여부의 범주 값(여기서는 **1**과 **2)**을 입력하고 **계속**, **확인**을 클릭한다.

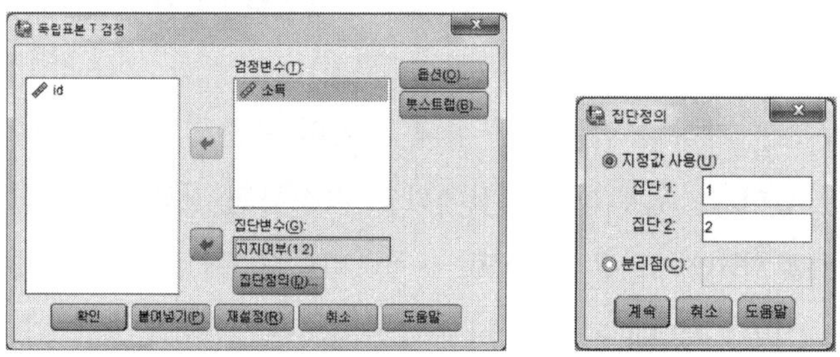

〈그림 9–9〉 독립표본 t 검정

〈그림 9-10〉의 집단 통계량을 보면 지지하는 그룹의 소득 평균은 396.33, 반대하는 그룹의 소득 평균은 316.33으로 지지하는 그룹이 반대하는 그룹에 비해 소득이 평균적으로 80만원 높다.

집단통계량

	지지여부	N	평균	표준편차	평균의 표준오차
소득(만원)	지지	18	396.33	36.969	8.714
	반대	12	316.33	32.066	9.257

독립표본 검정

		Levene의 등분산 검정		평균의 동일성에 대한 t-검정				
		F	유의확률	t	자유도	유의확률 (양쪽)	평균차	차이의 표준오차
소득(만원)	등분산이 가정됨	.426	.519	6.111	28	.000	80.000	13.090
	등분산이 가정되지 않음			6.293	25.948	.000	80.000	12.713

〈그림 9–10〉 독립표본 t 검정 출력결과

자료로부터 조사된 80만원의 차이가 통계적으로 다르다고 할 만큼 큰 차이인지 검정하기 전에 먼저 등분산 검정 결과를 살펴보자.

지지하는 그룹의 표준편차는 36.969, 반대하는 그룹의 표준편차는 32.066으로 Levene의 등분산 검정결과 유의확률이 0.519이다. 두 집단의 분산이 같을 때 자료로부터 관찰된 분산 차이보다 더 큰 차이가 나는 표본이 관찰될 가능성은 51.9%로 유의수준 0.05에서 볼 때 자료로부터 관찰된 분산 차이는 등분산이라는 귀무가설을 기각할 만큼 큰 차이는 아니어서 두 집단의 분산은 등분산이 아니라고 할 수 없다.

등분산이 가정됨의 결과를 읽으면 t값이 6.111, 유의확률(양쪽)이 0.000으로 자료로부터 관찰된 평균차이 80은 두 집단의 평균이 같다면 표준오차 13.090의 6.111배에 해당하는 값으로 80보다 더 큰 차이가 나는 표본이 관찰될 가능성은 0.0%이다. 따라서 자료로부터 관찰된 차이는 "두 집단의 평균이 같다"는 귀무가설이 참이라면 관찰될 가능성이 거의 없는 차이로 귀무가설을 기각할 만큼 큰 차이가 되어 지지여부에 따른 소득 차이는 통계적으로 유의하다. 자료를 보면 지지하는 그룹의 소득 평균은 396.33, 반대하는 그룹의 소득 평균은 316.33으로 지지하는 그룹이 반대하는 그룹에 비해 소득이 높다.

〈표 9-5〉 지지여부에 따른 소득

지지여부	소득 M ± SD	t	p
지지	396.3 ± 37.0	6.111	.000***
반대	316.3 ± 32.1		

*** p<.001

예제 9-2 학생의 일반적 특성과 TOEIC 성적을 조사한 자료(해외연수.sav)를 이용해서 성별에 따라 영어성적에 차이가 있는지 검정하라. TOEIC 성적은 정규분포를 따른다. □

해외연수.sav 파일을 불러온다.

① **분석–평균비교–독립표본 T검정**을 선택한다.

② **검정변수**에 TOEIC성적을 보내고 **집단변수**에 **성별**을 보낸다.

③ **집단정의**를 클릭하고 **집단** 1과 **집단** 2에 성별의 범주 값(여기서는 **1**과 **2**)을 입력한다.

④ **계속**, **확인**을 클릭한다.

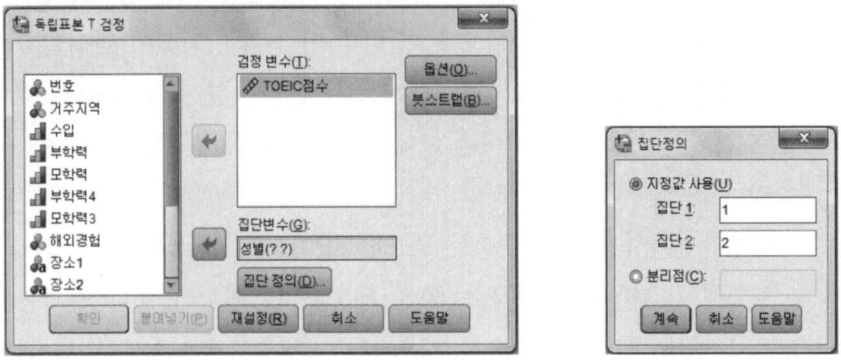

〈그림 9-11〉 독립표본 t 검정

〈그림 9-12〉의 집단 통계량을 보면 남학생의 TOEIC 성적 평균은 569.45, 여학생의 TOEIC 성적 평균은 593.13으로 남학생에 비해 여학생의 TOEIC 성적이 평균적으로 23.672점 높다.

집단통계량

	성별	N	평균	표준편차	평균의 표준오차
TOEIC점수	남자	64	569.45	182.498	22.812
	여자	152	593.13	119.309	9.677

독립표본 검정

		Levene의 등분산 검정		평균의 동일성에 대한 t-검정				
		F	유의확률	t	자유도	유의확률 (양쪽)	평균차	차이의 표준오차
TOEIC점수	등분산이 가정됨	27.787	.000	-1.128	214	.261	-23.672	20.994
	등분산이 가정되지 않음			-.955	86.545	.342	-23.672	24.780

〈그림 9-12〉 독립표본 t 검정 출력결과

자료로부터 조사된 23.672점의 차이가 통계적으로 다르다고 할 만큼 큰 차이인지 검정하기 위해서 먼저 등분산 검정 결과를 읽어보자.

남학생의 표준편차는 182.498, 여학생의 표준편차는 119.309로 Levene의 등분산 검정결과 유의확률이 0.000이다. 두 집단의 분산이 같을 때 자료로부터 관찰된 차이보다 더 큰 차이가 나는 표본이 관찰될 가능성은 0.0%로 유의수준 0.05에서 볼 때 자료로부터 관찰된 차이는 등분산이라는 귀무가설이 참이라면 관찰될 가능성이 거의 없는 정도로 큰 차이로 등분산이라는 귀무가설을 기각한다. 따라서 등분산이 가정되지 않음의 결과를 읽으면 t값이 -0.955이고 유의확률(양쪽)이 0.342로 자료로부터 관찰된 평균차이 23.672는 두 집단의 평균이 같다면 표준오차 24.780의 0.955배에 해당하는 값으로 남자와 여자의 TOEIC 성적 평균이 같을 때 표본에서 관찰된 23.672보다 더 큰 차이가 나는 표본이 관찰될 가능성은 34.2%이다.

따라서 자료로부터 관찰된 차이는 "두 집단의 평균이 같다"는 귀무가설을 참일 때 표본에서 23.7점의 차이는 관찰될 가능성이 충분히 있는 정도의 차이로 귀무가설을 기각할 만큼 큰 차이는 아니어서 성별에 따른 TOEIC 성적은 유의한 차이가 없다.

〈표 9-6〉 성별에 따른 TOEIC 성적

성별	TOEIC 성적	t	p
	M ± SD		
남자	569.51 ± 182.5	−0.955	.342
여자	593.1 ± 119.3		

9.3 이표본 검정 – 비모수적 방법

두 집단의 평균에 대한 검정을 할 때 각 집단의 개별 자료가 정규분포를 따르지 않고 조사된 자료의 케이스수도 작은 경우에는 비모수적 방법으로 분석해야 한다.

성별에 따라 생활비에 차이가 있는지 비모수적 방법인 Mann-Whitney의 순위합 검정을 해 보자.

H_0 : 성별에 따른 생활비 차이는 없다.

H_1 : 성별에 따라 생활비 차이가 있다.

생활비.sav 파일을 불러온다.

① **분석–비모수적방법–레거시 대화상자–2 독립표본**을 선택한다.

② **검정변수**에 **생활비**를 보내고 **집단변수**에 **성별**을 보낸다.

③ **집단정의**를 클릭하고 **집단 1**과 **집단 2**에 **성별**의 범주 값인 **1**과 **2**를 입력한다.

④ **계속**, **확인**을 클릭한다.

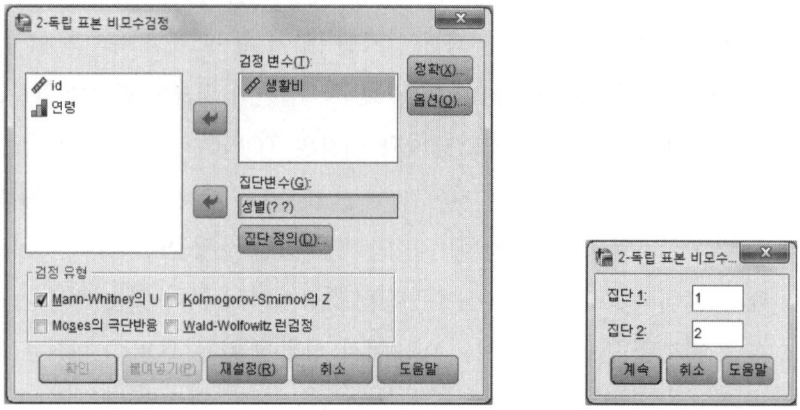

〈그림 9-13〉 2-독립 표본 비모수 검정

〈그림 9-14〉를 보면 남자 14명의 생활비 순위의 합은 181.50으로 평균 순위는 12.96, 여자 16명의 생활비 순위의 합이 283.50으로 평균 순위는 17.72로 남자에 비해 여자의 생활비 순위가 높다. 유의확률을 보면 0.140으로 남자와 여자의 생활비 순위의 차이는 유의수준 0.05에서 볼 때 두 집단의 생활비가 차이가 없을 때 충분히 관찰될 정도의 차이로 통계적으로 유의하지 않아 "성별에 따른 생활비는 차이가 없다"는 귀무가설을 기각할 수 없다.

순위

	성별	N	평균 순위	순위합
생활비(만원)	남자	14	12.96	181.50
	여자	16	17.72	283.50
	전체	30		

검정 통계량[a]

	생활비(만원)
Mann-Whitney의 U	76.500
Wilcoxon의 W	181.500
Z	-1.477
근사 유의확률(양측)	.140
정확 유의확률[2*(단측 유의확률)]	.142[b]

a. 집단변수: 성별

b. 등순위에 대해 수정된 사항이 없습니다.

〈그림 9-14〉 Mann-Whitney 검정 출력결과

〈표 9-7〉 생활비 순위 합

성별	생활비	순위
남자	141	1
남자	147	2
여자	148	3
남자	150	4.5
여자	150	4.5
남자	152	6
여자	155	7
남자	160	8
남자	163	9
남자	165	10.5
여자	165	10.5
남자	167	12
여자	168	13
여자	170	14
남자	175	15
남자	179	16.5
여자	179	16.5
여자	181	18
여자	183	19.5
여자	183	19.5
남자	187	21.5
여자	187	21.5
남자	190	23
남자	195	24.5
여자	195	24.5
여자	198	26
여자	199	27
남자	203	28
여자	205	29
여자	210	30
순위 합	남자	181.5
	여자	283.5

〈표 9-8〉 남자보다 앞선 여자 수와 여자보다 앞선 남자 수 자료

성별	생활비	남자보다 앞선 여자 수	여자보다 앞선 남자 수
남자	141	0	
남자	147	0	
여자	148		2
남자	150	1.5	
여자	150		2.5
남자	152	2	
여자	155		4
남자	160	3	
남자	163	3	
남자	165	3.5	
여자	165		6.5
남자	167	4	
여자	168		8
여자	170		8
남자	175	6	
남자	179	6.5	
여자	179		9.5
여자	181		10
여자	183		10
여자	183		10
남자	187	10.5	
여자	187		10.5
남자	190	11	
남자	195	11.5	
여자	195		12.5
여자	198		13
여자	199		13
남자	203	14	
여자	205		14
여자	210		14
합계		76.5	147.5

TIP

Mann-Whitney의 U 검정 : 두 집단이 분포하는 위치가 같은지 검정

두 집단을 구분하지 않고 전체 자료에 대해 오름차순으로 순위를 매긴 다음(값이 같은 자료는 평균 순위를 할당) 각각의 집단의 순위가 무작위로 흩어져 있는지 여부로 두 집단의 차이를 검정

- **U 통계량** : 집단1의 순위가 집단2의 순위보다 앞선 횟수와 집단2의 순위가 집단1의 순위보다 앞선 횟수의 총합 중 작은 값
- **W 통계량** : 각 집단의 순위 합 중 작은 값

Kolmogorov-Smirnov의 Z 검정 : 두 표본에서 관측된 누적 분포 함수 간의 최대 절대 차이를 통해 두 집단의 분포 위치와 모양이 같은지 검정

(1) Mann-Whitney의 U값 계산

자료를 생활비가 증가하는 순서로 정렬하고 남자보다 생활비의 순위가 앞선 여자(남자보다 생활비를 적게 쓰는 여자)의 수를 계산해 보자.

남자보다 앞선 여자 수는 성별이 남자일 때만 계산이 되므로 성별이 여자인 경우는 빈칸으로 두면 된다. 생활비가 증가하는 순으로 정렬한 자료 중 2번째까지는 성별이 남자로 남자보다 앞선 여자 수에 0을 적는다. 3번째 자료는 성별이 여자이고 4번째와 5번째 자료가 성별은 서로 다르나 생활비가 모두 150으로 4번째인 남자보다 생활비를 적게 쓰는 여자 수는 1.5로 계산하고 6번째 남자보다 생활비를 적게 쓰는 여자 수는 2가 된다. 7번째 자료가 성별이 여자이고 8번째와 9번째 자료의 성별이 남자로 8번째와 9번째 자료의 남자보다 앞선 여자 수는 3이 된다. 동일한 방법으로 나머지 부분도 계산해보자.

여자보다 앞선 남자 수도 남자보다 앞선 여자 수와 동일한 방법으로 성별이 여자인 경우에 대해 계산하면 〈표 9-8〉과 같다.

남자보다 앞선 여자 수와 여자보다 앞선 남자 수의 총합을 구해보면 각각 76.5와 147.5로 Mann-Whitney의 U값은 두 값 중 작은 값으로 76.5이다.

(2) Wilcoxon의 W값 계산

먼저 남녀 구분 없이 생활비의 순위를 구해보자. 순위는 생활비가 가장 작은 값에 순위 1을 할당하고 동률의 경우는 평균순위를 할당한다. 〈표 9-7〉을 보면 남자의 생활비 순위의 합계가 181.5이고 여자의 생활비 순위의 합계는 283으로 **Wilcoxon의** W값은 이 중 작은 값인 **181.5**이다.

(3) 유의확률 계산

순위합이 작은 그룹의 자료수가 n_1, 순위합이 큰 그룹의 자료수가 n_2일 때 Wilcoxon의 W값으로부터 계산한 검정통계량 Z는 다음과 같다.

$$Z = \frac{W - n_1(n_1 + n_2 + 1)/2}{\sqrt{n_1 n_2 (n_1 + n_2 + 1)/12 \times c}}$$

$$c = 1 - \frac{\sum_{j=1}^{k} t_j^3 - \sum_{j=1}^{k} t_j}{(n_1 + n_2)\lceil (n_1 + n_2)^2 - 1 \rceil}$$

k : 동점 개수

t_j : j번째 동점인 데이터 값의 개수

여기서 c는 자료 중에 동점이 있는 경우 분산에 곱해주어야 하는 수정인자로 k는 동점 개수이고, t_j는 j번째 동점인 데이터 값의 개수이다. 우리 자료에서 k는 5이고 t_j는 모두 2로 c=0.9989이다.

$$\begin{aligned} Z &= \frac{181.5 - 14 \times (14 + 16 + 1)/2}{\sqrt{14 \times 16 \times (14 + 16 + 1)/12 \times 0.9989}} \\ &= -1.477 \end{aligned}$$

따라서 유의확률은 다음과 같다.

$$\begin{aligned} p &= 2 \times P\ (Z < -1.477) \\ &= 0.140\ (\text{엑셀함수 } 2 \times NORMSDIST(-1.477)) \end{aligned}$$

9.4 대응표본 검정 – 모수적 방법

통계에 대한 지식 정도가 통계 교육을 받기 전과 후가 달라졌는지 알아보기 위해 24명의 학생을 대상으로 교육 전에 통계에 대한 지식 정도를 조사하고 3개월간 교육 후 통계에 대한 지식 정도를 다시 조사한 결과가 〈표 9-9〉와 같다. 교육으로 인해 통계에 대한 지식수준에 변화가 있다고 할 수 있는지 분석해 보자.

〈표 9-9〉 교육 전과 교육 후 성적

번호	1	2	3	4	5	6	7	8	9	10	11	12
교육 전	52	68	75	21	85	35	56	47	48	56	75	80
교육 후	60	67	80	35	88	54	58	48	45	68	87	82
번호	13	14	15	16	17	18	19	20	21	22	23	24
교육 전	21	15	24	25	36	54	75	65	45	78	25	14
교육 후	40	25	25	23	65	67	78	69	56	90	56	30

〈표 9-9〉의 자료는 동일한 학생으로부터 교육 전과 후의 지식점수를 조사한 것으로 교육 전 지식점수가 높은 학생은 교육 후에도 지식점수가 높은 경향이 있고 교육 전 지식점수가 낮은 학생은 교육 후에도 지식점수가 낮은 경향이 있어서 교육 전과 교육 후 점수는 연관성이 있을 것이다. 따라서 동일한 개체에게서 얻은 두 값을 비교하는 것과 독립된 두 집단에서 나온 두 값을 비교하는 것은 분석방법에서 차이가 나야 한다. 이렇게 서로 연관되어 측정된 두 개의 관측 자료를 대응표본 또는 쌍체표본(paired data)이라고 부른다.

교육 전과 교육 후 성적변화가 있는지 분석하려면 개별 학생의 교육 전 후 성적의 변화 정도가 유의한지 검정하면 된다.

「D = 교육 후 성적 − 교육 전 성적」이라고 정의하고 귀무가설과 대립가설을 세워보자.

H_0 : 교육 전과 후 성적은 차이가 없다($\mu_D = 0$).

H_1 : 교육 전과 후 성적은 차이가 있다($\mu_D \neq 0$).

〈표 9-10〉 교육 전과 교육 후 성적 변화량

번호	1	2	3	4	5	6	7	8	9	10	11	12
교육 전	52	68	75	21	85	35	56	47	48	56	75	80
교육 후	60	67	80	35	88	54	58	48	45	68	87	82
차이(증가량)	8	−1	5	14	3	19	2	1	−3	12	12	2
번호	13	14	15	16	17	18	19	20	21	22	23	24
교육 전	21	15	24	25	36	54	75	65	45	78	25	14
교육 후	40	25	25	23	65	67	78	69	56	90	56	30
차이(증가량)	19	10	1	−2	29	13	3	4	11	12	31	16

학생들 개개인의 교육 전과 교육 후 성적차이를 이용해서 성적차이의 평균과 표준편차를 구하면 다음과 같다.

$$\overline{D} = \frac{1}{24}(8-1+5+\cdots+16)$$
$$= 9.21$$
$$S_D^2 = \frac{1}{23}\{(8-9.21)^2+(-1-9.21)^2+(5-9.21)^2+\cdots+(16-9.21)^2\}$$
$$= 83.04$$
$$S_D = \sqrt{83.04}$$
$$= 9.11$$

교육 전과 교육 후 성적이 각각 정규분포를 따르면 전후 성적 차이도 정규분포를 따르고, 전 후 성적 차이의 표본평균은 평균이 μ_D, 표준오차가 $\sigma_D / \sqrt{n}$ 인 정규분포를 따를 것이다. 표본에서 구한 표준편차를 이용해서 표본평균의 표준오차를 추정해 보면 $1.86(=9.11/\sqrt{24})$이다. 귀무가설이 참($\mu_D = 0$)이라면 표본으로부터 관찰된 교육 전과 후의 성적 차이 9.21의 표준화 값 t는 $4.95(=9.21/1.86)$로 24명의 자료로부터 구한 표본평균 9.21은 교육 전과 후 성적 차이가 없다는 귀무가설이 참이라면 모평균인 0으로부터 표준오차의 4.95배 떨어져 있는 값으로 우연히 관찰되었다고 보기에는 큰 차이이다. 표본평균 9.21이 귀무가설이 참이라면 어느 정도로 큰 값인지 유의확률을 구해 보자.

$$\text{유의확률} = 2\times P(\overline{D} > 9.21)$$
$$= 2\times P\left(\frac{\overline{D}-\mu_D}{s/\sqrt{n}} > \frac{9.21-0}{9.11/\sqrt{24}}\right)$$
$$= 2\times P(t > 4.95)$$
$$= 5.28\times 10^{-5}$$
$$= 0.000 \text{ (엑셀함수 TDIST(4.95, 23, 2))}$$

유의확률이 0.000이라는 것은 교육 전과 교육 후 성적은 차이가 없다는 귀무가설이 참일 때 24명으로부터 교육 후 성적 변화가 9.21 이상 나타날 가능성은 0.0%로 교육에 의한 성적 변화가 없다는 귀무가설이 참이라면 지금 같은 결과는 관찰될 가능성이 매우 희박해서 "교육 전과 교육 후 성적은 차이가 없다"는 귀무가설을 기각하고 대립가설을 채택한다. 따라서 교육 전과 교육 후 성적은 통계적으로 유의한 차이가 나고, 교육 전에 비해 교육 후 평균 성적이 높아서 교육에 의해 성적이 향상되었다.

9.4.1 교육 전후 성적 비교-대응표본 t 검정

교육 전후 성적.sav파일을 불러온다.

① **분석-평균비교-대응표본 T검정**을 선택한다.

② **변수1**에 **교육후**, **변수2**에 **교육전**을 보내고 **확인**을 클릭한다.

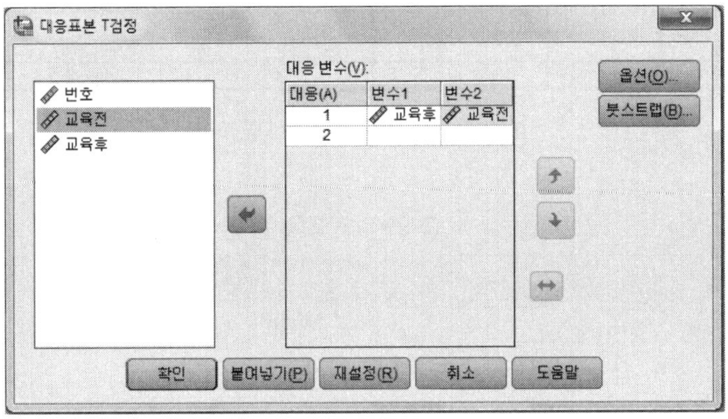

〈그림 9-15〉 대응표본 T검정

〈그림 9-16〉의 대응표본 통계량에는 교육전과 교육후 성적의 평균, N(빈도), 표준편차, 평균의 표준오차가 나온다.

대응표본 통계량

		평균	N	표준편차	평균의 표준오차
대응 1	교육 후	58.17	24	20.844	4.255
	교육 전	48.96	24	22.829	4.660

〈그림 9-16〉 대응표본 T검정-통계량

〈그림 9-17〉의 대응표본 상관계수는 교육 전 성적과 교육 후 성적의 관련성 정도를 측정해 주는 척도로 상관계수가 0.917이라는 것은 교육 전 성적이 높을수록 교육 후 성적도 높아지는 경향이 매우 강하다는 것을 의미한다. 상관계수는 13장을 참고하자.

대응표본 상관계수

		N	상관계수	유의확률
대응 1	교육 후 & 교육 전	24	.917	.000

〈그림 9-17〉 대응표본 T검정-상관계수

〈그림 9-18〉의 대응표본검정에는 교육후-교육전의 평균과 표준편차, 평균의 표준오차, 차이의 95% 신뢰구간이 나오고, 차이의 평균을 표준화한 값 t와 자유도, 유의확률(양쪽)이 나온다.

대응표본 검정

	대응차					t	자유도	유의확률 (양쪽)
				차이의 95% 신뢰구간				
	평균	표준편차	평균의 표준오차	하한	상한			
대응 1 교육 후 - 교육 전	9.208	9.113	1.860	5.360	13.056	4.950	23	.000

〈그림 9-18〉 대응표본 T검정

〈표 9-11〉 교육 전과 후 성적 비교

변수	Mean ± SD	차이 Mean ± SD	t	p
교육 전	49.0 ± 22.8	9.21 ± 9.11	4.950	.000
교육 후	58.2 ± 20.8			

t값이 4.950, 유의확률이 0.000으로 24명으로부터 관찰된 교육전과 교육후 성적 차이는 귀무가설이 참이라면 표준오차의 4.950배에 해당하는 값으로 이 차이보다 더 큰 차이가 관찰될 가능성이 거의 없는 매우 큰 차이로 "교육 전과 교육 후 성적은 차이가 없다"는 귀무가설을 기각한다. 따라서 교육 전과 교육 후 성적은 통계적으로 유의한 차이가 있고, 교육전에 비해 교육후 평균 성적이 높아서 교육에 의해 통계에 대한 지식점수가 높아졌다.

예제 9-3 국제 환경연구회가 1978년 발간한 학술잡지에 발표된「벨기에 서부지역의 공장지대가 환경에 미치는 영향」에 대한 연구결과가 발표되었다. 〈표 9-12〉는 그 일대에 방목된 가축들의 소변에서 측정한 방목 초기와 일정기간 후 불소 농도로 정규분포를 따른다고 가정하자. 불소가 몸속에 많이 남을 경우 뼈에 검은 색으로 착색이 일어나게 된다. 따라서 소변에 배출되는 불소 농도의 감소는 체내에 잔류하는 불소 농도의 증가를 의미하고 가축에게 문제를 일으킬 수 있다. 과연 공장지대에서 일정기간 방목된 가

〈표 9-12〉 방목 전과 방목 후 가축 소변의 불소 농도

번호	1	2	3	4	5	6	7	8	9	10	11
방목 전	52	68	75	21	85	35	56	47	48	56	75
방목 후	40	25	25	23	65	67	78	69	56	90	56

축의 소변에서 나타나는 불소 농도가 변화가 있는지 분석하라. ☐

귀무가설과 대립가설을 세워보자.

H_0 : 방목 전과 후 불소농도는 차이가 없다.

H_1 : 방목 전과 후 불소농도는 차이가 있다.

방목 전후 불소농도.sav 파일을 불러온다.

① **분석-평균비교-대응표본 T검정**을 선택한다.

② **변수1**에 **방목전**, **변수2**에 **방목후**를 보내고 **확인**을 클릭한다.

〈그림 9-19〉 대응표본 T검정

〈그림 9-20〉을 보면 방목 전 불소농도는 평균 56.18, 방목 후 불소농도는 평균 54.00으로 방목 전에 비해 방목 후 불소농도가 평균적으로 2.18 낮아졌다. 방목 전과 후 불소농도 차이의 표준편차가 29.013으로 전후 차이 평균의 표준오차는 8.748($= 29.103/\sqrt{11}$)이다.

대응표본 통계량

		평균	N	표준편차	평균의 표준오차
대응 1	방목전	56.18	11	18.798	5.668
	방목후	54.00	11	22.878	6.898

대응표본 검정

	대응차					t	자유도	유의확률 (양쪽)
	평균	표준편차	평균의 표준오차	차이의 95% 신뢰구간 하한	차이의 95% 신뢰구간 상한			
대응 1 방목전 - 방목후	2.182	29.013	8.748	-17.309	21.673	.249	10	.808

〈그림 9-20〉 대응표본 T검정

"방목 전과 후의 불소농도는 차이가 없다"는 귀무가설이 참이라면 방목 전과 후의 평균 차이 2.18은 모평균 0으로부터 표준오차의 0.249배만큼 큰 값이다. t값 0.249에 해당하는 유의확률은 0.808로 방목 전과 방목 후의 불소농도가 2.18보다 더 큰 차이가 나타날 확률은 0.808로 유의수준 0.05에서 볼 때 표본에서 관찰된 차이는 귀무가설이 참일 때 관찰될 가능성이 충분히 있는 차이로 귀무가설을 기각할 정도로 큰 차이가 아니다. 따라서 방목 전과 후의 불소농도는 유의한 차이가 없다.

9.4.2 대응표본 자료를 독립표본으로 분석하면?

(1) 대응표본 자료를 독립표본 자료로 입력하기

대응표본 자료와 독립표본 자료를 입력하는 방법을 비교해 보기 위해 같은 파일에 입력해 보자.

교육 전후 성적.sav파일을 불러온다.

① **변수 보기** 화면의 **이름**에 '**그룹**'과 '**성적**'을 입력한다.
② **데이터 보기** 화면에서 **성적**이라는 변수에 교육 전 성적 자료를 입력하고 다음 행에 이어서 교육 후 성적 자료를 입력한다.
③ **그룹**에는 교육 전 성적이 입력된 행에는 1, 교육 후 성적이 입력된 행에는 2를 입력한다.
④ **변수 보기** 화면에서 **그룹**의 **값 레이블**에 1은 '**교육 안함**', 2는 '**교육함**'이라고 값 설명을 입력한다.

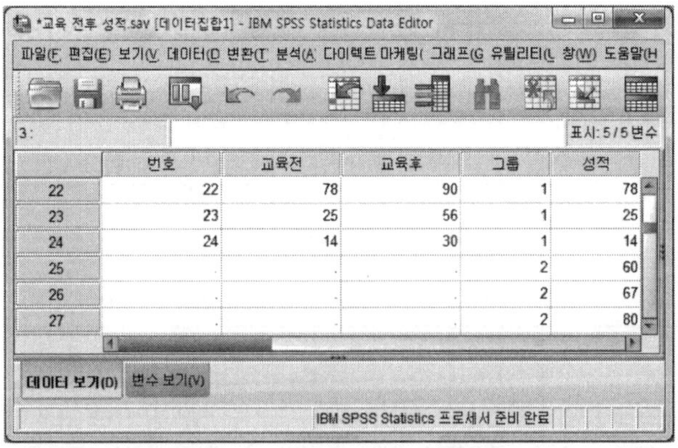

〈그림 9-21〉 그룹 간 성적 자료(교육전후 그룹비교.sav)

(2) 가설 세우기

교육 전 성적의 모평균이 μ_1, 교육 후 성적의 모평균이 μ_2라고 하면 귀무가설과 대립가설을 다음과 같이 세울 수 있다.

H_0 : 교육 전과 후 성적은 차이가 없다.$(\mu_1 - \mu_2 = 0)$

H_1 : 교육 전과 후 성적은 차이가 있다.$(\mu_1 - \mu_2 \neq 0)$

(3) 독립표본 t검정

① **분석–평균비교–독립표본 T검정**을 선택한다.

② **검정변수**에 **성적**, **집단변수**에 **그룹**을 보낸다.

③ **집단정의**를 클릭하고 **집단** 1에 2, **집단** 2에 1을 입력한다.

④ **계속**, **확인**을 클릭한다.

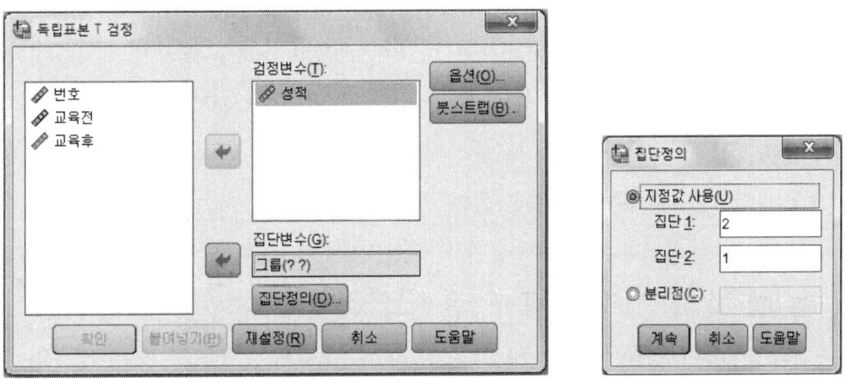

〈그림 9–22〉 독립표본 T검정

〈그림 9-23〉의 집단 통계량에는 교육한 그룹과 교육 안 한 그룹의 N(빈도)과 평균, 표준편차, 표준오차가 나오는데, 집단별 통계량은 대응표본 T검정의 결과와 차이가 없다.

집단통계량

그룹		N	평균	표준편차	평균의 표준오차
성적	교육 함	24	58.17	20.844	4.255
	교육 안함	24	48.96	22.829	4.660

〈그림 9–23〉 독립표본 T검정 – 집단통계량

〈그림 9-24〉의 독립표본검정에는 교육한 그룹과 교육 안 한 그룹의 성적 분산 동질성에 대한 Levene의 등분산 검정 결과와 두 그룹 평균 차이에 대한 t값, 자유도, 유의확률, 표준오차가 나온다.

독립표본 검정

		Levene의 등분산 검정		평균의 동일성에 대한 T 검정				
		F	유의확률	t	자유도	유의확률 (양측)	평균차이	차이의 표준오차
성적	등분산을 가정함	.504	.481	1.459	46	.151	9.208	6.310
	등분산을 가정하지 않음			1.459	45.625	.151	9.208	6.310

〈그림 9-24〉 독립표본 T검정 – 독립표본검정

Levene의 등분산 검정에서 유의확률이 0.481로 유의수준 0.05보다 커서 "두 집단의 분산은 같다"는 귀무가설을 채택한다. 따라서 평균의 동일성에 대한 t검정 결과에서 등분산이 가정됨의 결과를 읽으면 두 집단의 평균 차이의 표준오차는 6.310으로 t값 1.459(= 9.208/6.310), 유의확률 0.151이다. 평균 차이 9.208은 귀무가설의 두 집단 평균 차이 0으로부터 표준오차의 1.459배 떨어진 값으로 "두 그룹의 평균은 차이가 없다"는 귀무가설이 참일 때 표본으로부터 두 집단의 평균 차이가 9.208 이상 관찰될 가능성은 15.1%로 유의수준 0.05보다 커서 귀무가설을 기각할 만큼 큰 차이가 아니다. 따라서 교육한 그룹과 교육 안 한 그룹의 성적 평균은 통계적으로 유의한 차이가 없다.

교육 전 성적과 교육 후 성적을 독립표본으로 보고 분석한 것과 대응표본으로 보고 분석한 결과가 서로 다르다. 〈그림 9-24〉와 〈그림 9-25〉를 비교해 보면 교육 전과 후의 성적차이 평균은 9.208로 교육 전과 후 자료를 독립으로 보는 경우와 대응으로 볼 때의 결과가 같지만 성적 차이의 평균에 대한 표준오차가 독립표본으로 볼 때는 6.310이고 대응표본으로 볼 때는 1.860으로 차이가 난다. 평균 차이의 표준오차 값의 차이로 인해 표본으로부터 관찰된 차이 9.208을 바라보는 견해가 달라진다.

대응표본 검정

	대응차					t	자유도	유의확률 (양측)
				차이의 95% 신뢰구간				
	평균	표준편차	평균의 표준오차	하한	상한			
대응 1 교육 후 - 교육 전	9.208	9.113	1.860	5.360	13.056	4.950	23	.000

〈그림 9-25〉 대응표본 T검정 출력결과

두 변수 X와 Y의 합이나 차에 대한 평균은 $E(X\pm Y)=E(X)\pm E(Y)$, 분산은 $VAR(X\pm Y)=VAR(X)+VAR(Y)\pm 2COV(X,\ Y)$이다. X와 Y가 서로 독립인 경우와 연관성이 있는 경우의 두 변수의 합이나 차의 평균은 같지만 X와 Y가 서로 독립이면 X와 Y의 공분산인 $COV(X,\ Y)$가 0이 되어 독립인 경우와 연관성이 있는 경우의 두 변수의 합이나 차의 분산은 다른 값을 갖게 된다. 공분산은 13장을 참고하자.

〈그림 9-23〉에서 24명의 학생으로부터 구한 교육 전 성적의 표준편차가 20.844이고 교육 후 성적의 표준편차가 22.829로 교육 전과 후 성적을 독립으로 보면 등분산으로 분산은 477.8$(=(23\times 20.844^2+23\times 22.829^2)/(23+23))$이 되고 교육 전과 후 성적 차이의 평균에 대한 표준오차는 6.310$(=\sqrt{477.8}\ \sqrt{1/24+1/24})$이 된다.

두 값을 대응으로 보고 차이의 분산을 구하면 $2COV(X,\ Y)$만큼 차이가 작아지게 되는데 두 변수 사이의 양의 기울기의 관계가 있으면 공분산 값이 양수$(COV(X,\ Y)>0)$가 되어서 분산이 작아진다. 따라서 교육 전과 후 성적 차이의 평균에 대한 표준오차도 작아진다.

대응된 자료라도 두 값 사이의 관련성이 아주 작은 경우에는 공분산 값이 0에 가까운 값을 가져서 독립표본으로 보고 분석한 결과와 비슷하지만 두 변수 사이의 연관성이 클수록 독립으로 볼 때와 대응으로 볼 때 표준오차 값의 차이가 커져서 평균 차이에 대한 유의성 여부가 달라지기도 한다. 따라서 서로 연관성이 있는 두 자료를 독립된 자료로 보고 분석을 하는 일이 없도록 비교하려는 자료가 녹립인 두 집단으로부터 측정된 자료인지 동일한 케이스로부터 반복적으로 측정된 대응표본인지 정확하게 파악해서 입력 단계부터 분석 기법의 선택까지 올바른 분석이 되도록 해야 한다.

9.5 대응표본 검정 – 비모수적 방법

t분포는 자료가 정규분포를 따를 때 사용가능한 통계량으로 대응표본의 평균을 비교할 때 자료가 정규분포를 따르지 않으면서 조사된 자료의 케이스수도 적은 경우에는 비모수적 방법으로 분석해야 한다. 통계 교육을 받은 후에 학생들의 통계에 대한 지식 정도가 달라졌는지 비모수적 방법으로 분석해 보자.

「D=교육 후 성적−교육 전 성적」이라고 정의하면 귀무가설과 대립가설을 다음과 같이 세울 수 있다.

H_0 : 교육 전과 후 성적은 차이가 없다.

H_1 : 교육 전과 후 성적은 차이가 있다.

교육 전후 성적.sav 파일을 불러온다.

① **분석−비모수 검정−레거시 대화 상자−2 대응표본**을 선택한다.

② **검정 쌍**의 **변수1**에 **교육후**, **변수2**에 **교육전**을 보낸다.

③ **검정 유형**에 Wilcoxon이 기본으로 선택되어 있다. **검정유형**에서 **부호**를 추가로 선택하고 **확인**을 클릭한다.

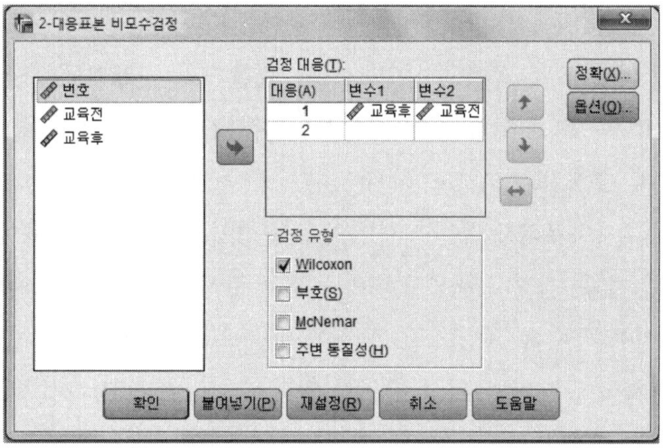

〈그림 9-26〉 비모수 검정 − 대응 2표본

〈그림 9-27〉의 Wilcoxon 부호순위 검정 결과에서 교육 전에 비해 교육 후에 성적이 감소한 학생은 3명으로 3명의 성적 변화의 순위합은 15로 평균 순위가 5.00이고, 교육 전에 비해 교육 후에 성적이 증가한 학생은 21명으로 21명의 성적 변화의 순위합은 285.00으로 평균 순위가 13.57이다. 동률은 0으로 교육전과 후의 성적이 변화가 없는 학생은 한 명도 없어 전체 24명 중 21명이 교육에 의해 성적이 증가했다.

교육 후에 성적이 증가한 경우와 감소한 경우의 평균 순위 차이는 유의확률이 0.000으로 교육 전과 교육 후 성적은 차이가 없다는 귀무가설을 기각할 만큼 충분히 큰 차이를 보여 교육에 의한 성적은 통계적으로 유의하게 변화되었다. 부호검정

Wilcoxon 부호순위 검정

순위

		N	평균순위	순위합
교육후 - 교육전	음의 순위	3[a]	5.00	15.00
	양의 순위	21[b]	13.57	285.00
	동률	0[c]		
	합계	24		

a. 교육후 < 교육전

b. 교육후 > 교육전

c. 교육후 = 교육전

검정 통계량[b]

	교육후 - 교육전
Z	-3.860[a]
근사 유의확률(양측)	.000

a. 음의 순위를 기준으로.

b. Wilcoxon 부호순위 검정

〈그림 9-27〉 Wilcoxon 부호순위 검정

부호검정

빈도 분석

		N
교육후 - 교육전	음수차[a]	3
	양수차[b]	21
	동률[c]	0
	합계	24

a. 교육후 < 교육전

b. 교육후 > 교육전

c. 교육후 = 교육전

검정 통계량[b]

	교육후 - 교육전
정확한 유의확률(양측)	.000[a]

a. 이항분포를 사용함.

b. 부호검정

〈그림 9-28〉 부호검정

결과도 유의확률이 0.000으로 교육 전과 후의 성적 변화는 유의하다고 결론 내릴 수 있다.

〈그림 9-27〉의 Wilcoxon 부호순위 검정의 통계량들을 구해보자.

먼저 교육 전후 차이(교육후 − 교육전)를 계산하고 차이의 절댓값을 오름차순으로 순위를 매기면 〈표 9-12〉와 같다. 순위가 동률인 경우는 평균 순위를 매긴다.

교육 후에 비해 교육 전 성적이 높은 경우가 3이고 이 케이스들의 순위가 2, 5, 8로 순위 합은 15, 평균 순위는 5(=15/3)이다. 교육 전에 비해서 교육 후 성석이 높은 경우는 21이고 케이스들의 순위 합은 285, 평균 순위는 13.57(=285/21)이다.

자료의 수가 n이고 차이가 음수인 경우와 양수인 경우의 순위합 중 작은 값이 T일 때 순위 합에 대한 Z값과 유의확률은 다음과 같다.

$$
\begin{aligned}
Z &= \frac{T-n(n+1)/4}{\sqrt{n(n+1)(2n+1)/24}} \\
&= \frac{15-24\times 25/4}{\sqrt{24\times 25\times 49/24}} = -3.86
\end{aligned}
$$

$$p = 2\times P(Z < -3.86) = 0.000 \quad (\text{엑셀함수 } 2\times NORMSDIST(-3.86))$$

〈표 9-13〉 교육 전과 후 성적 차이

번호	교육 전	교육 후	차이 (교육 후-교육 전)	순위
2	68	67	−1	2
8	47	48	1	2
15	24	25	1	2
16	25	23	−2	5
7	56	58	2	5
12	80	82	2	5
9	48	45	−3	8
5	85	88	3	8
19	75	78	3	8
20	65	69	4	10
3	75	80	5	11
1	52	60	8	12
14	15	25	10	13
21	45	56	11	14
10	56	68	12	16
11	75	87	12	16
22	78	90	12	16
18	54	67	13	18
4	21	35	14	19
24	14	30	16	20
6	35	54	19	21.5
13	21	40	19	21.5
17	36	65	29	23
23	25	56	31	24

TIP

Wilcoxon 부호순위 검정은 두 변수 값의 차이의 절댓값에 순위를 매긴 다음 차이의 부호가 양인 경우와 음인 경우의 케이스 수와 평균 순위를 이용해서 두 변수의 차이를 검정하는 방법이고, 부호검정은 단순히 두 변수의 차이의 부호가 양인 경우와 음인 경우의 케이스 수를 이용해서 검정하는 방법으로 부호검정이 Wilcoxon 부호순위 검정에 비해 검정력이 떨어진다.

비모수 검정 방법은 검정하는 변수가 정규분포를 따르는 등 특정 분포를 따른다는 가정을 필요로 하지 않지만 Wilcoxon 부호순위 검정은 분포의 대칭성은 만족되어야 한다. 대칭성도 만족되지 않는 경우에는 부호검정으로 분석해야 한다.

9.6 K표본 검정 – 모수적 방법

그룹이 3개 이상인 경우의 평균 비교를 다루어 보자.

예를 들어 A_1, A_2, A_3 세 그룹의 평균이 같은지 검정해 보자. 먼저 A_1, A_2, A_3 세 그룹의 모평균을 각각 μ_{A_1}, μ_{A_2}, μ_{A_3}라고 하고 귀무가설과 대립가설을 세우면 다음과 같다.

H_0 : $\mu_{A_1} = \mu_{A_2} = \mu_{A_3}$

H_1 : not H_0(A_1, A_2, A_3의 평균이 모두 같지는 않다.)

가설을 세울 때 주의할 점은 “모든 그룹의 평균이 같다”는 귀무가설에 대응되는 대립가설이 “모든 그룹의 평균이 다르다”가 아닌 “모든 그룹의 평균이 전부 같지는 않다”라는 것이다.

세 그룹의 평균을 비교할 때 9.2절의 독립 표본 t검정을 이용해서 두 그룹씩 3번 비교하는 방법을 생각할 수 있는데 이렇게 두 그룹씩 나누어서 비교하는 방법은 두 가지 문제가 있다. 첫째는 비교 그룹의 수가 늘어나면 비교해야 하는 두 그룹씩의 검정 수가 많아진다는 것이고, 둘째는 1종 오류를 범할 확률이 커진다는 것이다.

TIP

두 그룹씩 3번 비교를 할 때 1종 오류를 범할 최대 확률을 구해보자.

세 그룹 비교를 두 그룹씩 나누어서 3번 비교할 때 1종 오류를 범할 최대 확률

= P(세 그룹의 평균이 모두 같은데 어느 두 그룹이 다르다고 하는 사건)

= 1 – P(세 그룹이 모두 같은데 두 그룹씩 비교에서 모두 같다고 하는 사건)

= 1 – P(두 그룹이 같을 때 두 집단을 같다고 하는 사건)^3

= $1 - 0.95^3$

= $0.143 > 0.05$

두 그룹의 평균을 비교할 때 1종 오류를 범할 최대 확률을 0.05(5%)까지 허용하면 전체 3번의 비교에서 1종 오류를 범할 최대 확률은 0.143(14.3%)으로 0.05보다 커진다. 비교하려는 그룹의 수가 많아질수록 1종 오류를 범할 최대 확률은 더욱 커지게 된다.

〈표 9-14〉의 자료1과 자료2를 이용해서 세 개 이상 그룹의 평균이 차이가 있는지 검정하는 방법에 대해 알아보자.

〈표 9-14〉 세 그룹 자료

	자료1				자료2			
	A_1	A_2	A_3	전체	A_1	A_2	A_3	전체
	35	50	43		35	35	47	
	33	49	42		23	36	36	
	36	50	47		46	40	51	
	37	53	43		47	66	37	
	34	53	45		24	78	49	
평균	35.0	51.0	44.0	43.3	35.0	51.0	44.0	43.3
표준편차	1.58	1.87	2.00	6.99	11.51	19.72	7.00	14.46

〈표 9-14〉의 자료에서 A_1, A_2, A_3 세 그룹의 평균은 각각 35.0, 51.0, 44.0으로 자료1과 자료2가 동일하지만 각 그룹의 표준편차는 자료2가 자료1에 비해 크다.

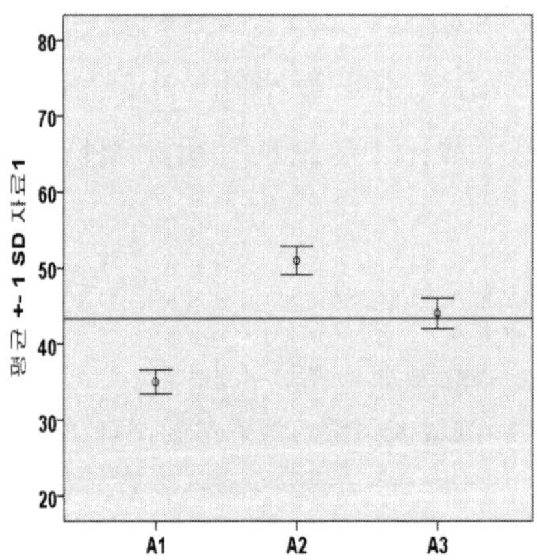

〈그림 9-29〉 자료1의 평균과 표준편차

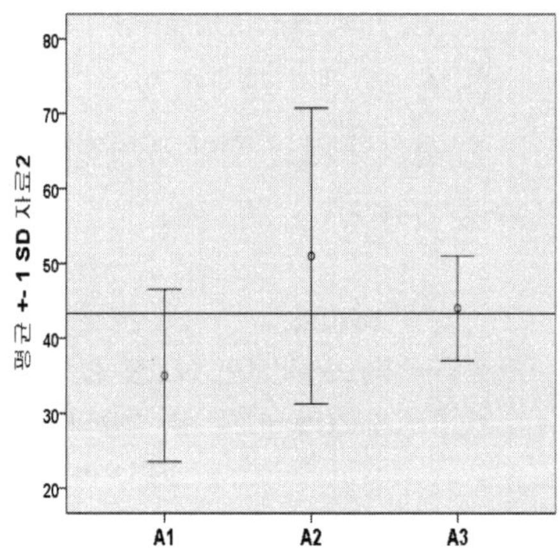

〈그림 9-30〉 자료2의 평균과 표준편차

〈그림 9-29〉와 〈그림 9-30〉을 비교해 보면 A_1, A_2, A_3 세 그룹의 평균은 자료1과 자료2에서 모두 전체 평균 43.3으로부터 각각 −8.3, 7.7, 0.7만큼 차이가 나서 그룹에 따른 평균 차이는 자료1과 자료2가 동일하다. 그러나 자료1은 각 그룹 내 자료들의 산포의 정도가 작은 반면 자료2는 각 그룹 내 자료들의 산포의 정도가 자료1에 비해 매우 커서 자료1은 세 그룹의 차이가 커 보이지만 자료2는 상대적으로 그룹 간 차이가 적어 보인다. 그리고 세 개의 그룹을 구분하지 않고 15개의 자료를 하나의 그룹으로 보면 자료1은 전체 15개 자료의 표준편차가 6.99로 개별

그룹의 표준편차보다 커져서 하나의 그룹으로 보는 것보다 세 개의 그룹으로 나누어서 보는 것이 자료의 동질성이 크다. 반면에 자료2는 전체 15개 자료의 표준편차가 14.46으로 A와 B그룹의 표준편차보다는 전체 자료의 표준편차가 크지만 C 집단의 표준편차보다는 전체 자료의 표준편차가 적어서 세 그룹의 자료를 하나의 그룹으로 봐도 자료의 동질성에서 별 차이가 없어 보인다.

평균을 비교하려는 그룹이 2개일 때는 두 그룹의 평균 차이를 표준화한 t를 이용해서 유의성 여부를 검정했다면, 비교하려는 그룹이 세 개 이상인 경우에는 각 그룹의 평균이 전체 평균에서 차이가 나는 정도가 동일 집단에 속하는 자료들의 차이에 비해 얼마나 큰지를 통해 그룹 간 차이의 유의성 여부를 검정한다.

이제 자료1의 그룹들 간의 차이와 동일 집단 내에서 자료들의 차이를 측정해 보자.

〈표 9-15〉 자료1

	자료1			
	A_1	A_2	A_3	전체
	35	50	43	
	33	49	42	
	36	50	47	
	37	53	43	
	34	53	45	
평균	35.0	51.0	44.0	43.33
표준편차	1.58	1.87	2.00	6.99

15개의 자료를 그룹을 나누지 않고 하나의 그룹으로 볼 때 각 개체는 어느 정도의 다양성을 보이는지 계산해 보자. 각 개체의 다양성을 재는 척도로 6.1절에서 분산을 소개했다. 전체 자료의 분산을 구하기 위해 그룹 구분 없이 15개 자료의 편차 제곱의 합(전체변동, Total Sum of Squares, SST)을 구해보면

$$\begin{aligned} SST &= (35-43.33)^2 + (33-43.33)^2 + \cdots + (45-43.33)^2 \\ &= 683.3 \end{aligned}$$

이다. 통계량의 자유도는 통계량 값을 구하는 데 이용한 자료의 수에서 표본으로부터 추정한 모수의 개수를 뺀 값으로 전체 변동을 구하는 데 이용된 자료의 수는 15이고 전체변동을 구할 때 자료로부터 추정한 값은 전체 평균 하나로 자유도

는 14(=15−1)가 된다. 전체변동과 자유도를 이용해서 전체자료의 분산을 구하면 다음과 같다.

$$\text{전체분산} = \frac{683.3}{14} = 48.81$$

동일 그룹 내 개체들의 다양성의 정도를 계산해 보자. 그룹을 나누지 않고 구한 전체변동과 달리 동일 그룹 내에서 자료들이 얼마나 다양성을 갖는지를 생각하는 것이므로 각 그룹별로 각 개체와 그 그룹의 평균과의 차이를 제곱한 값을 모든 그룹에 대해 더하면 된다. 이렇게 구한 값을 집단 내 변동(Error Sum of Squares, SSE 또는 Within Group Sum of Squares, SSW)이라고 부른다. 그런데 각 그룹의 표준편차의 제곱인 분산이 각 그룹 내에서 개체들의 편차(관찰값−집단 평균)를 제곱해서 합한 값을 「개체 수 − 1」로 나눈 값이므로 개별 그룹의 표준편차가 주어져 있으면 각 그룹의 표준편차를 제곱한 값에 「그룹 내 케이스 수 − 1」씩 곱한 값을 더해서 구할 수 있다.

$$\begin{aligned} SSE &= (35-35.0)^2 + \cdots + (34-35.0)^2 \\ &\quad + (50-51.0)^2 + \cdots + (53-51.0)^2 \\ &\quad + (43-44.0)^2 + \cdots + (45-44.0)^2 \\ &= (5-1)\times 1.58^2 + (5-1)\times 1.87^2 + (5-1)\times 2.00^2 \\ &= 40.0 \end{aligned}$$

집단 내 변동에 대한 자유도를 구해보면 집단 내 변동을 구할 때 이용된 자료의 수는 15이고 자료로부터 추정한 값은 각 그룹의 평균으로 자유도는 12(=15−3)가 된다. 집단 내 변동과 자유도를 이용하여 집단 내 분산(Error Mean Squares, MSE 또는 Within Group Mean Squares, MSW)을 구하면

$$MSE = \frac{40.0}{12} = 3.33$$

으로 A_1, A_2, A_3 세 개 그룹의 분산과 비슷한 값을 갖는다.

그런데 자료 2처럼 A_1, A_2, A_3 개별 그룹의 분산이 그룹마다 차이가 크게 나는 경우에 집단 내 분산을 구해보면 $4\times(11.51^2 + 19.72^2 + 7.00^2)/12 = 190.12$가 되어 집단 내 분산의 추정치가 각 집단별로 구한 분산 추정치와 차이가 크다. 따라서 각 집단의 분산은 등분산 가정을 만족해야 한다.

마지막으로 그룹으로 인한 차이가 얼마인지 계산해 보자. 그룹에 의한 차이는 각 그룹의 평균이 전체 평균과 얼마나 차이가 나는지를 구하는 것으로 개별 그룹의 평균과 전체 평균과의 차이의 제곱합을 구하면 된다. 이때 동일 집단의 개체들은 모두 그 그룹의 평균값으로 보고 계산한다. 이렇게 구한 값을 집단 간 변동(Between Groups Sum of Squares, SSB)이라고 부른다.

$$\begin{aligned} SSB &= 5\times(35.0-43.3)^2+5\times(51.0-43.3)^2+5\times(44.0-43.3)^2 \\ &= 643.3 \end{aligned}$$

집단 간 변동에 대한 자유도를 구해보면 집단 간 변동을 구할 때 이용된 자료의 수는 각 그룹의 평균으로 3이고 자료로부터 추정한 값은 전체 평균 하나로 자유도는 2(=3−1)가 된다. 집단 간 변동과 자유도를 이용하여 집단 간 분산(Between Groups Mean Squares, MSB)을 구하면 다음과 같다.

$$MSB = \frac{643.3}{2} = 321.65$$

위 결과를 정리하면 〈표 9-16〉과 같다.

〈표 9-16〉 자료1의 집단 간, 집단 내 변동과 분산

요인	제곱합(SS)	자유도(df)	평균제곱(MS)
집단 간	643.3	2	321.65
집단 내	40.0	12	3.33
전체	683.3	14	

전체 자료의 분산을 집단 간 분산(MSB)과 동일 집단 내 분산(MSE)으로 분리하였다. 만일 그룹에 따라 평균이 차이가 난다면 집단 간 분산이 동일 집단 내 분산보다 클 것이므로 집단 간 분산과 동일 집단 내 분산비로 세 그룹의 평균이 차이가 있는지 비교한다. 자료로부터 집단 간 분산과 집단 내 분산비 F를 구하면 다음과 같다.

$$F = \frac{321.65}{3.33} = 96.59$$

자료로부터 구한 분산비 96.59를 보고 어떤 결론을 내려야 할지 생각해 보자.

비교하려는 집단을 A_1, A_2, ⋯, A_k, y_{ij}를 A_i그룹에 속한 j번째 관찰치라고 하고 각각의 그룹은 평균을 중심으로 정규분포를 따르고 각 그룹의 분산은 모든 그룹에서 동일하다고 가정해 보자. 그러면 A_i그룹에 속한 j번째 관찰치 y_{ij}는 다음과 같이 표현할 수 있다.

$$y_{ij} = \mu + \alpha_i + e_{ij} \ , \ i=1, 2, \cdots, k \quad j=1, 2, \cdots, n_i$$

$e_{ij} \sim N(0, \sigma^2)$

μ : 전체 평균

α_i : A_i그룹의 평균과 전체 평균과의 차이

e_{ij} : A_i그룹의 j번째 관찰치의 오차

n_i : A_i 그룹의 관찰치 수

전체 평균을 $\overline{y}$, A_i그룹의 평균을 $\overline{y_i}$라고 하면 각 자료의 편차를 다음과 같이 분리할 수 있다.

$$y_{ij} - \overline{y} = (y_{ij} - \overline{y_i}) + (\overline{y_i} - \overline{y}) \quad \cdots\cdots (6)$$

식 (1)로부터 모든 자료의 편차 제곱의 합을 다음과 같이 분리할 수 있다.

$$\sum_{i=1}^{k}\sum_{j=1}^{n_i}(y_{ij} - \overline{y})^2 = \sum_{i=1}^{k}\sum_{j=1}^{n_i}(y_{ij} - \overline{y_i})^2 + \sum_{i=1}^{k}\sum_{j=1}^{n_i}(\overline{y_i} - \overline{y})^2 \quad \cdots\cdots (7)$$

$$SST \quad = \quad SSE \quad + \quad SSB$$

자료1의 예에서 우리는 개별 자료와 전체 평균과의 차이의 제곱합을 SST(전체 제곱합, 전체 변동), 개별 자료와 그 자료가 속한 그룹 평균과의 차이의 제곱합을 SSE(동일 집단 내 제곱합, 집단 내 변동), 각 그룹의 평균과 전체 평균과의 차이의 제곱합을 SSB(집단 간 제곱합, 집단 간 변동)로 표현했었다.

〈표 9-17〉 분산분석표

제곱합(SS)	자유도	평균제곱(MS)	F
SSB	$k-1$	MSB	MSB/MSE
SSE	$n-k$	MSE	
SST	$n-1$		

〈표 9-17〉에서 그룹 차이로 인해 생긴 제곱합의 평균(집단 간 분산, *MSB*)이 동일 집단 내 제곱합의 평균(집단 내 분산, *MSE*)에 비해 충분히 크면 그룹 간 평균이 차이가 있다고 결론 내릴 수 있다.

세 그룹의 평균을 비교하기 위해서 세운 가설을 집단 간 분산과 집단 내(오차) 분산을 이용해서 다음과 같이 표현할 수 있다.

$$H_0:\ \sigma^2_{집단} = \sigma^2_{오차}\,(\sigma^2_{집단}/\sigma^2_{오차} = 1)$$

$$H_1:\ \sigma^2_{집단} > \sigma^2_{오차}\,(\sigma^2_{집단}/\sigma^2_{오차} > 1)$$

여러 그룹의 평균이 차이가 있는지를 집단 간 분산과 집단 내 분산을 이용하여 분석하는 방법이 분산분석(ANOVA, Analysis Of Variance)이다. 그런데 "모든 그룹의 분산이 동일하다"는 가정이 만족되지 않으면 분석하려는 변수를 Log변환을 해서 분산을 같게 만든 다음에 분산분석을 하거나, Brown Forsythe나 비모수적 방법인 Kruskal Wallis를 이용해서 그룹 간 비교를 하면 된다.

TIP

분산분석으로 집단 간 차이를 비교할 때 전제되는 가정

① 모든 그룹의 자료는 정규분포를 따른다.

② 모든 그룹의 분산은 동일하다.

TIP

등분산 검정

① **Bartlett 방법** : Bartlett 방법은 산술평균과 기하평균의 관계를 이용하여 등분산성을 검정하는 것으로 모든 그룹의 분산이 같을수록 산술평균과 기하평균이 같은 값을 갖게 되는 것을 이용한 방법이다. 하지만 이 방법은 모든 그룹이 정규성을 따르면 등분산이 아닌 경우를 찾아내는 검정력이 아주 좋지만 정규성을 따르지 않는 경우에는 검정력이 좋지 않다는 단점이 있다.

② **Levene 방법** : Levene 방법은 정규성에 민감하지 않은 방법으로 각 자료에서 자신이 속한 그룹의 평균이나 중위수를 뺀 값을 가지고 집단 간 비교를 하는 방법으로 $|y_{ij}-\overline{y_i}|$를 종속변수로 하고 그룹을 요인으로 하여 분산분석을 실시하는 검정이다.

귀무가설이 기각되고 모든 그룹의 평균이 동일하지는 않다는 결론이 나면 다중비교(Multiple Comparison) 기법인 Tukey, Scheffe, Duncan, Dunnett 등을 이용해서 어떤 두 그룹의 평균이 유의한 차이가 있는지를 검정한다. Tukey, Scheffe, Duncan은 모든 가능한 쌍을 비교하는 반면 Dunnett은 기준이 되는 하나의 그룹(첫 번째 또는 마지막 집단, 대조군)과 나머지 그룹(실험군)을 비교하는 방법이다. 연구의 목적이 모든 그룹 간 비교가 아니고 대조군과 나머지 실험군들 사이의 비교가 목적인 경우에는 대조군을 제어범주로 해서 Dunnett을 이용하면 된다. 오차 분산 동질성이 만족되지 않는 경우에는 사후분석도 Tamhane 등의 다중비교 방법을 이용해야 한다.

자유도(df)에 따른 상위 5%에 해당하는 F값은 다음과 같다.

〈표 9-18〉 상위 5%에 해당하는 F통계량 값

집단 수 (k)	전체 자료 수 (n)	분자 자유도 (k−1)	분모 자유도 (n−k)	상위 5%에 해당하는 F값
3	9	2	6	5.14
3	15	2	12	3.89
4	15	3	11	3.59
5	15	4	10	3.48
5	60	4	55	2.54

자료1의 그룹수가 3이고 전체자료의 수는 15로 〈표 9-18〉에서 분자 자유도 2(=3−1)와 분모 자유도 12(=15−3)의 상위 5%에 해당하는 F값은 3.89이다. 따라서 표본으로 구한 집단 간 분산이 집단 내 분산의 3.89배 이상이 되면 집단 간 차이를 유의한 것으로 볼 수 있다. 우리가 자료1에서 구한 분산비 F는 96.59로 상위 5%에 해당하는 F값 3.89보다 큰 값으로 세 그룹의 평균이 같다는 귀무가설이 참이라면 표본에서 관찰된 분산비는 관찰될 가능성이 매우 희박한 큰 값으로 귀무가설을 기각하고 대립가설을 채택하여 세 그룹의 평균은 유의한 차이가 있다.

〈표 9-19〉의 자료1과 자료2를 SPSS 데이터 편집기에 입력하고 분석해 보자. 자료의 기본 단위로부터 알아야 하는 정보는 자료가 속한 그룹(A_1, A_2, A_3)과 자료1의 값, 자료2의 값으로 모두 3개의 변수가 필요하다. 변수이름은 그룹, 자료1, 자료2로 하자.

〈표 9-19〉 세 집단 자료

자료1			자료2		
A_1	A_2	A_3	A_1	A_2	A_3
35	50	43	35	35	47
33	49	42	23	36	36
36	50	47	46	40	51
37	53	43	47	66	37
34	53	45	24	78	49

① SPSS 데이터 편집기의 **변수 보기** 화면에서 **이름**에 '**그룹**', '**자료1**', '**자료2**'를 입력한다.

② **그룹**은 명목 변수로 **값**에서 값 설명을 해 준다.

③ **데이터 보기** 화면에서 〈표 9-19〉의 자료를 입력한다.

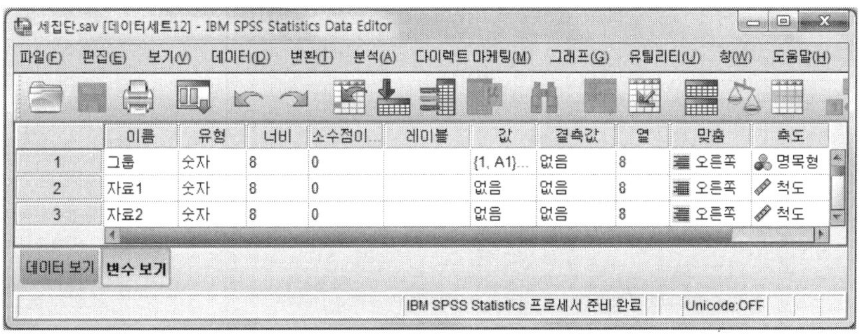

〈그림 9-31〉 변수 보기 화면

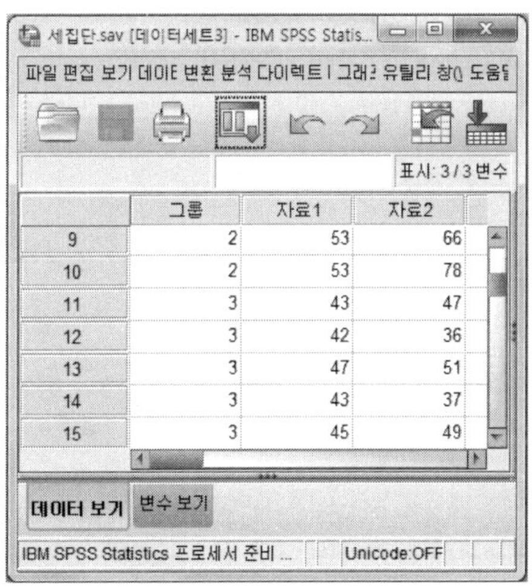

〈그림 9-32〉 데이터 보기 화면

④ **분석-평균비교-일원배치 분산분석**을 선택하고 **종속변수**에 **자료**1과 **자료**2, **요인**에 **그룹**을 보낸다.

⑤ **옵션**을 클릭, **기술통계**와 **분산 동질성 검정**, Brown Forsythe를 선택하고 **계속**을 클릭한다.

⑥ **사후분석**을 클릭하고 Tukey와 Duncan, Dunnett, Tamhane을 선택해 보자. 다른 사후분석이 범주의 모든 조합에 대한 비교 결과를 주는 반면 Dunnett은 기준이 되는 범주와 나머지 범주와의 조합에 대한 비교만 해서 제어범주에 기준으로 삼으려는 범주를 지정해 주면 되는데 **마지막**이 기본으로 설정되어 있다.

⑦ **계속**, **확인**을 클릭한다.

〈그림 9-33〉 일원배치 분산분석 - 옵션

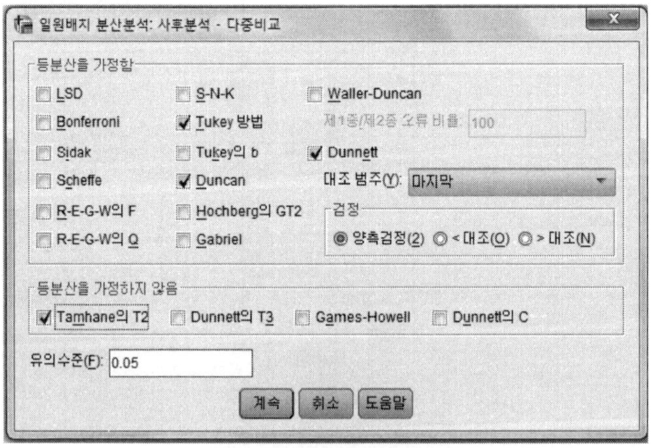

〈그림 9-34〉 일원배치 분산분석 – 다중비교

〈그림 9-35〉의 기술통계에는 자료1과 자료2 변수의 기술통계량 값들이 나온다.

기술통계

		N	평균	표준편차	표준오차	평균에 대한 95% 신뢰구간		최소값	최대값
						하한값	상한값		
자료1	A1	5	35.00	1.581	.707	33.04	36.96	33	37
	A2	5	51.00	1.871	.837	48.68	53.32	49	53
	A3	5	44.00	2.000	.894	41.52	46.48	42	47
	합계	15	43.33	6.986	1.804	39.46	47.20	33	53
자료2	A1	5	35.00	11.511	5.148	20.71	49.29	23	47
	A2	5	51.00	19.723	8.820	26.51	75.49	35	78
	A3	5	44.00	7.000	3.130	35.31	52.69	36	51
	합계	15	43.33	14.455	3.732	35.33	51.34	23	78

〈그림 9-35〉 기술통계

〈그림 9-36〉의 분산 동질성 검정의 귀무가설은 "집단 A_1, A_2, A_3의 분산은 동일하다"는 것이다. 자료1의 유의확률은 0.651로 유의수준 0.05보다 커서 표본에서 관찰된 세 그룹의 분산 차이는 귀무가설을 기각할 만큼 큰 차이는 아니어서 오차분산 동질성 가정은 만족된다. 그러나 자료2는 유의확률이 0.010으로 유의수준 0.05보다 작아서 표본에서 관찰된 세 그룹의 분산 차이는 귀무가설을 기각할 만큼 큰 차이로 오차분산 동질성 가정이 만족되지 않는다. 따라서 자료1은 분산분석의 결과와 다중비교에서 Tukey나 Duncan, Dunnnet의 결과를 읽고, 자료2는 평균의 동질성 검정의 Brown-Forsythe와 다중비교에서 Tamhane의 결과를 읽으면 된다.

분산의 동질성 검정

	Levene 통계량	df1	df2	유의확률
자료1	.444	2	12	.651
자료2	6.900	2	12	.010

〈그림 9-36〉 분산 동질성 검정

〈그림 9-37〉에서 자료1의 분산분석 결과를 보면 F값이 96.5이고 유의확률이 0.000이다. 유의확률은 귀무가설이 참일 때 집단 간 분산이 집단 내 분산의 96.5배보다 큰 값이 나올 가능성으로 0.0%이다. 즉 "세 그룹의 평균이 같다"는 귀무가설이 참이라면 A_1, A_2, A_3의 평균이 자료1과 같은 차이를 보일 가능성은 0.0%로 매우 희박해서 귀무가설을 기각할 만큼 큰 차이다. 따라서 "세 그룹의 평균이 같다"는 귀무가설을 기각하고 "A_1, A_2, A_3에서의 평균이 모두 같지는 않다"는

대립가설을 채택한다.

분산분석

		제곱합	df	평균 제곱	F	유의확률
자료1	집단-간	643.333	2	321.667	96.500	.000
	집단-내	40.000	12	3.333		
	합계	683.333	14			
자료2	집단-간	643.333	2	321.667	1.691	.225
	집단-내	2282.000	12	190.167		
	합계	2925.333	14			

〈그림 9-37〉 분산분석표

분산 동질성 가정이 만족되지 않는 자료2는 〈그림 9-38〉의 평균의 동질성 검정의 Brown-Forsythe의 통계량과 Sig.(유의확률)로 그룹 간 차이를 검정한다. 자료2의 통계량 값이 1.691이고 Sig.(유의확률)이 0.247로 "세 그룹의 평균이 같다"는 귀무가설이 참일 때 A_1, A_2, A_3 세 집단 간 분산이 동일 집단 내 분산의 1.691배보다 큰 값이 나올 가능성이 24.7%이다. 따라서 세 그룹의 평균 차이가 유의수준 0.05에서 볼 때 귀무가설을 기각할 만큼 큰 차이는 아니어서 "세 그룹의 평균이 같다"는 귀무가설을 기각할 수 없다.

평균의 동질성 검정

		통계량[a]	df1	df2	Sig.
자료1	Brown-Forsythe	96.500	2	11.594	.000
자료2	Brown-Forsythe	1.691	2	7.601	.247

a. 자동으로 F 분배합니다.

〈그림 9-38〉 Brown-Forsythe 통계량

〈그림 9-39〉의 그룹 간 차이가 유의한 것으로 나타난 자료1의 다중비교 결과를 보면 Tukey의 결과는 A_1과 A_2, A_1과 A_3, A_2와 A_3의 두 집단 비교에서 유의확률이 모두 0.000으로 세 집단의 모든 조합이 유의한 차이가 있다. Dunnet의 경우는 마지막을 기준으로 삼았기 때문에 모든 쌍을 비교하는 대신 A_1과 A_3, A_2와 A_3를 비교하는데 이 비교에서도 모든 비교 조합의 유의확률이 0.000으로 A_3는 A_1, A_2와 유의한 차이가 있다.

다중비교

종속변수: 자료1

	(I) 그룹	(J) 그룹	평균차이(I-J)	표준오차	유의확률	95% 신뢰구간	
						하한	상한
Tukey HSD	A1	A2	-16.000*	1.155	.000	-19.08	-12.92
		A3	-9.000*	1.155	.000	-12.08	-5.92
	A2	A1	16.000*	1.155	.000	12.92	19.08
		A3	7.000*	1.155	.000	3.92	10.08
	A3	A1	9.000*	1.155	.000	5.92	12.08
		A2	-7.000*	1.155	.000	-10.08	-3.92
Dunnett t (양측)[b]	A1	A3	-9.000*	1.155	.000	-11.89	-6.11
	A2	A3	7.000*	1.155	.000	4.11	9.89

*. 평균차이는 0.05 수준에서 유의합니다.

b. Dunnett t-검정은 한 집단을 대조군으로 간주하고 다른 모든 집단을 이 집단과 비교합니다.

〈그림 9-39〉 다중비교 – Tukey, Dunnett

동일 집단군

자료1

Duncan[a]

그룹	N	유의수준 = 0.05에 대한 부집단		
		1	2	3
A1	5	35.00		
A3	5		44.00	
A2	5			51.00
유의확률		1.000	1.000	1.000

동일 집단군에 있는 집단에 대한 평균이 표시됩니다.

a. 조화평균 표본 크기 5.000을(를) 사용합니다.

〈그림 9-40〉 다중비교 – Duncan

〈그림 9-40〉의 자료1의 Duncan은 평균이 작은 집단부터 큰 집단순으로 정렬해서 유의한 차이가 없는 그룹을 하나의 부집단으로 정리해 준다. 부집단이 1, 2, 3으로 나뉘어져 있고, 각 부집단에 평균이 하나씩만 기록이 되어 있는 것은 세 집단이 모두 다른 부집단으로 나뉘어져 모든 쌍의 집단 평균이 통계적으로 유의한 차이가 있다.

자료2의 경우 Brown-Forsythe 결과에서 유의한 차이가 없어서 두 그룹 간 다중비교는 의미가 없다. 〈그림 9-41〉의 오차 분산 동질성 가정이 만족되지 않았을 때의 다중검정인 Tamhane의 결과를 검토해 보면 모든 비교 조합의 유의확률이 유의수준 0.05보다 커서 유의한 차이가 있는 그룹이 없다.

다중 비교

자료2
Tamhane

(I) 그룹	(J) 그룹	평균차(I-J)	표준오차	유의확률	95% 신뢰구간 하한값	95% 신뢰구간 상한값
A1	A2	-9.000	6.025	.451	-28.11	10.11
	A3	-16.000	10.213	.418	-48.64	16.64
A2	A1	9.000	6.025	.451	-10.11	28.11
	A3	-7.000	9.359	.866	-39.95	25.95
A3	A1	16.000	10.213	.418	-16.64	48.64
	A2	7.000	9.359	.866	-25.95	39.95

〈그림 9-41〉 다중비교 – Tamhane

분석결과를 보고서로 정리해 보자. 사후분석 결과는 〈표 9-20〉과 같이 사후분석 결과를 따로 정리하거나, 〈표 9-21〉과 같이 평균과 표준편차 옆에 유의한 차이가 없는 그룹에 같은 문자를 사용해서 표시할 수도 있다.

〈표 9-20〉 A_1, A_2, A_3 세 집단의 자료1과 자료2의 비교(다중 비교 결과 따로 표시)

변수	A_1 M ± SD	A_2 M ± SD	A_3 M ± SD	F	p	Tukey
자료1	35.0 ± 1.58	51.0 ± 1.87	44.0 ± 2.00	96.500	.000***	$A_1 < A_3 < A_2$
자료2	35.0 ± 11.51	51.0 ± 19.72	44.0 ± 7.00	1.691	.247	

*** p<.001

〈표 9-21〉 A_1, A_2, A_3 세 집단의 자료1과 자료2의 비교(다중 비교 결과 평균에 표시)

변수	A_1 M ± SD	A_2 M ± SD	A_3 M ± SD	F	p
자료1	35.0 ± 1.58[a]	51.0 ± 1.87[c]	44.0 ± 2.00[b]	96.500	.000***
자료2	35.0 ± 11.51	51.0 ± 19.72	44.0 ± 7.00	1.691	.247

*** p<.001

〈표 9-20〉, 〈표 9-21〉의 보고서에 나타난 결과를 해석해 보면 자료1(p=.000)은 세 집단의 평균이 유의한 차이를 보였으나 자료2(p=.247)는 세 집단의 평균이 유의한 차이가 없다. 자료1의 경우 A_1집단에서 평균이 가장 낮고, 그 다음으로 A_3에서 낮고, A_2집단에서 가장 높은 값을 갖는다.

예제 9-2 학생의 일반적 특성과 TOEIC 성적을 조사한 자료(해외연수.sav)를 이용해서 수입에 따라 영어성적에 차이가 있는지 검정하라. □

해외연수.sav 파일을 불러온다.

① **분석-평균비교-일원배치 분산분석**을 선택한다.

② **종속변수**에 TOEIC성적, **요인**에 **수입**을 보낸다.

③ **옵션**을 클릭, **기술통계**와 **분산 동질성 검정**, Brown Forsythe를 선택하고 **계속**을 클릭한다.

④ **사후분석**을 클릭하고 Tukey와 Duncan, Tamhane을 선택한다.

⑤ **계속**, **확인**을 클릭한다.

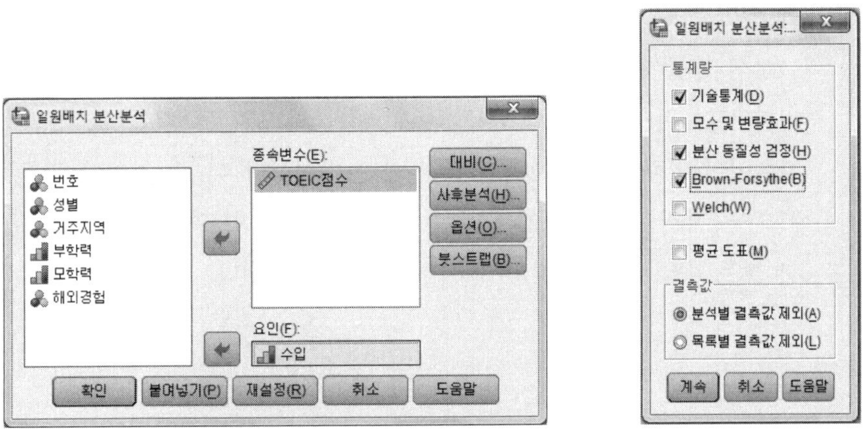

〈그림 9-42〉 일원배치 분산분석 - 옵션

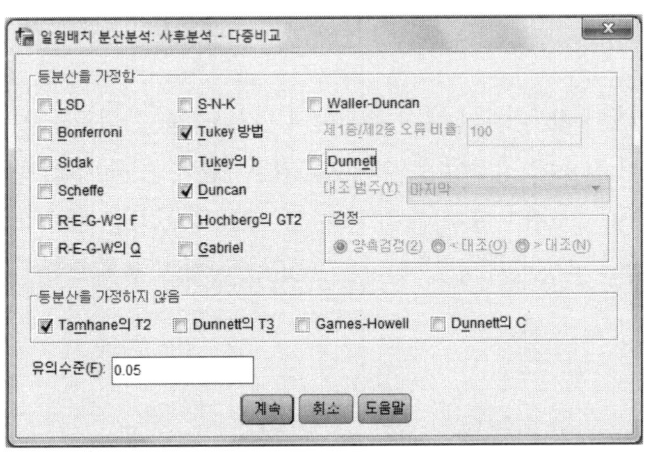

〈그림 9-43〉 일원배치 분산분석 - 다중비교

기술통계

TOEIC점수

	N	평균	표준편차	표준오차	평균에 대한 95% 신뢰구간		최소값	최대값
					하한값	상한값		
150-200만원	30	584.00	123.445	22.538	537.90	630.10	385	800
200-300만원	97	563.56	135.220	13.729	536.30	590.81	290	895
300-400만원	53	568.30	126.654	17.397	533.39	603.21	250	865
400-500만원	17	632.65	137.319	33.305	562.04	703.25	335	870
500만원이상	17	696.76	175.347	42.528	606.61	786.92	345	930
합계	214	583.67	139.331	9.524	564.89	602.44	250	930

〈그림 9-44〉 기술통계

〈그림 9-44〉의 기술통계를 보면 소득이 400만원 미만인 그룹은 500점대의 성적을 얻었고 400-500만원에서는 632.66점, 500만원 이상에서는 696.76점을 얻었다.

분산 동질성 검정의 귀무가설은 "모든 수입범주에서 TOEIC 성적의 분산은 동일하다"는 것이다. 〈그림 9-45〉의 유의확률이 0.217로 "분산이 동질하다"는 귀무가설이 참이라면 표본에서 관찰된 분산 차이보다 더 큰 차이가 관찰될 가능성이 21.7%로 유의수준 0.05에서 분산이 동질하다는 귀무가설을 기각할 수 없다. 따라서 모든 수입 범주의 분산 동질성 가정이 만족된다.

분산의 동질성 검정

TOEIC점수

Levene 통계량	df1	df2	유의확률
1.454	4	209	.217

〈그림 9-45〉 분산 동질성 검정

〈그림 9-46〉의 분산분석 결과에서 F값 4.234, 유의확률 0.003으로 모든 소득 범주에서 TOEIC 성적이 동일하다는 귀무가설이 참일 때 소득에 따른 집단 간 분산이 동일 소득에서의 집단 내 분산의 4.234배보다 큰 값이 나올 가능성은 0.3%로 유의수준 0.05에서 수입에 따른 TOEIC 성적은 통계적으로 유의한 차이가 있다.

일원배치 분산분석

TOEIC점수

	제곱합	df	평균 제곱	F	유의확률
집단-간	309977.395	4	77494.349	4.234	.003
집단-내	3825018.049	209	18301.522		
합계	4134995.444	213			

〈그림 9-46〉 분산분석표

〈그림 9-47〉의 다중비교 결과를 보면 Tukey와 Duncan 모두 150-200만원 미만에서 400-500만원 미만 그룹은 유의한 차이가 없고 400-500만원 그룹과 500만원 이상 그룹은 유의한 차이가 없어서 400만원 미만 그룹의 TOEIC 성적이 낮고 500만원 이상 그룹의 TOEIC 성적이 높다.

동일 집단군

TOEIC점수

	수입	N	유의수준 = 0.05에 대한 부집단 1	2
Tukey HSD[a,b]	200-300만원	97	563.56	
	300-400만원	53	568.30	
	150-200만원	30	584.00	
	400-500만원	17	632.65	632.65
	500만원이상	17		696.76
	유의확률		.319	.397
Duncan[a,b]	200-300만원	97	563.56	
	300-400만원	53	568.30	
	150-200만원	30	584.00	
	400-500만원	17	632.65	632.65
	500만원이상	17		696.76
	유의확률		.083	.079

동일 집단군에 있는 집단에 대한 평균이 표시됩니다.

a. 조화평균 표본 크기 27.753을(를) 사용합니다.

b. 집단 크기가 동일하지 않습니다. 집단 크기의 조화평균이 사용됩니다. I 유형 오차 수준은 보장되지 않습니다.

〈그림 9-47〉 다중비교 – Tukey와 Duncan

수입에 따른 TOEIC 성적의 분석 결과는 〈표 9-21〉 또는 〈표 9-22〉와 같은 형태의 보고서로 정리할 수 있다.

〈표 9-22〉 A_1, A_2, A_3 세 집단의 자료1과 자료2의 비교(다중 비교 결과 따로 표시)

수입	TOEIC 성적	F	p	Tukey
	M ± SD			
150-200만원 미만①	584.0 ± 123.4	4.234	.003**	① ② ③ < ⑤
200-300만원 미만②	563.6 ± 135.2			
300-400만원 미만③	568.3 ± 126.7			
400-500만원 미만④	632.6 ± 137.3			
500만원 이상⑤	696.8 ± 175.3			

** p<.01

〈표 9-23〉 A_1, A_2, A_3 세 집단의 자료1과 자료2의 비교(다중 비교 결과 평균에 표시)

수입	TOEIC 성적	F	p
	M ± SD		
150-200만원 미만	584.0 ± 123.4a	4.234	.003**
200-300만원 미만	563.6 ± 135.2a		
300-400만원 미만	568.3 ± 126.7a		
400-500만원 미만	632.6 ± 137.3ab		
500만원 이상	696.8 ± 175.3b		

** p<.01

9.7 K표본 검정 – 비모수적 방법

분산분석으로 세 개 이상 그룹의 평균을 비교하려면 정규성 가정과 등분산 가정이 만족되어야 한다. 따라서 정규성과 등분산 가정이 만족되지 않는 경우에는 정규성과 등분산 가정이 만족되도록 변수변환을 하거나 비모수적 방법으로 그룹 간 차이를 검정해야 한다. 정규성 검정은 11장을 참고하자.

SPSS를 사용해서 자료1과 자료2의 A_1, A_2, A_3 세 집단 간 차이를 비모수적 방법으로 검정해 보자.

세집단.sav 파일을 불러온다.

① **분석–비모수 검정–레거시대화상자–K 독립 표본**을 선택한다.

② **검정변수**에 **자료1**과 **자료2**를 보낸다.

③ **집단변수**에 **그룹**을 보내고 **범위지정**을 클릭한다. **최소값**에 1, **최대값**에 3을 입력하고 **계속**을 클릭한다.

④ **검정유형**은 Kruskal-Wallis의 H가 기본으로 설정되어 있다. **중위수**도 선택을 하고 **확인**을 클릭한다.

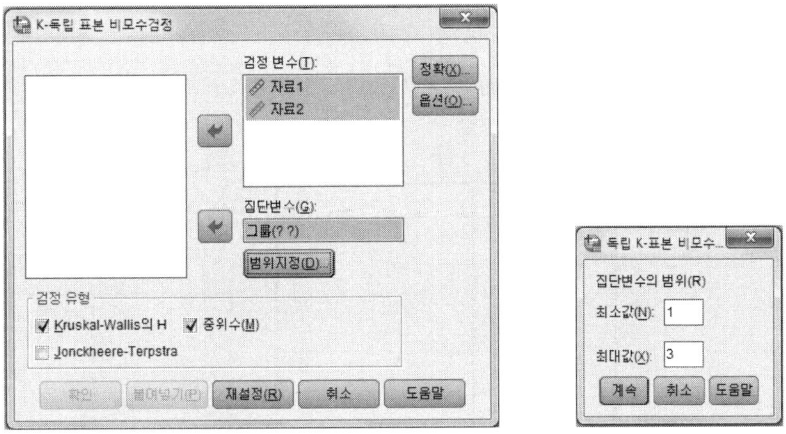

〈그림 9-48〉 비모수 검정 - K 독립 표본

TIP

- **Kruskal-Wallis 검정** : 두 그룹 비교의 비모수 검정인 Mann-Whitney의 순위합 검정과 유사한 검정방법으로 그룹을 구분하지 않고 전체 자료를 크기순으로 순위를 매긴 다음 각 그룹의 평균 순위를 비교하는 방법이다. 비교하려는 모든 그룹이 동일 모집단에서 나왔는지를 검정하는 방법으로 모든 그룹의 분포는 유사한 형태를 가져야 한다.
- **중위수 검정** : 전체 자료의 중위수를 구한 다음 각 그룹에서 중위수보다 작거나 같은 값을 갖는 자료의 수와 중위수보다 큰 값을 갖는 자료의 수를 가지고 검정하는 방법이다. 중위수 검정은 비교하려는 그룹의 분포가 다를 때도 사용할 수 있는 검정으로 Kruskal-Wallis 검정보다 집단 간 차이가 존재할 때 차이가 있음을 찾아낼 수 있는 검정력이 떨어진다.

  i 그룹의 중위수(median)를 M_i라고 하면 귀무가설과 대립가설은 다음과 같다.

  $H_0 : M_1 = M_2 = \cdots = M_k$

  $H_1 :$ k개 모집단의 중위수가 모두 같지는 않다.

〈그림 9-49〉의 Kruskal-Wallis 검정 결과에서 자료1은 평균 순위가 A_1은 3, A_2는 13, A_3는 8로 그룹들의 평균 순위가 차이가 큰 반면, 자료2는 평균 순위가

A_1이 5.2, A_2는 9.2, A_3는 9.6으로 그룹들의 평균 순위 차이가 자료1에 비해 작다. 자료1은 유의확률이 0.002로 유의수준 0.05보다 작아서 모든 그룹이 하나의 모집단이라는 귀무가설을 기각하고 대립가설을 채택하여 세 그룹의 모집단은 통계적으로 유의한 차이가 있다. 자료2는 유의확률이 0.226으로 유의수준 0.05보다 커서 귀무가설을 채택하여 그룹들 간에 유의한 차이가 없다.

Kruskal-Wallis 검정

순위

	그룹	N	평균순위
자료1	A1	5	3.00
	A2	5	13.00
	A3	5	8.00
	합계	15	
자료2	A1	5	5.20
	A2	5	9.20
	A3	5	9.60
	합계	15	

검정 통계량[a,b]

	자료1	자료2
카이제곱	12.567	2.976
자유도	2	2
근사 유의확률	.002	.226

a. Kruskal Wallis 검정

b. 집단변수: 그룹

〈그림 9-49〉 Kruskal-Wallis 검정 결과

자료2의 Kruskal-Wallis 검정 통계량 값을 구해 보자. 먼저 자료2를 그룹을 구분하지 않고 전체 15개 케이스에 대해 순위를 구하면 〈표 9-23〉과 같다.

〈표 9-24〉의 자료2에 대한 순위(동률에는 평균 순위를 할당)를 이용해서 각 그룹의 평균 순위를 구하면 다음과 같다.

$$\text{집단 } A_1: \frac{3.5+1+9+10.5+2}{5} = 5.2$$

$$\text{집단 } A_2: \frac{3.5+5.5+8+14+15}{5} = 9.2$$

$$\text{집단 } A_3: \frac{10.5+5.5+13+7+12}{5} = 9.6$$

우리가 조사한 15개의 자료를 볼 때 자료2는 각 집단의 평균은 A_1이 35, A_2가 51, A_3가 44로 A_1, A_3, A_2 순으로 평균이 커지고 있지만 평균 순위는 A_1, A_2, A_3 순으로 커지고 있는데 A_2는 66과 78을 제외한 3개의 값은 A_3보다 작은 값을 갖고 A_3의 가장 큰 값은 51로 A_2의 66보다 15나 작아서 A_2가 A_3보다 평균은 높지만 평균 순위는 낮다.

〈표 9-24〉 자료2의 전체 순위

그룹	자료2	순위
A_1	35	3.5
A_1	23	1
A_1	46	9
A_1	47	10.5
A_1	24	2
A_2	35	3.5
A_2	36	5.5
A_2	40	8
A_2	66	14
A_2	78	15
A_3	47	10.5
A_3	36	5.5
A_3	51	13
A_3	37	7
A_3	49	12

〈그림 9-50〉의 중위수 검정 결과를 살펴보면 자료1의 중위수는 43으로 중위수보다 큰 값을 갖는 자료가 A_1에는 하나도 없는 반면 A_2는 5개 모두 중위수보다 큰 값을 갖고, A_3는 5개 중 2개가 중위수보다 큰 값을 가져 집단에 따른 자료의 분포 차이가 커 보인다. 반면 자료2의 중위수는 40으로 중위수보다 큰 값을 갖는 자료가 A_1과 A_2에는 5개 중 2개이고 A_3에는 5개 중 3개로 모든 그룹이 그룹에 속한 자료의 절반 정도가 중위수보다 큰 값을 가져 그룹에 따른 자료의 분포 차이가 없어 보인다. 자료1은 유의확률 0.006이 유의수준 0.05보다 작아서 "모든 그룹의 중위수가 같다"는 귀무가설을 기각하고 대립가설을 채택하여 3개 그룹의 중위수는 통계적으로 유의한 차이가 있다. 자료2는 유의확률 0.765가 유의수준 0.05보다 커서 귀무가설을 기각할 수 없어서 3개 그룹의 중위수는 통계적으로 유의한 차이가 없다.

중위수 검정

빈도 분석

		그룹		
		A1	A2	A3
자료1	> 중위수	0	5	2
	<= 중위수	5	0	3
자료2	> 중위수	2	2	3
	<= 중위수	3	3	2

검정 통계량[b]

	자료1	자료2
N	15	15
중위수	43.00	40.00
카이제곱	10.179[a]	.536[a]
자유도	2	2
근사 유의확률	.006	.765

a. 6 셀 (100.0%)은(는) 5보다 작은 기대빈도를 가집니다. 최소 셀 기대빈도는 2.3입니다.

b. 집단변수: 그룹

〈그림 9-50〉 중위수 검정 결과

이제 자료2의 중위수 검정 결과에 있는 통계량 값들을 구해 보자. 먼저 전체 자료의 중위수를 구해보면 케이스수가 15로 〈표 9-24〉에서 순위가 $8(=\frac{15+1}{2})$인 40이 전체 자료의 중위수가 된다. 각 그룹에서 중위수보다 큰 값을 갖는 케이스 수와 중위수보다 작거나 작은 값을 갖는 케이스의 수를 정리한 결과가 〈표 9-25〉와 〈표 9-26〉에 있다.

〈표 9-25〉 자료2–중위수와 크기 비교

그룹	자료2	중위수보다
A_1	35	작거나 같다
A_1	23	작거나 같다
A_1	46	크다
A_1	47	크다
A_1	24	작거나 같다
A_2	35	작거나 같다
A_2	36	작거나 같다
A_2	40	작거나 같다
A_2	66	크다
A_2	78	크다
A_3	47	크다
A_3	36	작거나 같다
A_3	51	크다
A_3	37	작거나 같다
A_3	49	크다

〈표 9-26〉 자료2의 중위수 40과의 크기 비교

그룹	A_1	A_2	A_3	전체
중위수보다 큰 케이스	2	2	3	7
중위수보다 작거나 같은 케이스	3	3	2	8
전체	5	5	5	15

전체 15 케이스 중 7개가 중위수 40보다 큰 값을 갖고, 8개가 중위수보다 작거나 같아서 각 집단의 중위수가 차이 없다는 귀무가설이 참이라면 각 집단의 크기는 5로 각 집단에서 중위수보다 큰 값을 갖는 케이스는 $2.33\left(=5\times\frac{7}{15}\right)$, 중위수보다 작거나 같은 값을 갖는 케이스 수는 $2.67\left(=5\times\frac{8}{15}\right)$일 것으로 예상된다.

〈표 9-27〉 자료2의 그룹별 예상빈도

그룹	A_1	A_2	A_3	전체
중위수보다 큰 케이스	2.33	2.33	2.33	7
중위수보다 작거나 같은 케이스	2.67	2.67	2.67	8
전체	5	5	5	15

χ^2(카이제곱)값과 자유도 2일 때 유의확률을 구하면 다음과 같다(카이제곱값은 10장을 참고하자).

$$\chi^2 = \frac{(2-2.33)^2}{2.33}+\frac{(2-2.33)^2}{2.33}+\frac{(3-2.33)^2}{2.33}+\frac{(3-2.67)^2}{2.67}+\frac{(3-2.67)^2}{2.67}+\frac{(2-2.67)^2}{2.67}$$

$$= 0.536$$

$$p-value = P(\chi^2 > 0.536)$$

$$= 0.765$$ (엑셀함수 CHIDIST(0.536,2))

10 CHAPTER

두 가지 요인에 대한 집단 간 비교 (이원배치 분산분석)

우리는 9장에서 종속변수에 영향을 미치는 요인이 하나인 경우의 분석에 대해 알아보았다. 10장에서는 종속변수에 영향을 미치는 요인 2가지를 동시에 고려하는 방법에 대해 알아보자.

10.1 교호작용을 포함한 모형

양적 변수인 종속변수에 질적변수인 2가지 요인이 영향을 미칠 때 다음과 같은 모형을 생각해 볼 수 있다.

$$y_{ijk} = \mu + \alpha_i + \beta_j + (\alpha\beta)_{ij} + \epsilon_{ijk}$$

i=1, 2, ⋯, m_1, j=1, 2, ⋯, m_2, k=1, 2, ⋯, n_{ij}

μ는 전체 평균

α_i는 A_i 그룹의 효과

β_j는 B_j 그룹의 효과

$(\alpha\beta)_{ij}$는 A_i와 B_j의 교호작용에 의한 효과

e_{ijk}는 A_i와 B_j에 속하는 k번째 관찰치의 오차

$e_{ijk} \sim N(0,\ \sigma^2)$

n_{ij}는 A_i와 B_j에 속하는 관찰치 수

m_1: A요인의 범주수

m_2: B요인의 범주수

여기서 $(\alpha\beta)_{ij}$는 교호작용에 의한 효과로 하나의 질적변수의 각 범주에서의 평균의 움직임이 다른 질적변수의 범주에 따라 다를 때 두 변수 사이에 교호작용이 있다고 한다. 이를 그래프로 표현하면 〈그림 10-1〉과 같다.

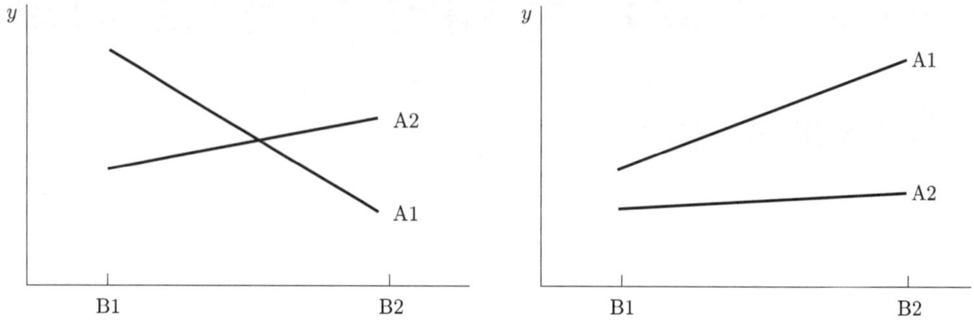

〈그림 10-1〉 교호작용 $A \times B$가 있는 경우

생활비 자료에서 연령과 성별에 따른 생활비 평균이 차이가 있는지 두 요인을 동시에 고려해서 분석해 보자.

생활비.sav 파일을 불러온다.

① **분석–일반선형모형–일변량**을 선택한다.

② **종속변수**에 **생활비**, **모수요인**에 **성별**과 **연령**을 보낸다.

③ **도표**를 클릭, **수평축 변수**에 **연령**, **선구분 변수**에 **성별**을 보내고 **추가**, **계속**을 클릭한다.

④ **사후분석**을 클릭하고 **요인분석**의 **연령**을 **사후검정변수**로 보낸다. 성별은 그룹이 2개로 사후분석을 할 필요가 없다.

⑤ Tukey를 선택하고 **계속**을 클릭한다.

⑥ **옵션**을 클릭하고 **주변평균 추정**에서 **평균 출력 기준**에 **성별**과 **연령**, **성별*연령**을 보낸다.

⑦ **주효과 비교**를 선택하고 **신뢰구간 조정**에서 Sidak을 선택한다.

⑧ **표시**에서 **기술통계량**과 **동질성 검정**, **모수 추정값**을 선택한다.

⑨ **계속**, **확인**을 클릭한다.

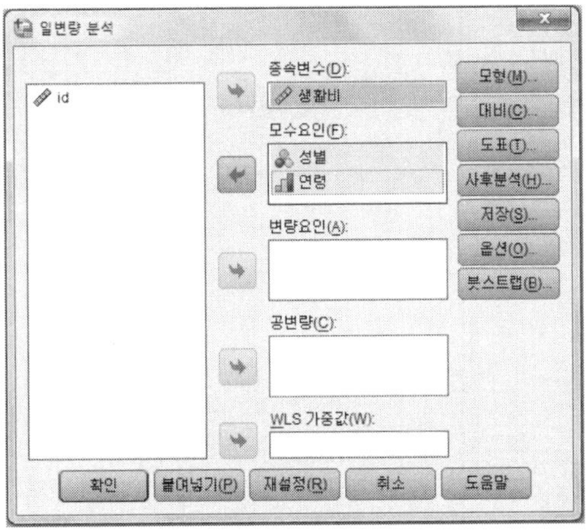

〈그림 10-2〉 일변량 분석

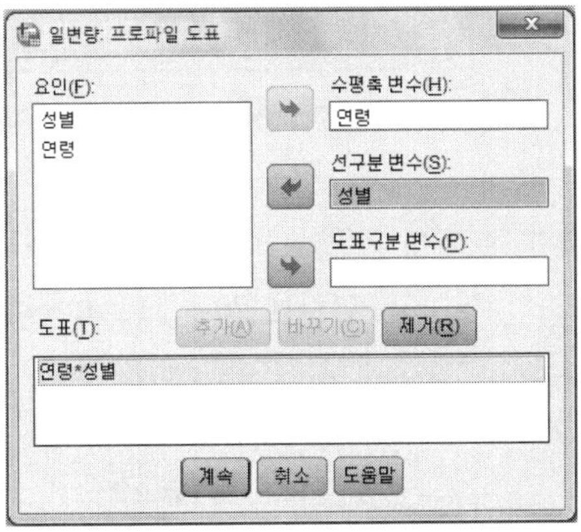

〈그림 10-3〉 일변량 분석-도표

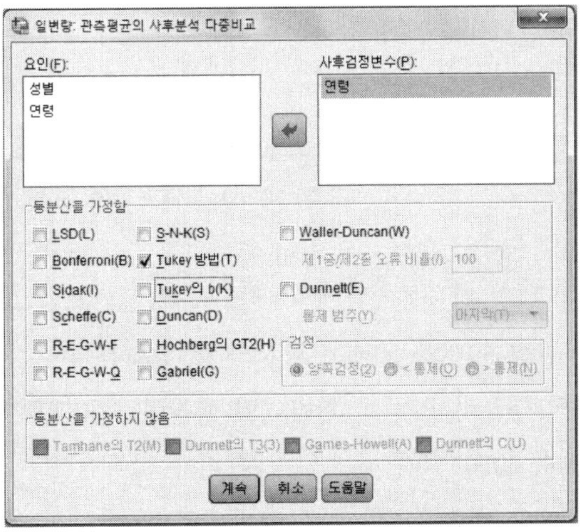

〈그림 10-4〉 일변량 분석-사후분석

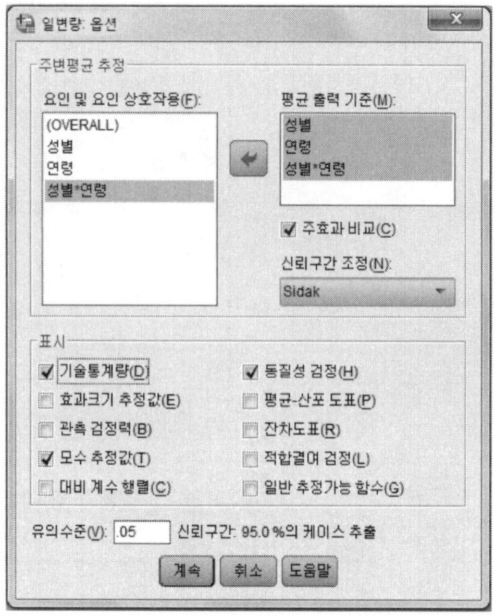

〈그림 10–5〉 일변량 분석–옵션

〈그림 10-6〉의 개체 간 요인은 요인별 개체 수(N)를 정리한 결과로 성별은 남자가 14명, 여자가 16명이고, 연령은 20대부터 40대까지는 각각 7명, 50대는 9명이다.

개체-간 요인

		변수값 설명	N
성별	1	남자	14
	2	여자	16
연령	1	20대	7
	2	30대	7
	3	40대	7
	4	50대	9

〈그림 10–6〉 성별과 연령 빈도

〈그림 10-7〉의 기술통계량에서 개체 수를 살펴보면 20대와 30대는 남자가 여자보다 많은 반면 40대와 50대는 남자가 여자보다 적다. 성별에 따른 생활비는 남자보다 여자의 생활비가 높고, 연령대별 생활비는 30대의 생활비가 가장 적고 그 다음으로 20대, 40대, 50대 순으로 생활비가 많아진다.

기술통계량

종속 변수:생활비(만원)

성별	연령	평균	표준편차	N
남자	20대	163.75	2.986	4
	30대	147.50	4.796	4
	40대	177.00	2.828	2
	50대	193.75	6.994	4
	합계	169.57	19.182	14
여자	20대	167.67	2.517	3
	30대	151.00	3.606	3
	40대	182.60	2.966	5
	50대	201.40	6.025	5
	합계	179.75	19.185	16
합계	20대	165.43	3.309	7
	30대	149.00	4.397	7
	40대	181.00	3.830	7
	50대	198.00	7.263	9
	합계	175.00	19.545	30

〈그림 10-7〉 성별과 연령에 따른 생활비

성별과 연령의 주효과와 성별과 연령의 교호작용(성별*연령)을 이용해서 생활비를 추정하는 모형을 정리해 보자.

$$y_{ijk} = \mu + \alpha_i + \beta_j + (\alpha\beta)_{ij} + \epsilon_{ijk}$$

i=1, 2, ⋯, m_1

j=1, 2, ⋯, m_2

k=1, 2, ⋯, n_{ij}

μ는 전체 평균

α_i는 A_i집단에 의한 효과

β_j는 B_j집단에 의한 효과

$(\alpha\beta)_{ij}$는 A_i와 B_j의 교호작용에 의한 효과

e_{ijk}는 A_i와 B_j에 속하는 k번째 관찰치의 오차

$e_{ijk} \sim N(0,\ \sigma^2)$

〈그림 10-8〉은 성별과 연령, 교호작용에 대한 모수 추정값으로 20대 남자의 평균 생활비를 추정하면 163.750(= 201.400(절편) − 7.650(성별 = 1) − 33.733(연령 = 1) + 3.733(성별 = 1* 연령 = 1))이 되고 20대 여자의 평균 생활비를 추정하면 167.667(= 201.400(절편) + 0(성별 = 2) − 33.733(연령 = 1) + 0(성별 =

2*연령 = 1))이 된다. 그리고 20대의 평균 생활비를 추정하면 20대 남자의 평균 생활비 추정값과 20대 여자의 평균 생활비 추정값의 평균인 165.708(=(163.750 +167.667)/2)로 20대를 구성하는 남자와 여자의 비율 차이를 보정한 20대의 평균생활비에 대한 추정치이다. 〈그림 10-9〉와 〈그림 10-10〉의 추정값은 〈그림 10-8〉의 모수 추정값을 이용해서 성별과 연령에 따른 생활비를 추정한 결과로 성별의 경우 연령비율이 달라서 생기는 차이를, 연령의 경우 남녀비율이 달라서 생기는 차이를 보정한 추정값과 이 추정값을 이용해서 그룹 간 비교를 한 결과이다.

각 요인별로 집단별 평균을 비교하면 다른 요인의 영향은 고려하지 않고 자료에서 나타나는 각 요인의 집단별 평균을 비교하지만 두 개 이상의 요인을 동시에 고려하여 집단 간 차이를 분석하면 각 요인의 비교 시 다른 요인에 의해 평균이 영향을 받은 것을 통제(보정)하고 순수하게 비교하고자 하는 요인에 의한 차이를 검정할 수 있다.

모수 추정값

종속 변수:생활비(만원)

모수	B	표준오차	t	유의확률	95% 신뢰구간 하한값	95% 신뢰구간 상한값
절편	201.400	2.066	97.478	.000	197.115	205.685
[성별=1]	-7.650	3.099	-2.468	.022	-14.077	-1.223
[성별=2]	0[a]	.	.	.	.	.
[연령=1]	-33.733	3.374	-9.998	.000	-40.730	-26.736
[연령=2]	-50.400	3.374	-14.938	.000	-57.397	-43.403
[연령=3]	-18.800	2.922	-6.434	.000	-24.860	-12.740
[연령=4]	0[a]	.	.	.	.	.
[성별=1] * [연령=1]	3.733	4.696	.795	.435	-6.006	13.473
[성별=1] * [연령=2]	4.150	4.696	.884	.386	-5.590	13.890
[성별=1] * [연령=3]	2.050	4.954	.414	.683	-8.225	12.325
[성별=1] * [연령=4]	0[a]	.	.	.	.	.
[성별=2] * [연령=1]	0[a]	.	.	.	.	.
[성별=2] * [연령=2]	0[a]	.	.	.	.	.
[성별=2] * [연령=3]	0[a]	.	.	.	.	.
[성별=2] * [연령=4]	0[a]	.	.	.	.	.

a. 이 모수는 중복되었으므로 0으로 설정됩니다.

〈그림 10-8〉 모수 추정값

추정값

종속 변수:생활비(만원)

성별	평균	표준오차	95% 신뢰구간	
			하한값	상한값
남자	170.500	1.291	167.822	173.178
여자	175.667	1.193	173.193	178.141

대응별 비교

종속 변수:생활비(만원)

(I) 성별	(J) 성별	평균차(I-J)	표준오차	유의확률[a]	차이에 대한 95% 신뢰구간[a]	
					하한값	상한값
남자	여자	-5.167*	1.758	.008	-8.812	-1.521
여자	남자	5.167*	1.758	.008	1.521	8.812

추정된 주변평균을 기준으로

*. 평균차는 .05 수준에서 유의합니다.

a. 다중비교에 대한 조정: Sidak

〈그림 10-9〉 성별에 따른 생활비 평균 추정값

추정값

종속 변수:생활비(만원)

연령	평균	표준오차	95% 신뢰구간	
			하한값	상한값
20대	165.708	1.764	162.049	169.367
30대	149.250	1.764	145.591	152.909
40대	179.800	1.933	175.792	183.808
50대	197.575	1.550	194.361	200.789

대응별 비교

종속 변수:생활비(만원)

(I) 연령	(J) 연령	평균차(I-J)	표준오차	유의확률[a]	차이에 대한 95% 신뢰구간[a]	
					하한값	상한값
20대	30대	16.458*	2.495	.000	9.249	23.667
	40대	-14.092*	2.617	.000	-21.652	-6.531
	50대	-31.867*	2.348	.000	-38.651	-25.082
30대	20대	-16.458*	2.495	.000	-23.667	-9.249
	40대	-30.550*	2.617	.000	-38.111	-22.989
	50대	-48.325*	2.348	.000	-55.109	-41.541
40대	20대	14.092*	2.617	.000	6.531	21.652
	30대	30.550*	2.617	.000	22.989	38.111
	50대	-17.775*	2.477	.000	-24.932	-10.618
50대	20대	31.867*	2.348	.000	25.082	38.651
	30대	48.325*	2.348	.000	41.541	55.109
	40대	17.775*	2.477	.000	10.618	24.932

추정된 주변평균을 기준으로

*. 평균차는 .05 수준에서 유의합니다.

a. 다중비교에 대한 조정: Sidak

〈그림 10-10〉 성별과 연령에 따른 생활비 추정값

〈그림 10-11〉의 오차 분산 동질성에 대한 Levene의 검정에서 귀무가설은 모든 집단에서 집단 내 분산(오차 분산)이 동일하다는 것이다. 유의확률이 0.237로 자료에서 나타난 각 집단의 분산차이는 모든 집단의 분산이 같다는 귀무가설이 참일 때 표본으로부터 더 큰 분산차이가 관찰될 가능성이 23.7%이므로 귀무가설을 기각할 만큼 큰 차이가 아니다. 오차 분산 동질성 가정이 만족되어서 분산분석 결과와 Tukey를 이용하여 성별과 연령에 따른 생활비 차이를 비교할 수 있다.

오차 분산의 동일성에 대한 Levene의 검정[a]

종속 변수:생활비(만원)

F	df1	df2	유의확률
1.449	7	22	.237

여러 집단에서 종속변수의 오차 분산이 동일한 영가설을 검정합니다.

a. Design: 절편 + 성별 + 연령 + 성별 * 연령

〈그림 10-11〉 오차 분산 동질성 검정

〈그림 10-12〉의 개체 간 효과 검정 결과에서 성별과 연령, 성별*연령에 해당하는 결과를 읽으면 된다. 성별과 연령의 교호작용이 있는 경우 교호작용이 주효과(성별과 연령에 의한 효과)에 영향을 미칠 수 있으므로 교호작용인 성별*연령의 유의성 여부를 먼저 파악해야 한다.

개체-간 효과 검정

종속 변수:생활비(만원)

소스	제 III 유형 제곱합	자유도	평균 제곱	F	유의확률
수정 모형	10608.433[a]	7	1515.490	71.003	.000
절편	827612.278	1	827612.278	38775.048	.000
성별	184.365	1	184.365	8.638	.008
연령	9795.185	3	3265.062	152.974	.000
성별 * 연령	21.230	3	7.077	.332	.803
오차	469.567	22	21.344		
합계	929828.000	30			
수정 합계	11078.000	29			

a. R 제곱 = .958 (수정된 R 제곱 = .944)

〈그림 10-12〉 개체 간 효과 검정

성별과 연령의 교호작용을 보면 F값이 0.332, 유의확률이 0.803으로 "교호작용이 없다"는 귀무가설이 참일 때 자료에서 나타난 남자와 여자의 연령에 따른 생활비의 움직임의 차이보다 더 큰 차이가 표본으로부터 관찰될 가능성은 80.3%로 귀무가설을 기각할 만큼 큰 차이가 아니어서 유의수준 0.05에서 귀무가설을 채택하

고 성별과 연령의 교호작용은 없다.

성별은 F값이 8.638이고 유의확률이 0.008로 "성별에 따른 차이가 없다"는 귀무가설이 참일 때 자료에서 나타난 성별에 따른 차이보다 더 큰 차이가 표본으로부터 관찰될 가능성은 0.8%로 자료로부터 관찰된 성별에 따른 차이는 귀무가설을 기각할 만큼 큰 차이로 유의수준 0.05에서 귀무가설을 기각하고 성별에 따라 생활비는 통계적으로 유의한 차이가 있다.

연령은 F값이 152.974이고 유의확률이 0.000으로 연령에 따른 차이가 없다는 귀무가설이 참일 때 자료에서 나타난 연령에 따른 차이보다 더 큰 차이가 표본으로부터 관찰될 가능성은 0.0%로 자료에서 관찰된 연령에 따른 차이는 우연히 나타난 차이로 보기에는 너무나 큰 차이로 유의수준 0.05에서 귀무가설을 기각하고 연령에 따라 생활비는 통계적으로 유의한 차이가 있다.

〈그림 10-13〉의 각 연령에 따른 생활비를 비교한 다중비교 결과를 보면 모든 연령 간의 비교에서 유의확률이 0.05보다 작아서 모든 연령 간의 차이가 유의하고, 〈그림 10-14〉의 동일집단군으로 정리한 결과에서도 4개의 집단군으로 나누어서 정리되어 있어서 모든 연령대의 생활비가 유의한 차이가 있다.

다중 비교

생활비(만원)
Tukey HSD

(I) 연령	(J) 연령	평균차(I-J)	표준오차	유의확률	95% 신뢰구간	
					하한값	상한값
20대	30대	16.43*	2.469	.000	9.57	23.29
	40대	-15.57*	2.469	.000	-22.43	-8.71
	50대	-32.57*	2.328	.000	-39.04	-26.11
30대	20대	-16.43*	2.469	.000	-23.29	-9.57
	40대	-32.00*	2.469	.000	-38.86	-25.14
	50대	-49.00*	2.328	.000	-55.47	-42.53
40대	20대	15.57*	2.469	.000	8.71	22.43
	30대	32.00*	2.469	.000	25.14	38.86
	50대	-17.00*	2.328	.000	-23.47	-10.53
50대	20대	32.57*	2.328	.000	26.11	39.04
	30대	49.00*	2.328	.000	42.53	55.47
	40대	17.00*	2.328	.000	10.53	23.47

관측평균을 기준으로 합니다.
오류 조건은 평균 제곱(오류) = 21.344입니다.

*. 평균차는 .05 수준에서 유의합니다.

〈그림 10-13〉 다중비교

동일집단군

생활비(만원)

Tukey HSD[a,b,c]

연령	N	집단군			
		1	2	3	4
30대	7	149.00			
20대	7		165.43		
40대	7			181.00	
50대	9				198.00
유의확률		1.000	1.000	1.000	1.000

동일 집단군에 있는 집단에 대한 평균이 표시됩니다.
관측평균을 기준으로 합니다.
오류 조건은 평균 제곱(오류) = 21.344입니다.

a. 조화평균 표본 크기 7.412을(를) 사용합니다.

b. 집단 크기가 동일하지 않습니다. 집단 크기의 조화평균이 사용됩니다. I 유형 오차 수준은 보장되지 않습니다.

c. 유의수준 = .05.

〈그림 10-14〉 다중비교-Tukey

〈그림 10-15〉는 성별과 연령에 따른 생활비 평균에 대한 추정값을 연령별로 성별에 따라 그린 도표이다.

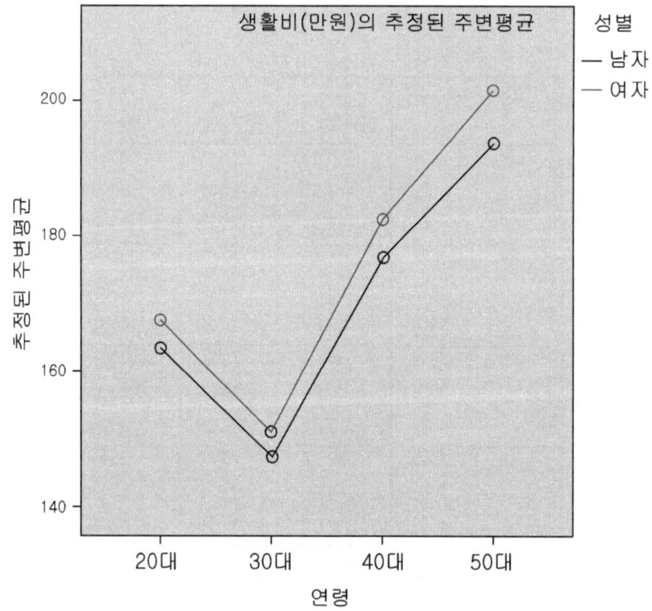

〈그림 10-15〉 평균도표

연령에 따른 생활비 평균을 보면 남자와 여자 모두 50대의 생활비가 가장 많고 그 다음으로 40대, 20대 순이고 30대의 생활비가 가장 낮다. 그리고 모든 연령에서 여자가 남자에 비해 생활비가 많고 각 연령에서의 성별에 따른 차이가 50대에서 다른 연령층에 비해 조금 크다.

분석결과를 보고서로 정리해 보자. 집단별 평균, 표준편차와 다중비교 결과는 〈표 10-1〉처럼 M±SD 옆에 유의한 차이가 없는 그룹끼리 같은 문자를 사용해서 표시하고, 통계량과 유의확률은 〈표 10-2〉처럼 교호작용을 포함한 분산분석표로 정리할 수 있다.

〈표 10-1〉 성별과 연령에 따른 한 달 생활비 기술통계량

요인	구분	M ± SD
성별	남자	165.29 ± 18.26
	여자	174.13 ± 16.48
연령	20대	160.25 ± 7.55b
	30대	147.33 ± 5.85a
	40대	173.57 ± 6.80c
	50대	191.00 ± 5.48d

〈표 10-2〉 분산분석표

소스	제곱합(SS)	자유도(df)	평균제곱(MS)	F	p
성별	184.365	1	184.365	8.638	.008**
연령	9795.185	3	3264.062	152.974	.000***
성별*연령	21.230	3	7.077	0.332	.803
오차	469.567	22	21.344		

** $p<.01$ *** $p<.001$

10.2 교호작용을 제외한 모형

10.1절의 성별과 연령에 따른 생활비 자료의 분석결과에서 교호작용이 유의하지 않아서 교호작용을 모형에서 빼고 분석해 보자. 그러면 교호작용이 오차항에 포함되면서 오차항의 제곱합과 자유도가 커지게 되는데, 교호작용의 제곱합이 아주 작은 경우에는 오차항의 제곱합이 늘어나는 것보다 자유도의 증가 폭이 커져서 오차의 평균제곱(MSE)이 작아진다.

① **분석-일반선형모형-일변량**을 선택한다.

② **종속변수**에 **생활비**를 보내고 **모수요인**에 **성별**과 **연령**을 보낸다.

③ **모형**을 클릭하고 **모형설정**에서 **사용자정의**를 선택한다.

④ **항설정**의 **유형**을 **주효과**로 바꾸고 **요인 및 공변량**에 있는 **성별**과 **연령**을 **모형**으로 보낸다.

⑤ **사후분석**을 클릭하고 **요인분석**의 **연령**을 **사후검정변수**로 보낸다. Tukey를 선택하고 **계속**을 클릭한다.

〈그림 10-16〉 일변량 분석

〈그림 10-17〉 일변량 분석 - 모형

⑥ **옵션**을 클릭하고 **주변평균 추정**에서 **평균 출력 기준**에 **성별**과 **연령**을 보낸다. **주효과 비교**를 선택하고 **신뢰구간 조정**에서 Sidak을 선택한다. **표시**에서 **기술통계량**과 **동질성 검정, 모수 추정값**을 선택하고 **계속**을 클릭한다.

⑦ **도표**를 클릭하고 **수평축 변수**에 **연령, 선구분 변수**에 **성별**을 보낸다. **추가, 계속, 확인**을 클릭한다.

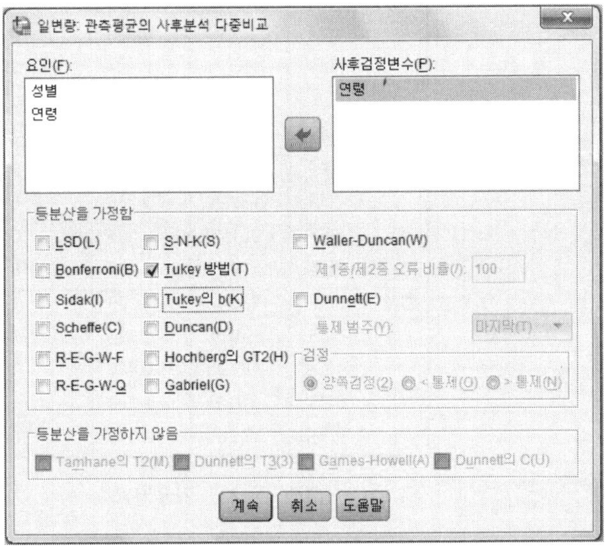

〈그림 10-18〉 일변량 분석 – 사후분석

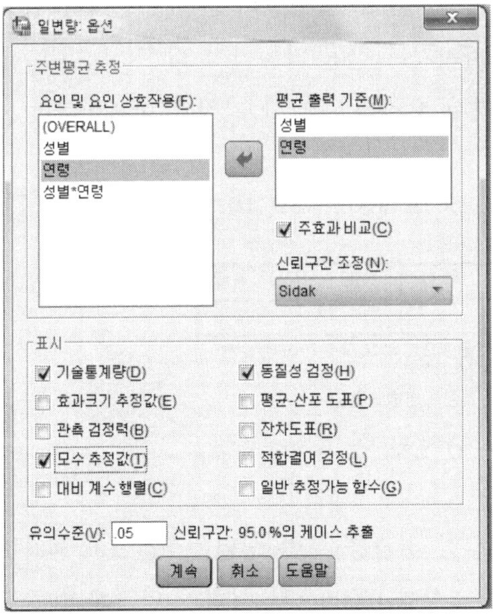

〈그림 10-19〉 일변량 분석 – 옵션

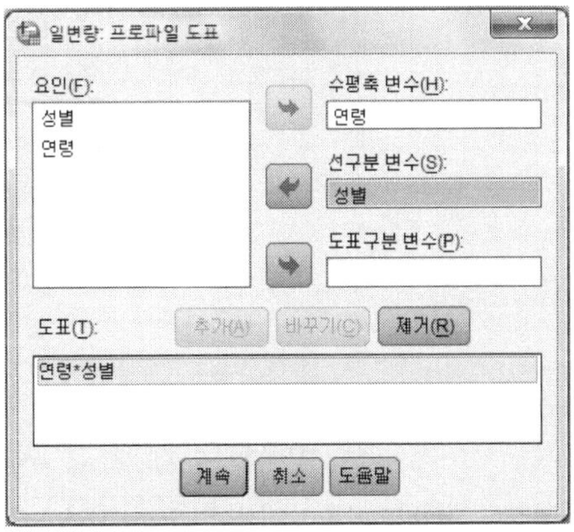

〈그림 10-20〉 일변량 분석 – 도표

〈그림 10-21〉의 기술통계량은 30명으로부터 조사된 성별과 연령별 생활비 평균으로 교호작용을 포함한 10.1의 결과와 같다.

기술통계량

종속 변수:생활비(만원)

성별	연령	평균	표준편차	N
남자	20대	163.75	2.986	4
	30대	147.50	4.796	4
	40대	177.00	2.828	2
	50대	193.75	6.994	4
	합계	169.57	19.182	14
여자	20대	167.67	2.517	3
	30대	151.00	3.606	3
	40대	182.60	2.966	5
	50대	201.40	6.025	5
	합계	179.75	19.185	16
합계	20대	165.43	3.309	7
	30대	149.00	4.397	7
	40대	181.00	3.830	7
	50대	198.00	7.263	9
	합계	175.00	19.545	30

〈그림10-21〉 기술통계량

〈그림 10-22〉의 오차 분산 동질성에 대한 Levene의 검정에서 유의확률이 0.375로 자료에서 나타난 각 집단의 분산차이는 모든 집단의 분산이 같다는 귀무가설이 참일 때 표본으로부터 더 큰 분산차이가 관찰될 가능성이 37.5%로 귀무가설을 기각할 만큼 큰 차이가 아니다. 따라서 오차의 등분산 가정은 만족된다.

오차 분산의 동일성에 대한 Levene의 검정[a]

종속 변수:생활비(만원)

F	df1	df2	유의확률
1.139	7	22	.375

여러 집단에서 종속변수의 오차 분산이 동일한 영가설을 검정합니다.

a. Design: 절편 + 성별 + 연령

〈그림 10-22〉 오차분산 동질성 검정

〈그림 10-23〉의 개체 간 효과 검정 결과를 보면 성별은 F값 10.234, 유의확률 0.004이고, 연령은 F값 166.627, 유의확률 0.000으로 성별과 연령에 따른 평균 생활비는 유의한 차이가 있다.

개체-간 효과 검정

종속 변수:생활비(만원)

소스	제 III 유형 제곱합	자유도	평균 제곱	F	유의확률
수정 모형	10587.203[a]	4	2646.801	134.822	.000
절편	885499.294	1	885499.294	45105.177	.000
성별	200.917	1	200.917	10.234	.004
연령	9813.632	3	3271.211	166.627	.000
오차	490.797	25	19.632		
합계	929828.000	30			
수정 합계	11078.000	29			

a. R 제곱 = .956 (수정된 R 제곱 = .949)

〈그림 10-23〉 개체 간 효과 검정 – 교호작용을 모형에서 제외한 경우

〈그림 10-24〉의 교호작용이 모형에 포함된 경우와 비교해 보면 오차의 제곱합이 469.567에서 490.797로 성별*연령의 제곱합만큼 커지고 오차의 자유도도 22에서 25로 성별*연령의 자유도만큼 커졌다. 따라서 모형에서 교호작용을 빼면 교호작용은 오차에 포함되어서 오차의 평균제곱이 21.344에서 19.632로 작아져서 주효과에 대한 F값이 교호작용을 포함한 모형의 F값보다 크다.

개체-간 효과 검정

종속 변수:생활비(만원)

소스	제 III 유형 제곱합	자유도	평균 제곱	F	유의확률
수정 모형	10608.433[a]	7	1515.490	71.003	.000
절편	827612.278	1	827612.278	38775.048	.000
성별	184.365	1	184.365	8.638	.008
연령	9795.185	3	3265.062	152.974	.000
성별 * 연령	21.230	3	7.077	.332	.803
오차	469.567	22	21.344		
합계	929828.000	30			
수정 합계	11078.000	29			

a. R 제곱 = .958 (수정된 R 제곱 = .944)

〈그림 10-24〉 개체 간 효과 검정 – 교호작용을 모형에 포함한 경우

성별과 연령의 주효과만을 이용해서 생활비를 추정하는 모형은 다음과 같다.

$$y_{ijk} = \mu + \alpha_i + \beta_j + (\alpha\beta)_{ij} + \epsilon_{ijk}$$

i=1, 2, ⋯, m_1, j=1, 2, ⋯, m_2, k=1, 2, ⋯, n_{ij}

μ는 전체 평균

α_i는 A_i집단에 의한 효과

β_j는 B_j집단의 효과

e_{ijk}는 A_i와 B_j에 속하는 k번째 관찰치의 오차

$e_{ijk} \sim N(0, \sigma^2)$

n_{ij}는 A_i와 B_j에 속하는 관찰치 수

〈그림 10-25〉는 성별과 연령에 대한 모수 추정값으로 20대 남자의 평균 생활비를 추정하면 $163.146 (= 200.368 - 5.327 - 31.895)$이 되고, 20대 여자의 평균 생활비는 $168.473 (= 200.368 + 0 - 31.895)$이 된다. 따라서 20대의 평균 생활비를 추정하면 20대 남자의 평균 생활비 추정값과 20대 여자의 평균 생활비 추정값의 평균인 $165.809 (= (163.146 + 168.473)/2)$가 된다.

모수 추정값

종속 변수:생활비(만원)

모수	B	표준오차	t	유의확률	95% 신뢰구간	
					하한값	상한값
절편	200.368	1.652	121.288	.000	196.965	203.770
[성별=1]	-5.327	1.665	-3.199	.004	-8.757	-1.898
[성별=2]	0a	.	.	.	.	.
[연령=1]	-31.895	2.243	-14.220	.000	-36.514	-27.276
[연령=2]	-48.324	2.243	-21.545	.000	-52.943	-43.704
[연령=3]	-17.846	2.248	-7.937	.000	-22.476	-13.215
[연령=4]	0a	.	.	.	.	.

a. 이 모수는 중복되었으므로 0으로 설정됩니다.

〈그림 10-25〉 모수 추정값

〈그림 10-26〉과 〈그림 10-27〉의 추정값은 〈그림 10-25〉의 모수 추정값을 이용해서 추정한 결과로 교호작용을 포함한 모형으로 추정한 결과와 차이가 있다. 추정값에 대한 대응별 비교를 보면 성별에 따른 생활비 평균의 추정값은 유의한 차이가 있고, 모든 연령층의 대응별 비교도 유의하다.

추정값

종속 변수:생활비(만원)

성별	평균	표준오차	95% 신뢰구간	
			하한값	상한값
남자	170.524	1.203	168.048	173.001
여자	175.852	1.127	173.531	178.173

대응별 비교

종속 변수:생활비(만원)

(I) 성별	(J) 성별	평균차(I-J)	표준오차	유의확률[a]	차이에 대한 95% 신뢰구간[a]	
					하한값	상한값
남자	여자	-5.327*	1.665	.004	-8.757	-1.898
여자	남자	5.327*	1.665	.004	1.898	8.757

추정된 주변평균을 기준으로

*. 평균차는 .05 수준에서 유의합니다.

a. 다중비교에 대한 조정: Sidak

〈그림 10-26〉 성별에 따른 생활비 추정값 및 대응별 비교

추정값

종속 변수: 생활비(만원)

연령	평균	표준오차	95% 신뢰구간	
			하한값	상한값
20대	165.809	1.679	162.351	169.267
30대	149.381	1.679	145.923	152.838
40대	179.858	1.712	176.332	183.385
50대	197.704	1.480	194.656	200.752

대응별 비교

종속 변수: 생활비(만원)

(I) 연령	(J) 연령	평균차(I-J)	표준오차	유의확률[b]	차이에 대한 95% 신뢰구간[b]	
					하한값	상한값
20대	30대	16.429*	2.368	.000	9.665	23.192
	40대	-14.049*	2.416	.000	-20.948	-7.150
	50대	-31.895*	2.243	.000	-38.300	-25.489
30대	20대	-16.429*	2.368	.000	-23.192	-9.665
	40대	-30.478*	2.416	.000	-37.377	-23.579
	50대	-48.324*	2.243	.000	-54.729	-41.918
40대	20대	14.049*	2.416	.000	7.150	20.948
	30대	30.478*	2.416	.000	23.579	37.377
	50대	-17.846*	2.248	.000	-24.267	-11.424
50대	20대	31.895*	2.243	.000	25.489	38.300
	30대	48.324*	2.243	.000	41.918	54.729
	40대	17.846*	2.248	.000	11.424	24.267

추정된 주변평균을 기준으로

*. 평균차는 .05 수준에서 유의합니다.

b. 다중비교에 대한 조정: Sidak

〈그림 10-27〉 연령에 따른 생활비 추정값 및 대응별 비교

〈그림 10-28〉의 각 연령에 따른 생활비를 비교한 다중비교 결과를 보면 모든 연령 간의 비교에서 유의확률이 0.05보다 작아서 모든 연령 간의 차이가 유의하고 동일집단군으로 정리한 결과에서도 4개의 집단군으로 나누어서 정리되어 있다.

다중 비교

생활비(만원)
Tukey HSD

(I) 연령	(J) 연령	평균차(I-J)	표준오차	유의확률	95% 신뢰구간 하한값	95% 신뢰구간 상한값
20대	30대	16.43*	2.368	.000	9.91	22.94
	40대	-15.57*	2.368	.000	-22.09	-9.06
	50대	-32.57*	2.233	.000	-38.71	-26.43
30대	20대	-16.43*	2.368	.000	-22.94	-9.91
	40대	-32.00*	2.368	.000	-38.51	-25.49
	50대	-49.00*	2.233	.000	-55.14	-42.86
40대	20대	15.57*	2.368	.000	9.06	22.09
	30대	32.00*	2.368	.000	25.49	38.51
	50대	-17.00*	2.233	.000	-23.14	-10.86
50대	20대	32.57*	2.233	.000	26.43	38.71
	30대	49.00*	2.233	.000	42.86	55.14
	40대	17.00*	2.233	.000	10.86	23.14

관측평균을 기준으로 합니다.
오류 조건은 평균 제곱(오류) = 19.632입니다.

*. 평균차는 .05 수준에서 유의합니다.

생활비(만원)

Tukey HSD[a,b,c]

연령	N	집단군 1	집단군 2	집단군 3	집단군 4
30대	7	149.00			
20대	7		165.43		
40대	7			181.00	
50대	9				198.00
유의확률		1.000	1.000	1.000	1.000

동일 집단군에 있는 집단에 대한 평균이 표시됩니다.
관측평균을 기준으로 합니다.
오류 조건은 평균 제곱(오류) = 19.632입니다.

a. 조화평균 표본 크기 7.412을(를) 사용합니다.

b. 집단 크기가 동일하지 않습니다. 집단 크기의 조화평균이 사용됩니다. I 유형 오차 수준은 보장되지 않습니다.

c. 유의수준 = .05.

〈그림 10-28〉 다중비교

〈그림 10-29〉의 평균도표는 성별과 연령의 주효과만을 고려해서 추정한 연령별 평균생활비를 성별에 따라 그린 도표로 교호작용을 고려하지 않아서 각 연령층에

서 남자와 여자의 평균 생활비를 그린 도표는 평행하고 모든 연령층에서 성별에 따른 평균 차이는 같게 추정하고 있다.

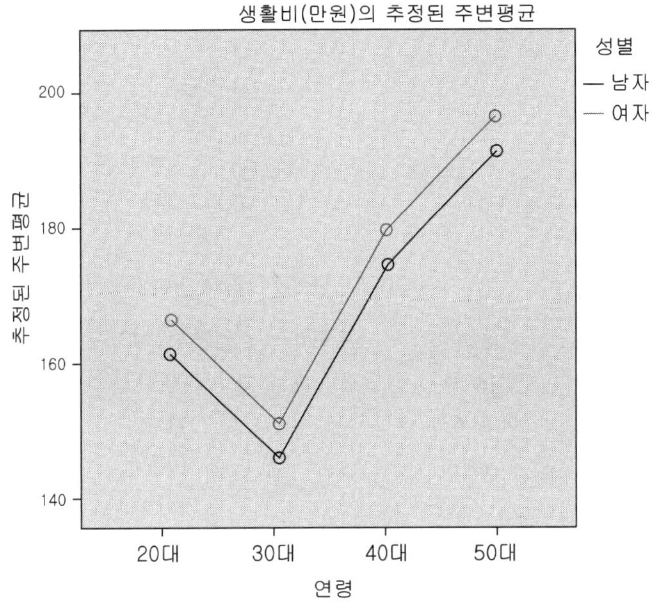

〈그림 10-29〉 평균도표

교호작용을 제외한 분석결과는 〈표 10-3〉처럼 하나의 표로 정리하거나 〈표 10-4〉, 〈표 10-5〉처럼 그룹별 평균, 표준편차와 분산분석표를 각각 표로 정리할 수 있다. 성별과 연령을 모형에 같이 넣고 이원배치분산분석으로 분석한 결과라 그룹이 두 개인 성별의 통계량도 t가 아닌 F값이다.

〈표 10-3〉 성별과 연령에 따른 한 달 평균 생활비를 하나의 모형으로 분석한 결과

요인	구분	M ± SD	F	p
성별	남자	169.6 ± 19.2	10.234	.004**
	여자	179.8 ± 19.2		
연령	20대	165.4 ± 3.3b	166.627	.000***
	30대	149.0 ± 4.4a		
	40대	181.0 ± 3.8c		
	50대	198.0 ± 7.3d		

** p<.01 *** p<.001

〈표 10-4〉 성별과 연령에 따른 한 달 평균 생활비

요인	구분	M ± SD
성별	남자	165.29 ± 18.26
	여자	174.13 ± 16.48
연령	20대	160.25 ± 7.55b
	30대	147.33 ± 5.85a
	40대	173.57 ± 6.80c
	50대	191.00 ± 5.48d

〈표 10-5〉 분산분석표(이원배치 분산분석)

소스	제곱합(SS)	자유도(df)	평균제곱(MS)	F	p
성별	200.917	1	200.917	10.234	.004**
연령	9813.632	3	3271.211	166.627	.000***
오차	490.797	25	19.632		

** p<.01 *** p<.001

성별과 연령에 따른 생활비를 비교할 때 성별과 연령을 모형에 함께 넣어서 분석하지 않고 각각 따로따로 분석한 〈표 10-6〉과 위 결과를 비교해 보자.

성별에 따른 비교는 두 집단 간 비교로 t 통계량을 이용해서 분석하였고, 연령에 따른 비교는 세 집단 간 비교로 F 통계량을 이용해서 통계량에 t/F라고 기입하였다.

성별의 경우 연령에 따른 생활비 차이를 고려하지 않고 성별에 따른 차이만 비교한 〈표 10-6〉에서는 연령에 따른 생활비 차이가 오차로 처리되어 성별에 따른 차이가 유의하지 않은 것으로 분석결과가 나왔지만 연령에 따른 생활비 차이를 고려해서 비교한 〈표 10-3〉에서는 성별에 따른 차이가 유의해서 성별에 따른 생활비는 연령을 고려했을 때와 고려하지 않았을 때 결과가 차이가 난다. 그것은 연령에 따른 생활비 차이가 커서 연령을 함께 고려하지 않으면 연령에 따른 차이가 오차로 처리되기 때문이다.

〈표 10-6〉 성별과 연령에 따른 차이를 각각 분석한 결과

요인	구분	M ± SD	t / F	p
성별	남자	169.6 ± 19.2	−1.450	.158
	여자	179.8 ± 19.2		
연령	20대	165.4 ± 3.3b	62.909	.000***
	30대	149.0 ± 4.4a		
	40대	181.0 ± 3.8c		
	50대	198.0 ± 7.3d		

*** p<.001

11 CHAPTER

정규성 검정

자료를 수집하고 가설을 검정할 때 분석기법마다 만족되어야 하는 가정(정규성, 등분산성 등)이 있다. 이 장에서는 정규성 가정이 만족되는지 P-P plot, Q-Q plot, Shapiro-Wilk 검정, Kolmogrov Sminov 검정을 이용해서 알아보자.

11.1 P-P Plot

교육전후.sav 파일을 불러온다.

① **분석-기술통계량-P-P 도표**를 선택한다.

② **변수**에 **교육전**과 **교육후**를 보낸다.

③ **검정분포**에서 검정하려고 하는 분포를 선택한다. 기본은 **정규**로 설정되어 있다.

④ **분포모수**는 기본은 **데이터로부터 추정**이 선택되어 있다. 검정하려는 분포의 모수 값을 직접 설정하고 싶은 경우에는 데이터로부터 추정의 체크된 것을 없애고 검정하려는 분포에 해당하는 모수 값을 입력하면 된다.

⑤ **확인**을 클릭한다.

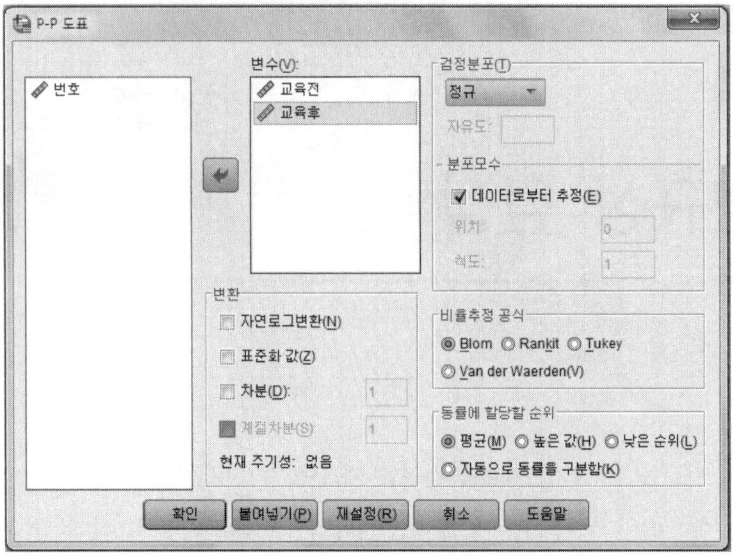

〈그림 11-1〉 기술통계량 P-P 도표

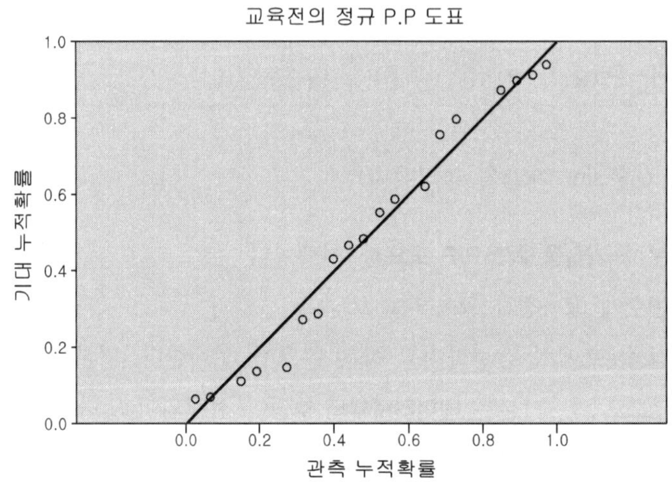

〈그림 11-2〉 교육 전 성적의 정규 P-P 도표

$P-P$ $Plot$은 자료로부터 구한 관측 누적확률을 가로축으로 하고 정규분포를 따른다고 가정했을 때의 기대 누적확률을 세로축으로 해서 그린 도표로 자료가 정규분포를 따른다면 두 값은 일치할 것이므로 점들은 대각선상에 위치할 것이다. 따라서 점들이 대각선으로부터 많이 벗어나면 자료의 분포가 정규분포에서 벗어난다고 볼 수 있다.

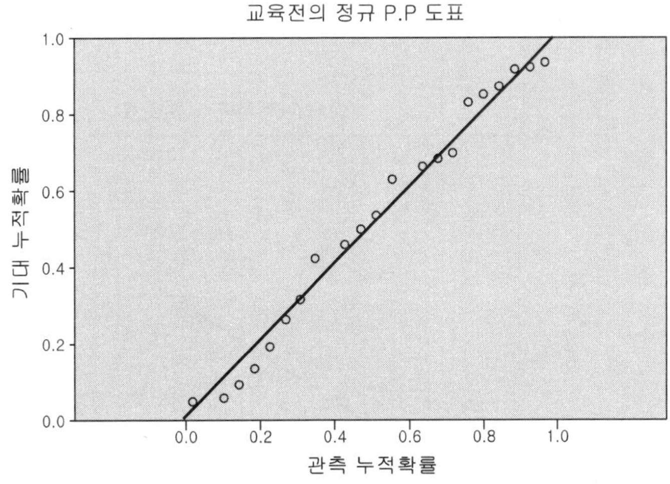

〈그림 11-3〉 교육 후 성적의 정규 P-P 도표

11.2 Q-Q Plot

교육전후.sav 파일을 불러온다.

① **분석-기술통계량-Q-Q 도표**를 선택한다.

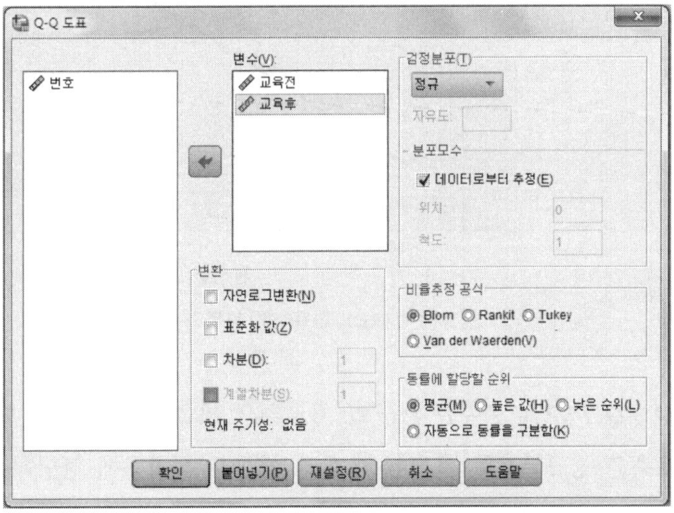

〈그림 11-4〉 기술통계량 Q-Q 도표

② **변수**에 **교육전**과 **교육후**를 보낸다.

③ **검정분포**에서 검정하려고 하는 분포를 선택한다. 기본은 **정규**로 설정되어 있다.

④ **확인**을 클릭한다.

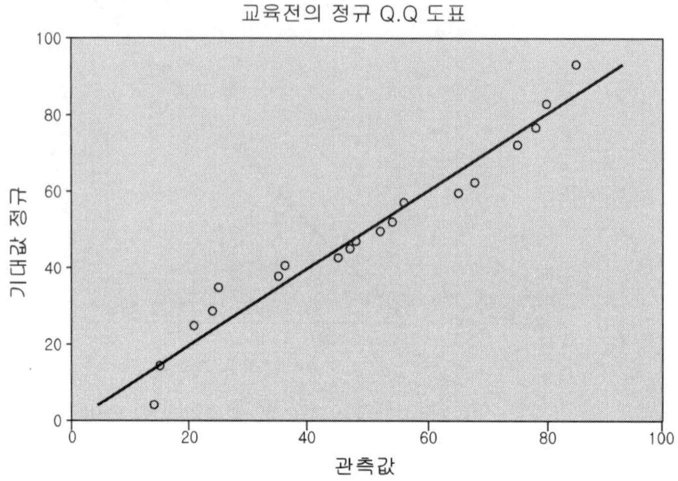

〈그림 11-5〉 교육 전 성적의 정규 Q-Q 도표

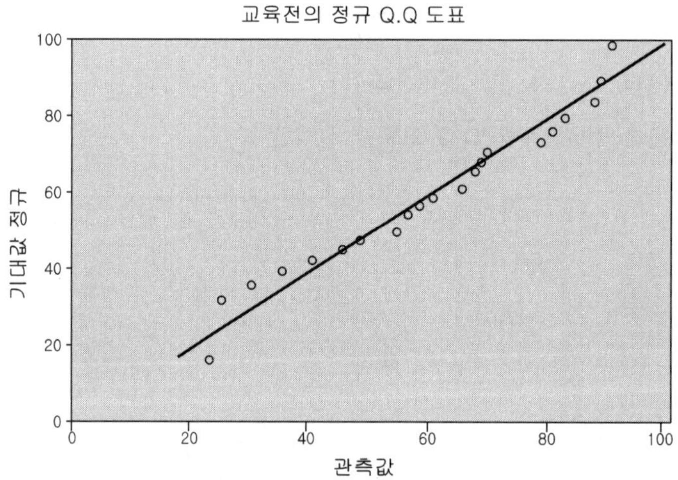

〈그림 11-6〉 교육 후 성적의 정규 Q-Q 도표

$Q-Q$ $Plot$은 $P-P$ $Plot$의 가로축은 관측 누적확률에 해당하는 관측값이고 세로축은 정규분포를 가정했을 때의 기대 누적확률에 해당하는 기댓값으로 자료가 정규분포를 따른다면 두 값은 일치할 것이다. 따라서 점들이 대각선상에 있으면 자료가 정규분포를 따른다고 할 수 있다.

그러나 $P-P$ $Plot$과 $Q-Q$ $Plot$은 그래프를 통한 주관적 판단의 근거를 제시해 줄 뿐 객관적인 검정 결과를 제공하지는 않는다.

TIP

P*−*P* *Plot

조사된 자료 중 관측치 x보다 작은 값이 추출될 확률($P(X<x)$)은 이 자료가 정규분포를 따르는 자료에서 추출되었다면 정규분포에서 x보다 작은 값이 추출될 확률과 비슷한 값일 것이라는 idea에서 출발한다.

자료에서 교육 후 성적이 25점보다 작을 확률은 얼마로 추정해 볼 수 있을까? 24명중 3명의 교육 후 성적이 25점 이하이므로 $3/24$으로 생각할 수 있을 것이다. 그런데 순위가 i인 관측치의 관측누적확률을 $i/24$로 계산하게 되면 교육 후 성적이 가장 높은 점수인 90점 보다 작을 확률은 $24/24=1$로 추정이 되는데 실제로는 90점보다 성적이 높을 가능성이 있다. 그리고 하위 10%에 해당하는 자료가 관찰되었다면 상위 10% (하위 90%)에 해당하는 자료도 관찰될 것으로 생각할 수 있다. 그래서 순위가 작은 쪽에서 i번째인 성적과 큰 쪽에서 i번째인 성적의 누적확률의 합이 1이 되고 중위수에 해당하는 성적의 관측누적확률이 0.5가 되도록 순위가 i번째인 자료의 관측누적확률을 $i/24$로 추정하는 대신에 $(i-3/8)/(24+1/4)$로 추정한다. 동률이 있는 경우에는 평균 순위를 할당해서 관측누적확률을 구한다. 교육 후 성적이 가장 낮은 케이스는 번호가 16인 자료로 교육 후 성적은 23점으로 24명 중 성적이 가장 낮아서 순위는 1이고 관측 누적확률은 0.026 $(=(1-3/8)/24.25)$이다. 교육 후 성적이 정규분포를 따른다면 자료로부터 구한 평균이 58.17이고 표준편차가 20.844이므로 23점의 표준화 값은 −1.687$(=(23-58.17)/20.844)$로 23 이하로 기대되는 누적확률은 $P(Z<-1.687)$로 0.046이다. 관측 누적확률과 정규분포일때 기대누적확률을 그래프로 표현한 것이 $P-P$ *Plot*이다.

TIP

Q*−*Q* *Plot

교육 후 성적의 최소값 23에 대한 관측 누적확률 0.026에 해당하는 정규분포에서의 표준화 값은 −1.947(엑셀함수 NORMSINV(0.026)로 구할 수 있음)로 이 자료가 정규분포를 따른다면 최소값은 17.59$(=58.17-1.947\times 20.844)$가 관찰될 것으로 예상된다. 실제 자료에서 관찰된 값과 정규분포를 따를 때 관찰될 것으로 예상되는 값을 그래프로 표현한 것이 $Q-Q$ *Plot*이다.

TIP

$P-P$ *Plot*의 가로축이 관측 누적확률, 세로축이 기대 누적확률이고 $Q-Q$ *Plot*의 가로축이 관측값, 세로축이 기댓값으로 $P-P$ *Plot*에서 점들이 대각선 위에 있다는 것은 관찰된 값에 대한 관측 누적확률이 기대 누적확률보다 작다는 것으로 $Q-Q$ *Plot*에서는 대각선의 아래에 있어 관찰된 값이 정규분포를 가정했을 때 예상되는 값보다 큰 값이 관찰되었음을 의미한다.

$P-P$ *Plot*에서 대각선 아래에 있는 점은 관찰된 값에 대한 관측 누적확률이 기대 누적확률보다 크다는 것으로 $Q-Q$ *Plot*에서는 대각선의 위에 있어 정규분포를 가정했을 때 기대되는 값보다 작은 값이 관찰되었음을 의미한다.

11.3 정규성 검정

정규분포를 따르는지 검정하기 위해 가설을 세워보자.

H_0 : 자료가 정규분포를 따른다.

H_A : 자료가 정규분포를 따르지 않는다.

자료의 분포가 정규분포인지 검정할 때 자료의 크기가 작을 때는 Shapiro-Wilk 검정을 사용하고 자료의 크기가 상당히 클 때는 Kolmogrov-Sminov 검정을 사용한다.

교육전후.sav 파일을 불러온다.

① **분석-기술통계량-데이터 탐색**을 선택한다.
② **종속변수**에 **교육전**과 **교육후**를 보낸다.
③ **도표**에서 **검정과 함께 정규성 도표를** 선택하고, **계속**, **확인**을 클릭한다.

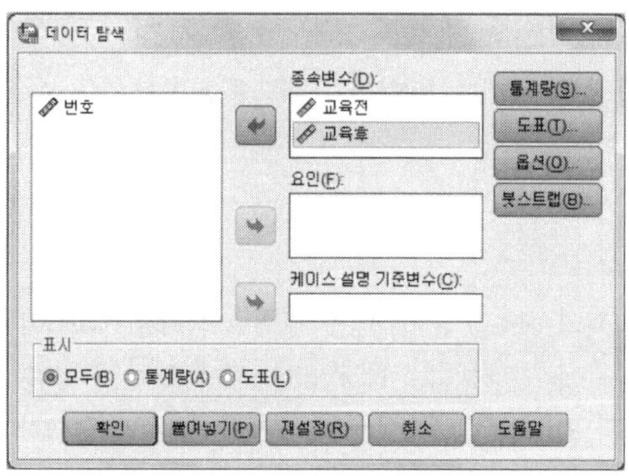

〈그림 11-7〉 데이터 탐색

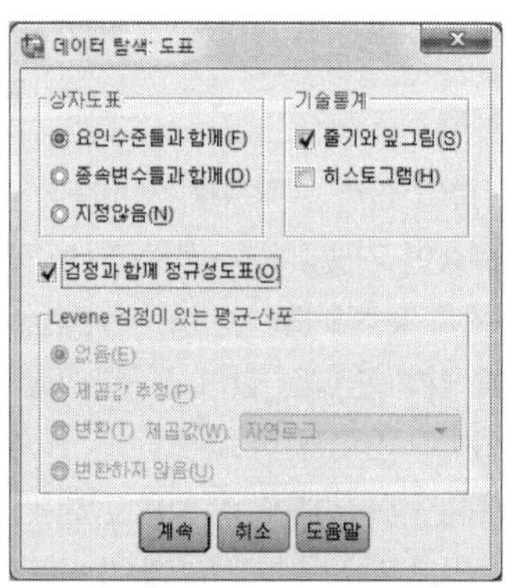

〈그림 11-8〉 도표

〈그림 11-9〉의 Kolmogorov-Smirnov 검정 통계량은 자료가 정규분포를 따를 때 나타날 것으로 예상되는 누적 확률분포($F(x) = P(X \le x)$)와 실제 관찰값의 누적 확률분포의 차이의 최대값이다. SPSS에서 Kolmogorov-Smirnov 검정은 유의확률의 하한값을 출력해 주어서 유의확률이 0.200을 넘는 경우에는 0.200을 제시해 준다. 교육전, 교육후 모두 0.200으로 유의수준 0.05보다 커서 교육 전 성적과 교육 후 성적은 정규분포를 따른다는 귀무가설을 채택한다.

Shapiro-Wilk 검정의 통계량은 표준정규분포에서 추출된 크기가 n인 순서통계량의 기댓값과 관찰된 자료를 오름차순으로 정리한 값들의 상관계수이다. 유의확률이 교육 전은 0.111, 교육 후는 0.264로 모두 유의수준 0.05보다 커서 교육 전 성적과 교육 후 성적은 정규분포를 따른다는 귀무가설을 채택한다.

정규성 검정

	Kolmogorov-Smirnov[a]			Shapiro-Wilk		
	통계량	자유도	유의확률	통계량	자유도	유의확률
교육전	.145	24	.200*	.933	24	.111
교육후	.087	24	.200*	.949	24	.264

*. 이것은 참인 유의확률의 하한값입니다.

a. Lilliefors 유의확률 수정

〈그림 11-9〉 정규성 검정 결과

Kolmogrov-Sminov 검정에서 정확한 유의확률을 구해보자.

① **분석-비모수 검정-레거시 대화상자-1-표본 K-S**를 선택한다.

② **검정변수**에 **교육전**과 **교육후**를 보낸다.

③ **정확**을 클릭하고 **정확검정**을 선택한다.

④ **계속**, **확인**을 클릭한다.

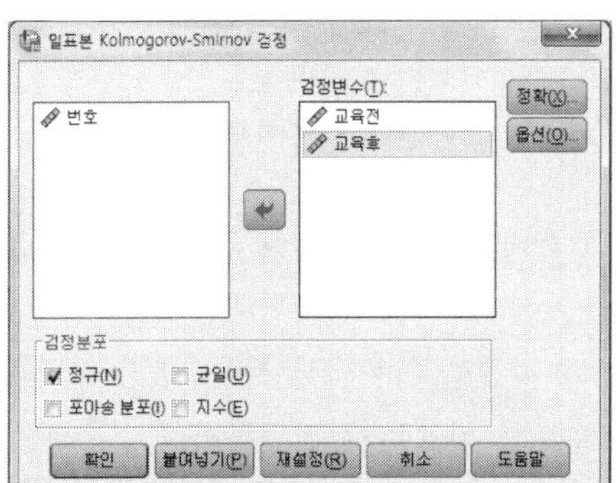

〈그림 11-10〉 일표본 Kolmogrov-Smirnov 검정

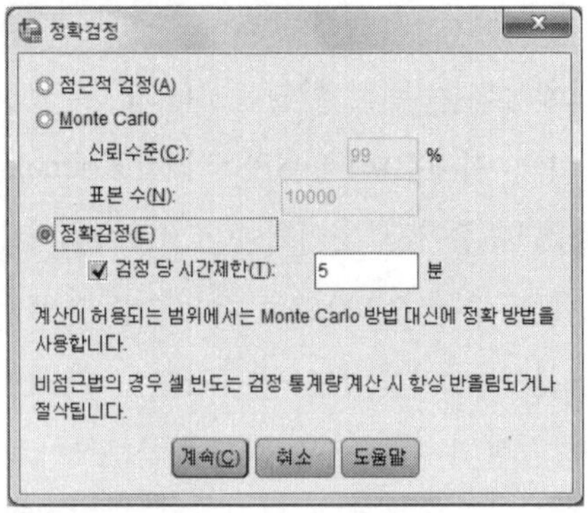

〈그림 11-11〉 정확검정

〈그림 11-12〉의 Kolmogorov-Smirnov 검정의 Z값은 검정하려는 분포를 따를 때 나타날 것으로 예상되는 누적 확률분포($F(x) = P(X \le x)$)와 실제 관찰값의 누적 확률분포 사이의 차이를 계산한 값이다. 정확한 유의확률을 보면 교육전은 0.644, 교육후는 0.985로 모두 유의수준 0.05보다 커서 교육 전 성적과 교육 후 성적은 모두 정규분포를 따른다는 귀무가설을 채택한다.

일표본 Kolmogorov-Smirnov 검정

		교육전	교육후
N		24	24
정규 모수[a,b]	평균	48.96	58.17
	표준편차	22.829	20.844
최대극단차이	절대값	.145	.087
	양수	.145	.078
	음수	-.123	-.087
검정 통계량		.145	.087
근사 유의확률(양측)		.200[c,d]	.200[c,d]
정확 유의확률(양측)		.644	.985
포인트 확률		.000	.000

a. 검정 분포가 정규입니다.
b. 데이터로부터 계산.
c. Lilliefors 유의확률 수정
d. 이것은 참 유의성의 하한입니다.

〈그림 11-12〉 일표본 Kolmogorov-Smirnov 검정 결과

예제 11-1 해외연수.sav 파일을 이용해서 서울, 경기 지역과 충청 지역 학생들의 TOEIC 성적이 각각 정규분포를 따르는지 검정하라. □

데이터 탐색을 이용해서 정규성 검정을 해 보자. 해외연수.sav 파일을 불러온다.

① **분석-기술통계량-데이터 탐색**을 선택한다.

② **종속변수**에 TOEIC**점수**를 보낸다.

③ **도표**를 클릭하고 **검정과 함께 정규성 도표를** 선택한다.

④ **계속, 확인**을 클릭한다.

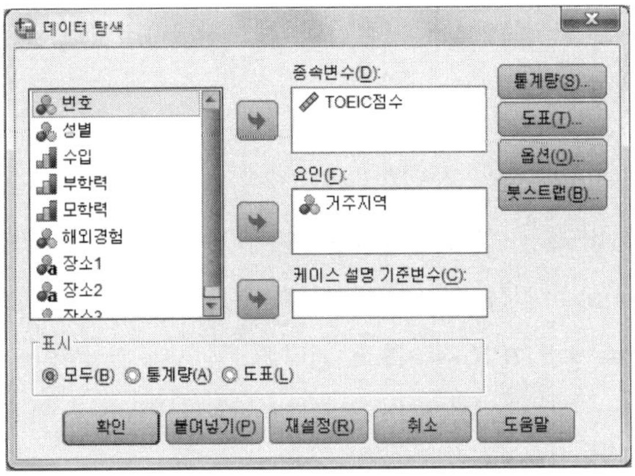

〈그림 11-13〉 데이터 탐색

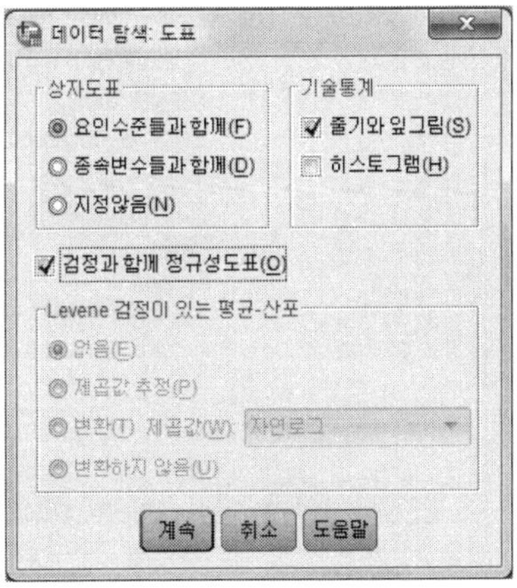

〈그림 11-14〉 도표 - 정규성 검정

〈그림 11-15〉를 보면 지역별 Kolmogorov-Smirnov 검정의 유의확률이 하한값인 0.200으로 유의수준 0.05보다 크고, Shapiro-Wilk 검정의 유의확률도 서울, 경기 지역은 0.157, 충청 지역은 0.195로 모두 유의수준 0.05보다 커서 서울, 경기와 충청 지역의 TOEIC 성적은 정규분포를 따른다는 귀무가설을 모두 채택한다.

정규성 검정

	거주지역	Kolmogorov-Smirnov[a]			Shapiro-Wilk		
		통계량	자유도	유의확률	통계량	자유도	유의확률
TOEIC점수	서울, 경기	.103	57	.200*	.969	57	.157
	충청도	.045	159	.200*	.988	159	.195

*. 이것은 참인 유의확률의 하한값입니다.

a. Lilliefors 유의확률 수정

〈그림 11-15〉 정규성 검정 결과

일표본 검정으로 정규성 검정을 해보자. 지역별로 정규성 검정을 하려면 파일 분할을 해야 한다.

① **데이터–파일분할**을 선택한다.

② **집단들 비교**를 선택, **분할집단변수**에 **거주지역**을 보내고 **확인**을 클릭한다.

③ **분석–비모수 검정–레거시 대화상자–1-표본 K-S**를 선택한다.

④ **검정변수**에 **TOEIC점수**를 보낸다.

⑤ **정확**을 클릭하고 **정확검정**을 선택한다.

⑥ **계속**, **확인**을 클릭한다.

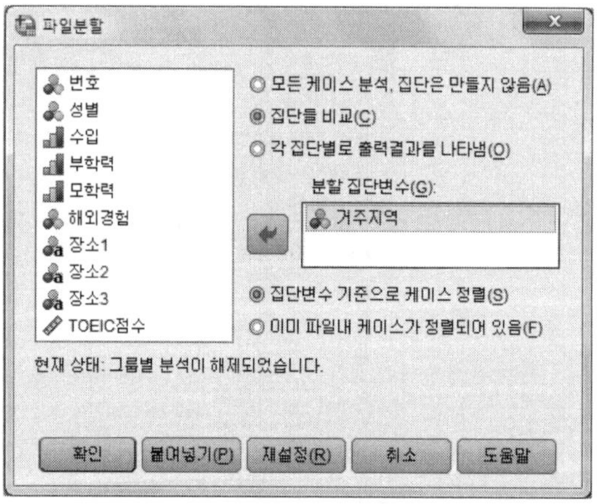

〈그림 11-16〉 파일분할

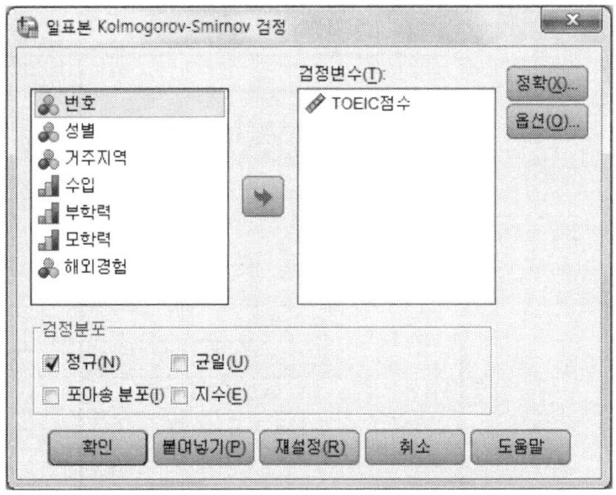

〈그림 11-17〉 일표본 Kolmogrov-Smirnov 검정

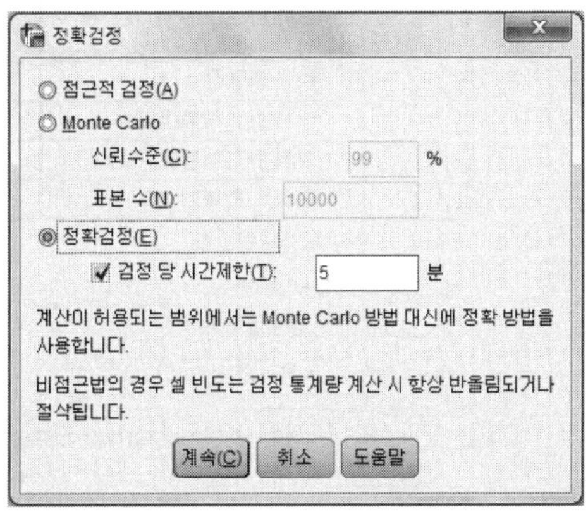

〈그림 11-18〉 정확검정

〈그림 11-19〉를 보면 지역별 Kolmogorov-Smirnov 검정의 유의확률이 각각 0.548과 0.883으로 유의수준 0.05보다 커서 "서울, 경기지역의 TOEIC 성적은 정규분포를 따른다"와 "충청 지역의 TOEIC 성적은 정규분포를 따른다"는 귀무가설은 모두 채택된다.

일표본 Kolmogorov-Smirnov 검정

거주지역			TOEIC점수
서울, 경기	N		57
	정규 모수[a,b]	평균	612.89
		표준편차	161.952
	최대극단차이	절대값	.103
		양수	.103
		음수	-.091
	검정 통계량		.103
	근사 유의확률(양측)		.200[c,d]
	정확 유의확률(양측)		.548
	포인트 확률		.000
충청도	N		159
	정규 모수[a,b]	평균	576.51
		표준편차	131.894
	최대극단차이	절대값	.045
		양수	.045
		음수	-.034
	검정 통계량		.045
	근사 유의확률(양측)		.200[c,d]
	정확 유의확률(양측)		.883
	포인트 확률		.000

a. 검정 분포가 정규입니다.

b. 데이터로부터 계산.

c. Lilliefors 유의확률 수정

d. 이것은 참 유의성의 하한입니다.

〈그림 11-19〉 일표본 Kolmogorov-Smirnov 검정 결과

12 CHAPTER

교차분석

12장에서는 백신의 종류와 항체 생성 여부, 지역에 따른 사교육 실시 비율, 지역별로 지지하는 정당 등 두 개의 질적변수 간의 관련성을 파악하는 분석기법에 대해 살펴보자.

12.1 원자료(raw data)를 이용한 교차분석

4장에서 다루었던 사교육 실태조사 자료를 토대로 지역별로 사교육을 시키는 비율이 차이가 있는지 귀무가설과 대립가설을 세워보자.

H_0 : 모든 지역의 사교육 실시 비율은 동일하다.

H_1 : 지역에 따라 사교육 실시 비율은 차이가 난다.

248명을 대상으로 지역별 사교육 실시 여부를 조사한 자료가 〈표 12-1〉과 같다.

〈표 12-1〉 지역별 사교육 실시 비율

지역	사교육		전체
	시키고 있다	안 시키고 있다	
	n (%)	n(%)	
서울	31 (67.4)	15 (32.6)	46
광역시	48 (58.5)	34 (41.5)	82
시	51 (53.1)	45 (46.9)	96
읍·면 지역	10 (41.7)	14 (58.3)	24
전체	140 (56.5)	108 (43.5)	248

지역에 따라 사교육을 시키는 비율이 차이가 있다고 할 수 있는지 분석해 보자.

"모든 지역의 사교육 실시 비율은 차이가 없다"는 귀무가설이 참이라면 모든 지역의 사교육을 실시하는 비율은 동일할 것이다. 따라서 서울지역의 사교육 실시 비율은 전체 248명 중 사교육을 실시하는 비율인 56.5%라고 볼 수 있고, 거주지역이 서울인 46명의 56.5%인 $26.0(=46\times\frac{140}{248})$명이 사교육을 시킬 것으로 예상할 수 있다. 동일한 방법으로 다른 지역의 사교육을 시킬 것으로 예상되는 인원을 구해보면 광역시는 $46.3(=82\times\frac{140}{248})$, 시지역은 $54.2(=96\times\frac{140}{248})$, 읍·면 지역은 $13.5(=24\times\frac{140}{248})$로 지역별 예상인원을 정리하면 〈표 12-2〉와 같다.

〈표 12-2〉 지역별 사교육을 시킬 것으로 예상되는 인원

지역	사교육		전체
	시키고 있다	안 시키고 있다	
서울	26.0	20.0	46
광역시	46.3	35.7	82
시	54.2	41.8	96
읍·면 지역	13.5	10.5	24
전체	140	108	248

〈표 12-1〉의 실제로 관찰된 빈도(관측빈도, O_{ij}, 여기서 i는 지역, j는 사교육 실시 여부)와 〈표 12-2〉의 모든 지역의 사교육 실시 비율은 동일하다는 가정하에 계산된 예상되는 빈도(기대빈도, E_{ij})의 차이가 클수록 지역에 따라 사교육을 시키는 비율이 차이가 난다고 할 수 있다.

관측빈도와 기대빈도의 차이를 계산해 보자.

8개 셀의 관측빈도와 기대빈도의 차이를 더하면 $\sum_{i=1}^{4}\sum_{j=1}^{2}(O_{ij}-E_{ij})=0$이 되어서 단순한 관측빈도와 기대빈도의 차이 대신에 그 차이를 제곱한 $(O_{ij}-E_{ij})^2$으로 관측빈도와 기대빈도의 차이를 계산해 보자. 그런데 관측빈도와 기대빈도의 차이를 10이라고 하면 100을 기대하고 있을 때와 20을 기대하고 있을 때 10의 차이를 똑같은 크기의 차이로 볼 수는 없다. 즉 20을 기대하고 있었을 때가 100을 기대하고 있었을 때보다 10의 차이가 더 크게 느껴질 것이다. 따라서 $(O_{ij}-E_{ij})^2$을 E_{ij}로 나누어서 관측빈도와 기대빈도의 차이를 기대빈도에 따라 가중치를 두어 식 (1)과

같이 계산하고 이렇게 구해진 값이 카이제곱(χ^2)이다.

$$\chi^2 = \sum_{i=1}^{r}\sum_{j=1}^{c}\frac{(O_{ij}-E_{ij})^2}{E_{ij}}$$ 여기서 r, c는 질적변수의 범주 수 ····· (1)

그렇다면 χ^2값이 얼마나 클 때 지역에 따라 사교육을 시키는 비율이 차이가 있다고 할 수 있을까? χ^2값은 지역이 i이고 사교육 실시여부가 j인 셀의 $(O_{ij}-E_{ij})^2/E_{ij}$를 모든 (i, j) 조합에 대해서 합한 값으로 셀의 수가 많으면 χ^2값도 커질 것이다. 그런데 전체 빈도와 지역별, 사교육 실시 여부별 빈도가 이미 주어져 있어서 전체 8개 셀(지역이 4가지, 사교육 실시 여부가 2가지, 4×2=8) 중 3개 셀의 빈도가 나머지 5개 셀의 빈도를 결정한다. 따라서 χ^2값은 전체 8개 셀의 빈도 중 3개 셀의 빈도에 의해 결정이 되어 χ^2통계량의 분포를 결정하는 자유도(df)는 3으로 χ^2통계량의 자유도는 (행의 수 − 1)×(열의 수 − 1)이다.

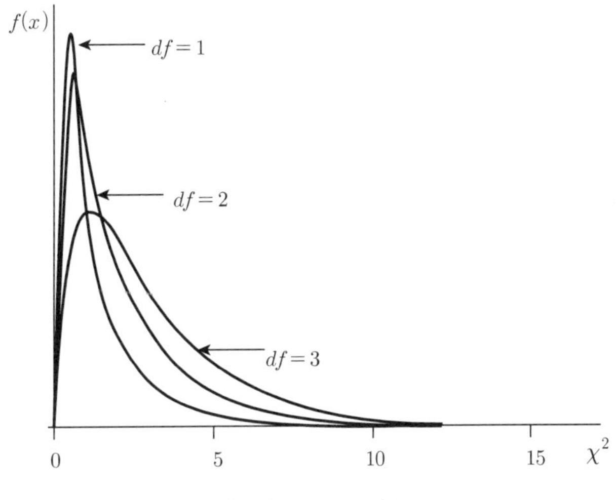

〈그림 12-1〉 χ^2분포

유의수준이 0.05이면 자료로부터 구한 χ^2통계량 값이 상위 5%에 해당하는 χ^2값($\chi^2_{df,\ 0.05}$)보다 작으면 자료로부터 관찰된 관측빈도와 기대빈도의 차이를 우연히 발생한 차이로 보고 "모든 지역의 사교육 실시 비율은 차이가 없다"는 귀무가설을 채택하고, 자료로부터 구한 χ^2통계량 값이 $\chi^2_{df,\ 0.05}$보다 크면 관측빈도와 기대빈도의 차이를 우연으로 보기에는 너무 큰 차이로 보고 두 변수 사이에 연관이 없다는 귀무가설을 기각한다. 자유도에 따른 상위 5%에 해당하는 χ^2통계량 값은 〈표 12-3〉과 같다.

〈표 12-3〉 상위 5%에 해당하는 χ^2통계량 값

행 수(r)	열 수(c)	자유도 $(r-1)\times(c-1)$	상위 5% χ^2값
2	2	1	3.84
2	3	2	5.99
2	4	3	7.81
3	3	4	9.49
3	4	6	12.59

사교육실태조사.sav 파일을 불러온다.

① **분석-기술통계량-교차분석**을 선택한다.

② **행**에 **거주지**, **열**에 **사교육여부**를 보낸다.

③ **통계량**을 클릭하고 **카이제곱**을 선택, **계속**을 클릭한다.

④ **셀**을 클릭하고 **빈도**의 **관측빈도**와 **기대빈도**를 선택한다. 지역별 퍼센트를 구하기 위해 **퍼센트**의 **행**을 선택한다.

⑤ **계속**, **확인**을 클릭한다.

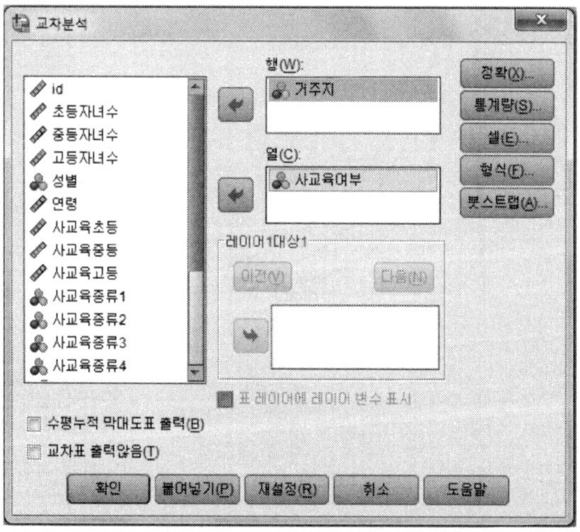

〈그림 12-2〉 교차분석

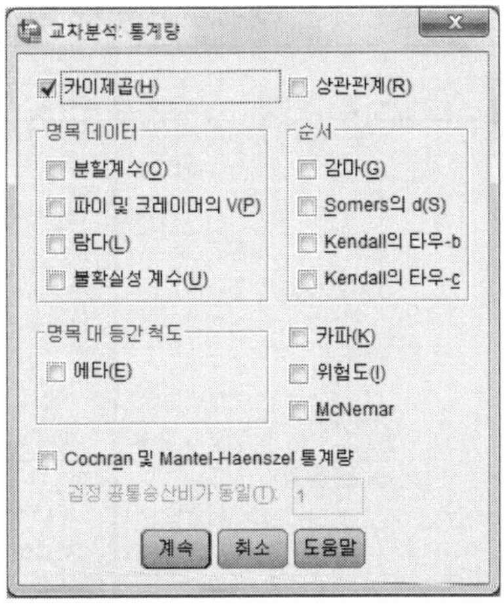

〈그림 12-3〉 교차분석 – 통계량

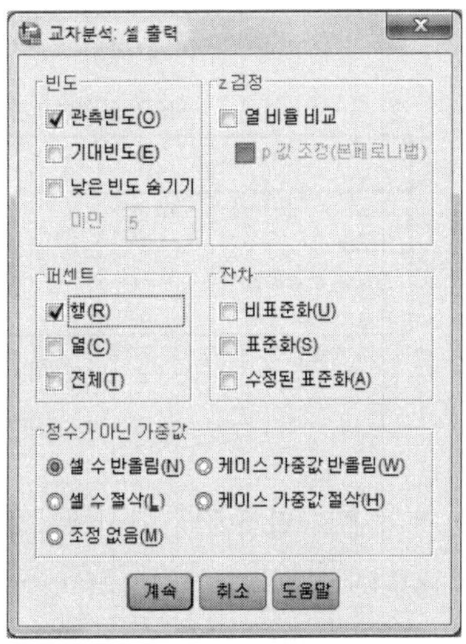

〈그림 12-4〉 교차분석 – 셀

〈그림 12-5〉의 교차표에는 거주지에 따른 사교육실시 여부의 빈도와 기대빈도, 사교육 실시 비율이 나타나 있다. 서울의 경우 사교육을 실시하는 비율은 67.4%이고, 광역시는 58.5%, 시지역은 53.1%, 읍·면 지역은 41.7%이고, 전체적으로는 56.5%가 사교육을 실시하고 있다.

거주지 * 사교육여부 교차표

			사교육여부		
			있음	없음	전체
거주지	서울	빈도	31	15	46
		기대빈도	26.0	20.0	46.0
		거주지 중 %	67.4%	32.6%	100.0%
	광역시	빈도	48	34	82
		기대빈도	46.3	35.7	82.0
		거주지 중 %	58.5%	41.5%	100.0%
	시지역	빈도	51	45	96
		기대빈도	54.2	41.8	96.0
		거주지 중 %	53.1%	46.9%	100.0%
	읍/면 지 역	빈도	10	14	24
		기대빈도	13.5	10.5	24.0
		거주지 중 %	41.7%	58.3%	100.0%
전체		빈도	140	108	248
		기대빈도	140.0	108.0	248.0
		거주지 중 %	56.5%	43.5%	100.0%

〈그림 12-5〉 교차표

카이제곱 검정

	값	자유도	점근 유의확률 (양측검정)
Pearson 카이제곱	4.951[a]	3	.175
우도비	4.990	3	.173
선형 대 선형결합	4.773	1	.029
유효 케이스 수	248		

a. 0 셀 (.0%)은(는) 5보다 작은 기대 빈도를 가지는 셀입니다. 최소 기대빈도는 10.45입니다.

〈그림 12-6〉 카이제곱값

〈그림 12-6〉의 카이제곱 검정에는 카이제곱값, 자유도, 유의확률과 함께 전체 셀 중 기대빈도가 5보다 작은 셀의 비율이 얼마인지 제시해 준다.

어떤 셀의 기대빈도가 5보다 작아지는 이유는 그 셀에 해당하는 행이나 열의 전체 케이스 수가 작기 때문이다. 따라서 기대빈도가 5보다 작은 셀이 많다는 것은 전체적으로 케이스 수가 작다는 것을 의미한다. 이런 경우 식 (1)로 구한 카이제곱값이 카이제곱분포를 따르지 않아서 카이제곱분포로부터 계산된 유의확률을 사용할 수가 없다. 그래서 기대빈도가 5보다 작은 셀이 전체 셀의 20%를 넘는 경우에는 카이제곱 검정을 하는 대신에 Fisher's Exact test를 이용해서 분석해야 한다. 사교육실태조사 자료는 5보다 작은 기대빈도를 가지는 셀이 0%로 모든 셀의 기대빈도가 5를 넘어서 카이제곱검정으로 지역별 사교육비율의 차이를 검정할 수 있다.

교차표가 2×2인 경우에는 카이제곱 검정결과에 Fisher's Exact test 결과가 포함되어 나온다. 교차표가 2×2보다 범주가 많은 경우에는 교차분석의 정확에서 정확한 검정을 선택하면 출력결과에 Fisher's Exact test 결과를 얻을 수 있다.

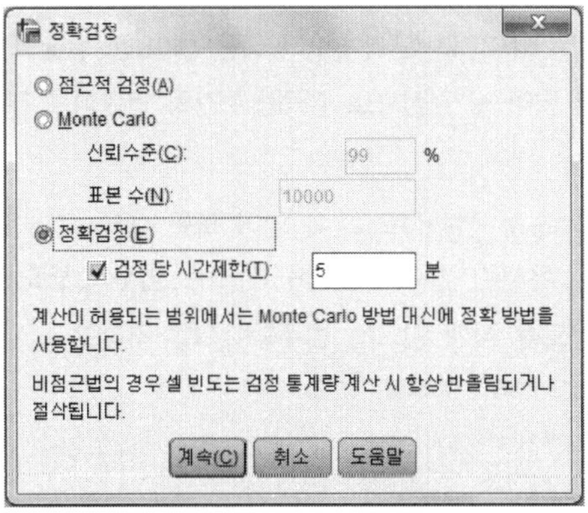

〈그림 12-7〉 정확검정

거주지에 따른 사교육 실시 빈도의 카이제곱 값은 4.951, 유의확률은 0.175로 모든 지역의 사교육 실시 비율은 동일하다는 귀무가설이 참일 때 표본으로부터 관찰된 지역 간 사교육 실시 비율의 차이보다 더 큰 차이가 관찰될 가능성이 17.5%나 있어 자료에서 나타난 거주지에 따른 사교육 실시 비율의 차이는 귀무가설을 기각할 만큼 큰 차이는 아니므로 유의수준 0.05에서 모든 지역의 사교육 실시 비율은 동일하다는 귀무가설을 기각할 수 없다. 분석결과는 보고서에 〈표 12-4〉와 같은 형태로 정리할 수 있다.

〈표 12-4〉의 결과를 해석해 보자.

전체적으로 56.5%가 사교육을 실시하는 것으로 나타났고, 각 지역별로는 서울이 67.4%, 광역시 58.5%, 시 지역 53.1%, 읍·면 지역 41.7%인 것으로 나타났으나 지역별 차이가 통계적으로 유의하지는 않다

〈표 12-4〉 지역별 사교육 실시 비율

지역	사교육		χ^2	p
	시키고 있다	안 시키고 있다		
	n (%)	n (%)		
서울	31 (67.4)	15 (32.6)	4.951	.175
광역시	48 (58.5)	34 (41.5)		
시	51 (53.1)	45 (46.9)		
읍·면 지역	10 (41.7)	14 (58.3)		
전체	140 (56.5)	108 (43.5)		

TIP

χ^2검정 시 유의점

카이제곱 검정 시 기대빈도가 5보다 작은 셀이 전체 셀의 20%를 넘으면 χ^2값이 χ^2 분포를 따르지 않아 χ^2검정으로 질적변수간의 연관성을 분석할 수가 없게 된다.

해결방안

① 자료의 수를 전체적으로 더 얻어 모든 셀의 기대빈도를 5보다 크게 만든다.
② 내용이 유사한 범주끼리 합하여 모든 범주의 빈도를 크게 만든다.
③ 기대빈도를 작게 만드는 범주를 결측처리하고 χ^2 검정을 한다.
④ Fisher's Exact test를 한다.

예제 12-1 사교육실태조사작업파일.sav 파일을 이용해서 응답자들의 일반적 특성(연령, 소득, 부학력, 모학력)에 따라 사교육 실시 비율이 차이가 있는지 검정하라. □

사교육실태조사작업파일.sav 파일을 불러온다.

① **분석-기술통계량-교차분석**을 선택한다.
② **행**에 **연령대, 소득, 부학력, 모학력, 열**에 **사교육여부**를 보낸다.
③ **통계량**을 클릭, **카이제곱**을 선택하고 **계속**을 클릭한다.
④ **셀**을 클릭하고 **퍼센트**의 **행**을 선택한다.
⑤ **계속, 확인**을 클릭한다.

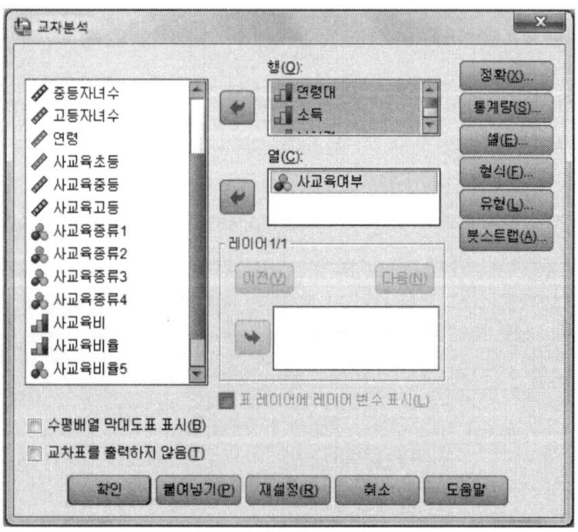

〈그림 12-8〉 교차분석

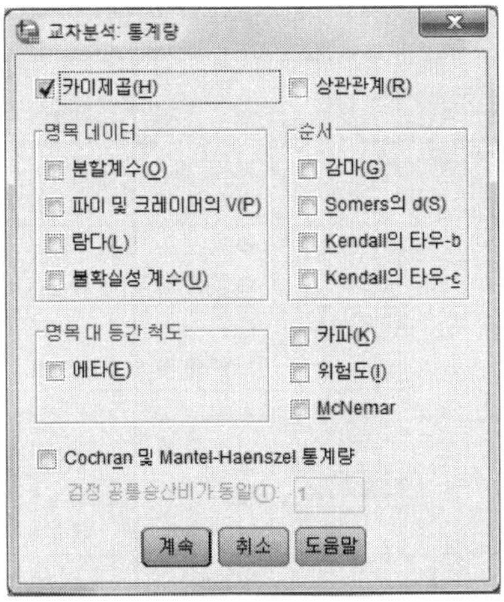

〈그림 12-9〉 교차분석 – 통계량

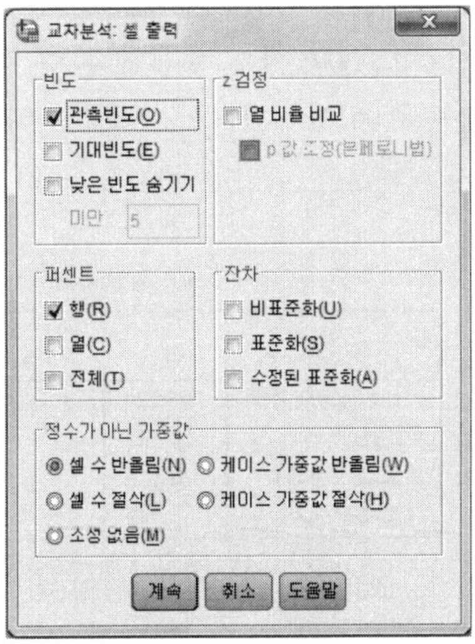

〈그림 12-10〉 교차분석 – 셀

〈그림 12-11〉의 교차표를 살펴보면 34세 이하는 71.0%가 사교육을 실시하고, 35-39세는 52.3%, 40-44세는 62.5%, 45-49세는 64.6%, 50세 이상은 44.4%가 사교육을 실시한다.

교차분석

			사교육여부		전체
			있음	없음	
연령	34세 이하	빈도	22	9	31
		연령 중 %	71.0%	29.0%	100.0%
	35세~39세	빈도	45	41	86
		연령 중 %	52.3%	47.7%	100.0%
	40세~44세	빈도	60	36	96
		연령 중 %	62.5%	37.5%	100.0%
	45세~49세	빈도	9	17	26
		연령 중 %	34.6%	65.4%	100.0%
	50세 이상	빈도	4	5	9
		연령 중 %	44.4%	55.6%	100.0%
전체		빈도	140	108	248
		연령 중 %	56.5%	43.5%	100.0%

〈그림 12-11〉 교차표

〈그림 12-12〉의 카이제곱 검정 결과를 보면 카이제곱값이 10.252, 유의확률이 0.036으로 유의수준 0.05보다 작아서 "연령에 따른 사교육 실시 비율 차이가 없다"는 귀무가설을 기각하고 연령별 사교육 실시 비율은 유의한 차이가 있다.

카이제곱 검정

	값	자유도	근사 유의확률 (양측검정)
Pearson 카이제곱	10.252[a]	4	.036
우도비	10.347	4	.035
선형 대 선형결합	3.133	1	.077
유효 케이스 수	248		

a. 1 셀 (10.0%)은(는) 5보다 작은 기대 빈도를 가지는 셀입니다. 최소 기대빈도는 3.92입니다.

〈그림 12-12〉 카이제곱값

나머지 출력결과도 읽어보고 출력결과를 보고서로 작성해 보자.

① **분석-사용자 정의 표-사용자 정의 표**를 선택하고 **확인**을 클릭한다.

② **연령**, **소득**, **부학력**, **모학력**은 **행**, **사교육여부**는 **열**로 보낸다.

③ **행**에 있는 변수인 **연령**을 클릭하면 **요약 통계량**이 활성화된다. **요약 통계량**을 클릭하고 **통계량**의 **행 N%**를 **표시**로 보낸다. **행N%**의 **형식**을 (nnn.n)으로 바꾸고 **모든 항목에 적용**을 클릭한다.

④ **확인**을 클릭한다.

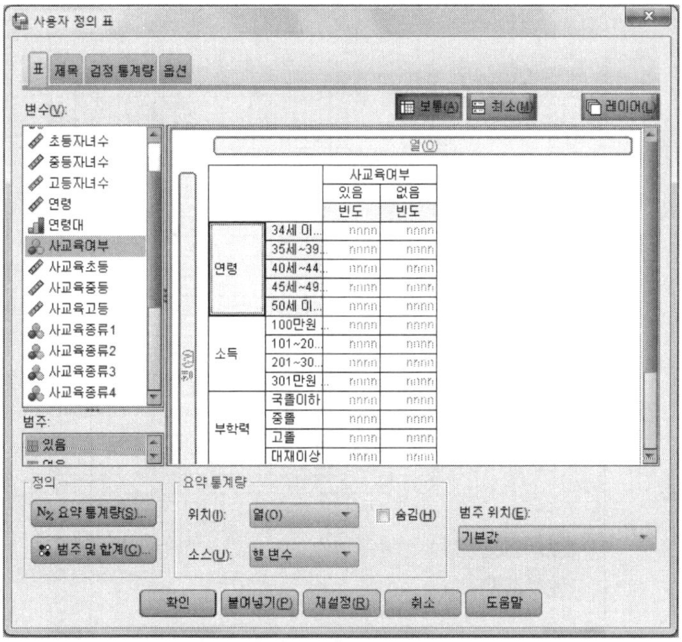

〈그림 12-13〉 사용자 정의 표

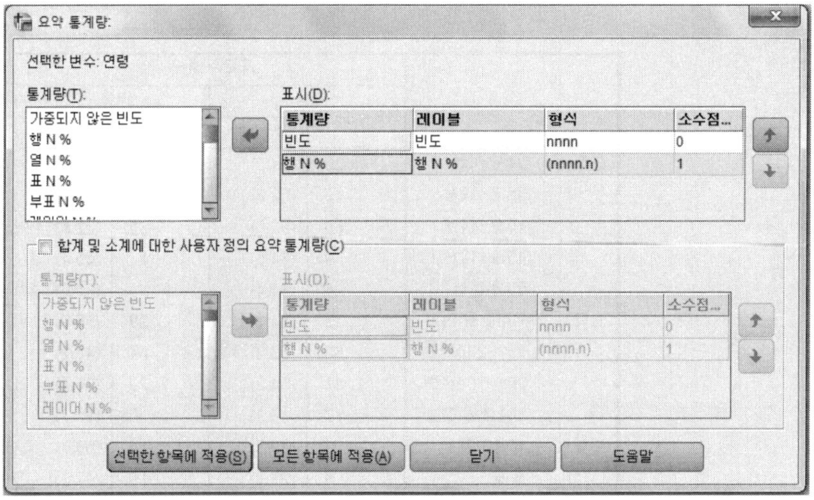

〈그림 12-14〉 사용자 정의 표 - 요약통계량

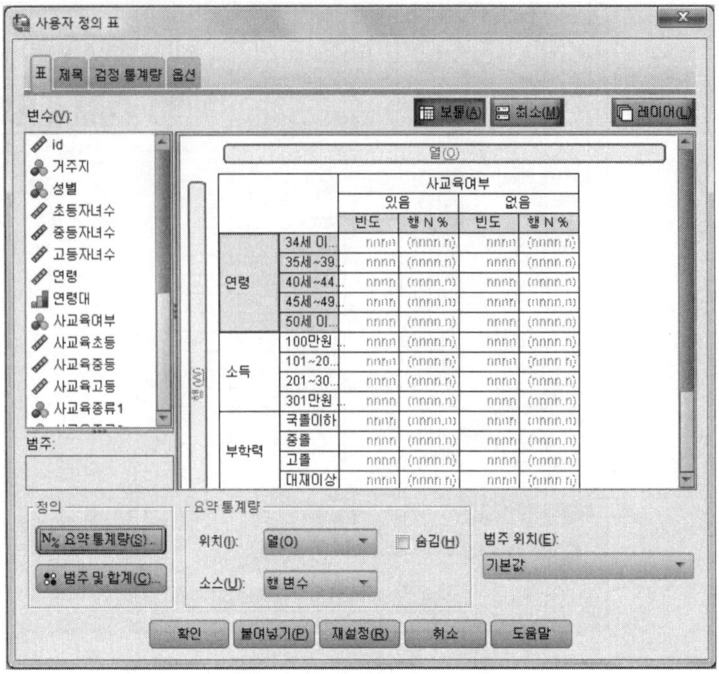

〈그림 12-15〉 사용자 정의 표

		사교육여부			
		있음		없음	
		빈도	행 N %	빈도	행 N %
연령	34세 이하	22	(71.0)	9	(29.0)
	35세~39세	45	(52.3)	41	(47.7)
	40세~44세	60	(62.5)	36	(37.5)
	45세~49세	9	(34.6)	17	(65.4)
	50세 이상	4	(44.4)	5	(55.6)
소득	100만원 이하	23	(44.2)	29	(55.8)
	101~200만원	63	(53.8)	54	(46.2)
	201~300만원	37	(64.9)	20	(35.1)
	301만원 이상	17	(77.3)	5	(22.7)
부학력	국졸이하	3	(33.3)	6	(66.7)
	중졸	6	(27.3)	16	(72.7)
	고졸	54	(52.9)	48	(47.1)
	대재이상	77	(67.0)	38	(33.0)
모학력	국졸이하	3	(18.8)	13	(81.3)
	중졸	14	(40.0)	21	(60.0)
	고졸	72	(54.1)	61	(45.9)
	대재이상	51	(79.7)	13	(20.3)

〈그림 12-16〉 통계표 작성

〈그림 12-16〉의 통계표와 〈그림 12-12〉의 카이제곱값을 〈표 12-5〉와 같은 형태의 보고서로 정리해 볼 수 있다. 일반적 특성에 따른 사교육 실시여부는 연령(p=.036)과 소득(p=.029), 부학력(p=.002), 모학력(p=.000)에 따라 통계적으로 유의한 차이를 보인다.

〈표 12-5〉 일반적 특성에 따른 사교육 실시 비율

특성	구분	사교육여부				χ^2	p
		있음		없음			
		n	(%)	n	(%)		
연령	34세 이하	22	(71.0)	9	(29.0)	10.252	.036*
	35-39세	45	(52.3)	41	(47.7)		
	40-44세	60	(62.5)	36	(37.5)		
	45-49세	9	(34.6)	17	(65.4)		
	50세 이상	4	(44.4)	5	(55.6)		
소득	100만원 이하	23	(44.2)	29	(55.8)	9.021	.029*
	101~200만원	63	(53.8)	54	(46.2)		
	201~300만원	37	(64.9)	20	(35.1)		
	301만원 이상	17	(77.3)	5	(22.7)		
부학력	국졸이하	3	(33.3)	6	(66.7)	15.249	.002**
	중졸	6	(27.3)	16	(72.7)		
	고졸	54	(52.9)	48	(47.1)		
	대재이상	77	(67.0)	38	(33.0)		
모학력	국졸이하	3	(18.8)	13	(81.3)	27.450	.000***
	중졸	14	(40.0)	21	(60.0)		
	고졸	72	(54.1)	61	(45.9)		
	대재이상	51	(79.7)	13	(20.3)		

* $p<.05$ ** $p<.01$ *** $p<.001$

12.2 빈도로 정리된 자료의 교차분석

교차표로 정리되어 있는 자료를 이용해서 χ^2검정을 하는 방법에 대해 알아보자. 백신 종류에 따라 항체가 생기는 정도에 차이가 있는지 알아보는 문제를 생각해 보자. 실험에 참여한 50명 중 30명은 A백신을 접종하고 20명은 B백신을 접종한 결과 A백신을 접종한 30명 중 26명에게 항체가 생겼고 B백신을 접종한 20명 중 11명에게 항체가 생겼다고 해보자. 〈표 12-6〉은 항체 생성 결과를 정리한 표이다.

〈표 12-6〉 백신의 종류에 따른 항체 생성 여부

백신종류	항체		전체
	생김	안 생김	
A백신	26	4	30
B백신	11	9	20
전체	37	13	50

〈표 12-6〉의 자료를 바탕으로 백신 종류에 따라 항체가 생기는 정도에 차이가 있는지 검정해 보자. 귀무가설과 대립가설은 다음과 같다.

H_0 : A백신과 B백신의 항체 생성 비율은 동일하다.

H_1 : A백신과 B백신의 항체 생성 비율은 차이가 있다.

〈표 12-6〉의 자료를 SPSS 데이터 파일로 만들어 보자. 백신의 종류에 대한 항체 생성 비율을 비교하기 위해 백신을 접종한 사람에 대해 기록해야 하는 내용은 접종한 백신의 종류와 항체 생성여부로 백신 종류를 나타내는 변수는 백신, 항체 생성여부를 나타내는 변수는 결과로 해 보자. A백신은 1, B백신은 2로 입력하고, 항체가 생겼으면 1, 항체가 생기지 않았으면 2로 입력해 보자. 그리고 각 셀의 빈도를 입력할 변수이름을 명수로 하고 각 셀에 해당하는 빈도를 명수에 입력하자.

(1) 변수이름 입력하기

① 데이터 편집기의 **변수 보기** 화면에서 **이름**에 **'백신'**, **'결과'**, **'명수'**를 입력한다.
② 백신과 결과는 질적변수로 **값**에 변수값 설명을 한다.
③ **데이터 보기** 화면에서 〈표 12-6〉의 자료를 입력한다.

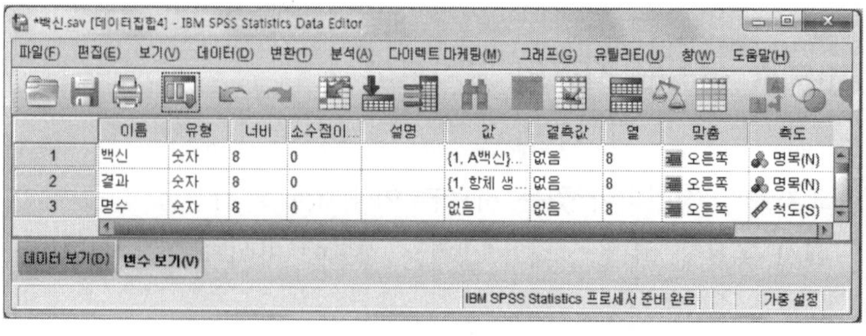

〈그림 12-17〉 백신자료 – 변수 보기 화면

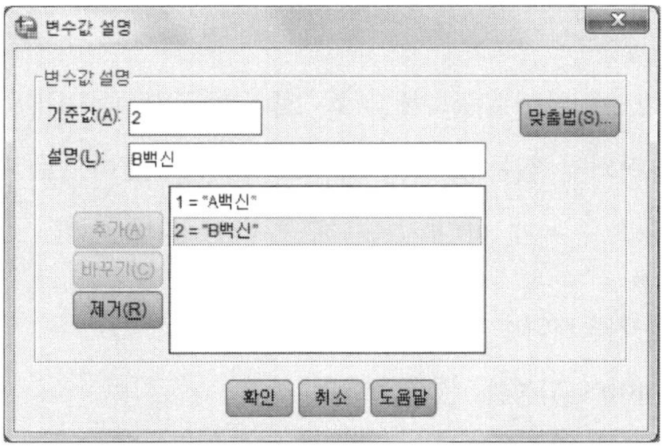

〈그림 12-18〉 백신자료 – 백신 값 설명

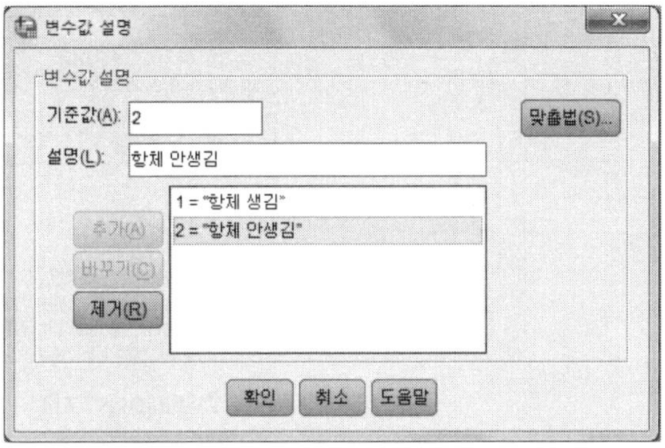

〈그림 12-19〉 백신자료 – 결과 값 설명

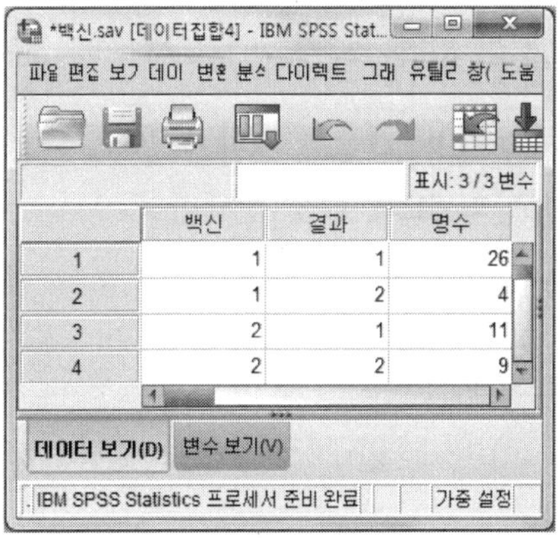

〈그림 12-20〉 백신자료 – 데이터 보기 화면

(2) 가중치 설정

데이터 보기 화면의 한 행은 한 케이스를 의미하지만 백신 자료에서는 한 행이 명수에 입력되어 있는 수만큼 케이스가 있는 것이므로 각 행의 명수에 있는 수만큼 가중치를 주어야 한다.

① **데이터-가중케이스**를 선택한다.
② **가중 케이스 지정**을 선택한다.
③ **빈도변수**에 **명수**를 보내고 **확인**을 클릭한다.

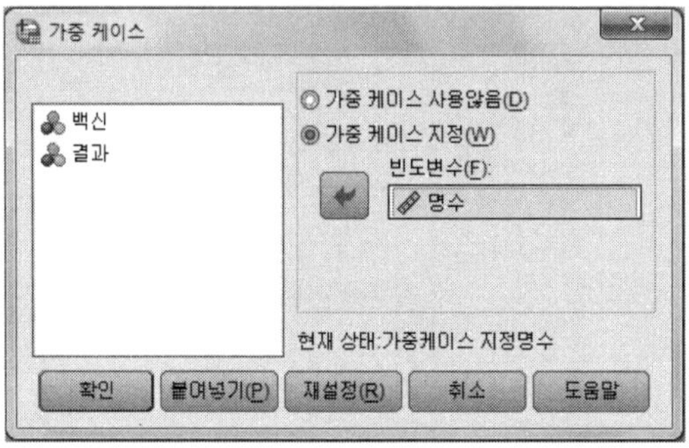

〈그림 12-21〉 가중케이스 지정

(3) 교차표와 카이제곱값 구하기

① **분석-기술통계량-교차분석**을 선택한다.
② **행**에 **백신**, **열**에 **결과**를 보낸다.
③ **통계량**을 클릭, **카이제곱**을 선택하고 **계속**을 클릭한다.
④ **셀**을 클릭하고 **퍼센트**의 **행**을 선택한다.
⑤ **계속**, **확인**을 클릭한다.

〈그림 12-22〉의 교차표를 보면 A백신을 접종한 사람의 86.7%에게 항체가 생겼고 B백신을 접종한 사람의 55.0%에게 항체가 생겨서 A백신이 B백신에 비해 항체 생성 비율이 높다.

백신 * 결과 교차표

			결과		전체
			항체 생김	항체 안생김	
백신	A백신	빈도	26	4	30
		백신 중 %	86.7%	13.3%	100.0%
	B백신	빈도	11	9	20
		백신 중 %	55.0%	45.0%	100.0%
전체		빈도	37	13	50
		백신 중 %	74.0%	26.0%	100.0%

〈그림 12-22〉 교차표

카이제곱 검정

	값	자유도	점근 유의확률 (양측검정)	정확한 유의확률 (양측검정)	정확한 유의확률 (단측검정)
Pearson 카이제곱	6.254[a]	1	.012		
연속수정[b]	4.717	1	.030		
우도비	6.220	1	.013		
Fisher의 정확한 검정				.021	.015
선형 대 선형결합	6.129	1	.013		
유효 케이스 수	50				

a. 0 셀 (.0%)은(는) 5보다 작은 기대 빈도를 가지는 셀입니다. 최소 기대빈도는 5.20입니다.

b. 2x2 표에 대해서만 계산됨

〈그림 12-23〉 카이제곱값

〈그림 12-23〉의 카이제곱검정 결과를 보면 Pearson 카이제곱과 함께 Fisher의 정확한 검정에 의한 유의확률이 제시되어 있다. 백신종류와 항체 생성 여부 모두 범주가 2개로 2×2 교자표에 대한 교차분석을 하면 별도의 선텍없이 Fisher의 정확한 검정 결과가 함께 출력된다. 기대빈도를 보면 전체 셀에서 가장 작은 기대빈도는 5.20으로 모든 셀의 기대빈도가 5를 넘어 기대빈도가 5보다 작은 셀은 0%로 Pearson 카이제곱값과 유의확률을 가지고 백신종류와 항체 생성 여부의 관련성에 대한 검정을 할 수 있다. 만일 기대빈도가 5보다 작은 셀이 많으면 Fisher의 정확한 검정의 정확한 유의확률(양측검정)을 이용해서 검정해야 한다.

카이제곱값이 6.254이고 유의확률이 0.012로 "항체 생성 여부는 백신 종류와 무관하다"는 귀무가설이 참일 때 백신 A백신과 B백신의 항체가 생긴 비율이 자료에서 나타난 차이보다 더 큰 차이를 보일 가능성이 1.2%로 자료에서 나타난 백신 종류에 따른 항체 생성 비율의 차이는 유의수준 0.05에서 볼 때 우연히 나타난 차이라고 보기에는 큰 차이로 귀무가설을 기각하고 "항체 생성 여부는 백신 종류와 관련이 있다"는 대립가설을 채택한다.

따라서 백신 종류에 따라 항체가 생기는 비율은 통계적으로 유의한 차이가 있고(p=.012), *A*백신을 접종한 경우에는 86.7%가 항체가 생기고 *B*백신을 접종한 경우에는 55.0%가 항체가 생겨 B백신에 비해 A백신이 항체가 생기는 비율이 높다.

분석결과를 백신 종류에 따른 항체 생성 비율과 함께 χ^2값과 유의확률을 〈표 12-7〉과 같은 형태의 보고서로 정리할 수 있다.

〈표 12-7〉 백신의 종류에 따른 항체 생성 여부

백신	항체		χ^2	p
	생김	안 생김		
	n(%)	n(%)		
*A*백신	26(86.7)	4(13.3)	6.254	.012*
*B*백신	11(55.0)	9(45.0)		
전체	37(74.0)	13(26.0)		

* $p<.05$

13 CHAPTER

상관분석

13장에서는 공부시간과 성적, 스트레스와 만족도, 경력과 업무에 대한 숙련도 등 두 개의 양적 변수 간의 관련성을 파악하는 방법에 대해 알아보자. 〈표 13-1〉은 20명의 학생을 대상으로 공부시간(단위:시간)과 시험 성적(100점 만점)을 조사한 자료이다.

〈표 13-1〉 20명 학생의 공부시간과 성적자료

학생번호	1	2	3	4	5	6	7	8	9	10
공부시간(시간)	5	6	8	10	4	2	5	7	9	5
성적	55	70	72	85	60	64	70	74	88	65
학생번호	11	12	13	14	15	16	17	18	19	20
공부시간(시간)	4	3	4	8	8	9	14	11	5	7
성적	72	60	50	85	75	90	95	65	90	68

〈그림 13-1〉은 〈표 13-1〉의 자료를 공부시간을 X축, 성적을 Y축으로 해서 그린 산점도이다.

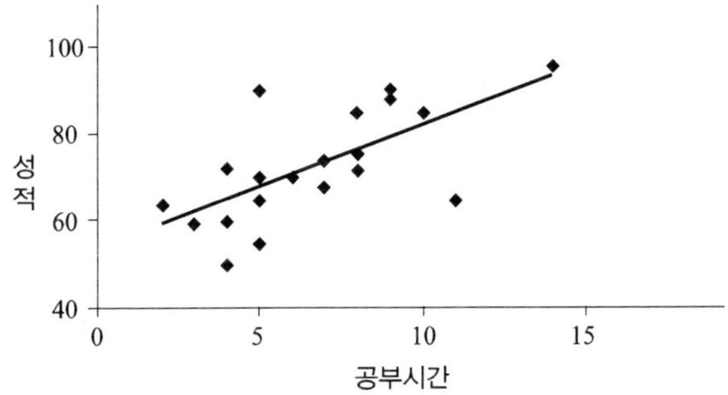

〈그림 13-1〉 공부시간과 성적의 산점도

〈그림 13-1〉의 산점도로부터 공부시간과 성적 간의 관련성을 살펴보면 공부시간이 적은데도 성적이 높은 경우와 공부시간이 많음에도 시험성적이 낮은 경우도 있지만 전체적으로 볼 때 공부시간이 늘어날수록 성적이 증가하는 경향이 있다. 이처럼 두 변수의 움직임의 방향이 일치하는 경향이 있으면 두 변수 사이에 정적(+) 상관관계 또는 양의 상관관계가 있다고 한다. 이와 반대로 어떤 한 변수가 증가할수록 다른 변수가 감소하는 경향이 있으면 부적(−) 상관관계 또는 음의 상관관계가 있다고 한다.

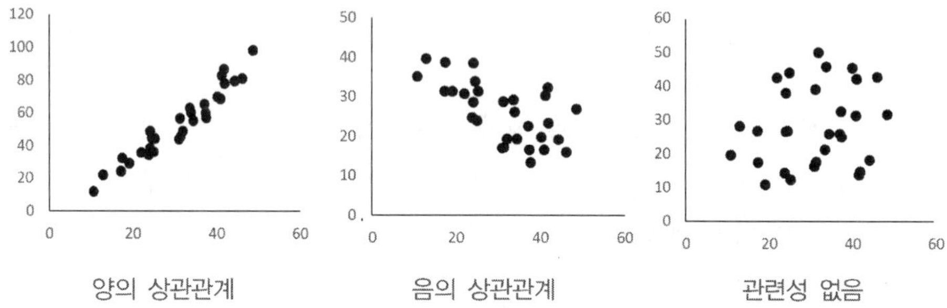

〈그림 13-2〉 두 변수 간의 관련성의 유형

산점도를 통해 두 변수 사이에 존재하는 관련성의 형태를 파악했다면 관련성의 정도를 측정할 수 있는 척도에 대해 생각해 보자.

$X=\mu_X$와 $Y=\mu_Y$를 기준으로 산점도를 4개의 영역으로 나누어보자.

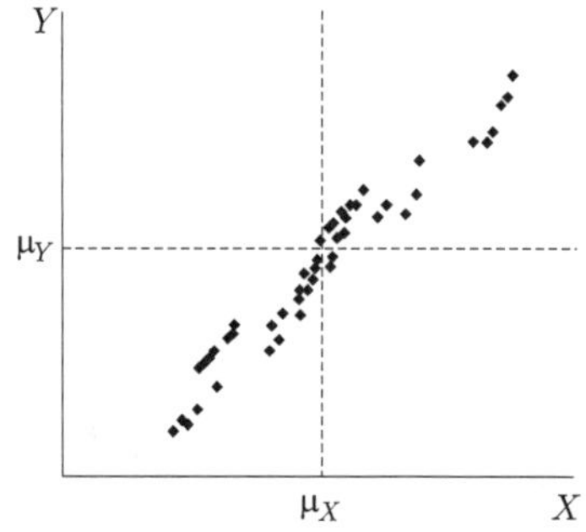

〈그림 13-3〉 X변수와 Y변수의 편차곱의 부호

1사분면과 3사분면에 있는 자료들은 두 변수가 모두 평균보다 큰 값을 갖거나 평균보다 작은 값을 갖는 자료들이고, 2사분면과 4사분면에 있는 자료들은 두 변수 중 하나가 평균보다 큰 값을 가지면 나머지 하나는 평균보다 작은 값을 갖는 자료들이다. 따라서 두 변수가 양의 상관관계를 갖는다면 자료들은 주로 1사분면과 3사분면에 있을 것이고, 두 변수가 음의 상관관계를 갖는다면 자료들은 주로 2사분면과 4사분면에 있을 것이다. 각 자료들의 편차 곱인 $(X_i - \mu_X)(Y_i - \mu_Y)$를 구하면 1사분면과 3사분면에 있는 자료들은 두 변수의 편차의 부호가 같아서 편차 곱은 양(+)의 값을 갖고, 2사분면과 4사분면에 있는 자료들은 두 변수의 편차의 부호가 달라서 편차 곱은 음(−)의 값을 갖게 된다.

두 변수의 편차 곱의 평균을 공분산(Covariance, $COV(X, Y)$)이라고 한다.

$$COV(X, Y) = \frac{\sum_{i=1}^{N}(X_i - \mu_X)(Y_i - \mu_Y)}{N} \quad \cdots\cdots (1)$$

두 변수가 양의 상관관계를 갖는다면 자료들은 주로 1사분면과 3사분면에 분포할 것이므로 편차들의 곱이 양인 자료들이 많아서 공분산은 양(+)의 값을 갖게 된다. 반면에 두 변수 사이에 음의 상관관계가 존재한다면 자료들은 주로 2사분면과 4사분면에 분포할 것이므로 편차들의 곱이 음(−)의 값을 갖는 자료들이 많아서 공분산은 음의 값을 갖게 된다.

이제 표본으로부터 공분산을 추정해 보자. 모평균의 추정치인 표본평균 $\bar{x}$와 $\bar{y}$를 사용해서 구한 표본 공분산은 식 (2)와 같다. 표본 공분산을 구하는 식의 분모가 n이 아닌 $n-1$인 이유는 μ_x와 μ_y 대신 표본으로부터 추정한 $\bar{x}$와 $\bar{y}$를 사용하여 편차를 구했기 때문이다.

$$\text{표본 공분산} = \frac{\sum_{i=1}^{n}(X_i - \bar{x})(Y_i - \bar{y})}{n-1} \quad \cdots\cdots (2)$$

이제 공분산이 두 변수의 관련성의 방향과 함께 관련성의 정도를 재는 척도로 적합한지 생각해보자.

공부시간과 성적의 공분산을 구할 때 성적을 10점 만점으로 측정하게 되면 100점 만점으로 측정한 경우보다 성적의 편차가 1/10로 줄어들어 공분산의 크기도 1/10로 줄어든다.

이렇듯 공분산은 각 변수의 편차 곱을 이용해서 변수 간의 관련성을 측정하기 때문에 변수 간의 관련성의 크기와 함께 편차의 크기에도 영향을 받아 자료의 측정 단위의 변화에도 값이 달라져서 공분산의 크기로 변수 간 관련성의 크기를 측정하기에는 적합하지 않다. 따라서 공분산을 각 변수의 표준편차로 나누어서 변수의 단위나 편차의 크기에 영향을 받지 않고 두 변수 간 관련성의 정도를 측정하는 척도가 상관계수이다.

모집단의 상관계수 ρ_{XY}의 계산식은 식 (3)과 같고 표본으로부터 구한 ρ_{XY}의 추정량 r_{XY}는 식 (4)와 같다.

$$\rho_{XY} = \frac{\text{공분산}}{X\text{의 표준편차} \times Y\text{의 표준편차}} = \frac{\sum_{i=1}^{N}(X_i - \mu_X)(Y_i - \mu_Y)}{\sqrt{\sum_{i=1}^{N}(X_i - \mu_X)^2}\sqrt{\sum_{i=1}^{N}(Y_i - \mu_Y)^2}} \quad \cdots\cdots (3)$$

$$r_{xy} = \frac{\text{표본 공분산}}{X\text{의 표본 표준편차} \times Y\text{의 표본 표준편차}} = \frac{\sum_{i=1}^{n}(X_i - \overline{x})(Y_i - \overline{y})}{\sqrt{\sum_{i=1}^{n}(X_i - \overline{x})^2}\sqrt{\sum_{i=1}^{n}(Y_i - \overline{y})^2}} \quad \cdots\cdots (4)$$

두 변수 간 관련성의 유형에 따른 상관계수의 크기는 〈그림 13-4〉와 같다.

상관계수의 부호로부터 관련성의 방향에 대한 정보를 얻고 상관계수의 크기로부터 두 변수 간 관련성의 크기에 대한 정보를 얻는데 관련성이 강할수록 상관계수는 ±1에 가까운 값을 갖고 관련성이 약할수록 0에 가까운 값을 갖는다.

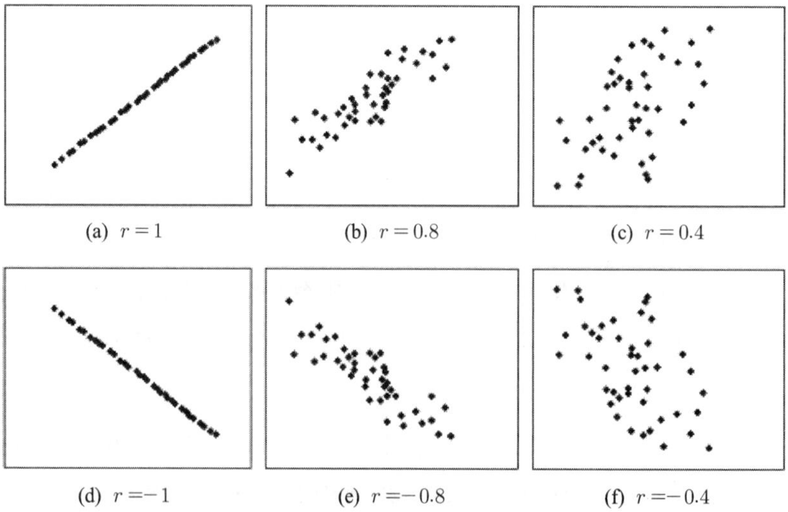

(a) $r = 1$ (b) $r = 0.8$ (c) $r = 0.4$
(d) $r = -1$ (e) $r = -0.8$ (f) $r = -0.4$

〈그림 13-4〉 산점도와 상관계수

그렇다면 상관계수의 크기로부터 두 변수 사이의 기울기에 대한 정보도 얻을 수 있는지 알아보자.

$Y = kX(k \neq 0)$의 완벽한 일차함수관계가 존재할 때 상관계수는

$$\begin{aligned}\rho_{XY} &= \frac{\sum_{i=1}^{N}(X_i - \mu_X)(Y_i - \mu_Y)}{\sqrt{\sum_{i=1}^{N}(X_i - \mu_X)^2}\sqrt{\sum_{i=1}^{N}(Y_i - \mu_Y)^2}} \\ &= \frac{\sum_{i=1}^{N}(X_i - \mu_X)(kX_i - k\mu_X)}{\sqrt{\sum_{i=1}^{N}(X_i - \mu_X)^2}\sqrt{\sum_{i=1}^{N}(kX_i - k\mu_X)^2}} \\ &= \frac{k\sum_{i=1}^{N}(X_i - \mu_X)^2}{|k|\sum_{i=1}^{N}(X_i - \mu_X)^2} \\ &= \frac{k}{|k|}\end{aligned}$$

이 되어 k의 크기와는 관계없이 k의 부호에 따라 ± 1의 값을 갖는다. $k > 0$이면 $\rho_{XY} = 1$이고, $k < 0$이면 $\rho_{XY} = -1$이 된다.

상관계수로부터 두 변수 간의 관련성이 얼마나 강한지에 대한 정보는 얻을 수 있지만 X가 1만큼 변할 때 Y가 얼마나 변하는지에 대해서는 알 수가 없다.

TIP

상관계수의 부호로부터 관련성의 방향에 대한 정보를, 상관계수의 크기로부터 두 변수 간의 관련성이 어느 정도 강한지에 대한 정보를 얻을 수 있다. 그러나 상관계수의 크기로부터 변수 X가 한 단위 증가할 때 변수 Y가 평균적으로 얼마나 변하는지 두 변수 간의 추세식의 기울기에 대한 정보는 얻을 수 없다.
두 변수 사이의 추세식을 추정해 주는 통계기법이 회귀분석이다.

상관계수를 이용해서 두 변수 사이의 관련성 정도를 측정할 때 고려해야 할 부분에 대해 알아보자.

〈그림 13-5〉에서 A는 실제로 두 변수 간에 아무런 관련성이 없는 경우로 상관계수도 0이 나온다. 그러나 B는 두 변수 사이에 존재하는 관련성의 형태가 곡선으

로 두 변수의 편차 곱이 양수인 자료와 음수인 자료가 골고루 분포하고 있어서 두 변수 사이에 관련성은 있지만 공분산과 상관계수는 0의 값을 갖는다.

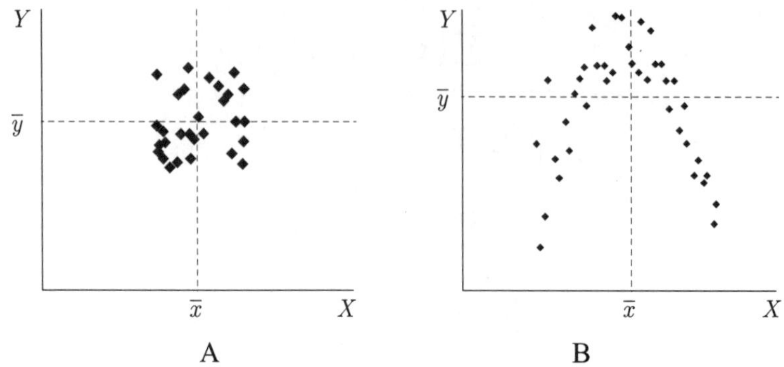

〈그림 13-5〉 상관계수가 0인 경우

상관계수는 두 변수 간의 일차 선형관계를 재는 척도로 두 변수 간에 관련성이 없으면(서로 독립이면) $\rho_{XY}=0$이지만, $\rho_{XY}=0$이라고 두 변수가 관련성이 없다(독립이다)고는 말할 수 없다. 따라서 상관계수를 이용해서 양적 변수 간의 관련성에 대해 분석을 할 때 산점도를 그려서 두 변수 간의 관련성이 선형인지 확인해 보고 상관계수를 구하자.

〈표 13-3〉의 자료를 SPSS 데이터 편집기에 입력해 보자.

(1) 자료 입력하기

① 데이터 편집기의 **변수 보기** 화면의 **이름**에 'id', '**공부시간**', '**성적**'을 입력한다.

② **데이터 보기** 화면에 〈표 13-3〉의 자료를 입력한다.

〈표 13-3〉 20명 학생의 공부시간과 성적자료

학생번호	1	2	3	4	5	6	7	8	9	10
공부시간(시간)	5	6	8	10	4	2	5	7	9	5
성적	55	70	72	85	60	64	70	74	88	65
학생번호	**11**	**12**	**13**	**14**	**15**	**16**	**17**	**18**	**19**	**20**
공부시간(시간)	4	3	4	8	8	9	14	11	5	7
성적	72	60	50	85	75	90	95	65	90	68

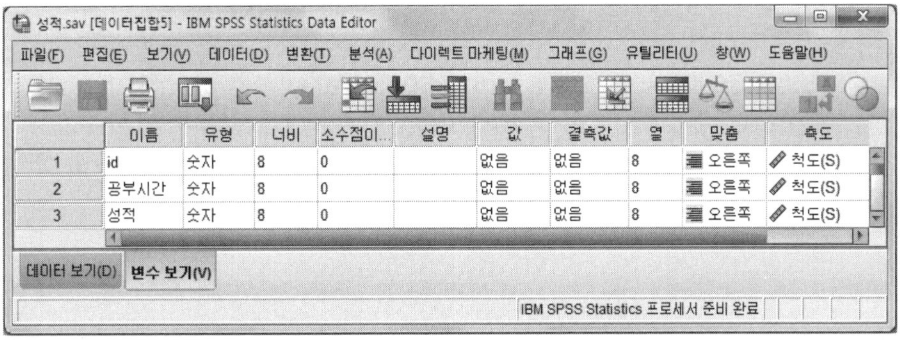

〈그림 13-6〉 성적자료 – 변수 보기 화면

〈그림 13-7〉 성적자료 – 데이터 보기 화면

(2) 산점도 그리기

① **그래프–레거시 대화상자–산점도/점도표**를 선택한다.

② **단순 산점도**를 선택하고 **정의**를 클릭한다.

③ X**축**에 **공부시간**, Y**축**에 **성적**을 보내고 **확인**을 클릭한다.

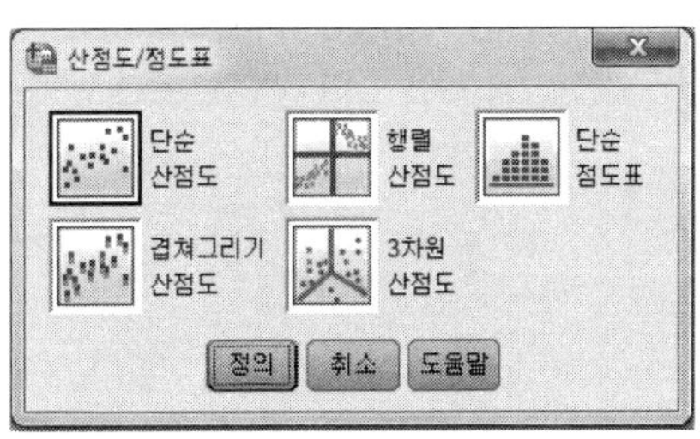

〈그림 13-8〉 그래프 – 산점도 종류

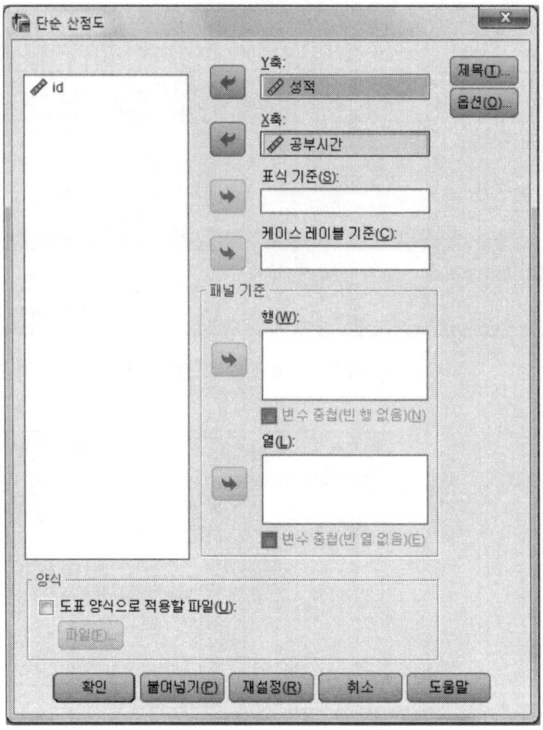

〈그림 13-9〉 그래프 – 산점도

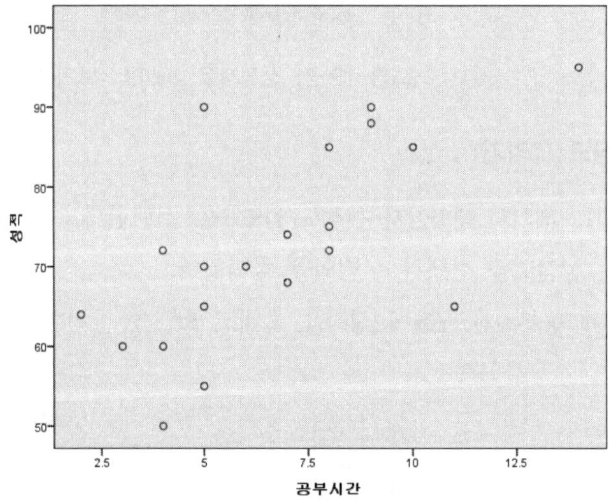

〈그림 13-10〉 공부시간과 성적의 산점도

TIP

산점도 종류

- **단순산점도** : 두 개 변수에 대한 산점도를 그린다.
- **행렬 산점도** : 여러 변수의 모든 쌍에 대한 산점도를 하나의 그래프에 그린다.
- **단순 점도표** : 변수의 개별 값에 대한 빈도를 나타내주는 그래프를 그린다.
- **겹쳐 그리기 산점도** : 여러 개의 산점도의 하나의 축에 겹쳐서 그린다.
- **3차원 산점도** : 세 개의 변수를 축으로 하는 3차원 산점도를 그린다.

TIP

단순 산점도

- **표시 기준** : 산점도의 점들을 기준변수의 범주에 따라 다른 색으로 표시해 주어서 기준변수 값에 따라 두 변수의 움직임에 어떤 차이가 있는지 확인할 수 있다.
- **행** : 산점도를 행에 있는 변수의 범주에 따라 세로 방향으로 서로 다른 그래프에 그려준다.
- **열** : 산점도를 열에 있는 변수의 범주에 따라 가로 방향으로 서로 다른 그래프에 그려준다.

(3) 산점도에 추세선 그리기

① 출력결과에서 도표를 더블클릭하면 **도표 편집기**가 활성화된다.

② **도표 편집기**의 도표에서 마우스의 오른쪽을 클릭하고 단축메뉴에서 **추가 전체 회귀선 적합**을 선택, **닫기**를 클릭하면 산점도에 회귀선이 그려신다. 회귀신은 기본이 **선형**이다. 선형 이외에 다른 형태의 회귀선을 그리고 싶을 때는 **특성-회귀선 적합-적합 방법**에서 원하는 형태를 선택하고 **닫기**를 클릭한다.

③ 원하는 작업을 마치면 도표편집기를 종료한다.

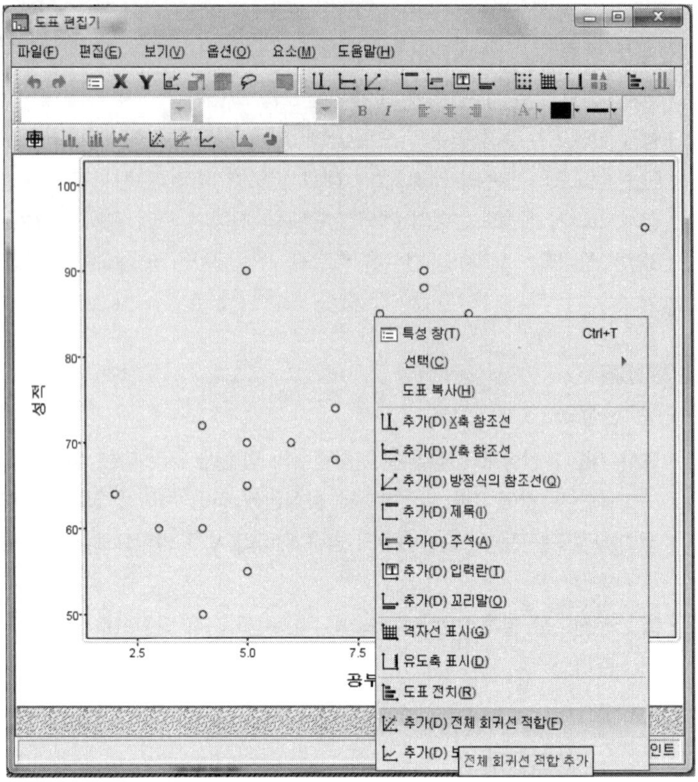

〈그림 13-11〉 도표편집기 – 추가 전체 적합선

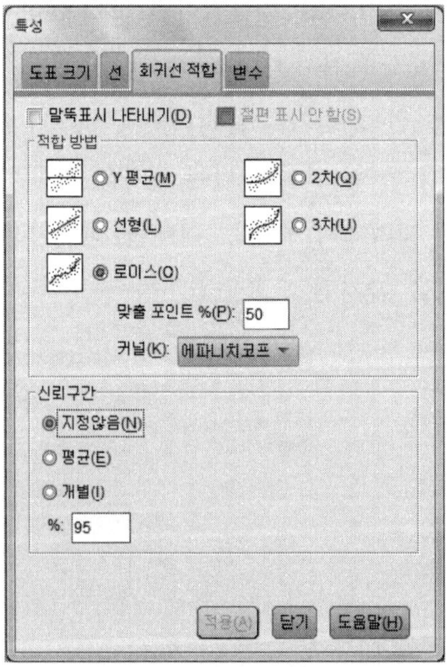

〈그림 13-12〉 도표편집기 – 특성

〈그림 13-13〉을 보면 산점도에 회귀선이 그려져 있다. $y = 54.01 + 2.78^* x$는 두 변수 간의 회귀식이고 R^2선형모형=0.431은 회귀선에 대한 설명력(R^2)으로 14장을 참고하자.

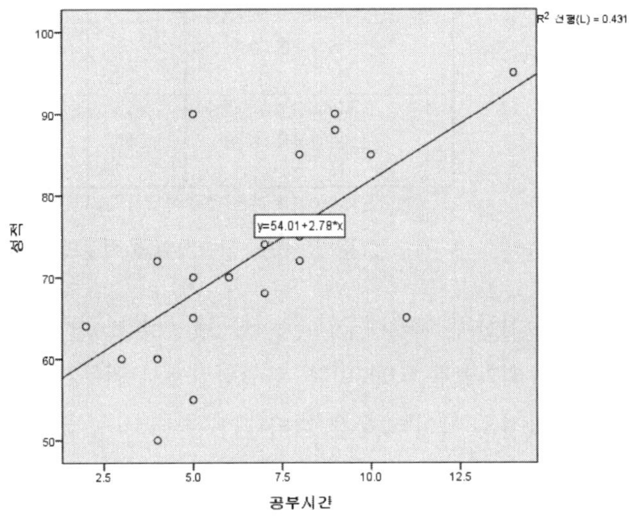

〈그림 13-13〉 공부시간과 성적 산점도

(4) 상관계수 구하기

① **분석-상관분석-이변량 상관**을 선택한다.

② **변수**에 **공부시간**과 **성적**을 보내고 **확인**을 클릭한다.

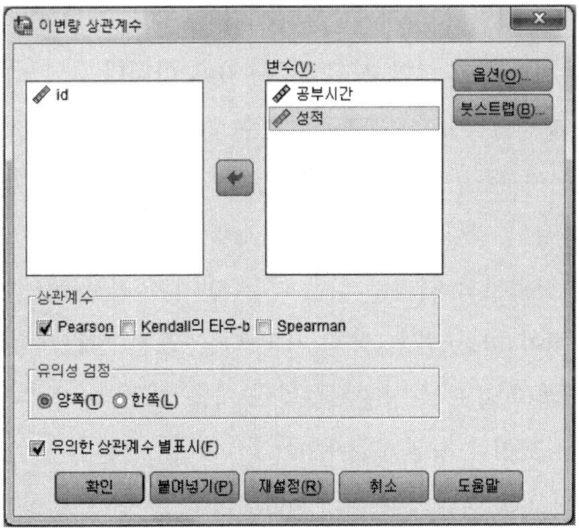

〈그림 13-14〉 상관계수

〈그림 13-15〉의 상관계수에서 2×2표의 대각선은 변수 자신과의 상관계수로 1이 출력된다.

상관계수

		공부시간	성적
공부시간	Pearson 상관계수	1	.656**
	유의확률 (양쪽)		.002
	N	20	20
성적	Pearson 상관계수	.656**	1
	유의확률 (양쪽)	.002	
	N	20	20

**. 상관계수는 0.01 수준(양쪽)에서 유의합니다.

〈그림 13-15〉 상관계수 출력결과

성적과 공부시간의 상관계수를 구하는 데 사용된 자료의 크기(N)는 20, 상관계수는 0.656, 유의확률은 0.002이다. 가설검정에서 귀무가설은 항상 차이 없음을 나타내고 대립가설은 차이 있음을 나타낸다. 따라서 공부시간과 성적의 상관계수에서 차이 없음은 공부시간이 증가해도 성적은 변화가 없다는 것으로 상관계수(ρ)가 0임을 의미한다.

$$H_0 : \rho = 0 \quad v.s. \quad H_1 : \rho \neq 0$$

대립가설이 $\rho \neq 0$으로 유의확률은 $2 \times P(r > 0.656 \mid \rho = 0)$이 된다. 따라서 공부시간과 성적의 상관계수가 0일 때 표본으로부터 상관계수의 크기가 0.656보다 큰 값을 얻을 확률은 0.002로 유의수준 0.05에서 표본으로부터 추정된 상관계수는 "공부시간과 성적의 상관계수는 0이다"는 귀무가설을 기각할 만큼 충분히 큰 값으로 공부시간과 성적의 상관계수는 0이 아니다.

유의확률이 0.05보다 크면 두 변수 간의 상관계수가 0이라는 귀무가설을 기각할 수 없어서 두 변수 간의 상관계수는 0이 되어 상관계수의 부호와 크기를 이용하여 관련성의 방향과 관련성의 정도를 설명하는 것은 의미가 없다.

따라서 상관분석 결과를 읽을 때는 먼저 유의확률을 이용하여 두 변수 간의 상관계수가 0이 아닌 변수 쌍을 고른 다음 표본 상관계수의 부호를 보고 관련성의 방향을 해석하고 표본 상관계수의 크기를 보고 두 변수 간의 관련성의 정도를 읽으면 된다. 그러나 상관계수가 0이 아니라고 결론이 난 경우라도 상관계수의 크기가 너무 작으면 하나의 변수가 변할 때 다른 변수도 함께 변하는 경향이 너무 약해서 하나의 변수가 어떤 값을 갖는지에 따라 다른 변수의 값이 어떤 값일지 추정해 보는 것은 별 의미가 없다. 일반적으로 인문·사회과학 계열에서는 상관계수의 크기가 0.3, 경상계열에서는 0.4보다 작으면 두 변수 간의 관련성이 너무 적어서 상관계수의 수치에 의미를 부여하지 않기도 한다. 상관계수의 수치가 얼마 이상일 때 관련성이 있다고 볼 것인지는 연구자의 주관적 판단에 달린 문제다.

TIP

모집단 상관계수 ρ=0이면

$$t_0 = \frac{r}{\sqrt{(1-r^2)/(n-2)}} = r\sqrt{\frac{n-2}{1-r^2}}$$ 은 자유도가 $n-2$인 t분포를 따른다.

유의확률은 $P(t > |t_0|) \times 2 = TDIST(|t_0|, n-2, 2)$이다.

예제 13-1 자녀양육작업파일.sav 파일을 이용해서 양육태도(수용적태도, 과잉보호)와 의사소통, 신뢰감, 소외감, 자아존중 간의 상관관계를 보고서로 작성하고 설명해 보라.□

자녀양육작업파일.sav 파일을 불러온다.

① **분석–상관분석–이변량 상관**을 선택한다.

② **변수**에 **수용적태도**, **과잉보호**, **의사소통**, **신뢰감**, **소외감**, **자아존중**을 보내고 **확인**을 클릭한다.

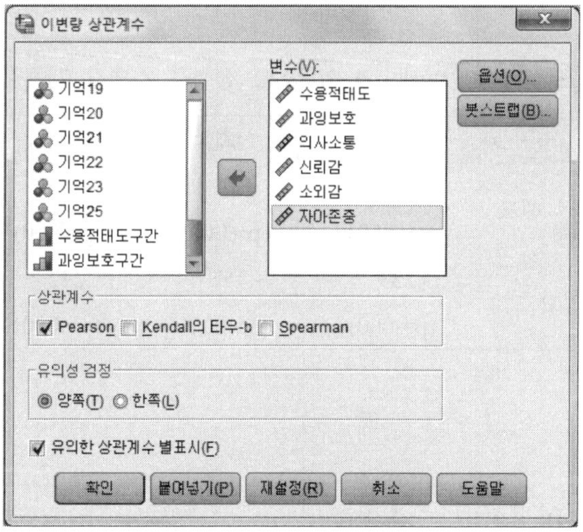

〈그림 13-16〉 상관계수

상관계수

		수용적태도	과잉보호	의사소통	신뢰감	소외감	자아존중
수용적태도	Pearson 상관계수	1	-.318**	.634**	.650**	-.518**	.521**
	유의수준(양쪽)		.000	.000	.000	.000	.000
	N	260	260	257	257	257	257
과잉보호	Pearson 상관계수	-.318**	1	-.233**	-.352**	.222**	-.222**
	유의수준(양쪽)	.000		.000	.000	.000	.000
	N	260	260	257	257	257	257
의사소통	Pearson 상관계수	.634**	-.233**	1	.786**	-.573**	.625**
	유의수준(양쪽)	.000	.000		.000	.000	.000
	N	257	257	257	257	257	254
신뢰감	Pearson 상관계수	.650**	-.352**	.786**	1	-.747**	.648**
	유의수준(양쪽)	.000	.000	.000		.000	.000
	N	257	257	257	257	257	254
소외감	Pearson 상관계수	-.518**	.222**	-.573**	-.747**	1	-.575**
	유의수준(양쪽)	.000	.000	.000	.000		.000
	N	257	257	257	257	257	254
자아존중	Pearson 상관계수	.521**	-.222**	.625**	.648**	-.575**	1
	유의수준(양쪽)	.000	.000	.000	.000	.000	
	N	257	257	254	254	254	257

**. 상관이 0.01 수준에서 유의합니다(양쪽).

〈그림 13-17〉 상관계수 출력결과

〈그림 13-17〉의 결과를 이용해서 변수들 간의 상관관계를 보고서로 작성해보자. 관련성을 보고 싶은 변수들 간의 관련성만 〈표 13-4〉와 같은 형태의 보고서로 정리할 수도 있고, 모든 변수들 간의 관련성을 〈표 13-5〉와 같은 형태의 보고서로 정리할 수도 있다.

〈표 13-4〉 양육태도와 의사소통, 신뢰감, 소외감, 자존감의 상관계수1

	의사소통	신뢰감	소외감	자아존중감
수용적 태도	.634*** (p=.000)	.650*** (p=.000)	-.518*** (p=.000)	.521*** (p=.000)
과잉보호	-.233*** (p=.000)	-.352*** (p=.000)	.222*** (p=.000)	-.222*** (p=.000)

*** p<.001

〈표 13-5〉 양육태도와 의사소통, 신뢰감, 소외감, 자존감의 상관계수2

	수용적 태도	과잉보호	의사소통	신뢰감	소외감	자아존중감
수용적 태도	1.000					
과잉보호	-.318*** (p=.000)	1.000				
의사소통	.634*** (p=.000)	-.233*** (p=.000)	1.000			
신뢰감	.650*** (p=.000)	-.352*** (p=.000)	.786*** (p=.000)	1.000		
소외감	-.518*** (p=.000)	.222*** (p=.000)	-.573*** (p=.000)	-.747*** (p=.000)	1.000	
자아존중감	.521*** (p=.000)	-.222*** (p=.000)	.625*** (p=.000)	.648*** (p=.000)	-.575*** (p=.000)	1.000

*** $p<.001$

모든 상관계수의 유의확률이 0.000으로 유의하다. 상관계수의 크기가 0.3 이상인 경우의 관련성에 대해 설명해 보자.

양육태도의 하위 요인인 수용적 양육태도와 과잉보호(r = −.318)는 약한 음의 상관관계가 있다.

수용적 양육태도는 소외감(r = −.518)과 음의 상관관계가 있고, 의사소통(r = .634), 신뢰감(r = .650)과 양의 상관관계가 있어 수용적 양육태도가 높을수록 소외감을 느끼는 정도가 낮아지고, 의사소통과 신뢰감은 높아지는 경향이 있나.

과잉보호는 신뢰감(r = −.352)과 음의 상관관계가 있어 과잉보호를 할수록 신뢰감이 낮아지는 경향이 있다.

의사소통과 신뢰감(r =.786)은 양의 상관관계가 있고, 소외감은 의사소통(r = −.573), 신뢰감(r = −.747)과 음의 상관관계가 있어 의사소통이 잘될수록 신뢰감이 높아지고, 의사소통이 잘되고 신뢰감이 높아질수록 소외감을 느끼는 정도가 낮아지는 경향이 있다.

자아존중감은 수용적 태도(r =.510), 의사소통(r =.625), 신뢰감(r =.648)과 양의 상관관계가 있고, 소외감(r = −.575)과는 음의 상관관계가 있어 수용적일수록, 의사소통과 신뢰감이 높을수록, 소외감은 낮을수록 자아존중감이 높아지는 경향이 있다.

14 CHAPTER

회귀분석

14장에서는 양적 변수들 간의 선형관계를 모형으로 표현하고 해석하는 방법에 대해 알아보자.

회귀분석은 하나의 양적 변수(종속변수, 반응변수)와 하나 또는 두 개 이상의 양적 변수(독립변수, 설명변수)들 사이의 관계식을 추정해 독립변수가 종속변수에 미치는 영향력을 설명하고 독립변수들의 값이 주어질 때 종속변수의 값을 예측하는 분석기법이다.

14.1 단순 선형회귀모형

종속변수 Y와 독립변수 X 간의 선형관계식은 식 (1)과 같이 세울 수 있다. 독립변수가 하나인 식 (1)은 단순 선형회귀모형이다.

$$Y = \beta_0 + \beta_1 X + \epsilon \quad \cdots\cdots (1)$$

독립변수 X의 값이 동일한 개체들이라도 종속변수 Y의 값은 독립변수 X 이외의 다른 특성에 의해 차이가 날 수 있다. 독립변수의 값이 같은 개체들의 종속변수의 차이를 오차 ϵ으로 표시하였다. 이때 ϵ의 분포는 $N(0,\ \sigma^2)$로 가정하고 오차들끼리는 서로 독립이라고 가정한다. 식 (1)에서 β_0와 β_1은 각각 절편과 기울기에 해당하는 회귀계수이다.

β_0와 β_1의 추정치를 각각 b_0와 b_1이라고 하면 표본으로부터 추정한 회귀방정식은 식 (2)와 같다.

$$\hat{Y} = b_0 + b_1 X \cdots\cdots (2)$$

〈표 14-1〉의 자료로부터 성적과 공부시간 사이의 회귀방정식을 추정해 보자.

〈표 14-1〉 공부시간과 성적 자료의 제곱합

id	공부시간 X	성적 Y	추정치 $\hat{Y}$	편차 $Y_i - \overline{Y}$	잔차 $Y_i - \hat{Y}_i$	편차-잔차 $\hat{Y}_i - \overline{Y}$
1	5	55	67.92	−17.65	−12.92	−4.73
2	6	70	70.70	−2.65	−0.70	−1.95
3	8	72	76.27	−0.65	−4.27	3.62
4	10	85	81.83	12.35	3.17	9.18
5	4	60	65.14	−12.65	−5.14	−7.51
6	2	64	59.58	−8.65	4.42	−13.07
7	5	70	67.92	−2.65	2.08	−4.73
8	7	74	73.48	1.35	0.52	0.83
9	9	88	79.05	15.35	8.95	6.40
10	5	65	67.92	−7.65	−2.92	−4.73
11	4	72	65.14	−0.65	6.86	−7.51
12	3	60	62.36	−12.65	−2.36	−10.29
13	4	50	65.14	−22.65	−15.14	−7.51
14	8	85	76.27	12.35	8.73	3.62
15	8	75	76.27	2.35	−1.27	3.62
16	9	90	79.05	17.35	10.95	6.40
17	14	95	92.96	22.35	2.04	20.31
18	11	65	84.61	−7.65	−19.61	11.96
19	5	90	67.92	17.35	22.08	−4.73
20	7	68	73.48	−4.65	−5.48	0.83
			제곱합	3022.55	1720.94	1301.61
				SST	SSE	SSR

공부시간을 고려하기 전에는 학생들의 성적을 공부시간과 관계없이 모두 평균($\overline{y}$)인 72.65로 예측했으나 공부시간이 늘어날수록 성적이 높아지는 경향을 보여 학생들의 공부시간에 따라 성적을 다르게 추정해 보자.

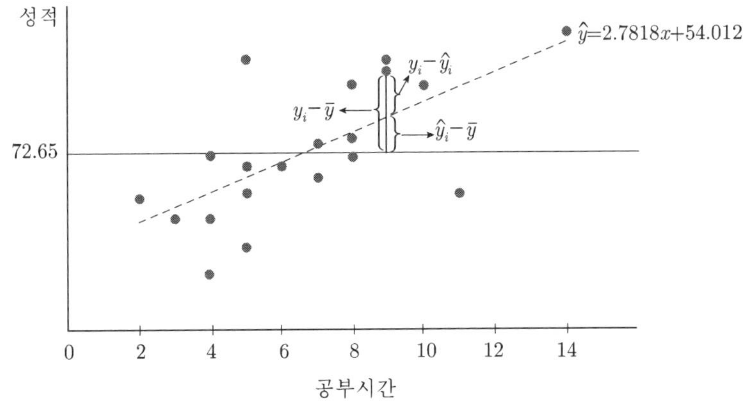

〈그림 14-1〉 공부시간과 성적

id가 9번인 학생을 보면 공부시간은 9시간, 성적은 88점으로 평균보다 15.35(= 88 − 72.65, $y_i - \bar{y}$, 편차)점 높은 성적을 얻었다. 그런데 공부시간과 성적의 연관성을 고려해 보면 9시간을 공부한 학생은 평균적으로 79.05(= 2.7818 × 9 + 54.012)점을 얻어서 9시간을 공부한 학생의 평균성적보다는 8.95(= 88 − 79.05), $y_i - \hat{y}_i$, 잔차)점 높은 성적을 얻었다(회귀계수 추정은 14.1.2절 참고).

따라서 평균성적과의 차이인 15.35점 중 6.40(79.05 − 72.65)점은 공부시간으로 인해 평균보다 성적이 높아진 것으로 볼 수 있다.

따라서 학생들의 성적을 공부시간의 정보를 이용해서 추정한 값과 전체 학생들의 평균성적과의 차이($\hat{y}_i - \bar{y}$)는 공부시간에 의해 생긴 차이로 볼 수 있다.

$$y_i - \bar{y} = (y_i - \hat{y}_i) + (\hat{y}_i - \bar{y}) \quad \cdots\cdots (3)$$

편차 = 잔차 + 편차 중 줄어든 부분

식 (3)으로부터 편차 제곱의 합을 구하면 식 (4)가 된다.

$$\sum_{i=1}^{n}(y_i - \bar{y})^2 = \sum_{i=1}^{n}(y_i - \hat{y}_i)^2 + \sum_{i=1}^{n}(\hat{y}_i - \bar{y})^2 \quad \cdots\cdots (4)$$

$$SST = SSE + SSR$$

식 (4)에서 전체변동(SST, Total Sum of Squares)이 오차 변동(SSE, Error Sum of Squares)과 회귀방정식에 의한 변동(SSR, Sum of Squares due to Regression)으로 분리된다.

14.1.1 모형의 타당성

〈표 14-2〉의 F값은 회귀방정식에 의한 자승평균 MSR과 잔차의 자승평균 MSE의 비율로 회귀모형의 유의성 여부를 검정할 수 있다.

〈표 14-2〉 분산분석표

제곱합(SS)	자유도(df)	평균제곱(MS) (제곱변동/자유도)	F
SSR	1	MSR	MSR/MSE
SSE	$n-2$	MSE	
SST	$n-1$		

우리가 구한 회귀모형이 종속변수의 다양성을 설명하는 데 얼마나 기여를 하는지 알아보는 척도로 설명력 또는 결정계수라고 불리는 R^2을 이용한다. R^2을 구하는 식은 다음과 같다.

$$R^2 = \frac{SSR}{SST} \quad \cdots\cdots (5)$$

R^2은 편차(개별 자료와 전체 평균과의 차이)의 제곱합인 총변동($\sum_{i=1}^{n}(y_i - \bar{y})^2$) 중 회귀 모형(독립변수 X)에 의해 설명된 부분의 제곱합($\sum_{i=1}^{n}(\hat{y_i} - \bar{y})^2$)의 비율로 R^2가 1에 가까운 값을 갖는다는 것은 종속변수가 다양한 값을 갖는 이유의 대부분이 독립변수의 차이에서 생기는 것으로 독립변수를 이용해서 종속변수가 어떤 값을 갖게 될지를 예측하면 실제값과 예측한 값과의 차이인 잔차가 작을 것이다. 독립변수가 하나면 R^2은 독립변수와 종속변수 간의 상관계수의 제곱과 같아서 두 변수 간의 상관계수를 알면 회귀모형의 설명력이 어느 정도일지 알 수 있다.

14.1.2 계수 추정 및 검정

회귀계수 β_0와 β_1의 추정량 b_0와 b_1을 오차 ϵ_i의 제곱의 합인 $SSE(\sum_{i=1}^{n}\epsilon^2 = \sum_{i=1}^{n}(y_i - \hat{y_i})^2)$가 최소가 되게 구하면

$$b_1 = \frac{\sum_{i=1}^{n}(x_i - \overline{x})(y_i - \overline{y})}{\sum_{i=1}^{n}(x_i - \overline{x})^2} \quad \cdots\cdots (6)$$

$$b_0 = \overline{y} - b_1\overline{x} \quad \cdots\cdots (7)$$

이 되고, 이렇게 구한 추정량 b_0와 b_1을 β_0와 β_1의 최소 자승 추정량(Least Squares Estimator)이라고 부른다.

(1) 회귀모형 추정

SPSS를 사용해서 회귀모형을 추정해보자.

성적.sav 파일을 불러온다.

① **분석-회귀분석-선형**을 선택한다.

② **종속변수**에 **성적**, **독립변수**에 **공부시간**을 보낸다.

③ **통계량**을 클릭, **잔차**에서 **케이스별 진단**의 **모든 케이스**를 선택하고 **계속**을 클릭한다. 분석하는 자료의 수가 많은 경우에는 **케이스별 진단**에서 **밖에 나타나는 이상값**을 선택한다.

④ **저장**을 클릭, **잔차**의 **비표준화, 표준화**를 선택하고 **계속**, **확인**을 클릭한다.

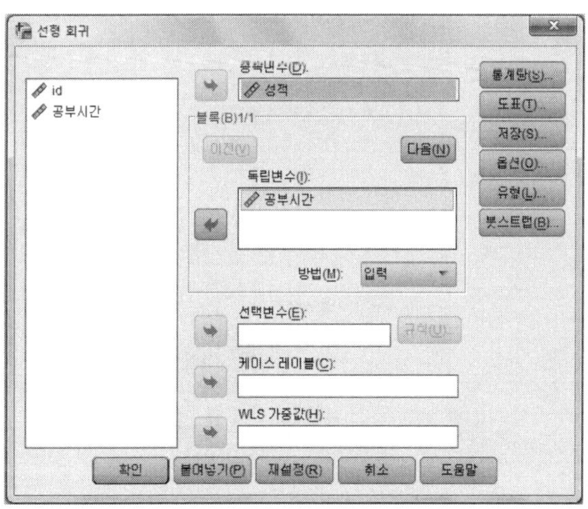

〈그림 14-2〉 회귀분석

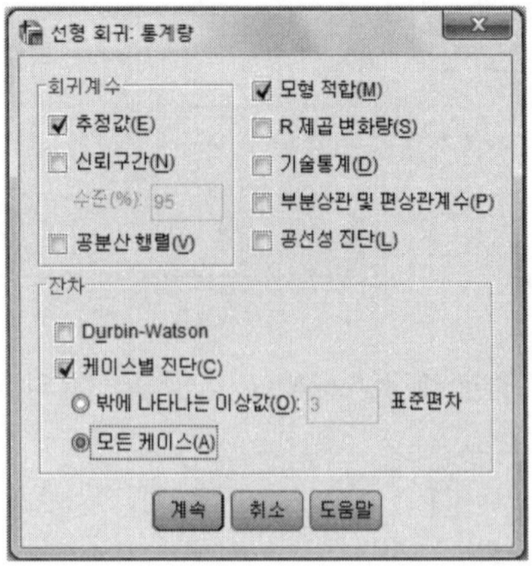

〈그림 14-3〉 회귀분석 – 통계량

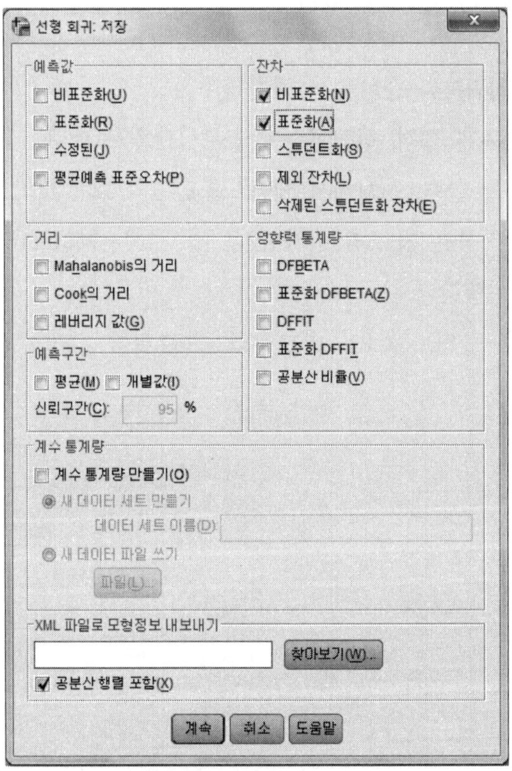

〈그림 14-4〉 회귀분석 – 저장

〈그림 14-5〉의 모형모약에서 R은 공부시간과 성적의 상관계수이다. 상관계수가 0.656으로 두 변수 사이에는 양의 상관관계가 존재하여 공부시간이 늘어날수록 성적도 높아지는 경향이 있다. R제곱(설명력, 결정계수)이 0.431로 공부시간이 성적의 총 변동의 43.1%를 설명한다.

모형 요약

모형	R	R 제곱	수정된 R 제곱	추정값의 표준오차
1	.656[a]	.431	.399	9.778

a. 예측자: (상수), 공부시간

〈그림 14-5〉 회귀분석-모형요약

〈그림 14-6〉의 분산분석표를 보면 F값이 13.614, 유의확률이 0.002로 유의수준 0.05보다 작아서 공부시간으로 성적을 추정할 때 설명되는 분산이 잔차 분산에 비해 충분히 커서 공부시간으로 성적을 추정하는 모형은 유의하다.

ANOVA[a]

모형		제곱합	자유도	평균제곱	F	유의확률
1	회귀	1301.608	1	1301.608	13.614	.002[b]
	잔차	1720.942	18	95.608		
	전체	3022.550	19			

a. 종속변수: 성적

b. 예측자: (상수), 공부시간

〈그림 14-6〉 회귀분석-분산분석표

〈그림 14-7〉의 계수를 보면 공부시간에 대한 회귀계수 추정치는 2.782이고 회귀계수 추정치의 표준오차는 0.754이다. 표준화 계수는 독립변수와 종속변수의 표준화 값으로부터 구한 회귀모형의 계수 추정치로 독립변수의 단위에 영향을 받지 않아 독립변수가 2개 이상인 경우에 회귀계수의 상대적 크기를 비교할 수 있는 유용한 정보를 제공해 준다. 독립변수가 하나일 때는 표준화 계수는 상관계수와 같다.

계수[a]

모형		비표준화 계수		표준화 계수	t	유의확률
		B	표준오차	베타		
1	(상수)	54.012	5.504		9.813	.000
	공부시간	2.782	.754	.656	3.690	.002

a. 종속변수: 성적

〈그림 14-7〉 회귀분석 - 회귀계수

회귀계수는 20명의 자료로부터 구한 값으로 표본으로부터 구한 추정치가 0이 아니라고 할 만큼 의미 있는 값인지 검정해 보자. 회귀모형에서 관심이 있는 계수는 공부시간의 성적의 변화량인 기울기로 공부시간의 회귀계수에 대한 귀무가설과 대립가설은 다음과 같다.

$$H_o : \beta_1 = 0 \quad v.s. \quad H_1 : \beta_1 \neq 0$$

t값은 "공부시간의 회귀계수는 0이다"는 귀무가설이 참이라고 가정할 때 표본에서 추정된 회귀계수의 표준화 값으로 t가 3.690이라는 것은 표본으로부터 구한 회귀계수 2.782는 0으로부터 표준오차의 3.690배만큼 큰 값이다. 유의확률이 0.002로 회귀계수가 0이라는 귀무가설이 참일 때 표본으로부터 구한 회귀계수의 크기가 2.782보다 더 큰 추정치를 얻을 가능성은 0.2%로 회귀계수 2.782는 $\beta_1 = 0$이라면 표본으로부터 관찰될 가능성이 매우 희박한 수치가 된다. 따라서 "공부시간의 회귀계수가 0이 아니다"는 대립가설을 채택하고 공부시간은 성적을 추정하는데 유의한 변수이다. 회귀계수가 2.782로 양(+)의 값을 가져 공부시간이 한 단위(시간) 증가할 때 성적은 평균적으로 2.781점 증가하는 것으로 추정한다.

케이스별 진단[a]

케이스 번호	표준화 잔차	성적	예측값	잔차
1	-1.321	55	67.92	-12.921
2	-.072	70	70.70	-.703
3	-.436	72	76.27	-4.266
4	.324	85	81.83	3.170
5	-.526	60	65.14	-5.139
6	.452	64	59.58	4.424
7	.213	70	67.92	2.079
8	.053	74	73.48	.515
9	.916	88	79.05	8.952
10	-.299	65	67.92	-2.921
11	.702	72	65.14	6.861
12	-.241	60	62.36	-2.357
13	-1.548	50	65.14	-15.139
14	.893	85	76.27	8.734
15	-.130	75	76.27	-1.266
16	1.120	90	79.05	10.952
17	.209	95	92.96	2.043
18	-2.006	65	84.61	-19.612
19	2.258	90	67.92	22.079
20	-.561	68	73.48	-5.485

a. 종속변수: 성적

〈그림 14-8〉 회귀분석 – 케이스별 진단

〈그림 14-8〉의 케이스별 진단에서 잔차가 유난히 큰 케이스는 적합된 모형으로

부터 많이 벗어나는 케이스로 어떤 이유에서 전체 경향에서 벗어난 값을 갖는지 확인해 보아야 한다. 잔차를 확인할 때 실제 잔차만으로는 잔차가 어느 이상의 큰 수치를 가질 때 전체 경향에서 많이 벗어난다고 해야 할지 알 수가 없으므로 잔차를 표준화시킨 표준화 잔차를 보고 이상치는 없는지 확인해 보자. 보통 자료의 크기가 80개 이내이면 표준화 잔차가 ±2.5, 자료의 크기가 그 이상이면 ±3 이상일 때 잔차가 큰 관찰치라고 판단할 수 있다. 우리 자료는 표본의 크기가 20으로 표준화 잔차가 ±2를 넘는 것이 있는지 확인해 보자. 우리 자료에서 18번째와 19번째 케이스의 잔차는 각각 −19.612와 22.078로 표준화 잔차는 각각 −2.006과 2.258로 그 절댓값이 2보다 커서 공부시간과 성적의 주된 경향에서 많이 벗어난다.

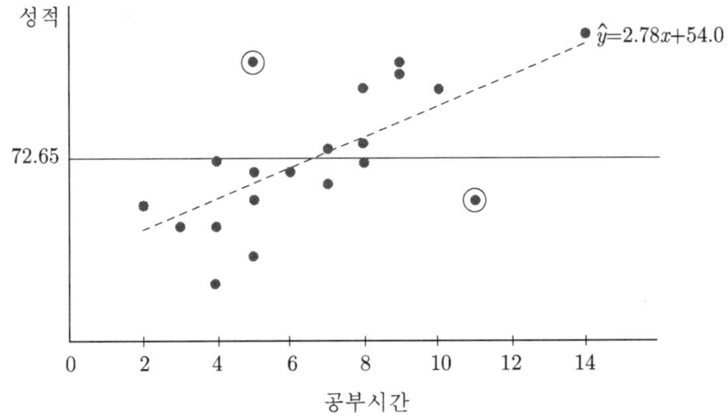

〈그림 14-9〉 주된 경향에서 벗어나는 개체들

TIP

표준화 잔차를 자료의 수에 따라 ±2나 ±2.5, ±3을 기준으로 해서 크다고 판단하는 것은 표준정규분포에서 표준화 값 Z의 확률을 근거로 한 것이다. 표준정규분포에서 표준화 값의 크기가 2보다 클 확률은 0.0456이고, 2.5보다 클 확률은 0.0124, 3보다 클 확률은 0.0026이다.

〈그림 14-10〉의 데이터 파일을 보면 잔차와 표준화 잔차가 입력되어 있다.

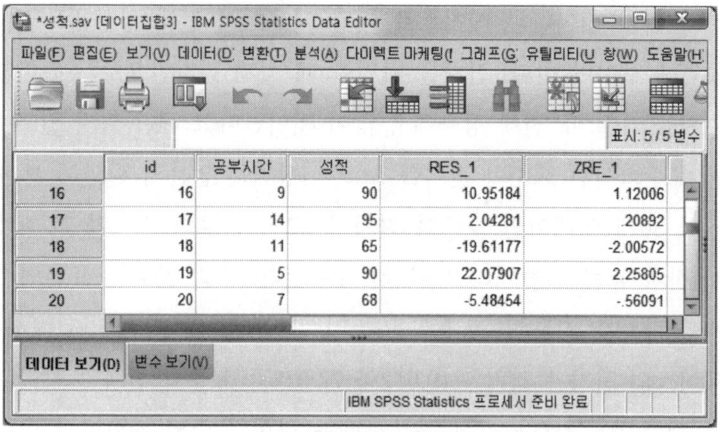

〈그림 14-10〉 데이터 파일 – 잔차와 표준화 잔차

잔차의 정규확률도표(P-P plot)를 그려보고 잔차의 정규성 가정이 만족되는지 알아보자.

① **분석–기술통계량–데이터 탐색**을 선택한다.
② **종속변수**에 RES_1을 보내고 **표시**의 **도표**를 클릭한다.
③ **도표**에서 **검정과 함께 정규성 도표**를 선택한다.
④ **계속**, **확인**을 클릭한다.

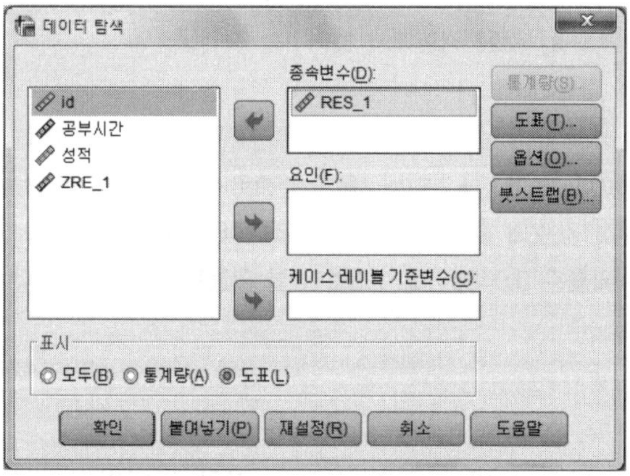

〈그림 14-11〉 데이터 탐색

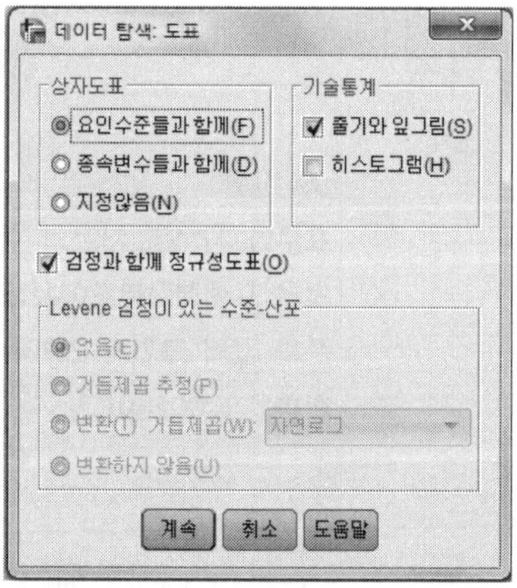

〈그림 14-12〉 데이터 탐색 – 도표

〈그림 14-13〉을 보면 Kolmogorov-Smirnov와 Shapiro-Wilk의 유의확률이 모두 유의수준 0.05보다 커서 “잔차가 정규분포를 따른다”는 귀무가설을 채택한다.

정규성 검정

	Kolmogorov-Smirnov[a]			Shapiro-Wilk		
	통계량	자유도	유의확률	통계량	자유도	유의확률
Unstandardized Residual	.132	20	.200*	.975	20	.852

*. 이것은 참 유의성의 하한입니다.

a. Lilliefors 유의확률 수정

〈그림 14-13〉 잔차 – 정규성 검정

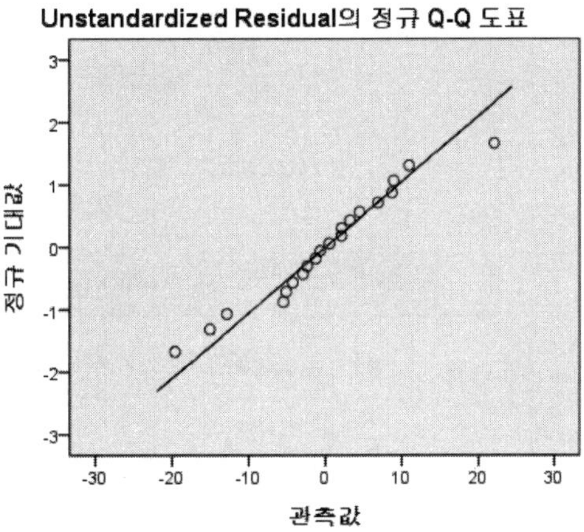

〈그림 14-14〉 잔차 – 정규 Q-Q 도표

〈그림 14-14〉의 Q-Q 도표에서 잔차가 가장 큰 값이 대각선 아래에 위치해서 이 값은 정규분포를 따른다고 보기에는 잔차가 크다.

(2) 잔차 Plot

공부시간에 따른 잔차의 움직임을 산점도를 그려서 살펴보자.

① **그래프–레거시 대화상자–산점도/점도표**를 선택한다.

② **단순 산점도**를 선택하고 **정의**를 클릭한다.

③ **Y–축**에 RES_1, **X–축**에 **공부시간**을 보내고 **확인**을 클릭한다.

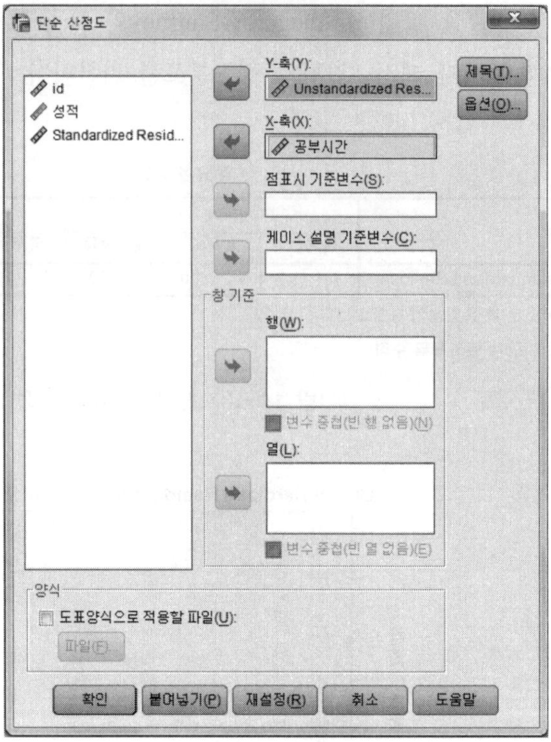

〈그림 14-15〉 산점도

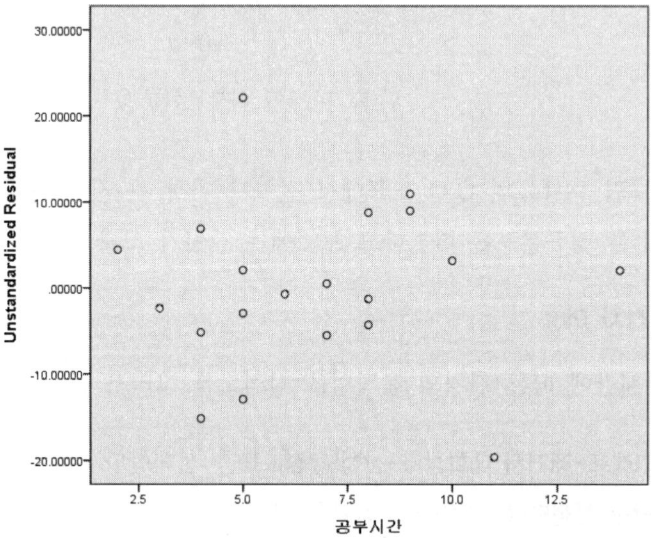

〈그림 14-16〉 공부시간에 따른 잔차

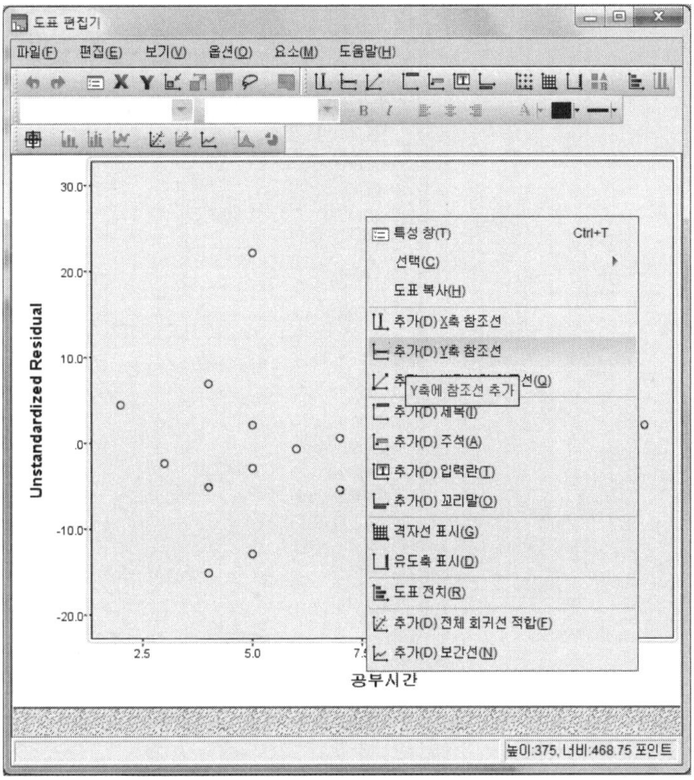

〈그림 14-17〉 도표편집기

④ 그려진 도표를 더블클릭해서 **도표편집기**를 활성화시킨다.

⑤ **도표편집기**에서 마우스의 오른쪽을 클릭해 단축메뉴로 들어가 **추가 Y축 참조선**을 선택한다.

⑥ **특성**의 **참조선**의 **척도 축**의 **축 위치**에 **0**을 입력하고 **적용**, **닫기**를 클릭한다.

⑦ 도표의 세로축 눈금을 더블클릭한다.

⑧ **특성**의 **숫자형식**을 클릭, **소수점 이하 자리수**에 **0**을 입력하고 **적용**, **닫기**를 클릭한다.

⑨ **도표 편집기**를 종료시킨다.

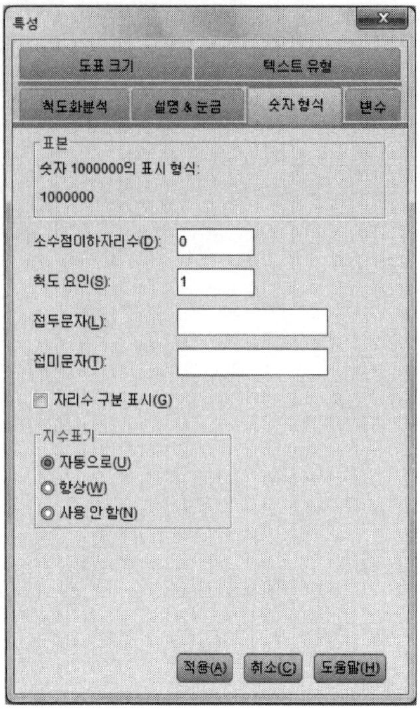

〈그림 14-18〉 도표편집기 – 특성

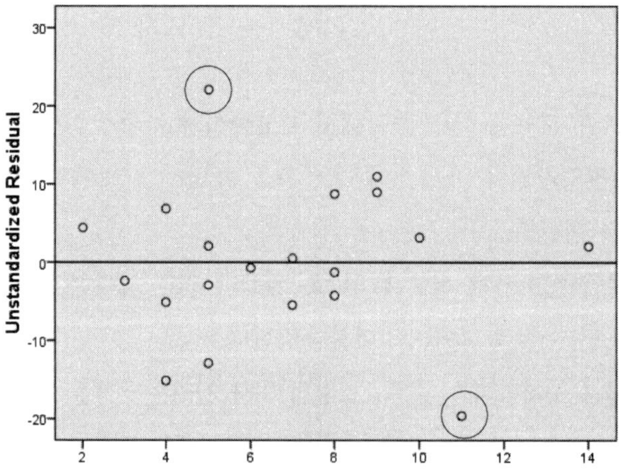

〈그림 14-19〉 산점도

〈그림 14-19〉의 공부시간에 따른 잔차의 움직임을 살펴보면 공부시간이 5와 11일 때 잔차가 유난히 큰 두 점이 보인다. 공부시간이 8 미만인 경우에는 잔차가 양수인 경우에 비해 음수인 경우의 크기가 대체로 크다. 그리고 공부시간이 8시간을 넘는 경우에는 하나의 케이스를 제외하면 잔차가 모두 양의 값을 갖는다.

잔차가 랜덤하게 움직이기보다는 공부시간이 적은 경우에는 전체적으로 성적이 공부시간에 의한 예측값보다 낮은 경향을 보이고 공부시간이 긴 경우에는 전체적으로 성적이 공부시간에 의한 추정치보다 높은 경향을 보여 공부시간에 따른 잔차의 경향을 설명해 줄 독립변수를 추가로 고려해 볼 수 있다.

(3) 잔차가 큰 케이스 제외

〈그림 14-10〉의 데이터 파일을 보면 RES_1(잔차)와 ZRE_1(표준화 잔차)에 잔차와 표준화 잔차가 저장되어 있다. 연구자의 분석 목적에 의해 필요한 경우 ZRE_1 변수를 이용해서 표준화 잔차가 ±2(소표본인 경우)나 ±3(대표본인 경우)을 넘는 케이스를 제외하고 분석할 수 있다. 자료의 크기가 20으로 표준화 잔차가 ±2를 넘지 않는 케이스만 선택해 보자.

① **데이터-케이스 선택**을 선택한다.
② **조건을 만족하는 케이스**를 선택한다.
③ **조건**을 클릭하고 'ABS(ZRE_1)〈2'를 입력한다.
④ **계속**, **확인**을 클릭한다.

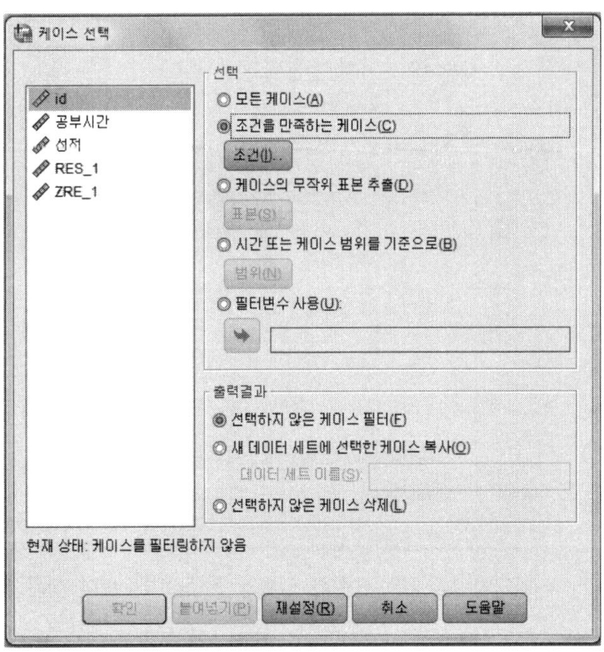

〈그림 14-20〉 케이스 선택 – 조건

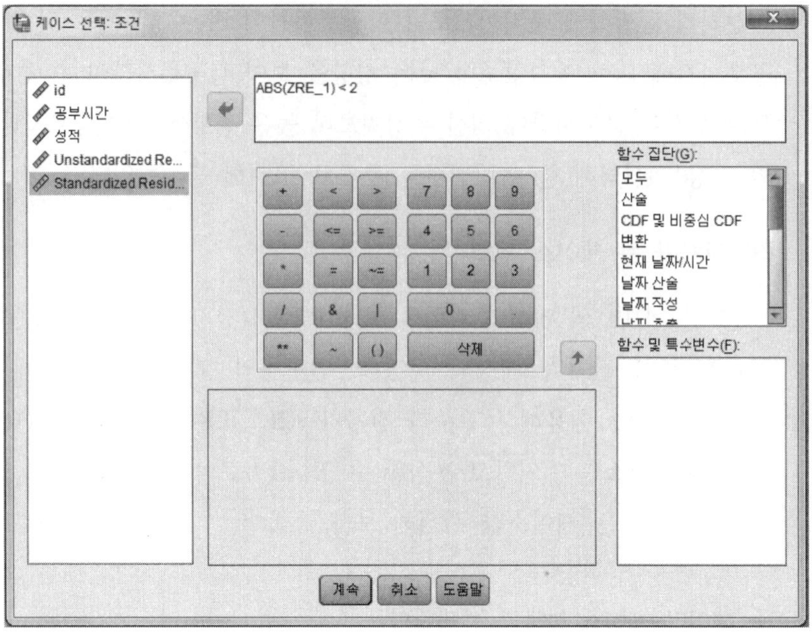

〈그림 14-21〉 케이스 선택 – 조건

〈그림 14-22〉의 데이터 파일의 데이터 보기 화면을 보면 ZRE_1의 절댓값이 2보다 큰 행번호 18, 19의 filter_$에 0, 나머지 케이스들은 filter_$에 1이 입력되어 있다. 케이스 선택을 모든 케이스로 수정하기 전까지는 filter_$에 1이 입력된 케이스에 대해서만 분석이 이루어진다.

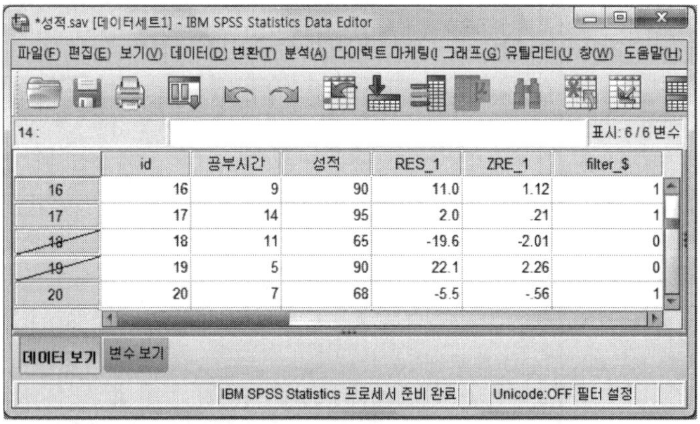

〈그림 14-22〉 표준화 잔차의 절댓값이 2보다 작은 케이스 선택

14.2 다중 선형회귀모형

14.2.1 다중 선형회귀모형

독립변수가 X_1, X_2, ⋯, X_k로 독립변수가 k개이면 모형은 식 (8)과 같다. 독립변수가 2개 이상이면 다중 선형회귀모형이다.

$$Y = \beta_0 + \beta_1 X_1 + \beta_2 X_2 + \cdots + \beta_k X_k + \epsilon \quad \cdots\cdots (8)$$

식 (8)에서 β_i는 편회귀계수로 독립변수 X_i를 제외한 나머지 독립변수의 값이 고정된 상황에서 X_i의 값이 한 단위 증가할 때 종속변수 Y의 평균적 변화량이다. β_0, β_1, β_2, ⋯, β_k의 추정치를 각각 b_0, b_1, b_2, ⋯, b_k라고 하면 표본으로부터 추정한 회귀방정식은 식 (9)와 같다.

$$\hat{Y} = b_0 + b_1 X_1 + b_2 X_2 + \cdots + b_k X_k \quad \cdots\cdots (9)$$

회귀계수 추정량은 식 (10), 식 (11)과 같다.

$$b_i = \frac{\sum_{j=1}^{n} (x_{ij} - \overline{x_i})(y_j - \overline{y})}{\sum_{j=1}^{n} (x_{ij} - \overline{x_i})^2} \quad i = 1,\ 2,\ \cdots,\ k \quad \cdots\cdots (10)$$

$$b_0 = \overline{y} - b_1 \overline{x}_1 - b_2 \overline{x}_2 - \cdots - b_k \overline{x}_k \quad \cdots\cdots (11)$$

다중 선형회귀모형의 제곱합은 단순회귀모형과 동일하고, 다중선형회귀모형에 대한 분산분석표는 〈표 14-3〉과 같다.

〈표 14-3〉 분산분석표

제곱합(SS)	자유도(df)	평균제곱(MS) (제곱변동/자유도)	F
SSR	k	MSR	MSR/MSE
SSE	$n-k-1$	MSE	
SST	$n-1$		

다중 회귀분석의 경우 모형에 포함된 독립변수의 수가 많아지면서 모형에 포함시

키려고 하는 독립변수들 중에 관련성이 강한 변수들이 포함되어 있지는 않은지, 독립변수들 중 유의하지 않은 변수는 없는지, 어떤 변수들을 모형에 포함시키는 것이 최적의 모형인지 등 단순 회귀분석에 비해 고려해야 할 문제들이 많아진다.

TIP

다중공선성(Multicollinearity)

회귀 모형에 포함되는 독립변수 사이에 강한 상관관계가 존재하는 경우를 다중공선성이 있다고 한다. 독립변수들 간에 다중공선성이 존재할 때 회귀계수를 최소자승 추정법으로 추정하면 추정치들의 분산이 커져서 다중공선성이 있는 변수는 모형에서 제외시켜야 한다.

독립변수 X_i를 나머지 $k-1$개의 독립변수로 회귀모형을 만들었을 때의 설명력을 R_i^2라고 하면, $(1-R_i^2)^{-1}$(분산팽창계수, Variance Inflation Factor, VIF)는 R_i^2가 클수록 커지게 된다. 보통 VIF가 10 이상이면 R_i^2가 0.9 이상으로 독립변수 X_i가 다른 독립변수에 의해 90% 이상 설명되는 것이므로 변수 X_i는 다중공선성이 있다고 판단한다.

TIP

변수선택

- **입력** : 고려하고 있는 독립변수를 유의성 여부와 관계없이 모두 모형에 포함시키는 방법으로 모형에 포함할 변수를 고려할 때 서로 중복되는 변수가 없도록 선택해야 한다.
- **후진 제거법** : 고려하고 있는 모든 독립변수들을 모형에 포함시킨 다음 유의확률이 0.10을 넘는 변수 중 유의확률이 가장 큰 변수부터 차례대로 제외시켜 나가는 방법
- **전진 선택법** : 고려하고 있는 독립변수들 중에서 유의확률이 0.05보다 작은 변수 중 유의확률이 가장 작은 변수부터 차례대로 추가시켜 나가는 방법
- **단계 선택법** : 전진선택법에 후진 제거법이 가미된 방법으로 전진선택법으로 고려하고 있는 독립변수들 중 가장 유의한 변수부터 차례대로 모형에 추가하면서 이미 선택되었던 변수 중에서 새롭게 추가된 변수로 인해 유의하지 않게 된 변수가 있으면 제거해 나가는 방법으로 일반적으로 가장 많이 사용되는 방법이다. SPSS는 변수를 선택할 때는 유의수준을 0.05, 제거할 때는 유의수준을 0.10로 한다.

TIP

수정된 $R^2(R^2_{adj})$

모형에 사용되는 독립변수의 수가 많아지면 SSE가 작아져서 R^2가 커진다. 그러나 독립변수의 수가 많아지면 SSE의 자유도(df)도 작아지기 때문에 SSE는 줄어도 MSE는 작아지지 않을 수도 있어 모형의 F값이 반드시 커지는 것은 아니다. 따라서 R^2이 커진다고 반드시 좋은 회귀모형이라고 보기 어렵다. 그래서 도입한 개념이 수정된 R^2으로 R^2은 독립변수의 수가 많아지면 증가하지만 수정된 R^2은 MSE가 가장 적을 때 가장 큰 값을 갖는다.

$$R^2_{adj} = 1 - \frac{(n-1)(1-R^2)}{n-k-1}$$
$$= 1 - (n-1)\frac{MSE}{SST}$$

(1) 다중선형회귀모형 추정

첫 급여와 근무 기간(월), 교육 기간(년)을 이용해서 현재 급여를 예측해 보자. 급여.sav 파일을 불러온다.

① **분석-회귀분석-선형**을 선택한다.

② **종속변수**에 **현재급여**, **독립변수**에 **첫급여**, **근무개월**, **교육년수**를 보내고, **방법**은 **단계선택**으로 한다.

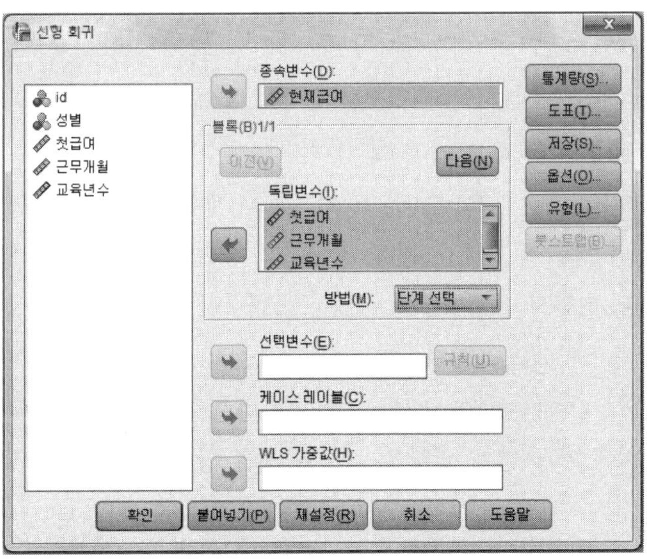

〈그림 14-23〉 회귀분석 – 단계선택

③ **통계량**을 클릭하고 **공선성 진단**을 선택한다.

④ **계속**, **확인**을 클릭한다.

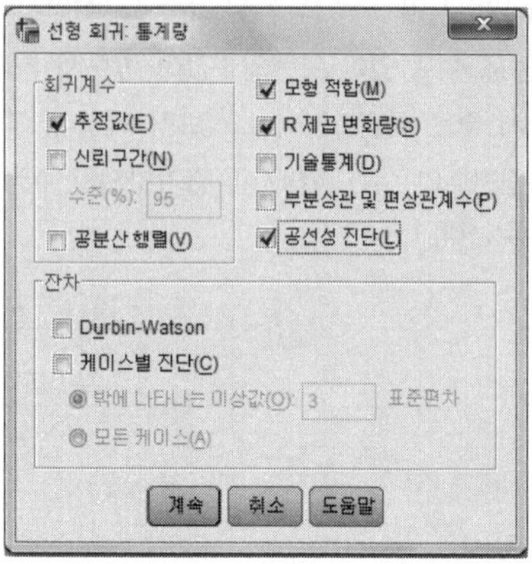

〈그림 14-24〉 다중 회귀분석 – 통계량

〈그림 14-25〉를 보면 단계선택에서 맨 먼저 첫급여가 모형에 추가되었고, 근무개월, 교육년수 순으로 모형에 추가되어 독립변수로 선택한 모든 변수가 모형에 추가되었다.

〈그림 14-26〉의 모형요약에서 R 제곱 변화량을 보면 첫급여의 설명력이 73.7%, 근무년수가 추가되면서 설명력이 2.1% 늘었고, 교육년수가 모형에 추가되면서 설명력이 1.4% 늘어서 전체 모형의 설명력은 77.1%가 되었다.

〈그림 14-27〉의 계수에서 모형 3의 결과를 보면 비표준화 계수의 유의확률이 유의수준 0.05보다 작아서 모든 변수의 회귀계수가 0이 아닌 값으로 유의하고 부호가 모두 양의 값을 가져 첫 급여가 높을수록, 근무기간, 교육기간이 길수록 현재 급여가 높은 것을 알 수 있다. 비표준화 계수는 자료의 단위에 영향을 받는 값으로 비표준화 계수가 큰 값을 갖는다고 종속변수에 미치는 영향이 크다고 보기는 어렵다. 따라서 독립변수들 간에 종속변수에 미치는 영향력을 비교할 때는 종속변수와 독립변수를 표준화시켜서 얻은 표준화 계수의 크기로 비교해야 한다. 표준화 계수의 크기가 첫급여 0.743, 교육년수 0.163, 근무개월 0.144 순으로 첫급여가 현재급여에 가장 크게 영향을 미치는 것을 알 수 있다.

입력/제거된 변수[a]

모형	입력된 변수	제거된 변수	방법
1	첫급여	.	단계선택 (기준: 입력에 대한 F의 확률 <= .050, 제거에 대한 F의 확률 >= .100).
2	근무개월	.	단계선택 (기준: 입력에 대한 F의 확률 <= .050, 제거에 대한 F의 확률 >= .100).
3	교육년수	.	단계선택 (기준: 입력에 대한 F의 확률 <= .050, 제거에 대한 F의 확률 >= .100).

a. 종속변수: 현재급여

〈그림 14-25〉 다중 회귀분석 - 입력/제거된 변수

모형 요약

모형	R	R 제곱	수정된 R 제곱	추정값의 표준오차	통계량 변화량				
					R 제곱 변화량	F 변화량	자유도1	자유도2	유의확률 F 변화량
1	.858[a]	.737	.734	360,456.477	.737	273.942	1	98	.000
2	.870[b]	.757	.752	347,844.454	.021	8.235	1	97	.005
3	.878[c]	.771	.764	339,689.422	.014	5.713	1	96	.019

a. 예측자: (상수), 첫급여

b. 예측자: (상수), 첫급여, 근무개월

c. 예측자: (상수), 첫급여, 근무개월, 교육년수

〈그림 14-26〉 다중 회귀분석 – 모형요약

계수[a]

모형		비표준화 계수		표준화 계수	t	유의확률
		B	표준오차	베타		
1	(상수)	20579.667	97249.935		.212	.833
	첫급여	2.247	.136	.858	16.551	.000
2	(상수)	-770669.790	291256.647		-2.646	.010
	첫급여	2.245	.131	.857	17.131	.000
	근무개월	9805.891	3417.012	.144	2.870	.005
3	(상수)	-1115675.973	318956.223		-3.498	.001
	첫급여	1.947	.179	.743	10.903	.000
	근무개월	9857.517	3336.972	.144	2.954	.004
	교육년수	40096.185	16774.847	.163	2.390	.019

a. 종속변수: 현재급여

〈그림 14-27〉 다중 회귀분석 – 계수

14.2.2 다중공선성이 있는 경우

〈표 14-4〉의 자료에서 Y는 종속변수, X_1, X_2, X_3는 독립변수이다.

〈표 14-4〉 다중공선성이 존재하는 자료

X_1	X_2	X_3	Y
1	5	4	15
1	2	4	4
2	2	6	11
3	15	7	34
4	5	11	20
5	2	16	15
6	13	16	30
6	9	19	35
8	15	24	50
9	12	27	40

(1) 자료입력

〈표 14-4〉의 자료를 SPSS 데이터 편집기에 입력하고 분석해 보자.

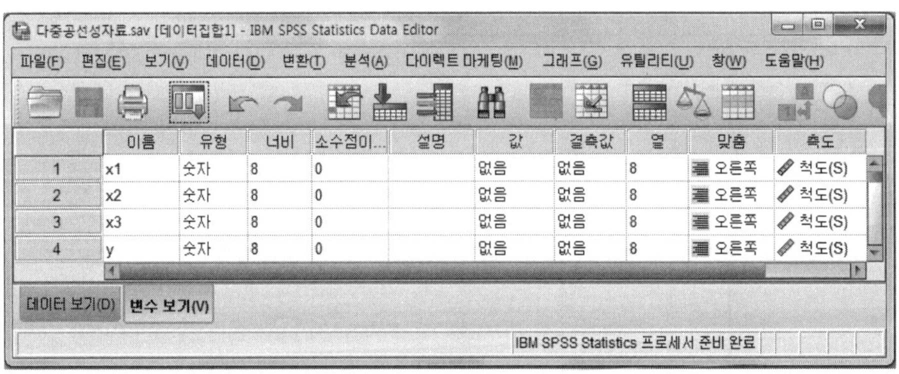

〈그림 14-28〉 변수 보기 화면

① SPSS 데이터 편집기의 **변수 보기** 화면에서 **이름**에 x1, x2, x3, y를 입력한다.

② **데이터 보기** 화면에 〈표 14-4〉의 자료를 입력한다.

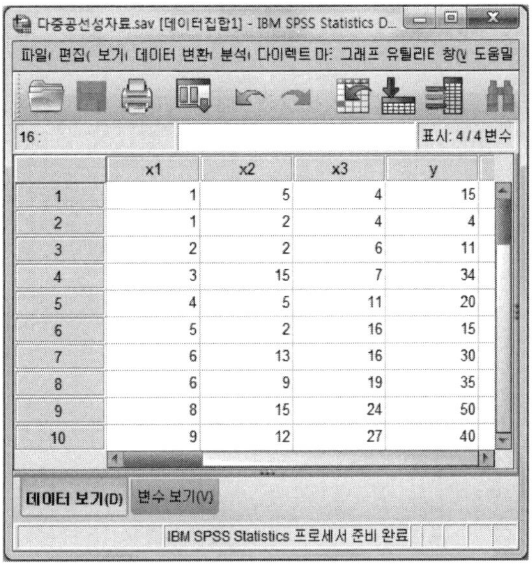

〈그림 14-29〉 데이터 보기 화면

(2) 산점도

① **그래프-레거시 대화 상자-산점도/점도표**를 선택한다.

② **행렬 산점도**를 선택하고 **정의**를 클릭한다.

③ **행렬변수**에 **x1**부터 **y**까지 모두 보내고 **확인**을 클릭한다.

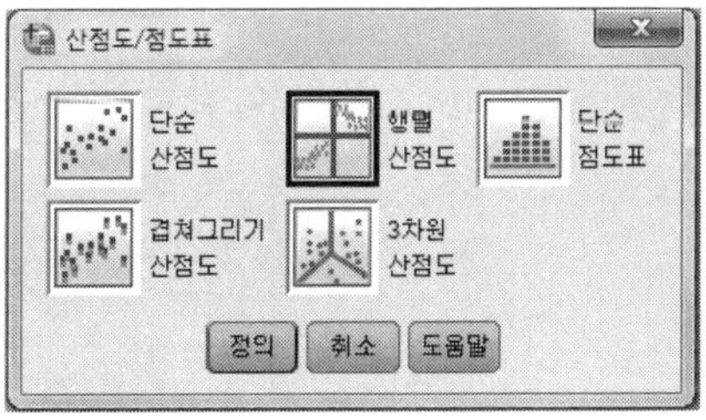

〈그림 14-30〉 산점도/점도표 종류 선택

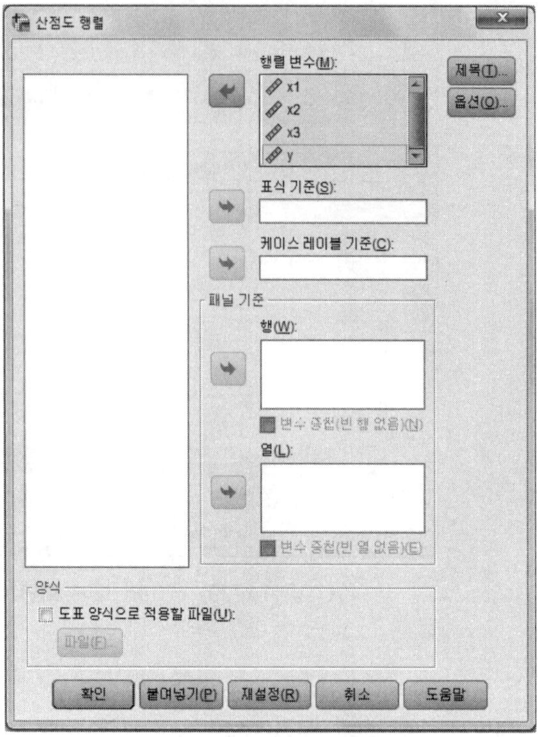

〈그림 14-31〉 행렬 산점도

〈그림 14-32〉의 산점도를 보면 x1, x2, x3는 모두 y와 양의 상관관계가 존재하고, 독립변수 사이의 산점도를 보면 모든 변수들 간에 양의 상관관계가 존재하는데 특히 x1과 x3 사이에 강한 양의 상관관계가 존재한다.

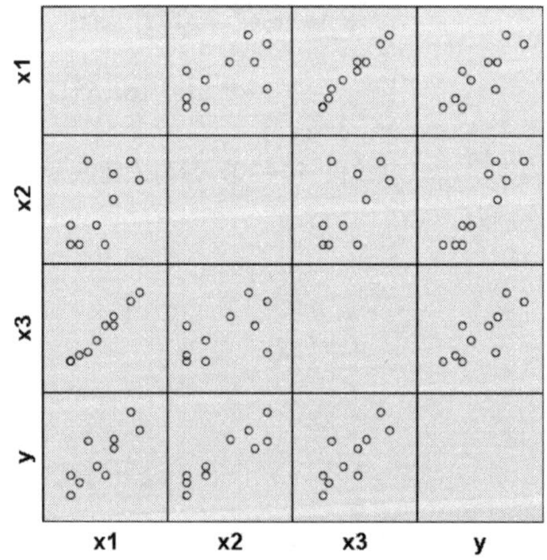

〈그림 14-32〉 산점도

(3) 상관계수

① **분석-상관분석-이변량 상관**을 선택한다.

② **변수**에 **x1**부터 **y**까지 모두 보내고 **확인**을 클릭한다.

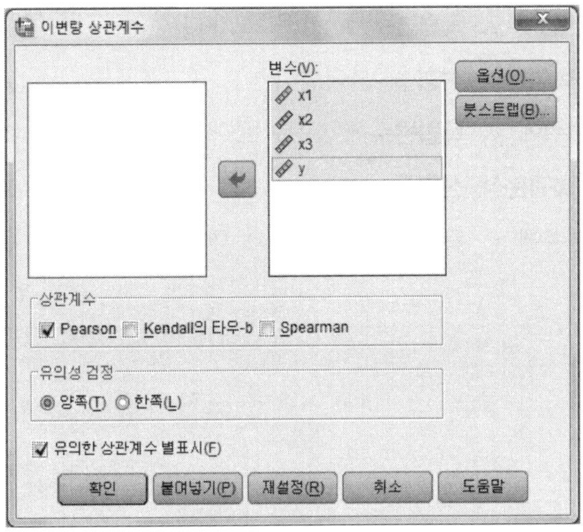

〈그림 14-33〉 상관분석

〈그림 14-34〉의 종속변수 y와 독립변수 간의 상관계수를 살펴보면 y는 x2와 가장 강한 양의 상관관계($r = .908$)가 존재하고 x1($r = .830$), x3($r = .790$)와도 강한 양의 상관관계가 있다. 독립변수들을 보면 x1과 x3 사이에 매우 강한 양의 상관관계($r = .990$)가 있어서 회귀모형을 추정할 때 x1과 x3를 둘 다 모형에 포함시키면 다중공선성 문제가 발생할 것이 예상된다.

상관계수

		x1	x2	x3	y
x1	Pearson 상관계수	1	.628	.990**	.830**
	유의확률 (양쪽)		.052	.000	.003
	N	10	10	10	10
x2	Pearson 상관계수	.628	1	.549	.908**
	유의확률 (양쪽)	.052		.100	.000
	N	10	10	10	10
x3	Pearson 상관계수	.990**	.549	1	.790**
	유의확률 (양쪽)	.000	.100		.007
	N	10	10	10	10
y	Pearson 상관계수	.830**	.908**	.790**	1
	유의확률 (양쪽)	.003	.000	.007	
	N	10	10	10	10

**. 상관계수는 0.01 수준(양쪽)에서 유의합니다.

〈그림 14-34〉 상관계수

(4) 단순회귀모형

독립변수를 하나씩만 포함한 단순회귀모형을 추정해 보자.

① **분석-회귀분석-선형**을 선택한다.
② **종속변수**에 y, **독립변수**에 x1을 보낸다.
③ **분석-회귀분석-선형**을 선택한다.
④ **종속변수**에 y, **독립변수**에 x2를 보낸다.
⑤ **분석-회귀분석-선형**을 선택한다.
⑥ **종속변수**에 y, **독립변수**에 x3을 보낸다.

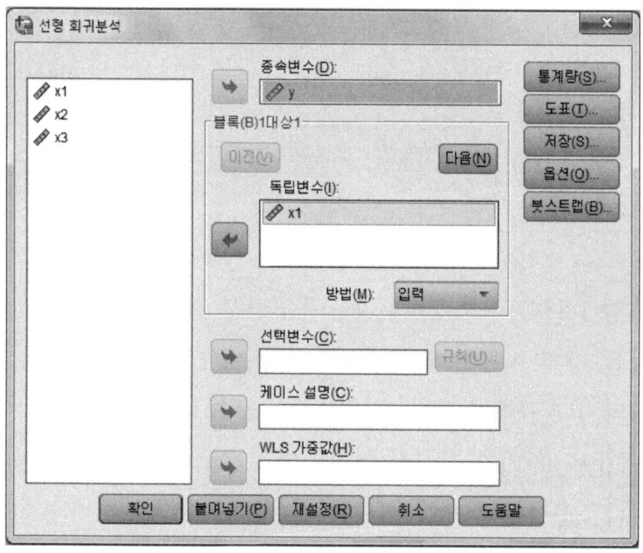

〈그림 14-35〉 회귀분석

모형 요약

모형	R	R 제곱	수정된 R 제곱	추정값의 표준오차
1	.830[a]	.689	.650	8.638

a. 예측값: (상수), x1

계수[a]

모형		비표준화 계수 B	비표준화 계수 표준오차	표준화 계수 베타	t	유의확률
1	(상수)	5.932	5.375		1.104	.302
	x1	4.326	1.029	.830	4.205	.003

a. 종속변수: y

〈그림 14-36〉 회귀분석 - x1을 포함한 모형

모형 요약

모형	R	R 제곱	수정된 R 제곱	추정값의 표준오차
1	.908[a]	.824	.802	6.498

a. 예측값: (상수), x2

계수[a]

모형		비표준화 계수		표준화 계수	t	유의확률
		B	표준오차	베타		
1	(상수)	5.911	3.792		1.559	.158
	x2	2.436	.398	.908	6.114	.000

a. 종속변수: y

〈그림 14-37〉 회귀분석 - x2를 포함한 모형

모형 요약

모형	R	R 제곱	수정된 R 제곱	추정값의 표준오차
1	.790[a]	.624	.577	9.489

a. 예측값: (상수), x3

계수[a]

모형		비표준화 계수		표준화 계수	t	유의확률
		B	표준오차	베타		
1	(상수)	6.795	5.922		1.147	.284
	x3	1.388	.381	.790	3.644	.007

a. 종속변수: y

〈그림 14-38〉 회귀분석 - x3를 포함한 모형

위 결과를 〈표 14-5〉와 같이 정리할 수 있다. 각각의 단순회귀분석에서 x1, x2, x3의 회귀계수는 모두 유의확률이 유의수준 0.05보다 작아서 독립변수 x1, x2, x3 각각은 유의하다.

〈표 14-5〉 종속변수 y와 독립변수 x1, x2, x3의 단순회귀분석 결과

독립변수	비표준화 계수		표준화 계수	t	p	R^2
	B	표준오차	베타			
x1	4.326	1.029	.830	4.205	.003**	.689
x2	2.436	0.398	.908	6.114	.000***	.824
x3	1.388	0.381	.790	3.644	.007**	.624

** p<.01 *** p<.001

(5) 모든 변수를 포함한 회귀모형 추정

① **분석-회귀분석-선형**을 선택한다.

② **종속변수**에 y, **독립변수**에 x1과 x2, x3를 보낸다.

③ **통계량**을 클릭하고 **공선성 진단**을 선택한다.

④ **계속**, **확인**을 클릭한다.

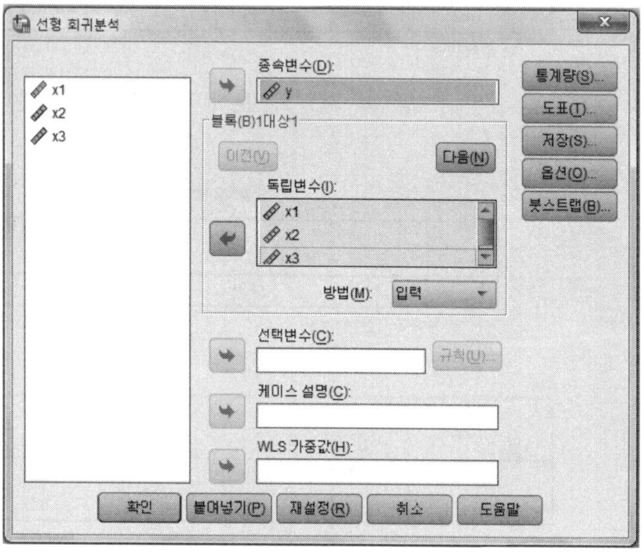

〈그림 14-39〉 회귀분석

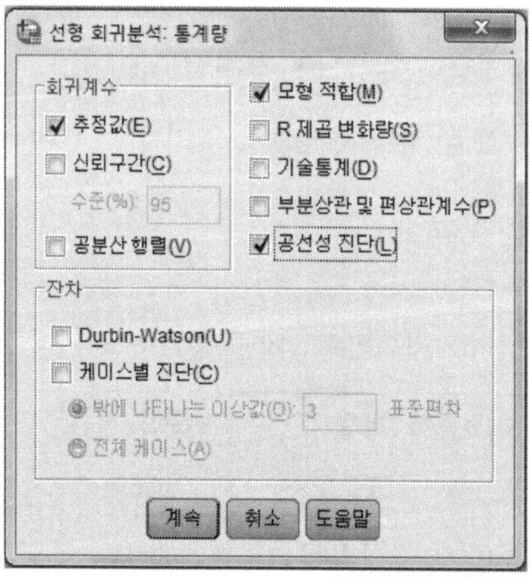

〈그림 14-40〉 회귀분석 – 통계량

〈그림 14-41〉의 모형요약에서 R제곱은 0.955로 설명력이 높다. 분산분석 결과를 보면 유의확률이 0.000으로 유의수준 0.05보다 작아서 x1, x2, x3로 y를 설명하

는 회귀모형은 유의하다.

모형 요약

모형	R	R 제곱	수정된 R 제곱	표준 오차 추정값의 표준오차
1	.977[a]	.955	.932	3.804

a. 예측값: (상수), x3, x2, x1

분산분석[b]

모형		제곱합	자유도	평균 제곱	F	유의확률
1	회귀 모형	1829.586	3	609.862	42.150	.000[a]
	잔차	86.814	6	14.469		
	합계	1916.400	9			

a. 예측값: (상수), x3, x2, x1

b. 종속변수: y

〈그림 14-41〉 회귀분석 - 모형요약과 분산분석표

계수[a]

모형		비표준화 계수		표준화 계수	t	유의확률	공선성 통계량	
		B	표준오차	베타			공차	VIF
1	(상수)	.157	2.648		.059	.955		
	x1	-4.962	4.515	-.952	-1.099	.314	.010	99.314
	x2	2.130	.396	.794	5.373	.002	.346	2.890
	x3	2.278	1.417	1.296	1.608	.159	.012	86.087

a. 종속변수: y

〈그림 14-42〉 회귀분석-계수

단순회귀분석에서는 각각의 독립변수의 회귀계수가 모두 유의한 반면, 독립변수를 모두 포함시킨 다중회귀분석 결과인 〈그림 14-42〉에서 x2만 유의확률이 0.002로 유의수준 0.05보다 작아서 유의하고 나머지 두 변수는 유의확률이 유의수준 0.05보다 커서 유의하지 않다. 그리고 x1은 y와의 상관계수가 0.830으로 양의 상관관계가 존재하지만 회귀계수의 부호는 음수(−)로 추정되어 회귀계수의 부호가 자료에서 관찰된 특성과 다르다. 그 이유는 x1과 x3의 *VIF* 값이 10을 넘는 큰 값을 가져 다중공선성이 존재해 x1과 x3의 추정치의 표준오차가 커졌기 때문이다.

〈표 14-6〉 종속변수 y와 독립변수 x1, x2, x3의 다중회귀분석 결과

독립변수	비표준화 계수		표준화 계수	t	p	R^2
	B	표준오차	베타			
x1	−4.962	4.515	−.852	−1.099	.314	.955
x2	2.130	0.396	.794	5.373	.002**	
x3	2.278	4.417	1.296	1.608	.159	

**p < .01

(6) *VIF*(분산팽창계수) 계산

독립변수의 다중공선성을 측정하는 도구인 *VIF*(분산팽창계수, $(1-R_i^2)^{-1}$)를 계산해 보자.

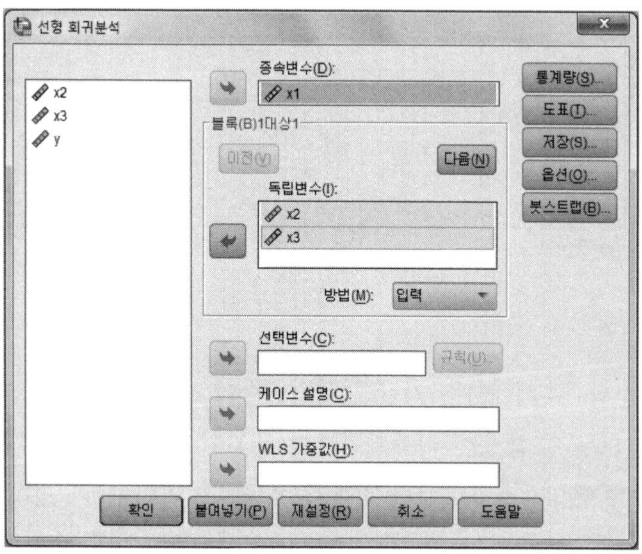

〈그림 14-43〉 회귀분석

① **분석–회귀분석–선형**을 선택한다. **종속변수**에 x1, **독립변수**에 x2와 x3를 보내고 **확인**을 클릭한다.

② **분석–회귀분석–선형**을 선택한다. **종속변수**에 x2, **독립변수**에 x1과 x3를 보내고 **확인**을 클릭한다.

③ **분석–회귀분석–선형**을 선택한다. **종속변수**에 x3, **독립변수**에 x1과 x2를 보내고 **확인**을 클릭한다.

모형 요약

모형	R	R 제곱	수정된 R 제곱	표준 오차 추정값의 표준오차
1	.995[a]	.990	.987	.318

a. 예측값: (상수), x3, x2

모형 요약

모형	R	R 제곱	수정된 R 제곱	표준 오차 추정값의 표준오차
1	.809[a]	.654	.555	3.626

a. 예측값: (상수), x1, x3

모형 요약

모형	R	R 제곱	수정된 R 제곱	표준 오차 추정값의 표준오차
1	.994[a]	.988	.985	1.015

a. 예측값: (상수), x2, x1

〈그림 14-44〉 회귀분석-모형요약

〈그림 14-44〉의 R제곱으로 독립변수의 VIF를 구하면 다음과 같다.

독립변수 x1의 $VIF = (1-0.990)^{-1} = 0.010^{-1} = 100$

독립변수 x2의 $VIF = (1-0.654)^{-1} = 0.346^{-1} = 2.890$

독립변수 x3의 $VIF = (1-0.988)^{-1} = 0.0116^{-1} = 86.087$

(7) 단계선택-다중공선성이 있는 변수 제외

다중공선성이 있는 변수와 유의하지 않은 변수가 모형에 포함된 문제를 해결하기 위해 단계선택으로 회귀모형을 추정해 보자.

① **분석-회귀분석-선형**을 선택한다.

② **종속변수**에 y, **독립변수**에 x1과 x2, x3을 보낸다.

③ **방법**에서 **단계선택**을 선택한다.

④ **통계량**을 클릭하고 **R제곱 변화량**, **공선성 진단**을 선택한다.

⑤ **계속**, **확인**을 클릭한다.

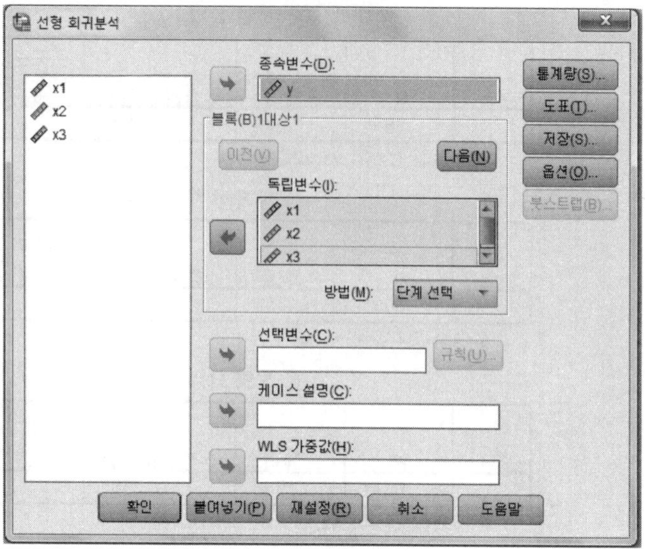

〈그림 14-45〉 회귀분석

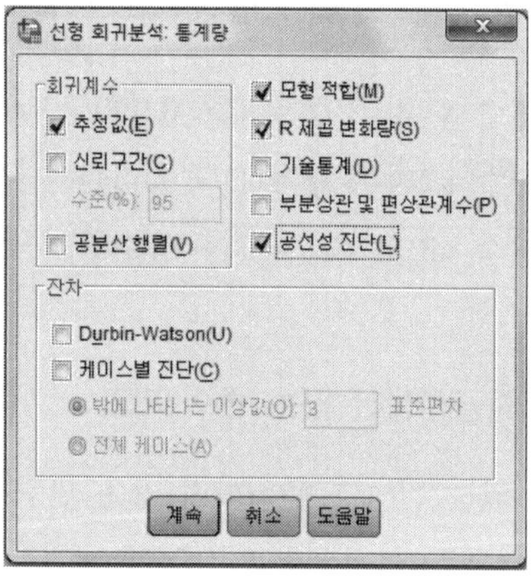

〈그림 14-46〉 회귀분석 – 통계량

〈그림 14-47〉의 진입/제거된 변수를 보면 독립변수 중에서 종속변수 y와의 상관계수가 가장 큰 x2가 먼저 모형에 포함되었고 다음으로 다중공선성이 있는 x1과 x3 중에서 x3가 모형에 포함되었다. 〈그림 14-48〉의 모형 요약에서 보면 x2만 포함한 모형의 R제곱은 0.824이고 x3를 모형에 포함하면 R제곱이 0.122 증가해서 모형의 R제곱이 0.946이 되어 x1, x2, x3를 모두 포함한 모형의 R제곱 0.956보다 0.01만큼 작다. x3가 모형에 추가되어 증가된 R제곱 0.122에 대한 F변화량은 15.674, 유의확률 0.005로 x3로 인한 R제곱 변화량은 유의하다.

진입/제거된 변수[a]

모형	진입된 변수	제거된 변수	방법
1	x2	.	단계선택 (기준: 입력할 F의 확률 <= .050, 제거할 F의 확률 >= .100).
2	x3	.	단계선택 (기준: 입력할 F의 확률 <= .050, 제거할 F의 확률 >= .100).

a. 종속변수: y

〈그림 14-47〉 회귀분석 – 진입/제거된 변수

모형 요약

모형	R	R 제곱	수정된 R 제곱	표준 오차 추정값의 표준오차	통계량 변화량				
					R 제곱 변화량	F 변화량	df1	df2	유의확률 F 변화량
1	.908[a]	.824	.802	6.498	.824	37.384	1	8	.000
2	.972[b]	.946	.930	3.860	.122	15.674	1	7	.005

a. 예측값: (상수), x2

b. 예측값: (상수), x2, x3

〈그림 14-48〉 회귀분석 – 모형요약

〈그림 14-49〉의 분산분석 결과를 보면 x2만 포함된 모형1의 MSE는 42.2이고 x2와 x3가 포함된 모형2의 MSE는 14.9로 모형1보다 모형2의 MSE가 더 작다. 따라서 x2만 포함된 모형보다 x2와 x3가 포함된 모형의 F가 더 큰 값을 갖게 되어 더 좋은 모형이라는 것을 알 수 있다.

분산분석[c]

모형		제곱합	자유도	평균 제곱	F	유의확률
1	회귀 모형	1578.586	1	1578.586	37.384	.000[a]
	잔차	337.814	8	42.227		
	합계	1916.400	9			
2	회귀 모형	1812.110	2	906.055	60.815	.000[b]
	잔차	104.290	7	14.899		
	합계	1916.400	9			

a. 예측값: (상수), x2

b. 예측값: (상수), x2, x3

c. 종속변수: y

〈그림 14-49〉 회귀분석 – 분산분석

〈그림 14-50〉의 모형2의 회귀계수를 살펴보면 x2와 x3의 회귀계수는 모두 유의하고 추정치가 각각 1.821과 0.734로 x2와 x3가 증가하면 y도 증가하는 경향을 보

인다. x2와 x3의 *VIF* 값은 1.431로 두 변수 사이에는 다중공선성이 존재하지 않는다.

계수[a]

모형		비표준화 계수		표준화 계수	t	유의확률	공선성 통계량	
		B	표준 오차 오류	베타			공차	VIF
1	(상수)	5.911	3.792		1.559	.158		
	x2	2.436	.398	.908	6.114	.000	1.000	1.000
2	(상수)	.998	2.572		.388	.709		
	x2	1.821	.283	.678	6.431	.000	.699	1.431
	x3	.734	.185	.418	3.959	.005	.699	1.431

a. 종속변수: y

〈그림 14-50〉 회귀분석 – 회귀계수

〈표 14-7〉 종속변수 y와 독립변수 x1, x2, x3의 다중회귀분석 결과 – 단계선택

독립변수	비표준화 계수		표준화 계수	t	p	R^2
	B	표준오차	베타			
x2	1.821	0.283	.678	6.431	.000	.946
x3	.734	0.185	.418	3.959	.005	

R^2 = .946 R^2_{adj} = .930 F = 60.815 공차 = .699 VIF = 1.431

TIP

여러 개의 독립변수로 종속변수를 추정하는 회귀모형을 만들 때 독립변수들 사이의 상관관계를 고려해서 모형을 만들어야 한다.

단순회귀분석 결과에서 유의한 변수를 선택해서 다중 회귀모형을 만들거나, 모든 변수를 포함한 모형을 만들어보고 유의한 변수만 선택해서 다중회귀모형을 만들어서는 안 된다. 전진이나 후진, 단계선택 등 변수선택 방법을 이용해서 다중회귀모형을 만들어야 한다.

보통은 단계선택을 이용하지만, 개개의 독립변수들과 종속변수 간의 관련성이 약한 경우 전진으로는 독립변수가 하나도 모형에 선택되지 않는 경우가 있다. 이런 경우 후진을 이용해서 모든 독립변수를 다 포함시킨 모형에서 유의하지 않은 변수를 제거(SPSS는 기본적으로 유의확률이 0.1 이상인 변수를 제거)해 가는 방법을 이용해 볼 수 있다.

14.3 질적변수를 포함한 회귀분석

14.3.1 질적변수를 포함한 회귀모형

독립변수에 질적변수를 포함시켜 질적변수의 범주에 따라 회귀모형이 차이가 있는지 분석해보자. 예를 들어 질적변수인 성별을 가변수(더미변수, dummy variable) 형태로 변환을 해서 모형에 넣으면 성별에 따라 회귀모형의 절편이 차이가 있는지 검정할 수 있다.

양적변수 X와 성별의 가변수 D를 포함한 회귀모형을 만들어 보자.

$$Y = \beta_0 + \beta_1 X + \beta_2 D + \epsilon \quad \cdots\cdots (12)$$

$$\text{여기서 D} = \begin{cases} 1 & \text{if} \quad \text{성별} = \text{남자} \\ 0 & \text{if} \quad \text{성별} = \text{여자} \end{cases}$$

β_0, β_1, β_2의 추정치를 각각 b_0, b_1, b_2라고 하면 표본으로부터 추정한 회귀방정식은 식 (13)과 같다.

$$\hat{Y} = b_0 + b_1 X + b_2 D \quad \cdots\cdots (13)$$

식 (13)에서 성별이 남자면 D=1로 $\hat{Y} = b_0 + b_2 + b_1 X$가 되고, 성별이 여자면 D=0으로 $\hat{Y} = b_0 + b_1 X$가 된다. 따라서 독립변수의 값이 같다면 남자는 여자에 비해 평균적으로 종속변수가 b_2만큼 차이가 난다.

집단이 3개 이상인 경우에 대해 알아보자.

가변수는 질적변수의 범주 수보다 하나 적은 수만큼 필요하다. 집단이 2개일 때는 가변수가 하나면 되지만, 범주가 3개인 경우에는 2개의 가변수가 필요하다.

질적변수의 범주 A, B, C의 가변수를 D_1, D_2로 만들어 보자.

D_1	D_2	
1	0	if 범주 $= A$
0	1	if 범주 $= B$
0	0	if 범주 $= C$

양적변수 X와 가변수 D_1과 D_2를 포함한 회귀모형을 만들어 보자.

$$Y=\beta_0+\beta_1 X+\beta_2 D_1+\beta_3 D_2+\epsilon \quad \cdots\cdots (14)$$

이 되고, β_0와 β_1, β_2, β_3의 추정치를 각각 b_0와 b_1, b_2, b_3라고 하면 표본으로부터 추정한 회귀방정식은 식 (15)와 같다.

$$\hat{Y}=b_0+b_1 X+b_2 D_1+b_3 D_2 \quad \cdots\cdots (15)$$

식 (15)에서 범주가 A면 D_1=1, D_2=0으로 $\hat{Y}=b_0+b_2+b_1 X$, 범주가 B면 D_1=0, D_2=1로 $\hat{Y}=(b_0+b_3)+b_1 X$, 범주가 C면 D_1=0, D_2=0으로 $\hat{Y}=b_0+b_1 X$이 된다. 따라서 독립변수 X의 값이 동일하면 범주 A는 범주 C에 비해 평균적으로 b_2만큼 차이가 나고, 범주 B는 범주 C에 비해 평균적으로 b_3만큼 차이가 난다.

14.3.2 성별에 따른 회귀모형의 차이 검정

고객 만족도 자료를 이용해서 고객 1인당 서비스 받는 시간(X)에 따른 고객만족도(Y)의 회귀모형이 성별에 따라 차이가 있는지 추정해 보자.

고객만족도.sav 파일을 불러온다.

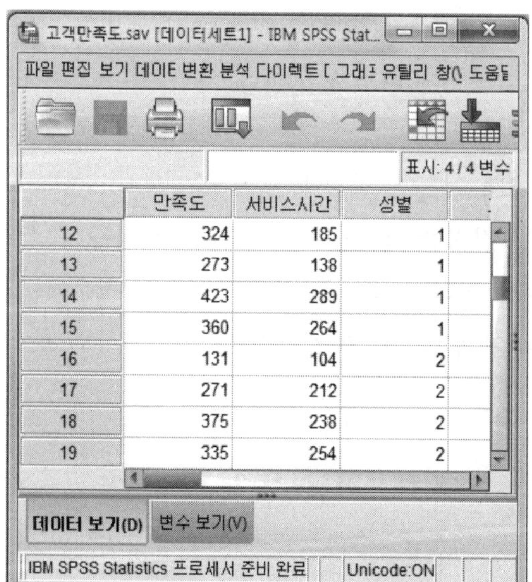

〈그림 14-51〉 데이터 보기 화면

(1) 산점도

고객 만족도와 서비스시간의 산점도를 그려보자.

① **그래프-레거시 대화상자-산점도/점도표**를 선택한다.

② **단순 산점도**를 선택하고 **정의**를 클릭한다.

③ **Y-축**에 **만족도**, **X-축**에 **서비스시간**, **표식 기준**에 **성별**을 보내고 **확인**을 클릭한다.

④ 도표를 더블클릭해서 도표편집기 화면으로 들어간다.

⑤ 단축메뉴에서 **추가 부집단 회귀선 적합**을 선택하고 도표편집기를 닫는다.

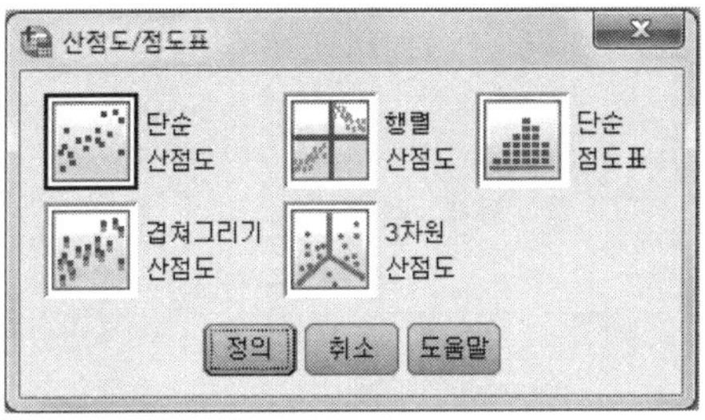

〈그림 14-52〉 산점도/점도표 종류 선택

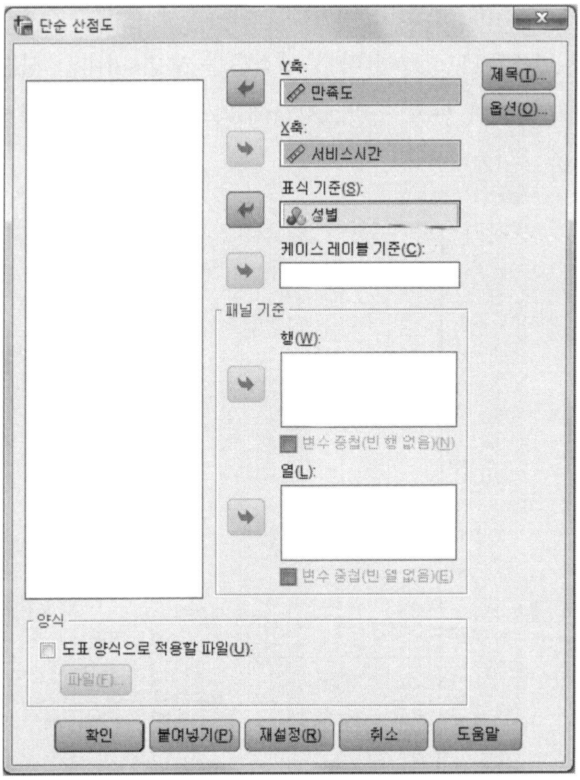

〈그림 14-53〉 단순 산점도

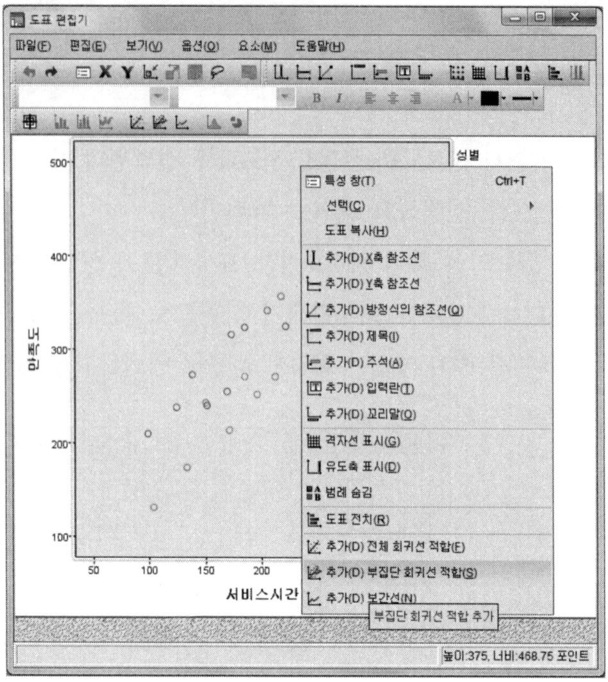

〈그림 14-54〉 도표 편집기

〈그림 14-55〉의 성별에 따른 산점도를 보면 서비스 시간이 같으면 남자가 여자에 비해 만족도가 높고 서비스시간에 따라 만족도가 증가하는 정도는 여자가 남자보다 크다.

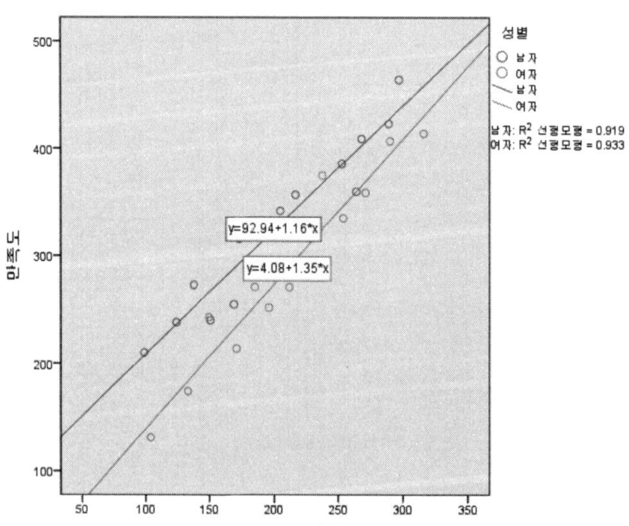

〈그림 14-55〉 성별에 따른 산점도

(2) 가변수 만들기

성별을 0과 1로 구분한 가변수를 구해보자.

성별은 범주가 2개로 따로 가변수를 만들지 않고 여자를 0으로 코딩변경해도 되지만, 여기서는 변환-더미변수를 이용해서 가변수 작성을 해 보자.

① **변환–더미변수 작성**을 선택한다.

② **다음에 대한 더미변수 작성**에 **성별**, **주효과 더미변수 작성**을 클릭하고 **루트이름**에 D**성별**을 입력, **확인**을 클릭한다.

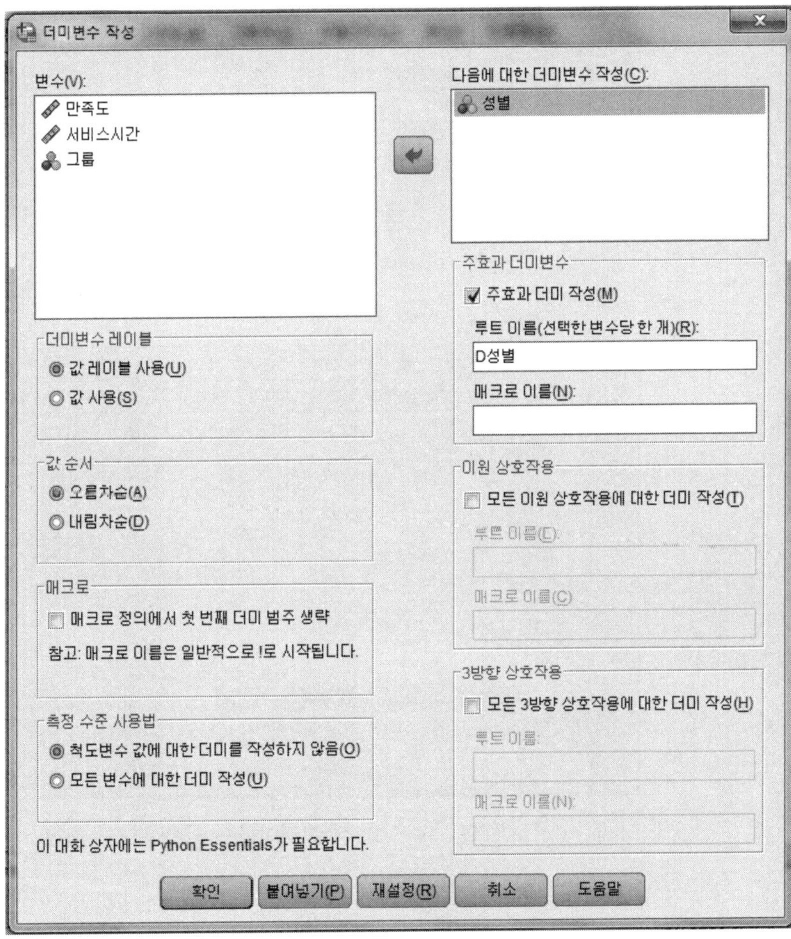

〈그림 14-56〉 더미변수 작성

D성별_1은 성별이 남자일 때 1의 값을 갖고 성별이 여자일 일 때 0의 값을 갖는 변수로 남자에 대한 가변수이다. D성별_2는 성별이 여자일 때 1의 값을 갖는 여자에 대

한 가변수이다.

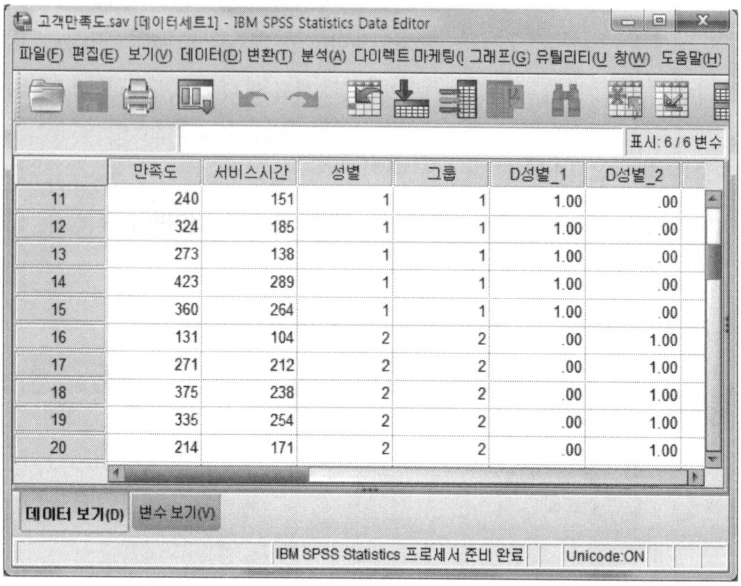

〈그림 14-57〉 성별 더미변수 – 데이터보기 화면

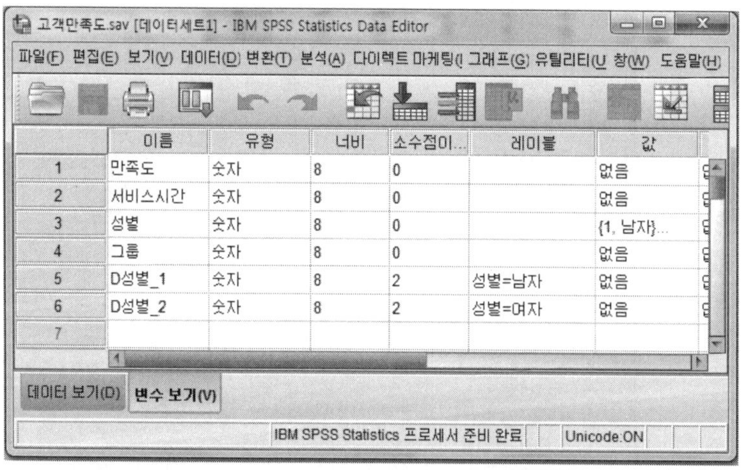

〈그림 14-58〉 성별 더미변수 – 변수보기 화면

(3) 성별에 따른 회귀모형 추정

① **분석–회귀분석–선형**을 선택한다.

② **종속변수**에 **만족도**, **독립변수**에 **서비스시간**, D성별_1을 보내고 **확인**을 클릭한다.

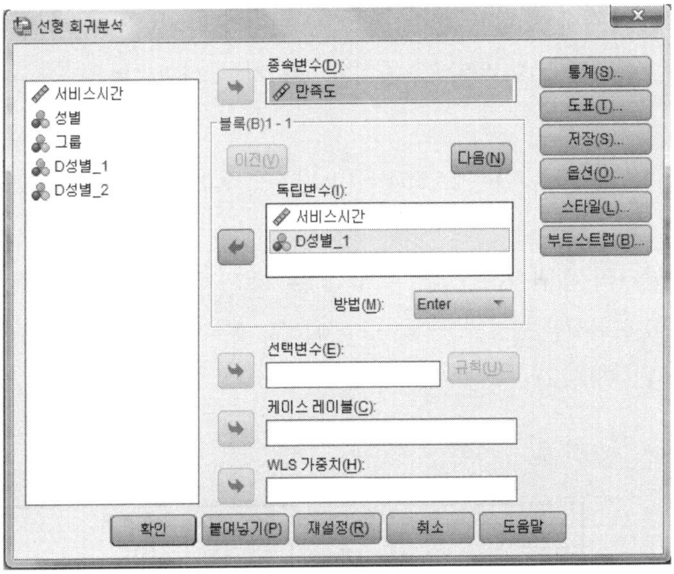

〈그림 14-59〉 회귀분석

〈그림 14-60〉의 모형요약을 보면 서비스시간과 D성별_1을 포함한 회귀모형의 R^2은 0.926으로 회귀모형은 서비스 만족도 전체 변동의 92.6%를 설명한다.

모형 요약

모형	R	R 제곱	조정된 R 제곱	표준 추정값 오류
1	.962[a]	.926	.920	23.555

a. 예측변수: (상수), 성별=남자, 서비스시간

〈그림 14-60〉 회귀분석 – 모형요약

〈그림 14-61〉의 분산분석 결과를 보면 F값이 150.983, 유의확률은 0.000으로 모형에 의해 설명되는 분산이 잔차 분산에 비해 충분히 커서 모형은 유의하다.

분산 분석[a]

모형		제곱합	df	평균 제곱	F	유의수준
1	회귀분석	167538.043	2	83769.022	150.983	.000[b]
	잔차	13315.809	24	554.825		
	합계	180853.852	26			

a. 종속 변수: 만족도

b. 예측변수: (상수), 성별=남자, 서비스시간

〈그림 14-61〉 회귀분석 – 분산분석

회귀모형에 포함된 변수 중 어떤 변수가 유의한지 살펴보자.

〈그림 14-62〉의 계수 추정치를 정리하면 회귀모형은

$$\hat{Y} = 25.564 + 1.246X + 49.022 \times (\text{성별} = \text{남자})$$

로 남자의 회귀식은 $(\text{성별} = \text{남자}) = 1$로 $\hat{Y} = 25.564 + 49.022 + 1.264X$이고, 여자의 회귀식은 $(\text{성별} = \text{남자}) = 0$으로 $\hat{Y} = 25.564 + 1.264X$가 된다(X:서비스시간, Y: 만족도).

계수[a]

모형		비표준 계수 B	비표준 계수 표준 오차	표준 계수 베타	t	유의수준
1	(상수)	25.564	17.003		1.504	.146
	서비스시간	1.246	.074	.931	16.787	.000
	성별=남자	49.022	9.135	.298	5.366	.000

a. 종속 변수: 만족도

〈그림 14-62〉 회귀분석 – 계수

서비스시간에 해당하는 회귀계수를 β_1, 가변수에 해당하는 회귀계수를 β_2라고 하면 귀무가설과 대립가설은 다음과 같다.

$$H_0 : \beta_1 = 0 \quad v.s. \quad H_1 : \beta_1 \neq 0$$
$$H_0 : \beta_2 = 0 \quad v.s. \quad H_1 : \beta_2 \neq 0$$

〈그림 14-62〉에서 서비스시간에 해당하는 회귀계수 1.246은 표준오차가 0.074로 회귀계수의 표준화 값 t가 16.787, 유의확률이 .000으로 자료로부터 추정한 서비스시간의 회귀계수 1.246은 회귀계수가 0이라는 귀무가설을 기각할 만큼 충분히 큰 수치이다. 그리고 성별의 가변수에 해당하는 회귀계수 49.022도 표준오차가 9.135로 회귀계수의 표준화 값 t가 5.366, 유의확률이 .000으로 자료로부터 추정된 가변수의 회귀계수는 0이라는 귀무가설을 기각할 만큼 충분히 큰 수치이다.

따라서 서비스시간에 따라 만족도는 증가하고, 서비스시간이 같다면 남자가 여자에 비해 만족도가 높다.

예제 14-1 급여.sav파일을 이용해서 현재 급여를 첫급여, 교육기간, 근무기간, 성별을 이용해서 회귀모형을 만들라. □

성별은 질적변수로 회귀분석을 실행하기 전에 0과 1의 값을 갖는 가변수로 만들어야 한다. 같은 변수로 코딩변경을 이용해서 여자를 0으로 처리해 보자.

① **변환–같은 변수로 코딩변경**을 선택한다.

② **성별**을 **변수(숫자변수)**로 보낸다.

③ **기존값 및 새로운 값**을 클릭한다.

④ **기존값**의 **값**에 **2**를 입력, **새로운 값**의 **기준값**에 **0**을 입력하고 **추가**를 클릭한다.

⑤ **계속**, **확인**을 클릭한다.

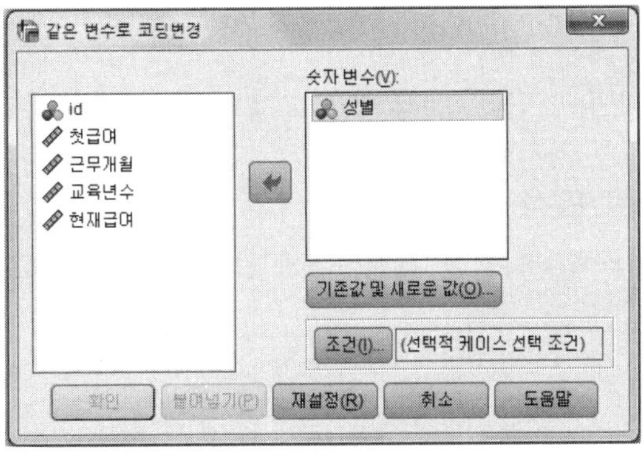

〈그림 14-63〉 같은 변수로 코딩변경

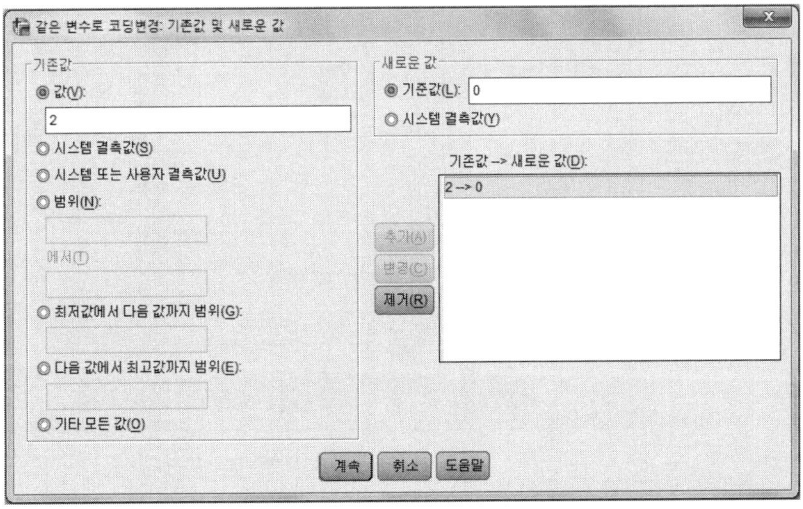

〈그림 14-64〉 같은 변수로 코딩변경 - 기존값 및 새로운 값

변수 보기 화면에서 성별의 **값 레이블**의 2="**여자**"의 **기준값**을 0으로 수정하고, **변경**, **확인**을 클릭한다.

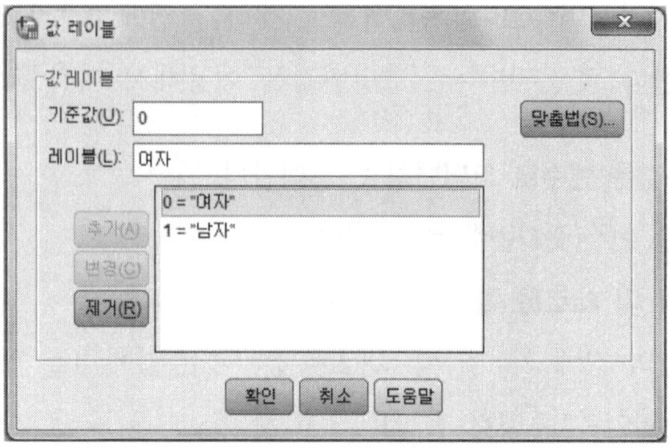

〈그림 14-65〉 값 레이블

이제 성별, 첫급여, 근무개월, 교육년수를 독립변수로 하는 회귀분석을 해 보자.

① **분석-회귀분석-선형**을 선택한다.

② **종속변수**에 **현재급여**, **독립변수**에 **성별**, **첫급여**, **근무개월**, **교육년수**를 보내고 **확인**을 클릭한다.

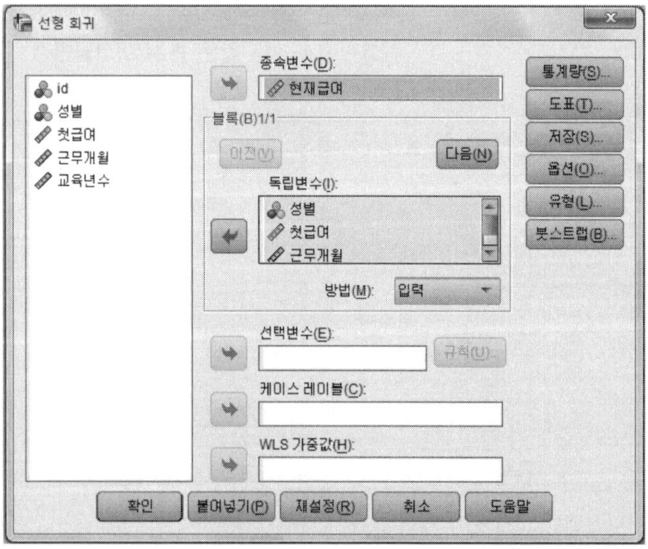

〈그림 14-66〉 회귀분석

〈그림 14-67〉의 모형요약을 보면 현재급여를 4개의 독립변수로 추정한 결과 설명력은 77.3%이다.

모형 요약

모형	R	R 제곱	수정된 R 제곱	추정값의 표준오차
1	.879[a]	.773	.763	340,083.904

a. 예측자: (상수), 교육년수, 근무개월, 성별, 첫급여

〈그림 14-67〉 회귀분석 – 모형요약

〈그림 14-68〉의 계수를 보면 성별의 회귀계수가 71296.648로 다른 조건이 동일하다면 남자가 여자에 비해 현재 급여가 평균적으로 71296.648 높다. 그러나 유의확률이 0.380으로 유의수준 0.05보다 커서 성별에 따른 현재 급여는 통계적으로 유의한 차이가 없다. 다른 변수들은 다 양의 값을 갖고 유의확률이 모두 유의수준 0.05보다 작아서 유의하다. 따라서 현재 급여는 성별에 따른 차이는 없고 첫급여가 높을수록, 근무기간과 교육년수가 길수록 높다.

계수[a]

모형		비표준화 계수		표준화 계수	t	유의확률
		B	표준오차	베타		
1	(상수)	-1106240.264	319505.897		-3.462	.001
	성별	71296.648	80861.512	.050	.882	.380
	첫급여	1.900	.186	.726	10.194	.000
	근무개월	9941.441	3342.203	.146	2.975	.004
	교육년수	37904.250	16977.326	.154	2.233	.028

a. 종속변수: 현재급여

〈그림 14-68〉 회귀분석 – 계수

14.3.3 질적변수의 조절효과

독립변수가 한 단위 증가할 때 종속변수의 변화하는 정도인 회귀모형의 기울기가 질적변수의 범주에 따라 다를 때 질적변수는 도기립변수와 종속변수의 관계에서 조절변수로서의 역할을 한다고 볼 수 있다.

고객만족도 자료에서 성별이 서비스시간과 고객만족도의 관계에서 조절변수로서의 역할을 하는지 알아보자.

식 (12)에 독립변수 X와 성별의 가변수 D(남자일 때1)의 곱인 XD를 포함한 회귀모형을 만들어 보자.

$$Y = \beta_0 + \beta_1 X + \beta_2 D + \beta_3 XD + \epsilon \quad \cdots\cdots (16)$$

β_0, β_1, β_2, β_3의 추정치를 각각 b_0, b_1, b_2, b_3라고 하면 표본으로부터 추정한 회귀방정식은 식 (17)과 같다.

$$\hat{Y} = b_0 + b_1 X + b_2 D + b_3 XD \quad \cdots\cdots (17)$$

식 (17)에서 성별이 남자면 D=1로 $\hat{Y} = b_0 + b_2 + (b_1 + b_3)X$가 되고, 성별이 여자면 D=0으로 $\hat{Y} = b_0 + b_1 X$가 된다. 따라서 여자는 서비스시간이 한 단위 증가할 때 만족도가 평균적으로 b_1만큼 증가하고, 남자는 증가하는 정도가 여자보다 b_3만큼 차이가 난다.

식 (16)에서 회귀계수 β_1이 유의하면 독립변수 X가 종속변수에 영향을 주는 것이고, 회귀계수 β_3가 유의하면 성별이 조절변수로서의 역할을 하는 것이다.

서비스시간과 남자에 해당하는 가변수의 곱 변수를 생성해 보자.

① **변환-변수계산**을 선택한다.

② **대상변수**에 **서비스시간_남자**, **숫자표현식**에 **서비스시간*D성별_1**을 입력하고 **확인**을 클릭한다.

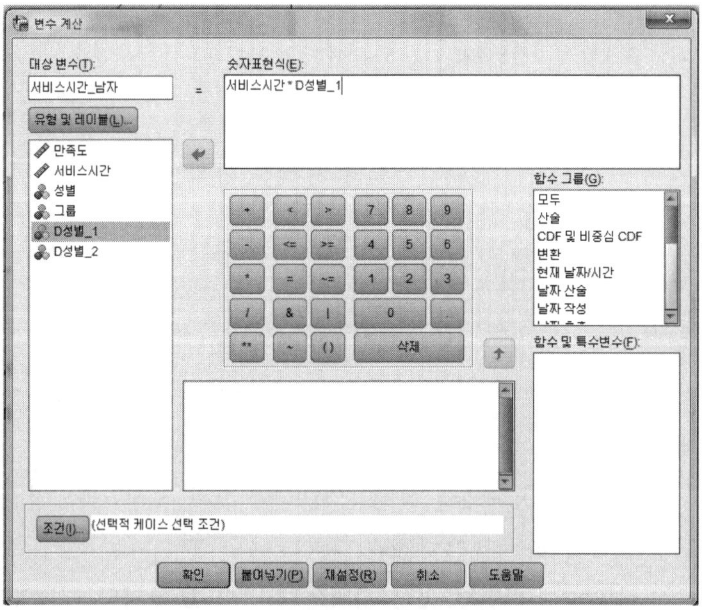

〈그림 14-69〉 변수계산 – 독립변수와 가변수의 곱

〈그림 14-70〉 데이터 보기 화면

(3) 성별에 따른 회귀모형 추정

① **분석–회귀분석–선형**을 선택한다.

② **종속변수**에 **만족도**, **독립변수**에 **서비스시간**, **D성별_1**, **서비스시간_남자**를 보내고 **확인**을 클릭한다.

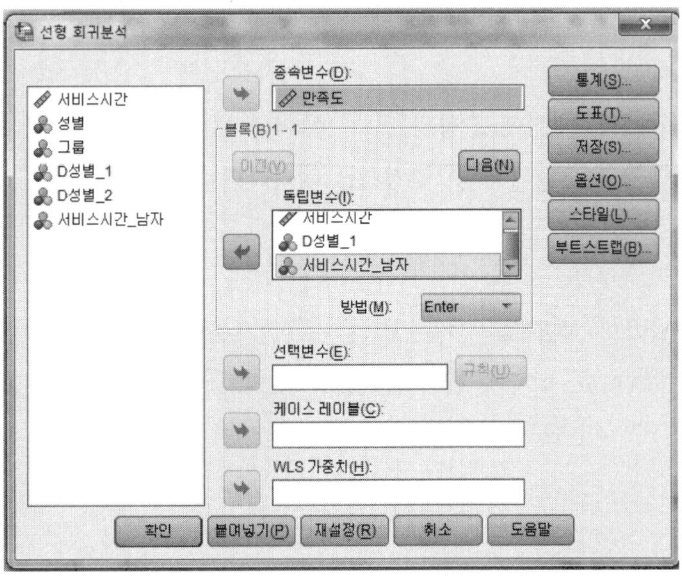

〈그림 14-71〉 회귀분석 – 입력

〈그림 14-72〉의 모형요약을 보면 서비스시간과 D성별_1, 서비스시간_남자를 포

함한 회귀모형의 R^2은 0.932로 회귀모형은 서비스 만족도 전체 변동의 93.2%를 설명한다.

모형 요약

모형	R	R 제곱	조정된 R 제곱	표준 추정값 오류
1	.965[a]	.932	.923	23.206

a. 예측변수: (상수), 서비스시간_남자, 서비스시간, 성별=남자

〈그림 14-72〉 회귀분석 – 모형요약

〈그림 14-73〉의 분산분석 결과를 보면 F값이 104.275, 유의확률은 0.000으로 모형에 의해 설명되는 분산이 잔차 분산에 비해 충분히 커서 모형은 유의하다.

분산 분석[a]

모형		제곱합	df	평균 제곱	F	유의수준
1	회귀분석	168467.475	3	56155.825	104.275	.000[b]
	잔차	12386.377	23	538.538		
	총계	180853.852	26			

a. 종속 변수: 만족도

b. 예측변수: (상수), 서비스시간_남자, 서비스시간, 성별=남자

〈그림 14-73〉 회귀분석 – 분산분석

이제 회귀모형에 포함된 변수 중 어떤 변수가 유의한지 살펴보자.

〈그림 14-74〉의 계수 추정치를 정리하면 회귀모형은

$$\hat{Y} = 4.075 + 1.348X + 88.860D - 0.192XD$$

로 남자의 회귀식은 $D = 1$로 $\hat{Y} = 4.075 + 1.348X + 88.860 - 0.192X = 92.935 + 1.156X$이고, 여자의 회귀식은 $D = 0$으로 $\hat{Y} = 4.075 + 1.348X$가 된다(X: 서비스 시간, Y: 만족도).

계수[a]

모형		비표준 계수 B	비표준 계수 표준 오차	표준 계수 베타	t	유의수준
1	(상수)	4.075	23.413		.174	.863
	서비스시간	1.348	.107	1.008	12.619	.000
	성별=남자	88.860	31.632	.540	2.809	.010
	서비스시간_남자	-.192	.147	-.260	-1.314	.202

a. 종속 변수: 만족도

〈그림 14-74〉 회귀분석 – 계수

성별이 조절변수 역할을 하는지 검정해 보자. 서비스시간과 가변수의 곱인 서비스시간_남자에 해당하는 회귀계수를 β_3라고 하면 가설을 다음과 같이 세울 수 있다.

$$H_0 : \beta_3 = 0 \quad v.s. \quad H_1 : \beta_3 \neq 0$$

〈그림 14-74〉에서 서비스시간과 가변수의 곱인 서비스시간_남자에 해당하는 회귀계수 −0.192는 표준오차가 0.147로 회귀계수의 표준화 값 t가 −1.314, 유의확률이 0.202로 자료로부터 추정된 서비스시간_남자의 회귀계수는 0이라는 귀무가설을 기각할 만큼 큰 수치가 아니다.

15 CHAPTER

신뢰도(내적 일치도)

15.1 Cronbach α란?

어떤 속성이나 개념을 측정하기 위해 척도를 새롭게 개발하려면 척도의 타당도(validity)와 신뢰도(reliability)를 점검하는 과정이 필요하다.

타당도는 척도가 측정하고자 하는 개념을 얼마나 정확하게 측정하고 있는지를 나타내는 개념으로 내용 타당도(content validity), 예측 타당도(predictive validity), 구인 타당도(구성타당도, construct validity)로 나누어 볼 수 있다.

① 내용 타당도 : 검사내용 전문가에 의해 검사가 측정하고자 하는 속성을 제대로 측정하는지 주관적으로 판단하는 타당도

② 예측 타당도 : 하나의 속성이나 개념을 측정하는 척도의 측정값이 그 척도와 연관이 있는 다른 속성의 변화를 예측하는 정도를 측정하는 타당도로 척도와 연관된 미래 행위 측정치와의 상관관계로 분석

③ 구인 타당도 : 내적 구조에 기초한 근거로 척도가 조작적 정의에서 규명한 심리적 구인들을 제대로 측정하였는지 검증하는 타당도로 요인분석, 상관분석 등으로 분석

신뢰도는 동일한 개념을 반복적으로 측정했을 때 얼마나 일관된 결과가 나오는지를 측정하는 개념으로 척도를 구성하는 문항들의 내적 일치도를 측정하는 크론바흐 알파(cronbach's α)를 사용한다.

문항들 간의 내적 일치도를 재는 Cronbach α는 식 (1)과 같다.

$$\text{Cronbach } \alpha = \frac{k}{k-1}\left(1-\frac{\sum_{i=1}^{k} Var(X_i)}{Var(\sum_{i=1}^{k} X_i)}\right),\ k\text{는 척도를 구성하는 문항수} \cdots\cdots (1)$$

식 (1)의 분모는 척도를 구성하는 문항들의 합의 분산이고 분자는 개별 문항의 분산의 합이다.

문항이 2개인 경우를 예를 들어 생각해 보자. 각 문항을 X_1, X_2라고 하면 $VAR(X_1+X_2) = VAR(X_1) + VAR(X_2) + 2COV(X_1,\ X_2)$가 된다.

$\alpha \rightarrow +1$ if $COV(X_1,\ X_2)$가 양(+)의 큰 값을 가지면

$\alpha \rightarrow 0$ if $COV(X_1,\ X_2)$가 0에 가까우면

$\alpha \rightarrow -1$ if $COV(X_1,\ X_2)$가 음(−)의 큰 값을 가지면

따라서 척도를 구성하는 문항들이 양의 상관 관계를 가질 때 Cronbach α는 1에 가까운 값을 갖게 된다.

척도의 신뢰도를 평가할 때 Cronbach α가 0.75를 넘으면 내적 일치도는 만족스럽다고 하고, 최소한 0.6 이상은 되어야 척도를 구성하는 문항들 간의 일치도가 있다고 판단하고 있다. 그런데 Cronbach α는 문항 간의 관련성의 정도와 함께 척도를 구성하는 문항수에도 영향을 받아 문항수가 많아지면 문항들 간의 상관관계가 낮아도 Cronbach α는 1에 가까운 값을 갖는다.

Cronbach α를 문항 간의 평균상관계수($\bar{\rho}$)와 문항수(k)를 이용해서 정리하면 식 (2)와 같다.

$$\text{Cronbach 알파} = \frac{k\bar{\rho}}{1+\bar{\rho}(k-1)} \cdots\cdots (2)$$

〈표 15-1〉 문항 간의 평균상관관계와 문항수에 따른 Cronbach α

number of items	Average Interitem Correlation					
	.0	.2	.4	.6	.8	1.0
2	.00	.33	.57	.75	.89	1.00
4	.00	.50	.73	.86	.94	1.00
6	.00	.60	.80	.90	.96	1.00
8	.00	.67	.84	.92	.97	1.00
10	.00	.71	.87	.94	.98	1.00

하나의 척도를 구성하는 문항이 2개면 문항 간 상관계수가 0.6은 되어야 Cronbach α가 0.75가 되는 반면 문항수가 10개면 문항 간 상관계수가 평균 0.2만 되어도 Cronbach α가 0.71이 된다. 따라서 Cronbach α값을 판단할 때 척도를 구성하는 문항수도 고려해서 척도의 신뢰도를 판단해야 한다.

15.2 Cronbach α 구하기

SPSS를 이용해서 Cronbach α를 구해보자.

자녀양육.sav 파일을 불러온다.

〈표 15-2〉 자녀양육 설문지

나의 어머니는	전혀 아님	아님	그랬음	아주 그랬음
1. 나에게 따뜻하고 다정하게 말해 주었다.	1	2	3	4
2. 내가 원하는 만큼 도와주었다.	1	2	3	4
3. 내가 하고 싶었던 일을 하도록 해 주었다.	1	2	3	4
4. 나에게 쌀쌀하게 대한 편이었다.	1	2	3	4
5. 나의 문제와 걱정을 이해하려 했다.	1	2	3	4
6. 나에게 다정다감했다.	1	2	3	4
7. 나의 일은 내가 결정하도록 도와주었다.	1	2	3	4
8. 나의 정신적 성장을 원하였다.	1	2	3	4
9. 내가 하는 것은 무엇이든지 간섭하려 했다.	1	2	3	4
10. 나의 개인 생활을 침범했다.	1	2	3	4
11. 나와 함께 대화하길 즐겼다.	1	2	3	4
12. 나에게 미소를 보여 주었다.	1	2	3	4
13. 나를 어린애 취급하였다.	1	2	3	4
14. 내가 필요하거나 원하는 것을 이해하는 듯 했다.	1	2	3	4
15. 내가 스스로 일을 결정하도록 하였다.	1	2	3	4
16. 나는 원치 않는 자식이란 느낌이 들도록 하였다.	1	2	3	4
17. 내가 언짢을 때 기분을 풀어 주었다.	1	2	3	4
18. 나와 가끔 이야기하였다	1	2	3	4
19. 어머니에게 의존심을 갖게 하였다.	1	2	3	4
20. 어머니는 자신이 옆에 없으면 내가 내 몸 하나 돌보지 못한다고 여겼다.	1	2	3	4

〈표 15-2〉 자녀양육 설문지(계속)

나의 어머니는	전혀 아님	아님	그랬음	아주 그랬음
21. 내가 원하는 만큼 자유를 주었다.	1	2	3	4
22. 내가 원하면 되도록 밖으로 나가게 해 주었다.	1	2	3	4
23. 나를 과잉보호하였다.	1	2	3	4
24. 나를 칭찬해 주었다.	1	2	3	4
25. 내가 좋아하는 대로 옷을 입게 하였다.	1	2	3	4

수용적 양육태도: 14문항(1, 2, 3, 4, 5, 6, 8, 11, 12, 14, 16, 17, 18, 24)
과잉보호: 11문항(7, 9, 10, 13, 15, 19, 20, 21, 22, 23, 25)

(1) 변수 위치 옮기기

양육태도를 묻는 25개 문항에 수용적 양육 태도와 과잉보호를 구성하는 문항들이 번호순으로 나열되어 있지 않다. 먼저 기억6 다음에 기억8, 기억11, 기억12, 기억14, 기억16, 기억17, 기억18, 기억24가 연속으로 위치하게 나열해 보자.

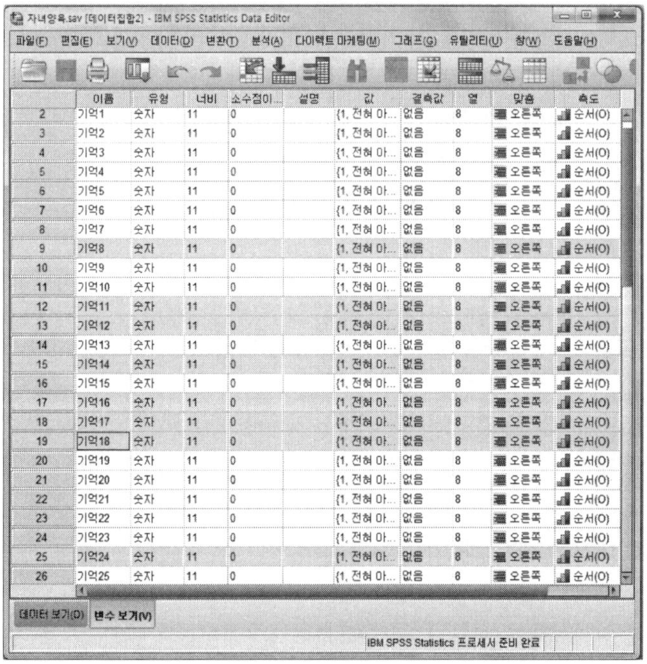

〈그림 15-1〉 위치 옮길 변수 선택하기

① 데이터의 **변수 보기** 화면에서 **기억8**을 클릭하고 Ctrl 키를 누른 상태에서 **기억8, 기억11, 기억12, 기억14, 기억16, 기억17, 기억18, 기억24** 문항들의 행번호를 모두 선택한다.

② Ctrl 키를 누르지 않은 상태에서 블록으로 지정된 문항들을 **기억6** 아래로 드래그해서 옮긴다.

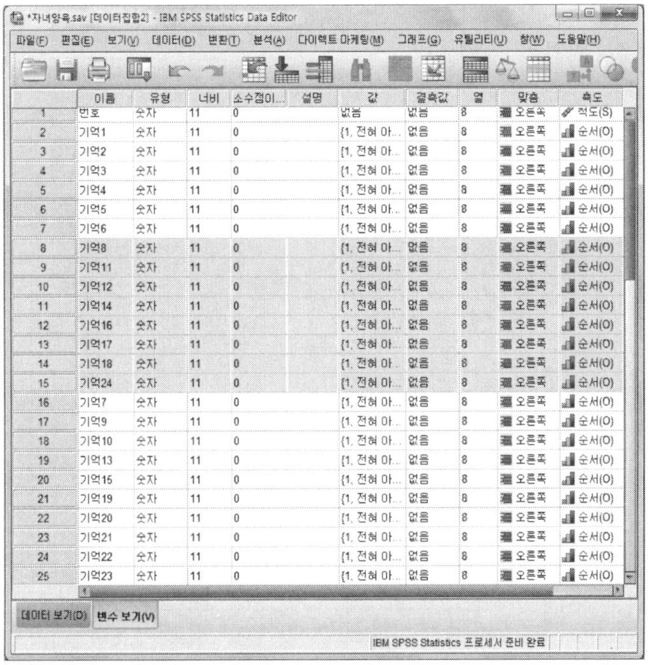

〈그림 15-2〉 변수를 원하는 위치로 옮기기

TIP

변수 위치 옮기기

변수변환 결과 새로운 변수가 생성되면 기존에 있는 변수들의 마지막 부분에 위치한다. 연령을 연령대로 변환한 경우처럼 기존에 있던 변수의 형태를 변환한 경우 새롭게 생성된 변수가 기존에 있던 변수와 연이어 있어야 작업할 때 찾기가 쉽다. 변수 보기 화면에서 옮기고 싶은 변수의 행번호를 클릭하고 드래그해서 옮기고 싶은 위치에 끌어다 놓으면 된다.

(2) Cronbach α 계산

■ 수용적 양육태도

① **분석-척도분석-신뢰도 분석**을 선택한다.

② **항목**에 기억1, 기억2, 기억3, 기억4, 기억5, 기억6, 기억8, 기억11, 기억12, 기억14, 기억16, 기억17, 기억18, 기억24를 보낸다.

③ **통계량**을 클릭하고 **항목제거시 척도**를 선택한다.

④ **계속**, **확인**을 클릭한다.

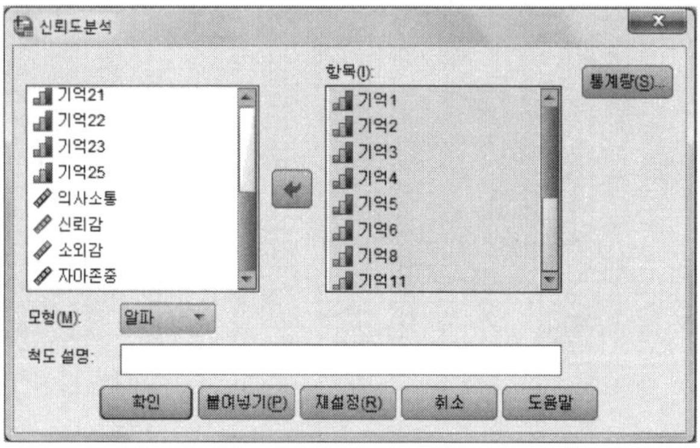

〈그림 15-3〉 신뢰도 분석

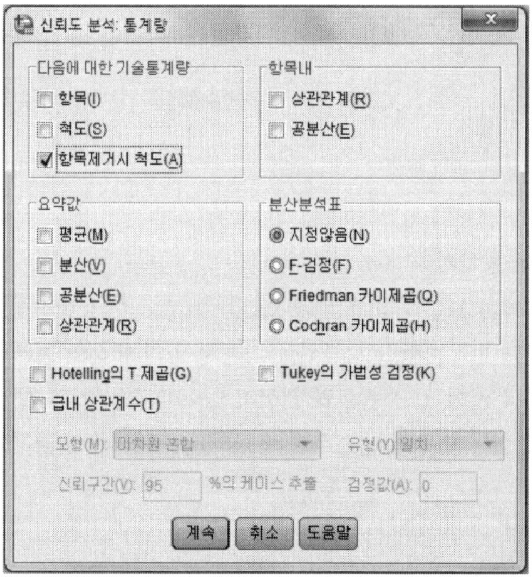

〈그림 15-4〉 신뢰도 분석 – 통계량

신뢰도 통계량

Cronbach의 알파	항목 수
.667	14

항목 총계 통계량

	항목이 삭제된 경우 척도 평균	항목이 삭제된 경우 척도 분산	수정된 항목-전체 상관계수	항목이 삭제된 경우 Cronbach 알파
기억1	36.42	12.260	.578	.613
기억2	36.42	12.260	.533	.616
기억3	36.51	12.542	.385	.635
기억4	37.99	16.244	-.347	.744
기억5	36.58	12.244	.514	.618
기억6	36.45	12.044	.531	.613
기억8	36.65	12.707	.333	.643
기억11	36.59	12.156	.490	.619
기억12	36.53	12.195	.484	.620
기억14	36.66	12.832	.432	.633
기억16	38.08	16.010	-.305	.741
기억17	36.82	12.949	.317	.645
기억18	36.83	13.952	.060	.685
기억24	36.67	12.168	.557	.613

〈그림 15-5〉 신뢰도 분석 결과 – 수용족 태도

〈그림 15-5〉에서 수용적 양육태도 14개 문항의 Cronbach 알파가 0.667로 0.6을 넘지만 문항수 14를 고려할 때 낮은 편이다. 항목 총계 통계량의 출력결과를 보고 척도를 구성하는 문항들 중 신뢰도를 떨어뜨리는 문항은 없는지 확인해 보자.

항목 총계 통계량에서 수정된 항목-전체 상관계수를 보면 기억4는 –0.347, 기억16은 –0.305로 기억4와 기억16은 나머지 문항들과 음의 상관관계를 가져 역문항은 아닌지 확인해 보아야 한다. 기억18은 0.060으로 다른 문항과 응답의 일관성이 없어서 수용적 양육태도를 측정하는 척도의 신뢰도를 떨어뜨리는 문항으로 제외하는 것을 고려해 볼 수 있다.

항목이 삭제된 경우 Cronbach α를 살펴보면 기억4에 해당하는 값은 0.744, 기억16에 해당하는 값은 0.741, 기억18에 해당하는 값은 0.685로 세 문항 모두 제거했을 때 Cronbach 알파가 커져서 해당하는 문항을 제외할 때 나머지 문항 간의 내적 일치도가 커진다. 기억4, 기억16, 기억18에 해당하는 항목이 삭제된 경우 척도 분산도 커져서 해당하는 항목을 빼고 나머지 문항들의 합으로 척도값을 만들 때 척도값의 다양성이 더 커진다.

문제가 있는 문항들을 설문지에서 그 내용을 확인해 보자.

기억4. 나에게 쌀쌀하게 대한 편이었다. → 역문항
기억16. 나는 원치 않는 자식이란 느낌이 들도록 하였다. → 역문항
기억18. 나와 가끔 이야기하였다. → 다른 문항과의 상관관계가 낮음

이 문항들로부터 측정하려는 개념이 어머니의 수용적 양육태도로 기억4와 기억16은 역문항에 해당한다. 기억18의 경우 '가끔'이라는 빈도부사를 포함하고 있어서 응답자로 하여금 질문의 의도를 해석할 때 혼란이 생기게 하여 다른 문항과의 일치도가 떨어진 것으로 보인다.

수정된 항목-전체 항목 상관계수와 항목이 삭제된 경우 Cronbach 알파와 문항 내용을 고려하여 기억4와 기억16은 코딩값을 역으로 변환(1→4, 2→3, 3→2, 4→1)하고 기억18은 척도에서 빼자.

TIP

수정된 항목-전체 상관계수

해당하는 문항과 그 문항을 제외한 나머지 문항들의 총합의 상관계수로 각 문항이 나머지 문항과 응답 방향이 일치하는지 알 수 있는 척도이다.

① + : 양의 상관관계로 나머지 문항들과 응답 방향이 일치하는 문항
② - : 음의 상관관계로 나머지 문항들과 응답 방향이 반대되는 문항으로 역문항 여부를 살펴보아야 한다. 문항이 척도에서 재려고 하는 개념과 반대되는 역문항이면 코딩값을 역으로 바꾼 다음 신뢰도를 계산해야 한다. 역문항이 아닌데 음수(-)가 나왔으면 척도에서 그 문항을 제외하는 것을 고려한다.
③ 0 : 다른 문항과 응답의 관련성이 약한 문항으로 척도에서 제외할지 고려해 보아야 한다. 보통 상관계수의 절댓값이 0.3 이하이고 항목이 삭제된 경우 Cronbach 알파값이 전체 신뢰도보다 커지면 척도에서 그 문항을 제외하는 것을 고려한다.

TIP

항목이 삭제된 경우 Cronbach 알파

해당하는 문항을 뺀 나머지 문항들로 Cronbach 알파를 계산한 값으로 문항이 척도의 신뢰도를 떨어뜨리는지 알 수 있는 척도이다.
이 값이 모든 문항을 다 포함해서 구한 신뢰도 값보다 크면 해당하는 문항이 척도의 신뢰도를 떨어뜨리는 문항으로 수정된 항목-전체 상관관계를 확인해서 입력된 값을 역으로 변환하거나 해당하는 문항을 제외하고 척도를 구성한다.

TIP

빈도부사의 사용

"나와 가끔 이야기하였다"라는 질문에 대해 생각해 보자.

어머니와 대화를 자주 하는 응답자가 이 질문을 대화하는 정도가 가끔인지를 묻는 것으로 이해를 하면 "매우 아니다"에 응답을 하게 되고, 이 질문을 대화를 하는지에 대해서 묻는 것으로 이해를 하면 "매우 그렇다"에 응답하게 될 가능성이 있어서 '가끔' 등의 빈도부사를 사용하면 동일한 특성을 갖는 응답자가 서로 다른 응답을 하게 되어 척도의 신뢰도를 떨어뜨릴 수 있다.

과잉보호에 해당하는 문항들의 Cronbach α를 구해보자.

① **분석-척도분석-신뢰도 분석**을 선택한다.

② **항목**에 **기억7, 기억9, 기억10, 기억13, 기억15, 기억19, 기억20, 기억21, 기억22, 기억23, 기억25**를 보낸다.

③ **통계량**을 클릭하고 **항목제거시 척도**를 선택한다.

④ **계속**, **확인**을 클릭한다.

신뢰도 통계량

Cronbach의 알파	항목 수
.233	11

항목 총계 통계량

	항목이 삭제된 경우 척도 평균	항목이 삭제된 경우 척도 분산	수정된 항목-전체 상관계수	항목이 삭제된 경우 Cronbach 알파
기억7	24.80	6.500	-.046	.267
기억9	25.77	6.008	.064	.222
기억10	25.73	6.393	-.054	.281
기억13	25.51	5.654	.152	.175
기억15	24.94	6.497	-.074	.288
기억19	25.52	5.396	.246	.125
기억20	26.01	5.464	.211	.143
기억21	24.99	6.339	-.017	.259
기억22	25.03	6.055	.052	.228
기억23	25.94	5.536	.183	.158
기억25	24.92	5.884	.127	.192

〈그림 15-6〉 신뢰도 분석 결과 – 과잉보호

〈그림 15-6〉의 11개 문항에 대한 Cronbach 알파가 0.233으로 매우 낮은 값을 갖고, 수정된 항목-전체 항목 상관계수를 보면 가장 큰 값이 0.246으로 문항들의 관련성이 낮다.

과잉보호 척도의 문항 내용을 확인해 보자.

기억7. 나의 일은 내가 결정하도록 도와주었다. → 역문항
기억9. 내가 하는 것은 무엇이든지 간섭하려 했다.
기억10. 나의 개인 생활을 침범했다.
기억13. 나를 어린애 취급하였다.
기억15. 내가 스스로 일을 결정하도록 하였다. → 역문항
기억19. 어머니에게 의존심을 갖게 하였다.
기억20. 어머니는 자신이 옆에 없으면 내가 내 몸 하나 돌보지 못한다고 여겼다.
기억21. 내가 원하는 만큼 자유를 주었다. → 역문항
기억22. 내가 원하면 되도록 밖으로 나가게 해 주었다. → 역문항
기억23. 나를 과잉보호하였다.
기억25. 내가 좋아하는 대로 옷을 입게 하였다. → 역문항

과잉보호 척도는 전체 11개 문항 중 5개의 문항이 역문항으로 구성되어 있다. 전체 문항 중 45%가 역문항으로 수정된 항목-전체 항목 상관계수에서 모든 문항들의 상관계수가 0에 가까운 값을 갖는 것이다.

수용적 양육태도: 1, 2, 3, 4*, 5, 6, 8, 11, 12, 14, 16*, 17, 18, 24
과잉보호: 7*, 9, 10, 13, 15*, 19, 20, 21*, 22*, 23, 25*
* 역문항

(3) 역문항 코딩변경

① **변환-같은 변수로 코딩변경**을 선택한다.
② **변수(숫자변수)**에 역변환해야 하는 수용적 양육의 **기억4와 기억16**, 과잉보호의 **기억7**, **기억15**, **기억21**, **기억22**, **기억25**를 보낸다.
③ **기존값 및 새로운 값**을 클릭한다.
④ **기존값**의 **값**에 **1**, **새로운 값**의 **기준값**에 **4**를 입력하고 **추가**를 클릭,

기존값의 **값**에 **2**, **새로운 값**의 **기준값**에 **3**을 입력하고 **추가**를 클릭,

기존값의 **값**에 **3**, **새로운 값**의 **기준값**에 **2**를 입력하고 **추가**를 클릭,

기존값의 **값**에 **4**, **새로운 값**의 **기준값**에 **1**을 입력하고 **추가**를 클릭한다.

⑤ **계속**, **확인**을 클릭한다.

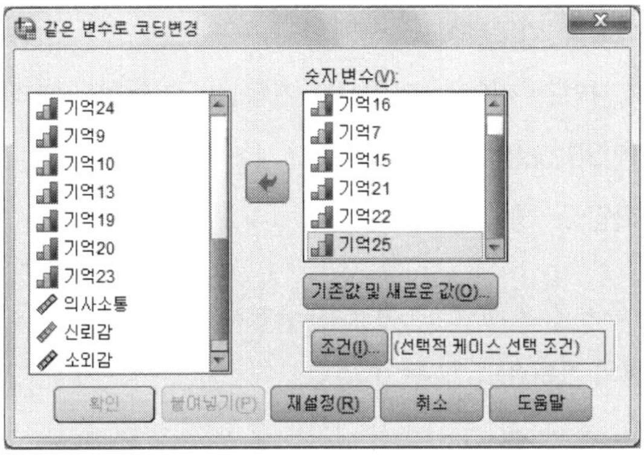

〈그림 15-7〉 같은 변수로 코딩변경

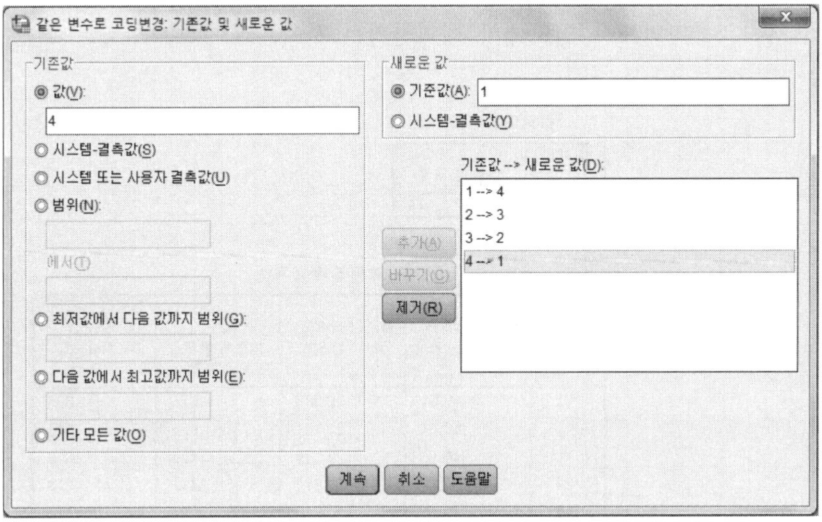

〈그림 15-8〉 같은 변수로 코딩변경 – 기존값 및 새로운 값

(4) 역문항 코딩변경한 자료의 Cronbach α 구하기

수용적 양육태도와 과잉보호의 역문항들을 코딩변경한 자료를 이용해서 양육태도와 과잉보호의 문항들의 Cronbach α를 구해보자.

① **분석-척도분석-신뢰도 분석**을 선택한다.
② **항목**에 기억1, 기억2, 기억3, 기억4, 기억5, 기억6, 기억8, 기억11, 기억12, 기억14, 기억16, 기억17, 기억18, 기억24를 보낸다.
③ **통계량**을 클릭하고 **항목제거시 척도**를 선택한다.
④ **계속**, **확인**을 클릭한다.
⑤ **분석-척도-신뢰도분석**을 선택한다.
⑥ **항목**에 기억7, 기억9, 기억10, 기억13, 기억15, 기억19, 기억20, 기억21, 기억22, 기억23, 기억25를 보낸다.
⑦ **계속**, **확인**을 클릭한다.

〈그림 15-9〉와 〈그림 15-10〉의 수용적 양육태도와 과잉보호의 Cronbach 알파가 각각 0.828와 0.808로 모두 0.75를 넘는 값을 갖는다. 그리고 수정된 항목-전체 항목 상관계수에서 음수(−)값을 갖는 문항도 없어서 역문항 처리가 제대로 된 것을 확인할 수 있다. 그러나 수용적 양육태도에서 기억18은 수정된 항목-전체 항목 상관계수가 0.082로 매우 낮고 항목이 삭제된 경우 Cronbach 알파도 0.844로 더 높아져서 기억18은 척도에서 제외하기로 하자.

신뢰도 통계량

Cronbach의 알파	항목 수
.828	14

항목 총계 통계량

	항목이 삭제된 경우 척도 평균	항목이 삭제된 경우 척도 분산	수정된 항목-전체 상관계수	항목이 삭제된 경우 Cronbach 알파
기억1	40.04	20.688	.670	.805
기억2	40.04	21.207	.516	.813
기억3	40.12	21.320	.421	.819
기억4	39.89	20.810	.447	.818
기억5	40.20	21.032	.529	.812
기억6	40.07	20.244	.647	.804
기억8	40.27	21.678	.346	.825
기억11	40.21	20.779	.531	.812
기억12	40.15	20.663	.557	.810
기억14	40.27	22.027	.399	.821
기억16	39.80	20.980	.402	.822
기억17	40.44	21.546	.408	.820
기억18	40.45	23.248	.082	.844
기억24	40.28	20.770	.604	.808

〈그림 15-9〉 신뢰도 분석 결과 – 수용적 양육태도

신뢰도 통계량

Cronbach의 알파	항목 수
.808	11

항목 총계 통계량

	항목이 삭제된 경우 척도 평균	항목이 삭제된 경우 척도 분산	수정된 항목-전체 상관계수	항목이 삭제된 경우 Cronbach 알파
기억7	21.24	17.321	.453	.794
기억9	20.98	16.205	.574	.782
기억10	20.94	16.706	.458	.793
기억13	20.72	16.445	.497	.789
기억15	21.10	16.829	.459	.793
기억19	20.73	17.635	.297	.810
기억20	21.22	17.189	.363	.803
기억21	21.05	16.175	.624	.777
기억22	21.01	16.411	.537	.785
기억23	21.14	16.277	.520	.787
기억25	21.12	17.343	.394	.799

〈그림 15-10〉 신뢰도 분석 결과 – 과잉보호

〈표 15-3〉 수용적 양육태도와 과잉보호의 신뢰도

척도(* 역문항)	신뢰도
수용적 양육태도 : 1, 2, 3, 4*, 5, 6, 8, 11, 12, 14, 16*, 17, 24(13문항)	.844
과잉보호 : 7*, 9, 10, 13, 15*, 19, 20, 21*, 22*, 23, 25*(11문항)	.808

(5) 척도값 계산

① **변환–변수계산**을 선택한다.

② **목표변수**에 '**수용적태도**', **숫자표현식**에 'MEAN(기억1, 기억2, 기억3, 기억4, 기억5, 기억6, 기억8, 기억11, 기억12, 기억14, 기억16, 기억17, 기억24)'를 입력하고 **확인**을 클릭한다.

③ **목표변수**에 '과잉보호', **숫자표현식**에 'MEAN(기억7, 기억9, 기억10, 기억13, 기억15, 기억19, 기억20, 기억21, 기억22, 기억23, 기억25)'를 입력하고 **확인**을 클릭한다.

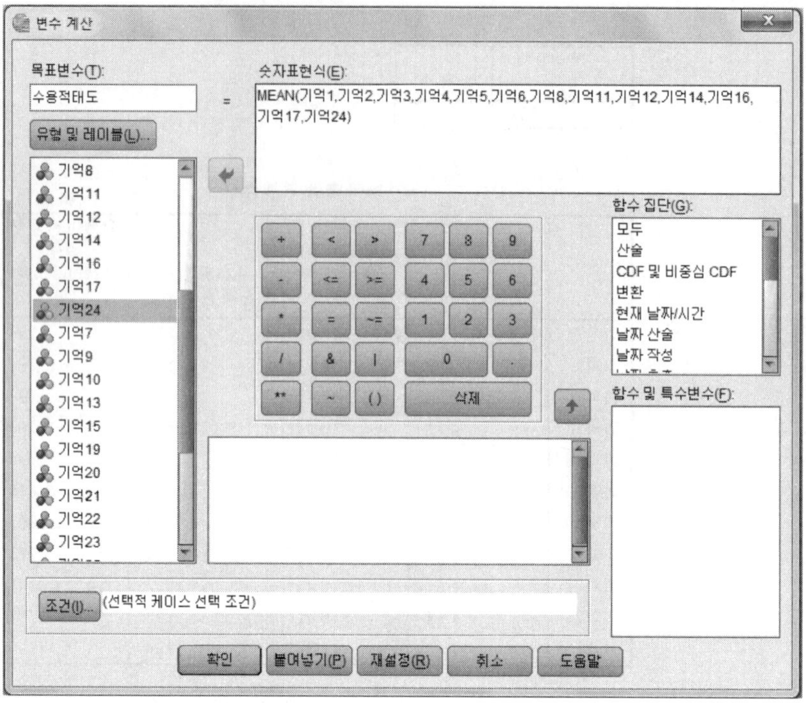

〈그림 15-11〉 척도계산 – 수용적태도

〈그림 15-12〉 척도계산 - 과잉보호

(6) 기술통계량 계산

① **분석-기술통계량-기술통계**를 선택한다.

② **변수**에 **수용적태도, 과잉보호**를 보내고 **확인**을 클릭한다.

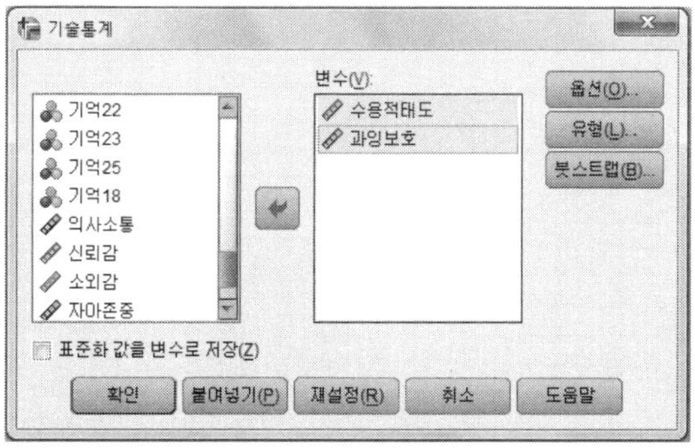

〈그림 15-13〉 기술통계

기술통계량

	N	최소값	최대값	평균	표준편차
수용적태도	260	1.92	4.00	3.1201	.37471
과잉보호	260	1.00	3.18	2.0998	.40212
유효 N(목록별)	260				

〈그림 15-14〉 기술통계량

〈그림 15-14〉를 보면 수용적 태도는 1.92~4점 사이의 값을 가져 13문항을 모두 1번(전혀 아님)을 응답한 케이스는 없고, 13문항을 모누 4번(아주 그랬음)을 응답한 케이스는 있다. 과잉보호는 1~3.18 사이의 값을 11문항을 모두 1번(전혀 아님)을 응답한 케이스가 있고 모두 4번(아주 그랬음)을 응답한 케이스는 없다. 수용적 태도는 평균 3.12이고 과잉보호는 평균이 2.10으로 수용적 태도 점수가 과잉보호 점수보다 평균이 높다.

16 CHAPTER

사전작업

16.1 서로 연관된 질문에서의 응답오류

〈표 16-1〉은 초중고 자녀가 있는 학부모를 대상으로 사교육 실태를 조사한 설문지다. 1번, 3번, 4번, 7번, 7-1번, 8번 문항은 응답자 개인의 특성에 대한 질문이고, 2번, 5번, 5-1번, 5-2번, 6번, 6-1번 문항은 자녀와 자녀의 사교육에 관한 질문이다. 2번과 5-1번 문항은 하나의 문장이 여러 개의 질문으로 구성된 문항이고, 5-2번 문항은 복수응답이다.

변수이름을 정해보자.

2번 문항은 초등, 중등, 고등 자녀수를 각각 초등자녀수, 중등자녀수, 고등자녀수로 하고, 5-1번 문항도 사교육초등, 사교육중등, 사교육고등으로 해보자. 5-2번 문항은 자녀에게 시키고 있는 사교육 종류를 모두 응답하도록 한 복수응답으로 각 범주를 변수이름으로 해서 개인과외, 그룹과외, …, 기타로 한 다음 각 범주의 선택여부를 입력하거나 변수를 사교육종류1, 사교육종류2, …로 만들어 선택한 범주의 번호를 입력하면 된다. 여기서는 사교육의 종류를 가장 많이 응답한 경우가 4개로 사교육종류1, 사교육종류2, 사교육종류3, 사교육종류4로 해보자.

다른 문항들은 질문하는 내용에 맞게 거주지, 성별, 연령, 사교육여부, 사교육비, 사교육비율, 본인학력, 배우자학력, 소득으로 해보자.

〈표 16-1〉 사교육 실태조사 설문지

1. 거주지
   ① 서울 ② 광역시 ③ 시지역 ④ 읍/면 지역

2. 자녀는 초·중·고등학교 중 어디에 재학 중입니까? 자녀수를 기록해 주세요.
   ① 초등학교 ( )명 ② 중학교 ( )명 ③ 고등학교 ( )명

3. 성별 ① 남자 ② 여자

4. 연령 만( )세

5. 자녀에게 학교 수업외의 사교육을 시키고 있습니까?
   ① 있다 ② 없다

   5-1 사교육을 시키고 있는 자녀는 몇 명입니까?
      ① 초등학교 ( )명 ② 중학교 ( )명 ③ 고등학교 ( )명

   5-2 어떤 종류의 사교육을 시키고 있습니까?
      ① 개인과외 ② 그룹과외 ③ 학원수강
      ④ 학습지 과외 ⑤ 통신과외 ⑥ 기타 ( )

6. 한 달에 소요되는 사교육비는 대략 어느 정도입니까? ( )만원

   6-1 가계소득에서 자녀의 사교육비가 차지하는 비율은 어느 정도입니까?
      ① 5% 이내 ② 6-10% ③ 11-15%
      ④ 16-20% ⑤ 21-30% ⑥ 31-40%

7. 본인의 학력은?
   ① 국졸이하 ② 중졸 ③ 고졸 ④ 대재 이상

   7-1 배우자의 학력은?
      ① 국졸이하 ② 중졸 ③ 고졸 ④ 대재 이상

8. 보너스를 포함한 월평균 소득은 얼마나 됩니까?
   ① 100만원 이하 ② 101-200만원 ③ 201-300만원 ④ 300만원 이상

TIP

설문지 수정

설문지의 문항 구성이 개인의 특성에 대한 질문에 이어 사교육에 대한 질문이 나오고 다시 개인 특성에 대해 질문을 해서 질문의 방향에 일관성이 없다. 특히 2번 문항의 자녀에 대한 질문에 이어 3번과 4번 문항에서 성별과 연령을 질문하다 보니 자녀의 성별과 연령을 질문하는 것으로 생각할 가능성도 있다.

따라서 응답자에 대한 질문인 1번, 3번, 4번, 7번, 7-1번, 8번 문항을 이어서 배치하고, 자녀에 대한 질문인 2번, 5번, 5-1번, 6번, 6-1번 문항을 이어서 위치하게 것이 응답오류를 줄일 수 있다.

그리고 7번과 7-1번 문항은 응답자가 남성이면 자녀의 아버지 학력이 7번 문항에, 응답자가 여성이면 자녀의 어머니 학력이 7번 문항에 응답이 되어 본인 학력과 배우자 학력을 질문하는 대신에 자녀를 기준으로 부학력과 모학력을 묻는 질문으로 바꾸자.

TIP

사교육 실태조사 설문지 수정 예시

1. 거주지
   ① 서울 ② 광역시 ③ 시지역 ④ 읍/면 지역
2. 성별 ① 남자 ② 여자
3. 연령 만(　　)세
4. 자녀의 아버지 학력은?
   ① 국졸이하 ② 중졸 ③ 고졸 ④ 대재 이상
5. 자녀의 어머니 학력은?
   ① 국졸이하 ② 중졸 ③ 고졸 ④ 대재 이상
6. 보너스를 포함한 월평균 소득은 얼마나 됩니까?
   ① 100만원 이하 ② 101-200만원 ③ 201-300만원 ④ 300만원 이상
7. 자녀는 초·중·고등학교 중 어디에 재학 중입니까? 자녀수를 기록해 주세요.
   ① 초등학교 (　)명 ② 중학교 (　)명 ③ 고등학교 (　)명
8. 자녀에게 학교 수업외의 사교육을 시키고 있습니까?
   ① 있다 ② 없다

8-1. 사교육을 시키고 있는 자녀는 몇 명입니까?
   ① 초등학교 (　)명 ② 중학교 (　)명 ③ 고등학교 (　)명

8-2. 어떤 종류의 사교육을 시키고 있습니까?
   ① 개인과외 ② 그룹과외 ③ 학원수강
   ④ 학습지 과외 ⑤ 통신과외 ⑥ 기타(　　　)

8-3. 한 달에 소요되는 사교육비는 대략 어느 정도입니까? (　　　)만원

8-4. 가계소득에서 자녀의 사교육비가 차지하는 비율은 어느 정도입니까?
   ① 5% 이내 ② 6-10% ③ 11-15% ④ 16-20%
   ⑤ 21-30% ⑥ 31-40% ⑦ 41% 이상

자료를 분석하기에 앞서 코딩오류나 응답오류 등이 없는지 확인해 보고 오류를 수정하는 과정이 필요하다. 〈표 16-1〉의 사교육 실태 조사를 위한 설문지에는 점검해야 할 부분이 두 가지가 있다.

첫째 5번 문항 "사교육을 시키고 있습니까?"라는 질문에서 "시키고 있다"고 답한 경우에만 5-1번, 5-2번, 6번, 6-1번 문항에 응답해야 하는데 자료를 입력하다 보면 5번 문항에서 "없다"에 표시한 응답자 중에도 5-1번, 5-2번, 6번, 6-1번 문항에 응답한 경우가 있을 수 있다. 입력할 때 응답이 잘못된 경우를 수정하면서 입력할 수도 있겠지만, 이미 입력된 자료에 이런 유형의 응답 오류가 있는지 확인하고 수정하는 작업이 필요하다.

둘째 설문지에서 응답자의 학력을 본인학력과 배우자 학력으로 질문했는데 응답자의 성별에 따라 본인학력은 자녀의 부학력이 될 수도 있고 모학력이 될 수도 있다. 따라서 본인학력과 배우자학력을 부학력과 모학력으로 수정하는 작업이 필요하다.

16.1.1 서로 연관된 질문에서의 응답오류 수정

(1) 응답 오류 확인

5번 문항에서 "없다"고 응답하고 5번 문항과 연결된 문항에서 응답을 한 경우가 있는지 알아보자.

① **분석-기술통계량-교차분석**을 선택한다.
② **행**에 **사교육여부**, **열**에 문5-1에 해당하는 **사교육초등**부터 문 6-1에 해당하는 **사교육비율**까지 보내고 **확인**을 클릭한다.

〈그림 16-2〉에서 전체 응답자 248명 중에서 사교육여부에 '있음'이라고 응답한 케이스는 140명이고, '없음'이라고 응답한 케이스는 108명이다.

사교육여부와 사교육을 시키는 자녀수에 대한 교차표를 살펴보면 사교육여부에서 '없음'으로 응답한 108명 모두 사교육을 시키는 초등자녀와 중등자녀, 고등자녀에 '없음'으로 응답하여 사교육을 시키는 자녀수에는 잘못된 응답이 없다.

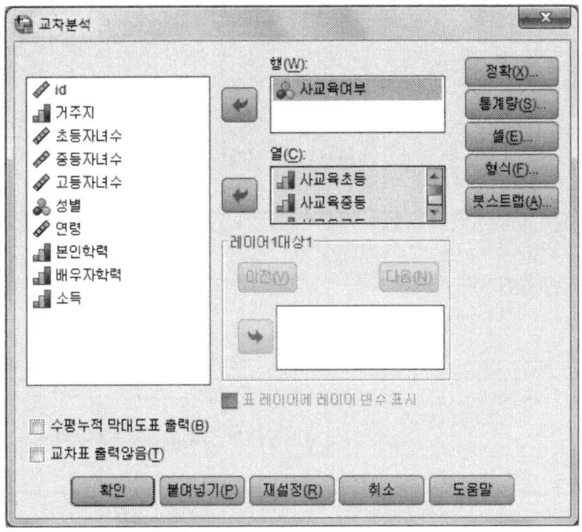

〈그림 16-1〉 교차분석

빈도

		사교육초등				전체
		없음	1명	2명	3명	
사교육여부	있음	58	63	17	2	140
	없음	108	0	0	0	108
전체		166	63	17	2	248

사교육여부 * 사교육중등 교차표

빈도

		사교육중등			전체
		없음	1명	2명	
사교육여부	있음	83	52	5	140
	없음	108	0	0	108
전체		191	52	5	248

사교육여부 * 사교육고등 교차표

빈도

		사교육고등			전체
		없음	1명	2명	
사교육여부	있음	108	26	6	140
	없음	108	0	0	108
전체		216	26	6	248

〈그림 16-2〉 사교육여부와 사교육을 시키는 자녀수에 대한 교차표

〈그림 16-3〉의 사교육여부와 사교육 종류에 대한 교차표에서 사교육 종류는 자녀수와 달리 무응답을 결측으로 처리해서 전체 빈도가 변수마다 차이가 난다. 사교육종류1에서 사교육여부에 '있음'으로 응답한 전체 빈도가 139인 것으로 보아 사교육을 시키고 있다고 답한 응답자 중 한 명이 사교육 종류를 묻는 질문에 답하지 않았다. 사교육여부와 사교육 종류의 교차표에서 사교육 여부에 '없음'으로 응답한 케이스 중 사교육종류1에

학원수강이나 학습지과외를 시키고 있다고 응답한 6명의 자료를 결측으로 변환해야 한다. 사교육종류2, 사교육종류3, 사교육종류4에는 응답 오류가 없다.

사교육여부 * 사교육종류1 교차표

빈도

		사교육종류1				전체
		개인과외	그룹과외	학원수강	학습지 과외	
사교육여부	있음	17	4	101	17	139
	없음	0	0	4	2	6
전체		17	4	105	19	145

사교육여부 * 사교육종류2 교차표

빈도

		사교육종류2					전체
		개인과외	그룹과외	학원수강	학습지 과외	통신과외	
사교육여부	있음	2	1	6	16	2	27
전체		2	1	6	16	2	27

사교육여부 * 사교육종류3 교차표

빈도

		사교육종류3	전체
		학습지 과외	
사교육여부	있음	1	1
전체		1	1

사교육여부 * 사교육종류4 교차표

빈도

		사교육종류4	전체
		통신과외	
사교육여부	있음	1	1
전체		1	1

〈그림 16-3〉 사교육여부와 사교육 종류에 대한 교차표

〈그림 16-4〉의 사교육여부와 사교육비의 교차표를 보면 사교육 여부에 '없음'으로 응답한 108명 중 104명은 사교육비가 10만원 미만, 2명은 10~19만원, 2명은 20~29만원으로 108명의 사교육비를 모두 결측으로 처리해야 한다.

사교육여부 * 한달 사교육비(만원) 교차표

빈도

		한달 사교육비(만원)					전체
		10만원 미만	10~19 만원	20~29 만원	30~49 만원	50만원 이상	
사교육여부	있음	25	46	31	26	12	140
	없음	104	2	2	0	0	108
전체		129	48	33	26	12	248

〈그림 16-4〉 사교육여부와 사교육비에 대한 교차표

사교육여부에서 '없음'으로 답한 응답자 108명 중 104명이나 되는 응답자의 사교육비가 10만원 미만으로 처리된 이유는 실제 지출비용을 입력하면서 응답하지 않은 경우를 0으로 입력해서 사교육비를 구간으로 나누는 과정에서 사교육을 시키지 않아 비용이 없는 경우가 10만원 미만으로 분류되었기 때문이다. 〈그림 16-5〉의 사교육여부와 사교육비율의 교차표를 보면 사교육여부에서 '없음'으로 응답한 108명 중에서 6명이 사교육비로 지출하는 비율이 있는 것으로 응답하고 있어서 결측으로 처리해야 한다.

사교육여부 * 사교육비율 교차표

빈도

		사교육비율							
		5%이내	6~10%	11~15%	16~20%	21~30%	31~40%	41%이상	전체
사교육여부	있음	42	41	15	20	13	5	1	137
	없음	2	1	2	1	0	0	0	6
전체		44	42	17	21	13	5	1	143

〈그림 16-5〉 사교육여부와 사교육비율에 대한 교차표

사교육여부에 '없음'으로 응답한 케이스 중에서 사교육종류1과 사교육비, 사교육비율에 응답한 케이스를 결측으로 코딩변경해 보자.

(2) 응답 오류 수정

① **변환-같은 변수로 코딩변경**을 선택한다.

② **변수(숫자 변수)**에 **사교육종류1**, **사교육비**, **사교육비율**을 보낸다.

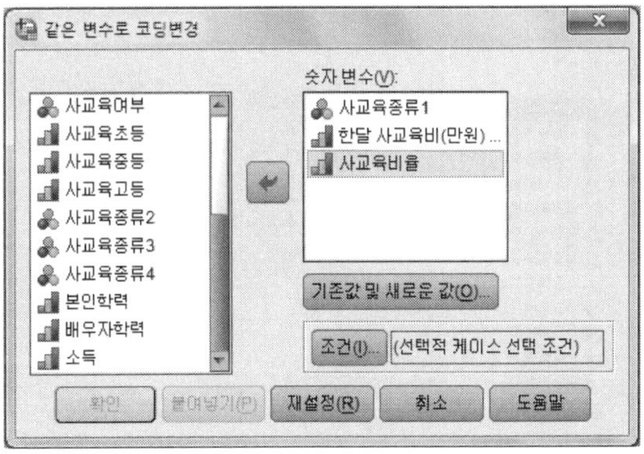

〈그림 16-6〉 같은 변수로 코딩변경

③ **기존값 및 새로운 값**을 클릭한다.

④ **기존값**의 **범위**에 **1**과 **7**을 입력, **새로운 값**에서 **시스템 결측값**을 선택하고 **추가, 계속**을 클릭한다.

⑤ **사교육여부**에 **없음**으로 응답한 케이스에 대해서만 변환을 해야 하므로 **조건**을 클릭한다.

⑥ **다음 조건을 만족하는 케이스 포함**을 선택하고 **'사교육여부=2'**를 입력한다.

⑦ **계속, 확인**을 클릭한다.

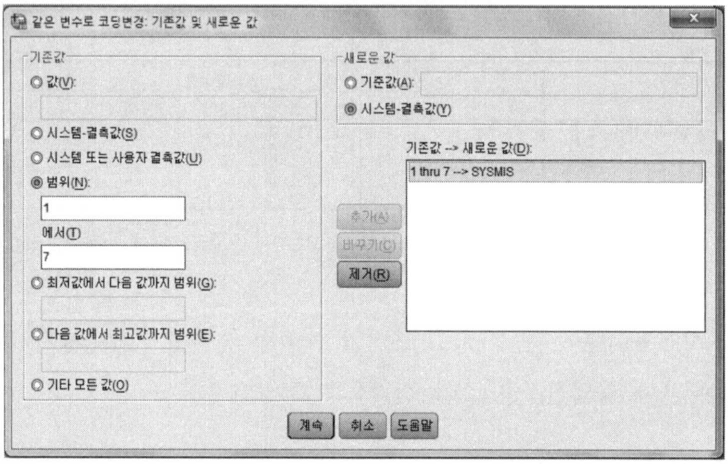

〈그림 16-7〉 같은 변수로 코딩변경 – 기존값 및 새로운 값

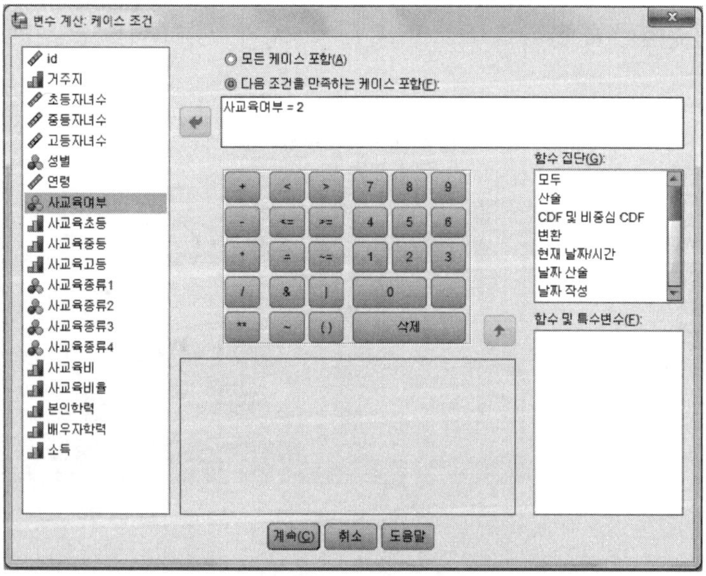

〈그림 16-8〉 같은 변수로 코딩변경 – 조건

(3) 응답오류 수정 결과 확인

① **분석-기술통계량-교차분석**을 선택한다.

② **행**에 **사교육여부**, **열**에 **사교육종류1**, **사교육비**, **사교육비율**을 보내고 **확인**을 클릭한다.

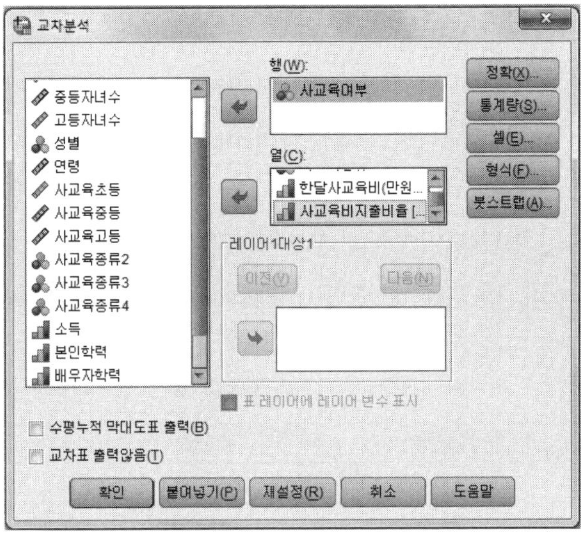

〈그림 16-9〉 교차분석

사교육여부 * 사교육종류1 교차표

빈도

		사교육종류1				
		개인과외	그룹과외	학원수강	학습지 과외	전체
사교육여부	있음	17	4	101	17	139
전체		17	4	101	17	139

사교육여부 * 한달사교육비(만원) 교차표

빈도

		한달사교육비(만원)					
		10만원 미만	10~19 만원	20~29 만원	30~49 만원	50만원 이상	전체
사교육여부	있음	25	46	31	26	12	140
전체		25	46	31	26	12	140

사교육여부 * 사교육비지출비율 교차표

빈도

		사교육비지출비율							
		5%이내	6~10%	11~15%	16~20%	21~30%	31~40%	41%이상	전체
사교육여부	있음	42	41	15	20	13	5	1	137
전체		42	41	15	20	13	5	1	137

〈그림 16-10〉 코딩 변경 후 교차표

〈그림 16-10〉의 사교육여부와 사교육종류1, 사교육비, 사교육비율의 교차표를 보면 사교육여부에 '없음'으로 응답한 케이스는 사교육종류1, 사교육비, 사교육비율이 결측으로 처리가 되어서 사교육여부에 '있음'으로 응답된 케이스만 교차표에 나타나 있다.

16.1.2 잘못된 질문으로 인해 생긴 오류

사교육 실태조사 설문에서 본인학력과 배우자학력은 응답자의 성별에 따라 그 의미하는 바가 달라지므로 응답자의 성별과 무관하게 답할 수 있도록 자녀의 부학력과 모학력으로 질문해야 한다.

응답자의 성별을 이용해서 본인학력과 배우자학력을 부학력과 모학력으로 변환해 보자. 〈표 16-2〉는 응답자의 성별에 따른 부학력과 모학력의 내용이다.

〈표 16-2〉 응답자의 성별에 따른 남편학력과 아내학력

응답자	부학력	모학력
남자	본인학력	배우자학력
여자	배우자학력	본인학력

(1) 부학력 계산

■ **성별이 남자일 때**

① **변환-변수계산**을 선택한다.

② **대상변수**에 '**부학력**', **숫자표현식**에 '**본인학력**'을 입력한다.

③ 응답자의 성별이 남자일 때만 남편학력에 본인학력을 복사해야 하므로 **조건**을 클릭한다.

④ **다음 조건을 만족하는 케이스 포함**을 선택하고 '**성별=1**'을 입력한다.

⑤ **계속**, **확인**을 클릭한다.

〈그림 16-11〉 부학력 계산 – 성별이 남자인 경우

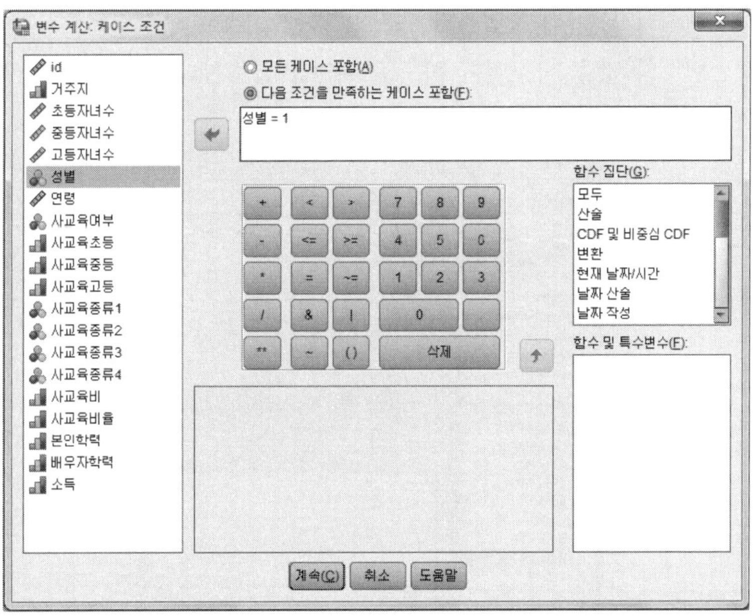

〈그림 16-12〉 부학력 계산 – 조건

성별이 **1**(남자)인 케이스는 부학력에 본인학력의 내용이 복사되었고 성별이 **2** (여자)인 케이스는 결측으로 처리되었다.

〈그림 16-13〉 응답자가 남자일 때 부학력 생성

■ 성별이 여자일 때

① **변환-변수계산**을 선택한다.

② **숫자표현식**의 내용은 **'배우자학력'**, **조건**은 **'성별=2'**로 바꾼다.

③ **계속**, **확인**을 클릭한다.

④ 부학력이라는 변수가 이미 생성이 되어 있어서 **기존변수를 바꾸시겠습니까?**라는 메시지가 뜬다. 응답자가 여자인 경우에 대해 부학력의 값을 수정하려면 기존 변수의 값을 바꾸어야 하므로 **확인**을 클릭한다.

〈그림 16-14〉 부학력 계산 – 성별이 여자인 경우

성별이 2(여자)인 케이스의 부학력에 배우자학력이 복사되어 부학력에 성별에 따라 본인학력과 배우자학력이 복사되었다.

〈그림 16-15〉 부학력

(2) 모학력 계산

■ 성별이 남자일 때

① **변환–변수계산**을 선택한다.

② **대상변수**에 '**모학력**', **숫자표현식**에는 '**배우자학력**'을 입력한다.

③ **조건**을 클릭하고, **조건**에는 '**성별=1**'을 입력한다.

④ **계속**, **확인**을 클릭한다.

■ 성별이 여자일 때

① **변환–변수계산**을 선택한다.

② **숫자표현식**은 '**본인학력**', **조건**은 '**성별=2**'로 바꾼다.

③ **계속**, **확인**을 클릭한다.

④ **기존변수를 바꾸시겠습니까?**라는 메시지가 나오면 **확인**을 클릭한다.

〈그림 16-16〉 모학력 계산 – 성별이 남자인 경우

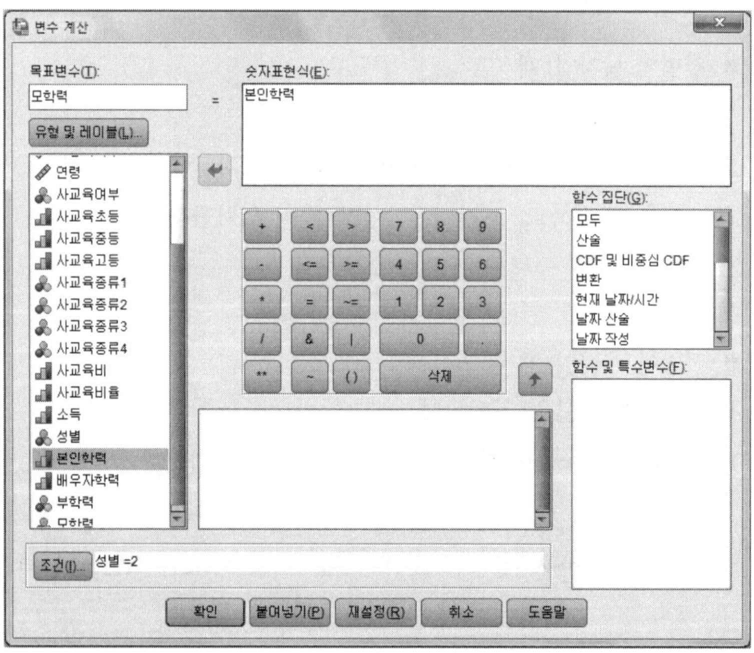

〈그림 16-17〉 모학력 계산 – 성별이 여자인 경우

〈그림 16-18〉 데이터 보기 화면

새롭게 생성된 부학력과 모학력의 값설명은 본인학력과 같으므로 **변수 보기** 화면에서 본인학력의 값을 복사해서 **부학력**과 **모학력**의 **값**에 **붙여넣기** 한다.

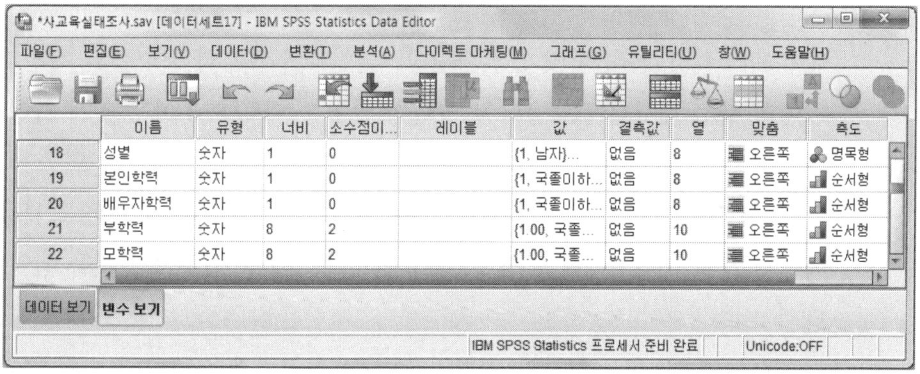

〈그림 16-19〉 변수 보기 화면

(3) 부학력과 모학력 변환 결과확인

본인학력과 배우자학력의 내용이 성별에 따라 부학력과 모학력으로 맞게 변환되었는지 확인해 보자.

본인학력, 배우자학력과 부학력, 모학력의 교차표를 남자와 여자로 나누어서 출력해 보자.

① **분석-기술통계량-교차분석**을 선택한다.

② **행**에 **본인학력**과 **배우자학력**, **열**에 **부학력**과 **모학력**을 보낸다.

③ **레이어**에 **성별**을 보내고 **확인**을 클릭한다.

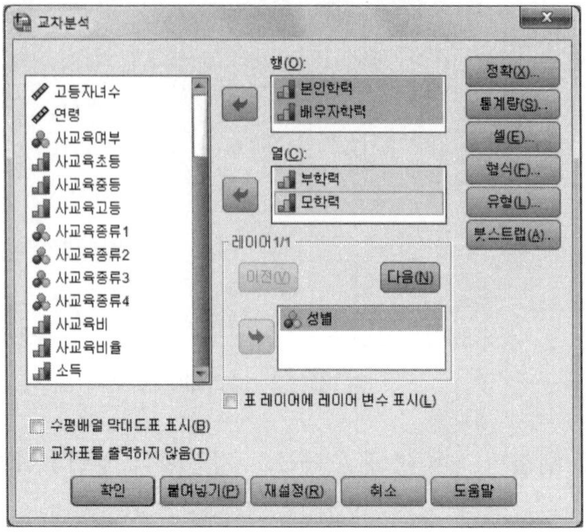

〈그림 16-20〉 부학력과 모학력 변환 결과 확인

〈그림 16-21〉은 응답자가 남자일 때 본인학력과 부학력의 변환 결과로 본인이 아이의 부로 대각선에만 응답이 있어 변환이 제대로 이루어진 것을 확인할 수 있다.

〈그림 16-22〉는 응답자가 여자일 때 본인학력과 모학력의 변환 결과로 본인이 아이의 모로 대각선에만 응답이 있어 변환이 제대로 이루어진 것을 확인할 수 있다.

〈그림 16-23〉은 응답자가 여자일 때 배우자학력과 부학력의 변환 결과로 배우자가 아이의 모로 대각선에만 응답이 있어 변환이 제대로 이루어진 것을 확인할 수 있다.

〈그림 16-24〉는 응답자가 남자일 때 배우자학력과 모학력의 변환 결과로 배우자가 아이의 부로 대각선에만 응답이 있어 변환이 제대로 이루어진 것을 확인할 수 있다.

본인학력 * 부학력 * 성별 교차표

빈도

성별			부학력 국졸이하	중졸	고졸	대재이상	전체
남자	본인학력	국졸이하	1	0	0	0	1
		중졸	0	7	0	0	7
		고졸	0	0	23	0	23
		대재이상	0	0	0	18	18
	전체		1	7	23	18	49

〈그림 16-21〉 남자일 때 본인학력과 부학력의 변환 결과

본인학력 * 모학력 * 성별 교차표

빈도

성별			모학력 국졸이하	중졸	고졸	대재이상	전체
여자	본인학력	국졸이하	14	0	0	0	14
		중졸	0	28	0	0	28
		고졸	0	0	105	0	105
		대재이상	0	0	0	52	52
	전체		14	28	105	52	199

〈그림 16-22〉 여자일 때 본인학력과 모학력의 변환 결과

배우자학력 * 부학력 * 성별 교차표

빈도

성별			부학력 국졸이하	중졸	고졸	대재이상	전체
여자	배우자학력	국졸이하	8	0	0	0	8
		중졸	0	15	0	0	15
		고졸	0	0	79	0	79
		대재이상	0	0	0	97	97
	전체		8	15	79	97	199

〈그림 16-23〉 여자일 때 배우자학력과 부학력의 변환 결과

배우자학력 * 모학력 * 성별 교차표

빈도

성별			모학력 국졸이하	중졸	고졸	대재이상	전체
남자	배우자학력	국졸이하	2	0	0	0	2
		중졸	0	7	0	0	7
		고졸	0	0	28	0	28
		대재이상	0	0	0	12	12
	전체		2	7	28	12	49

〈그림 16-24〉 남자일 때 배우자학력과 모학력의 변환 결과

16.2 객관식 문제 점수 계산

〈표 16-3〉은 4가지 가능한 응답 중 하나를 고르는 객관식 8문항에 대한 1반과 2반 각각 5명 학생들의 답안을 기록한 자료다. 〈표 16-4〉는 8개 문항의 정답이다.

〈표 16-3〉 답안지

반	번호	문1	문2	문3	문4	문5	문6	문7	문8
1	1	4	3	3	4	3	2	1	2
1	2	4	4	2	2	3	3	1	2
1	3	3	1	2	4	2	3	1	4
1	4	4	1	3	4	3	1	1	2
1	5	2	1	2	4	3	3	2	2
2	1	4	2	2	2	3	3	1	2
2	2	4	1	2	4	1	3	1	2
2	3	2	1	2	4	3	4	1	1
2	4	4	1	1	1	3	3	4	2
2	5	4	1	2	4	4	3	1	2

〈표 16-4〉 정답

문항번호	1	2	3	4	5	6	7	8
정답	4	1	2	4	3	3	1	2

(1) 자료 입력하기

① **변수보기** 화면에서 **이름**에 '**반**', '**번호**', '**문1**'부터 '**문8**'까지 입력한다.

② **데이터 보기** 화면에서 〈표 16-3〉의 자료를 입력한다.

(2) 정답여부를 나타내는 변수 만들기

입력된 답을 그대로 두고 정답은 1, 오답은 0으로 변환한 새로운 변수를 생성해 보자. 정답이 1인 문항들을 변환한 다음 정답이 2, 3, 4인 경우에 대해서도 변환 작업을 해보자.

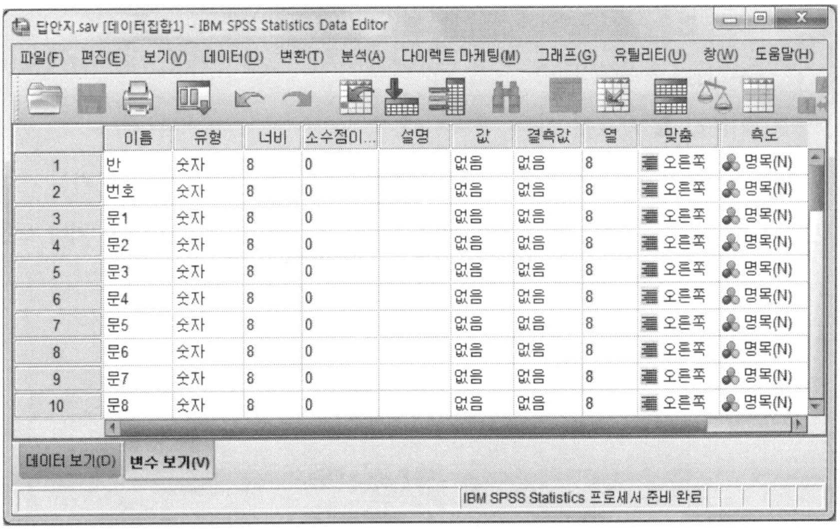

	이름	유형	너비	소수점이...	설명	값	결측값	열	맞춤	측도
1	반	숫자	8	0		없음	없음	8	오른쪽	명목(N)
2	번호	숫자	8	0		없음	없음	8	오른쪽	명목(N)
3	문1	숫자	8	0		없음	없음	8	오른쪽	명목(N)
4	문2	숫자	8	0		없음	없음	8	오른쪽	명목(N)
5	문3	숫자	8	0		없음	없음	8	오른쪽	명목(N)
6	문4	숫자	8	0		없음	없음	8	오른쪽	명목(N)
7	문5	숫자	8	0		없음	없음	8	오른쪽	명목(N)
8	문6	숫자	8	0		없음	없음	8	오른쪽	명목(N)
9	문7	숫자	8	0		없음	없음	8	오른쪽	명목(N)
10	문8	숫자	8	0		없음	없음	8	오른쪽	명목(N)

〈그림 16-25〉 답안지 자료 – 변수 보기 화면

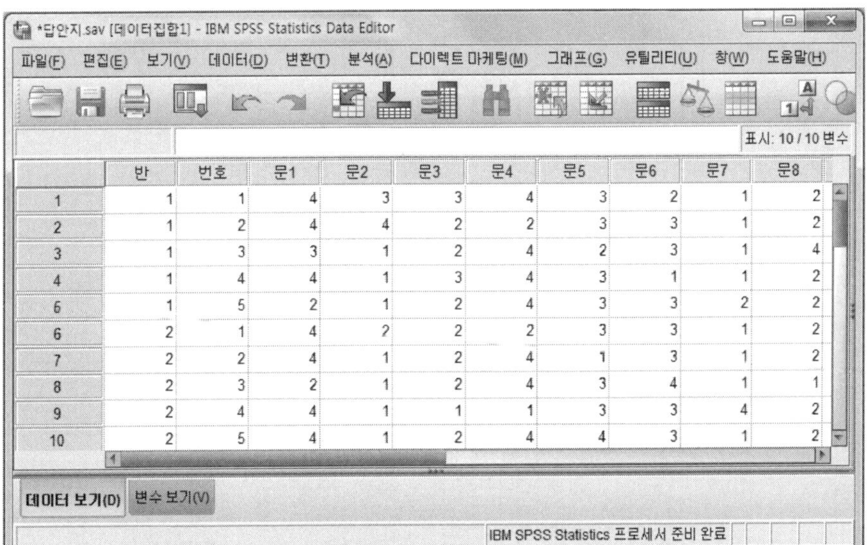

	반	번호	문1	문2	문3	문4	문5	문6	문7	문8
1	1	1	4	3	3	4	3	2	1	2
2	1	2	4	4	2	2	3	3	1	2
3	1	3	3	1	2	4	2	3	1	4
4	1	4	4	1	3	4	3	1	1	2
6	1	5	2	1	2	4	3	3	2	2
6	2	1	4	2	2	2	3	3	1	2
7	2	2	4	1	2	4	1	3	1	2
8	2	3	2	1	2	4	3	4	1	1
9	2	4	4	1	1	1	3	3	4	2
10	2	5	4	1	2	4	4	3	1	2

〈그림 16-26〉 답안지 자료 – 데이터 보기 화면

■ 정답이 1인 문항(문2, 문7)의 정답, 오답을 구분해 주는 변수 만들기

① **변환-다른 변수로 코딩변경**을 선택한다.

② **입력변수(숫자 변수)→출력변수**에 문2를 보낸다. **출력변수**의 **이름**에 '문2_1'을 입력하고 **바꾸기**를 클릭한다.

③ **숫자 변수→출력변수**에 문7을 보낸다. **출력변수**의 **이름**에 '문7_1'을 입력하고 **바꾸기**를 클릭한다.

④ **기존값 및 새로운 값**을 클릭한다.

⑤ **기존값**의 **값**에 **1**, **새로운 값**의 **기준값**에는 **1**을 입력하고 **추가**를 클릭한다.

⑥ 응답이 1인 경우를 제외하고는 모두 오답으로 **기존값**에서 **기타 모든 값**, **새로운 값**의 **기준값**에 **0**을 입력하고 **추가**를 클릭한다.

⑦ **계속**, **확인**을 클릭한다.

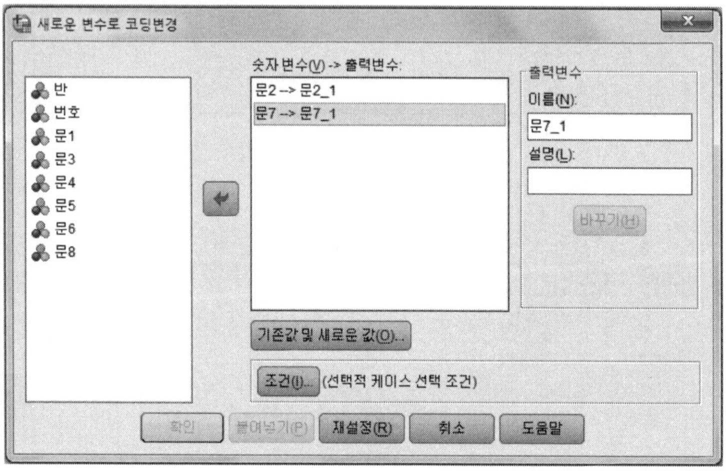

〈그림 16-27〉 다른 변수로 코딩 변경 – 정답이 1인 경우

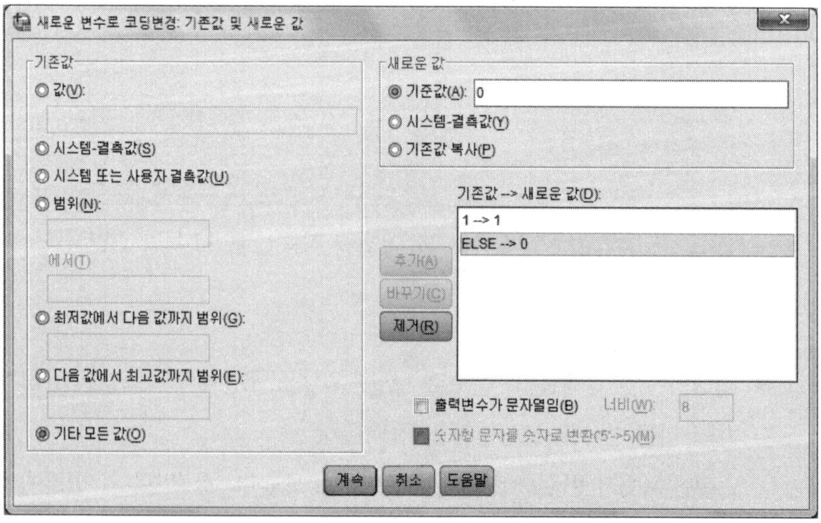

〈그림 16-28〉 정답이 1인 경우의 기존값 및 새로운 값

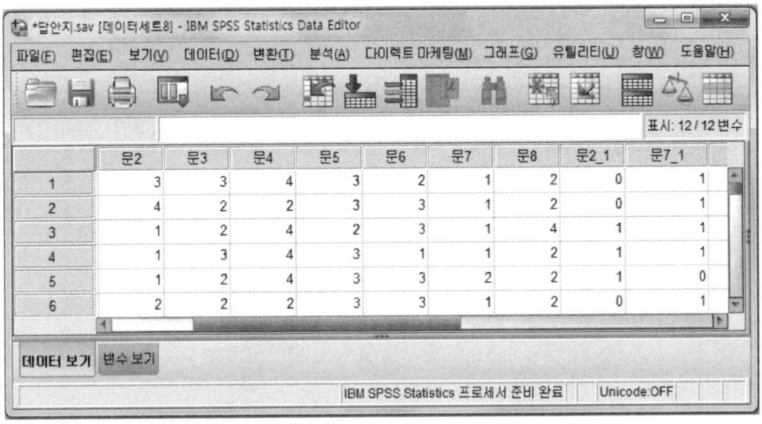

〈그림 16-29〉 새로운 변수로 코딩변경한 결과

■ **정답이 2(문3, 문8), 3(문5, 문6), 4(문1, 문4)인 문항의 정답, 오답을 구분해 주는 변수 만들기**

① **변환-다른 변수로 코딩변경**을 선택한다.

② **재설정**을 클릭해서 이전 작업을 초기화한다.

③ **입력변수(숫자 변수)**에 문3을 보낸다. **출력변수**의 **이름**에 '문3_1'을 입력하고 **바꾸기**를 클릭한다.

④ **숫자 변수**에 문8을 보낸다. **출력변수**의 **이름**에 '문8_1'을 입력하고 **바꾸기**를 클릭한다.

⑤ **기존값 및 새로운 값**을 클릭한다.

⑥ **기존값**의 **값**에 **2**, **새로운 값**의 **기준값**에 **1**을 입력하고 **추가**를 클릭한다.

⑦ **기존값**에서 **기타 모든 값**, **새로운 값**의 **기준값**에 **0**을 입력하고 **추가**를 클릭한다.

⑧ **계속**, **확인**을 클릭한다.

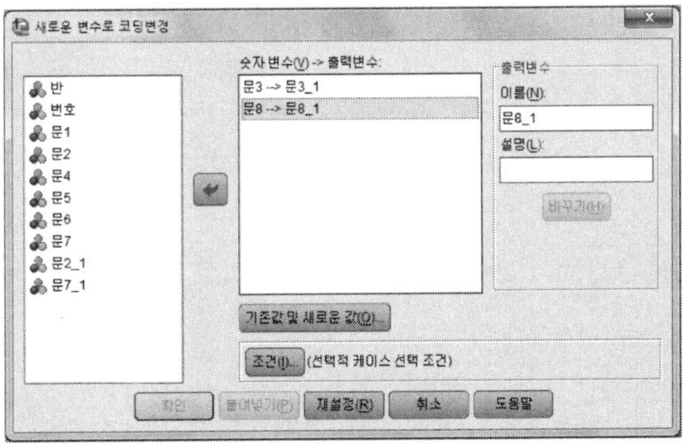

〈그림 16-30〉 다른 변수로 코딩 변경 – 정답이 2인 경우

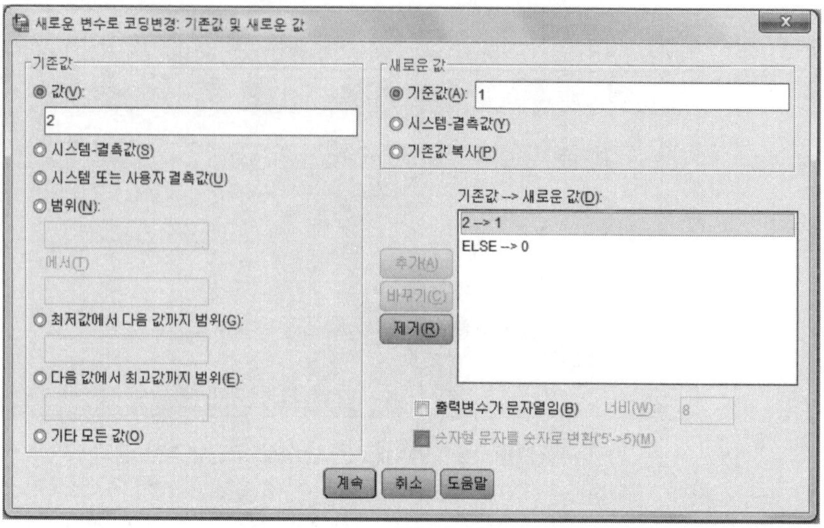

〈그림 16-31〉 정답이 2인 경우의 기존값 및 새로운 값

정답이 3(문5, 문6)과 4(문1, 문4)인 경우에 대해서도 동일한 방법으로 변환 작업을 해 보자.

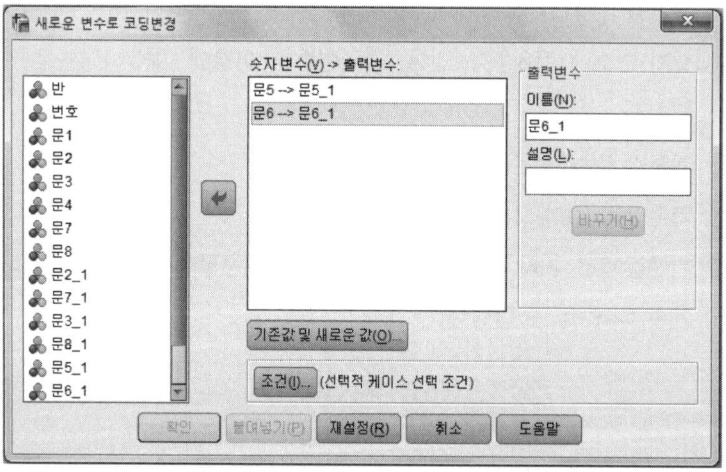

〈그림 16-32〉 다른 변수로 코딩 변경 – 정답이 3인 경우

〈그림 16-32〉와 〈그림 16-33〉은 정답이 **3**인 경우의 다른 변수로 코딩변경의 내용이고, 〈그림 16-34〉와 〈그림 16-35〉는 정답이 **4**인 경우의 다른 변수로 코딩변경의 내용이다.

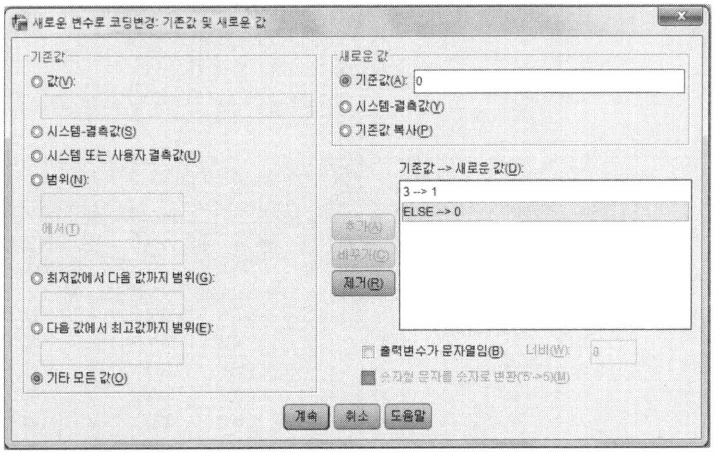

〈그림 16-33〉 정답이 3인 경우의 기존값 및 새로운 값

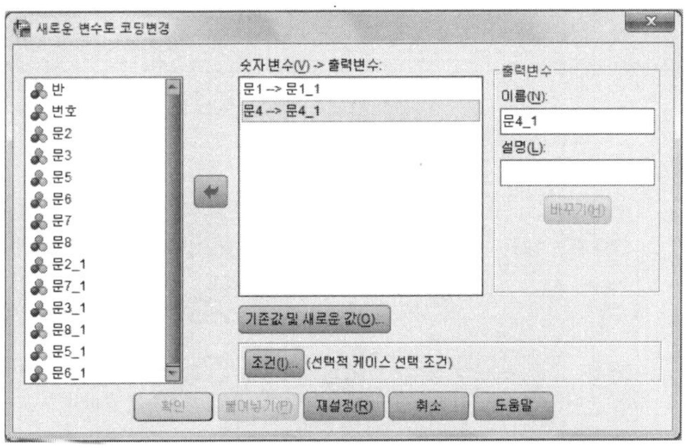

〈그림 16-34〉 다른 변수로 코딩 변경 – 정답이 4인 경우

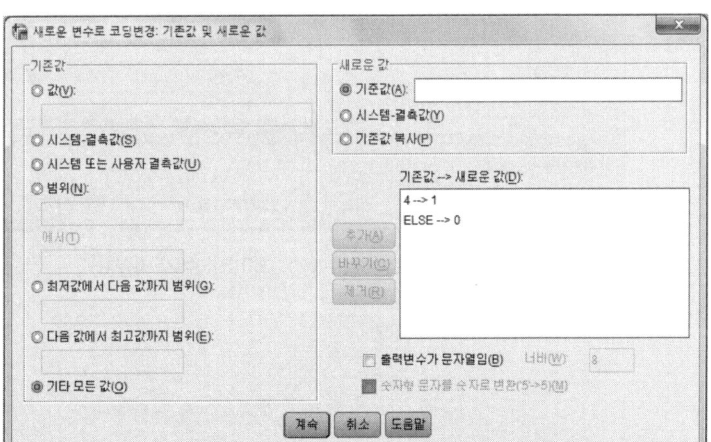

〈그림 16-35〉 정답이 4인 경우의 기존값 및 새로운 값

변수 보기 화면에서 새롭게 생성된 변수들을 문1_1부터 문8_1 순서로 배열하자.

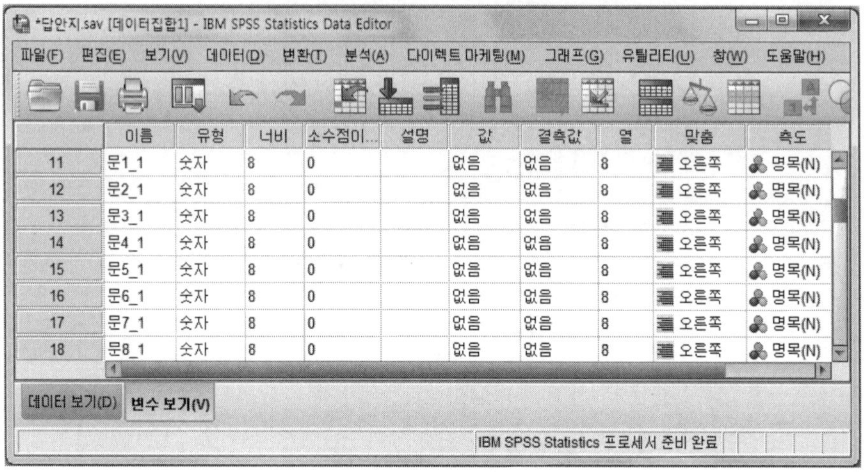

〈그림 16-36〉 변수 보기 화면

〈그림 16-37〉 데이터 보기 화면

■ **새롭게 만든 변수값 설명**

① 데이터의 **변수 보기** 화면에서 문1_1의 **값**의 **변수값 설명**에서 **기준값**에 0, **레이블**에 '**오답**'을 입력하고 **추가**를 클릭한다.

② **기준값**에 **1**, **레이블**에 '**정답**'을 입력하고 **추가**, **확인**을 클릭한다.

③ 8개 변수의 변수 값 설명이 같다. 나머지 변수는 문1_1의 **값**을 **복사**해서 **붙여넣기** 한다.

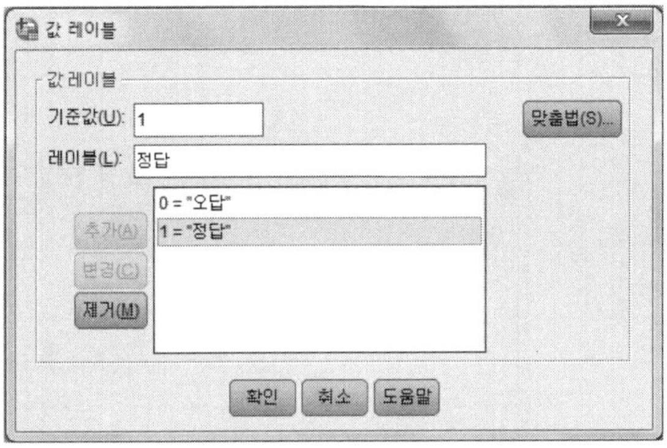

〈그림 16-38〉 변수값 설명

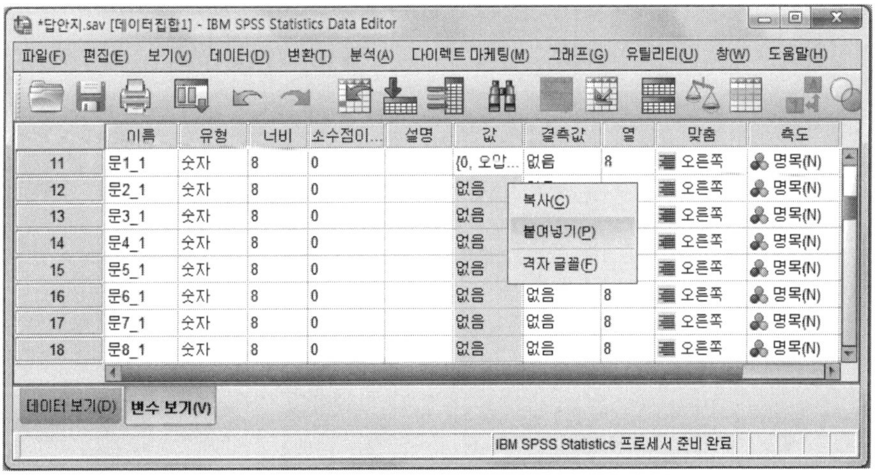

〈그림 16-39〉 값설명 붙여넣기

(3) 정답수 계산

정답과 오답으로 변환한 변수들을 이용해서 정답인 문항수를 계산해 보자. 새롭게 생성된 변수에 정답은 1, 오답은 0으로 8문항 중 정답을 맞힌 문항수는 문

1-1부터 문8-1의 8개 변수의 합으로 구할 수 있다. 여기서는 8개 변수 중에서 1의 값을 갖는 변수의 수를 구하는 방법인 케이스 내 값 빈도를 이용해서 정답수를 구해보자.

① **변환–케이스 내의 값 빈도**를 선택한다.
② **목표변수**에 '**정답수**'를 입력하고 **변수(숫자 변수)**에 **문1_1**부터 **문8_1**까지의 변수를 보낸다.
③ **값 정의**를 클릭, **값**에 **1**을 입력하고 **추가**를 클릭한다.
④ **계속**, **확인**을 클릭한다.

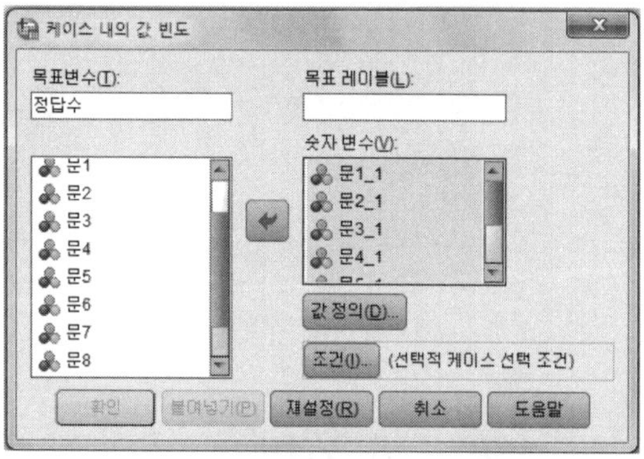

〈그림 16-40〉 케이스 내의 값 빈도

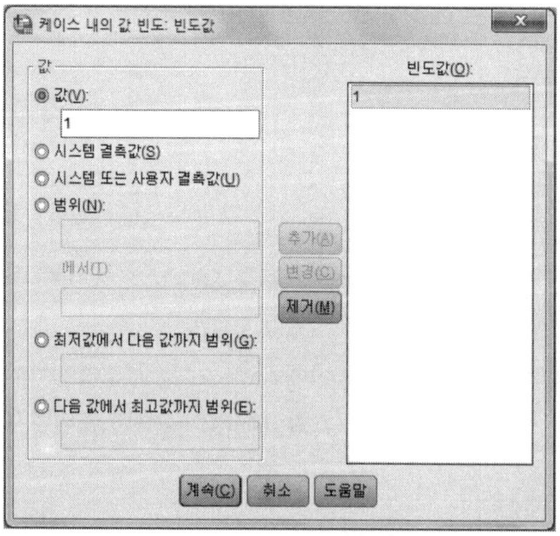

〈그림 16-41〉 케이스 내의 값 빈도 – 값 정의

TIP

빈도변수 생성

여러 변수 중에서 연구자가 지정한 조건에 해당하는 값을 갖는 변수의 수를 구해준다.

- **대상변수** : 결과를 저장할 변수 이름
- **숫자변수** : 특정한 값을 갖는 빈도를 구하려고 하는 변수를 지정
- **값 정의** : 빈도를 구하려고 하는 값의 조건을 지정
- **조건** : 특정 조건을 만족하는 케이스에 대해서만 빈도변수를 생성을 하려고 할 때 조건을 설정
- **붙여넣기** : 작업 내용을 명령문에 syntax 형태로 기록

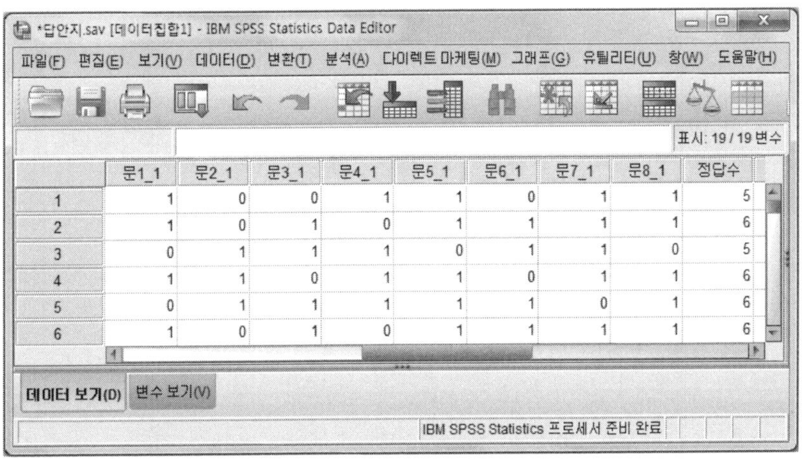

〈그림 16-42〉 각 문항의 정답여부와 정답수

(4) 지식점수 계산

정답수를 이용해서 100점 만점의 지식점수를 계산해 보자. 문제가 모두 8문항으로 모든 문항의 배점이 동일하다면 「정답수 × 12.5」를 하면 100점 만점인 점수가 구해진다.

① **변환–변수계산**을 선택한다.

② **대상변수**에 '**점수**', **숫자표현식**에 '**정답수***12.5'를 입력하고 **확인**을 클릭한다.

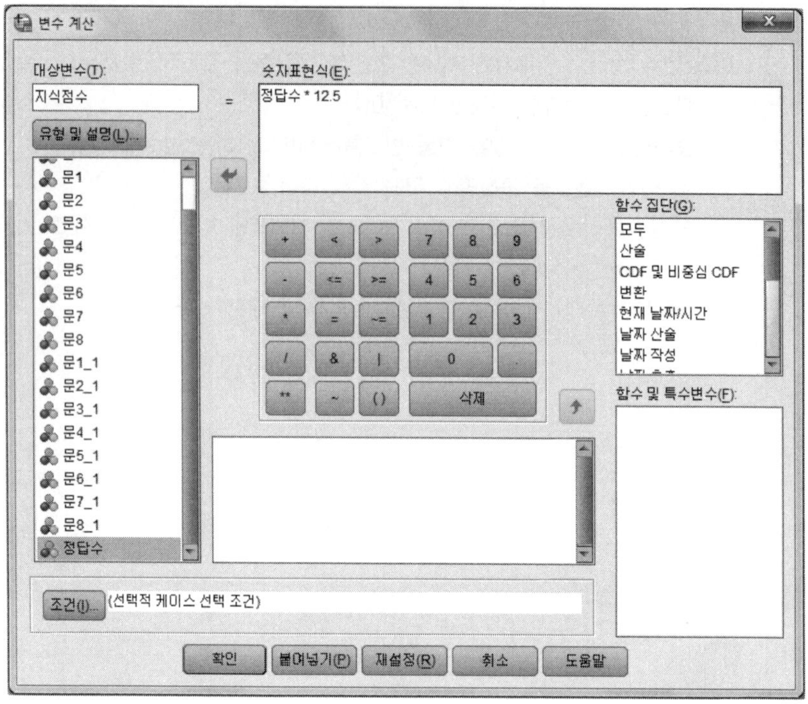

〈그림 16-43〉 변수계산 – 지식점수 계산

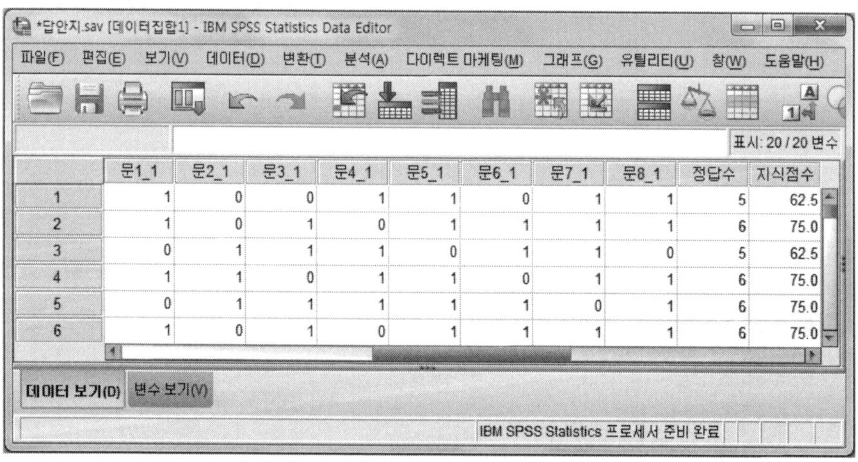

	문1_1	문2_1	문3_1	문4_1	문5_1	문6_1	문7_1	문8_1	정답수	지식점수
1	1	0	0	1	1	0	1	1	5	62.5
2	1	0	1	0	1	1	1	1	6	75.0
3	0	1	1	1	0	1	1	0	5	62.5
4	1	1	0	1	1	0	1	1	6	75.0
5	0	1	1	1	1	1	0	1	6	75.0
6	1	0	1	0	1	1	1	1	6	75.0

〈그림 16-44〉 데이터 보기 화면

TIP

문1_1에서 문8_1이 정답은 1, 오답은 0의 값을 가지므로 정답수는 8개 문항의 합으로 구할 수 있다. 정답 이외에는 모두 0으로 처리되어 있어서 결측치가 없으므로 +연산자와 SUM 함수 중 어느 것을 사용해도 결과는 동일하다.

정답수 = 문1_1 + 문2_1 + 문3_1 + 문4_1 + 문5_1 + 문6_1 + 문7_1 + 문8_1
정답수 = SUM(문1_1,문2_1,문3_1,문4_1,문5_1,문6_1,문7_1,문8_1)

TIP

문항마다 가중치가 다른 경우 점수 계산하는 방법

각 문항의 배점이 문1, 문2, 문5, 문7은 15점이고 나머지 문항들은 10점이라면 점수를 구하는 식은 다음과 같다.

점수=15×(문1_1+문2_1+문5_1+문7_1)+10×(문3_1+문4_1+문6_1+문8_1)

16.3 문자변수 코딩변경

〈표 16-5〉는 해외연수 실태조사를 위한 설문지이다. 7번 문항에서 해외연수를 한 경험이 있으면 연수한 지역을 직접 기입하도록 되어 있어서 자료를 입력할 때 응답한 지역에 번호를 하나씩 할당해서 입력하지 않고 응답한 지역을 문자로 입력하였고 해외연수지역이 2군데 이상인 경우도 있어서 복수응답으로 처리했다.

해외 연수한 국가를 직접 입력한 자료로부터 연수지역을 미국, 유럽, 아시아로 정리하고. 복수응답 자료의 보고서를 작성해 보자.

해외연수.sav 파일을 불러온다.

(1) 문자변수를 숫자변수로 코딩변경

다른 변수로 코딩 변경을 이용해서 문자변수를 문자변수나 숫자변수로 변환할 수 있다. 여기서는 자동 코딩변경을 이용해서 문자변수를 숫자변수로 변환한 다음 코딩변경으로 연수지역을 미국, 유럽, 아시아로 변환해 보자.

〈표 16-5〉 해외연수 실태조사 설문지

1. 성별: ① 남 ② 여

2. 현재 부모님과 함께 거주하는 지역
① 서울, 경기(인천) ② 충청도(대전)

3. 현재 부모님의 한 달 수입
① 150-200만원 ② 200-300만원 ③ 300-400만원
④ 400-500만원 ⑤ 500만원 이상

4. 아버지의 최종 학력
① 초등학교 졸 ② 중졸 ③ 고졸 ④ 대졸 ⑤ 대학원 졸

5. 어머니의 최종 학력
① 초등학교 졸 ② 중졸 ③ 고졸 ④ 대졸 ⑤ 대학원 졸

6. 해외연수 경험 유무 ① 있다 ② 없다

7. 해외 연수 경험이 있다면 연수지역을 모두 쓰시오. ____________________

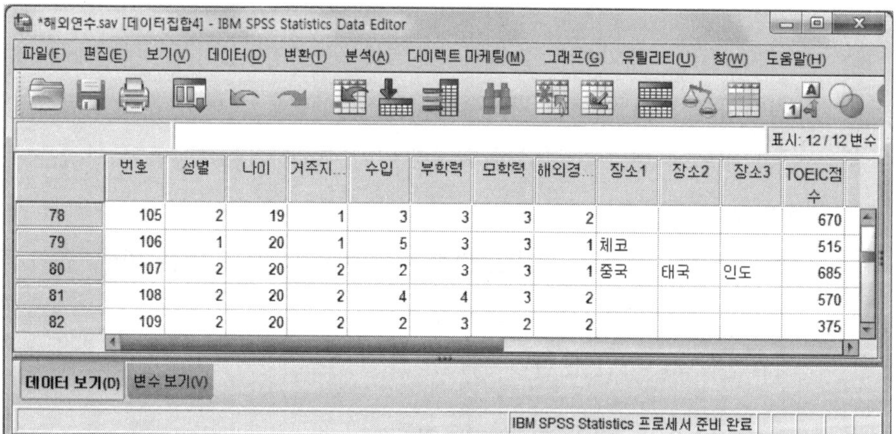

〈그림 16-45〉 해외연수.sav 파일

① **변환-자동 코딩변경**을 선택한다.

② **변수→새이름**에 **장소1**을 보낸다. **새 이름**에 '**연수지역1**'을 입력하고 **새 이름 추가**를 클릭한다.

③ 동일한 방법으로 **장소2**와 **장소3**도 '**연수지역2**'와 '**연수지역3**'으로 이름을 바꾸어 준다.

④ **모든 변수에 동일한 코딩변경 체계 사용**과 **공백 문자를 사용자 결측값으로 처리**를 선택하고 **확인**을 클릭한다.

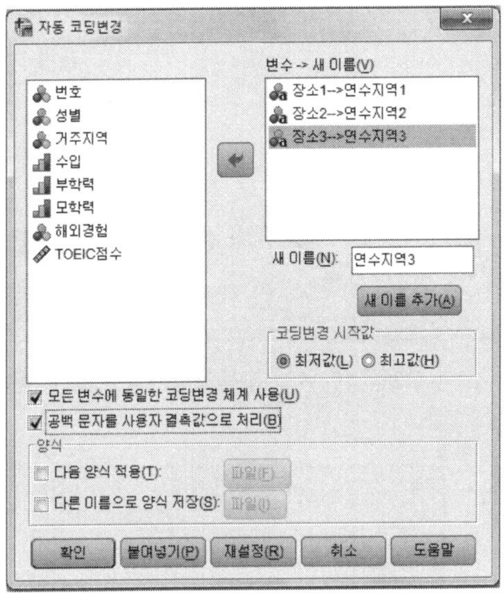

〈그림 16-46〉 자동 코딩변경

모든 변수에 동일한 코딩변경 체계 사용을 선택한 결과 장소1과 장소2, 장소3에 동일한 기준이 적용되어서 연수지역1과 연수지역2, 연수지역3은 뉴질랜드는 1, 독일은 2, …, 필리핀은 17, 결측 (공백)은 18로 변환되었고, 변수 보기 화면의 값에 변수값 설명도 입력되어 있다. 공백 문자를 사용자 결측값으로 처리를 선택해서 변수 보기 화면의 결측값에 18이 이산형 결측값으로 설정되어 있다.

Old Value	New Value	Value Label
뉴질랜드	1	뉴질랜드
독일	2	독일
동남아시아	3	동남아시아
미국	4	미국
미국(LA)	5	미국(LA)
베트남	6	베트남
싱가포르	7	싱가포르
영국	8	영국
유럽	9	유럽
유타주	10	유타주
인도	11	인도
일본	12	일본
중국	13	중국
체코	14	체코
태국	15	태국
프랑스	16	프랑스
필리핀	17	필리핀
M	18M	

〈그림 16-47〉 자동코딩변경 출력결과

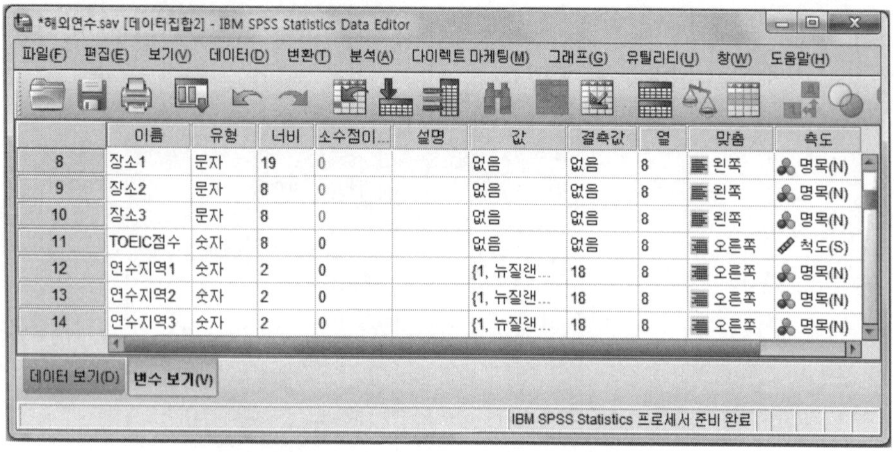

〈그림 16-48〉 자동코딩변경 결과 – 변수 보기 화면

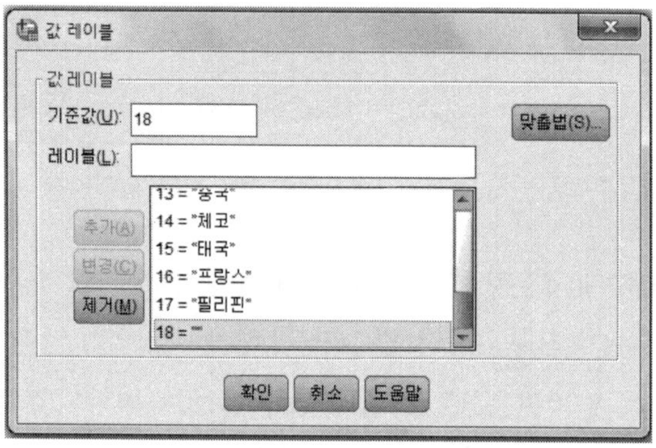

〈그림 16-49〉 값 레이블

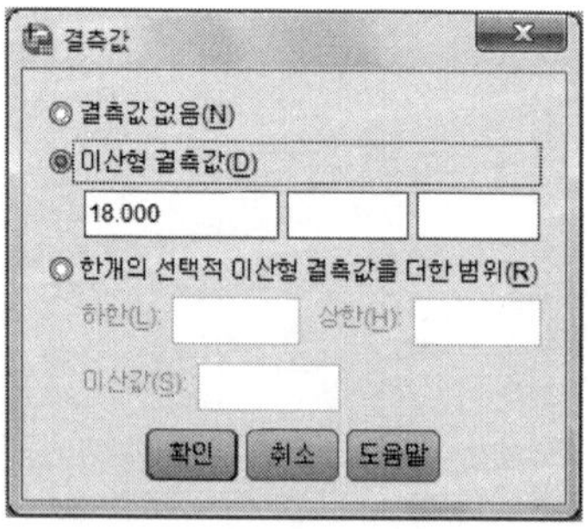

〈그림 16-50〉 결측값

TIP

변환-자동 코딩변경 : 문자로 입력된 자료를 숫자로 변환해 주는 기능

- **새 이름** : 새로 만들려고 하는 숫자변수 이름을 입력
- **새 이름 추가** : 기존의 문자변수에 새로 만들려는 숫자변수를 대응
- **코딩변경 시작값** : 1을 어디에 할당할지 결정

  최소값 : 문자의 오름차순으로 숫자를 할당

  최대값 : 문자의 내림차순으로 숫자를 할당
- **모든 변수에 동일한 코딩변경 체계 사용** : 모든 문자변수에 대해 같은 문자는 같은 숫자로 바꿈
- **공백 문자를 사용자 결측값으로 처리** : 문자변수에 입력된 값이 없는 경우(무응답)에 가 장 큰 수를 할당하고, 무응답에 할당된 숫자를 결측값으로 처리

TIP

- **시스템 결측값** : 숫자변수에 어떤 값도 입력하지 않으면 결측으로 인식하고 dot(.)로 표시. 그러나 문자변수는 공백도 유효한 응답으로 처리한다.
- **사용자 지정 결측값** : 변수보기 화면의 결측값에 입력된 값을 결측으로 지정

  결측값 없음 : 숫자변수에 어떤 값도 입력이 되어 있지 않은 경우를 제외하고는 결측으로 처리하지 않음

  이산형 결측값 : 결측값을 3개까지 지정

  한 개의 선택적 이산형 결측값을 더한 범위 : 연속된 값들이 결측인 경우 결측값으로 처리할 범위의 처음과 끝을 지정

(2) 연수지역 미국, 유럽, 아시아로 분류

■ 코딩변경

〈그림 16-47〉의 새롭게 만들어진 연수지역1, 연수지역2, 연수지역3에서 4, 5, 10은 미국이고 2, 8, 9, 14, 16은 유럽, 1, 6, 7, 11, 12, 13, 15, 17은 아시아이다. 이제 연수지역1과 연수지역2, 연수지역3의 내용을 17개 지역이 아닌 미국(1)과 유럽(2), 아시아(3)로 변경해 보자.

① **변환-같은 변수로 코딩변경**을 선택한다.

② **연수지역1, 연수지역2, 연수지역3**을 **변수**로 보낸다.

③ **기존값 및 새로운 값**을 클릭한다.

④ **기존값**의 **시스템 또는 사용자 결측값, 새로운 값**의 **시스템 결측값**을 선택하고 **추가**를 클릭한다.

⑤ **기존값**의 **범위**에 **4**와 **5**, **새로운 값**의 **기준값**에 **1**을 입력하고 **추가**를 클릭한다.

⑥ **기존값**의 **값**에 **10**, **새로운 값**의 **기준값**에 **1**을 입력하고 **추가**를 클릭한다.

⑦ **기존값**의 **값**에 **2**, **새로운 값**의 **기준값**에 **2**를 입력하고 **추가**를 클릭한다.

⑧ **기존값**의 **범위**에 **8**과 **9**, **새로운 값**의 **기준값**에 **2**를 입력하고 **추가**를 클릭한다.

⑨ **기존값**의 **값**에 **14**, **새로운 값**의 **기준값**에 **2**를 입력하고 **추가**를 클릭한다.

⑩ **기존값**의 **값**에 **16**, **새로운 값**의 **기준값**에 **2**를 입력하고 **추가**를 클릭한다.

⑪ **1**과 **2**로 변환한 나머지 값들은 아시아이므로 **기존값**의 **기타 모든 값**을 선택, **새로운 값**의 **기준값**에 **3**을 입력하고 **추가**를 클릭한다.

⑫ **계속**, **확인**을 클릭한다.

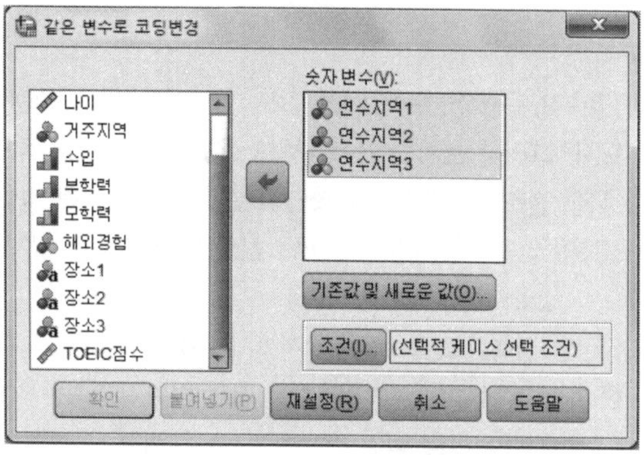

〈그림 16-51〉 같은 변수로 코딩변경

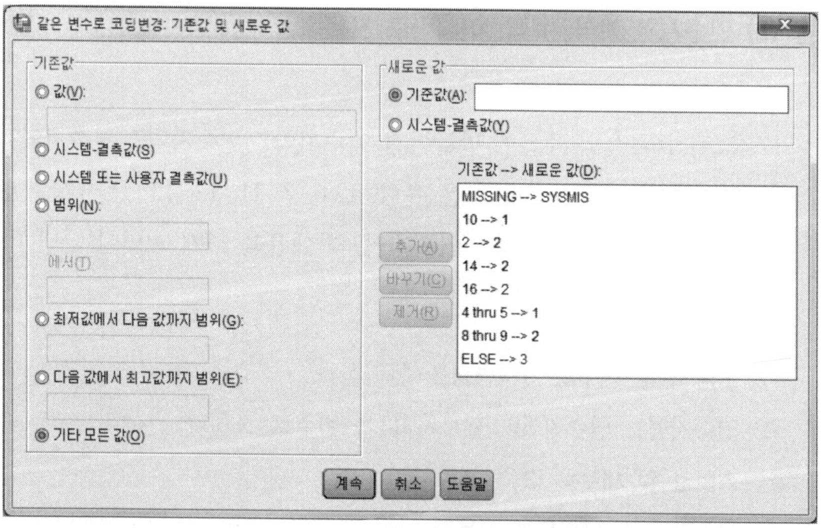

〈그림 16-52〉 같은 변수로 코딩변경 – 기존값 및 새로운 값

TIP

해외연수 설문지에서 연구목적이 영어와 관련된 것이라면 연수지역을 물을 때 영어와 관련된 연수를 다녀온 적이 있는지를 물어야 한다. 이 경우에 일본을 다녀온 것은 영어 실력 향상과는 연관이 없기 때문에 연수지역이 일본인 경우는 결측 처리해야 한다. 연수지역이 일본뿐이라면 해외연수 경험도 "없다"로 응답을 수정해야 한다.
설문지에서 문항을 만들 때 연구 목적에 맞게 문항을 구성해야 연구목적에 맞는 분석결과를 얻을 수 있다.

■ **값설명**

연수지역1, 연수지역2, 연수지역3의 개별 연수지역으로 되어 있는 값설명을 미국, 유럽, 아시아로 수정해 보자. 세 개의 변수가 모두 변수값 설명이 같아서 연수지역1의 변수값 설명을 수정하고 나머지 변수는 값을 복사해서 붙여넣기 하면 된다. 그리고 같은 변수로 코딩변경을 할 때 사용자 결측을 시스템 결측으로 변경해서 연수지역1, 연수지역2, 연수지역3의 결측값을 결측값 없음으로 바꾸어 주자.

① **변수 보기** 화면에서 **연수지역1**, **연수지역2**, **연수지역3**의 값 레이블이 각 지역으로 되어 있다. **값**의 내용이 **없음**인 숫자변수의 **값**을 **복사**해서 **붙여넣기** 하면 **연수지역1**, **연수지역2**, **연수지역3**의 변수값 설명이 초기화된다.
② **변수 보기** 화면에서 **연수지역1**의 **값**의 **값 레이블**에서 **기존값**에 **1**, **레이블**에 **'미국'**을 입력하고 **추가**를 클릭한다.
③ **기존값**에 **2**, **레이블**에 **'유럽'**을 입력하고 **추가**를 클릭한다.
④ **기존값**에 **3**, **레이블**에 **'아시아'**를 입력하고 **추가**, **확인**을 클릭한다.
⑤ **연수지역1**의 값을 **복사**해서 **연수지역2**, **연수지역3**에 **붙여넣기** 한다.

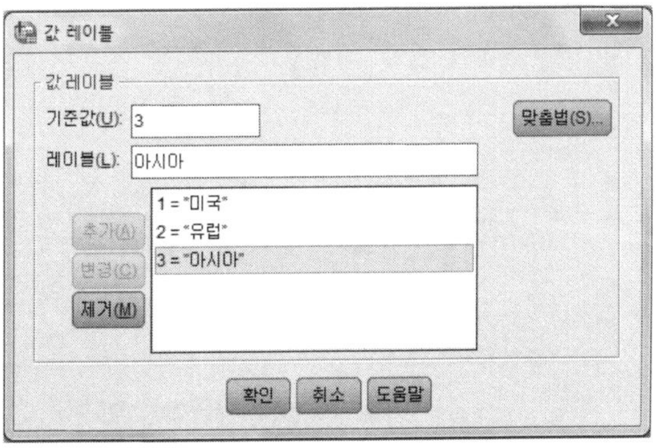

〈그림 16-53〉 값 레이블

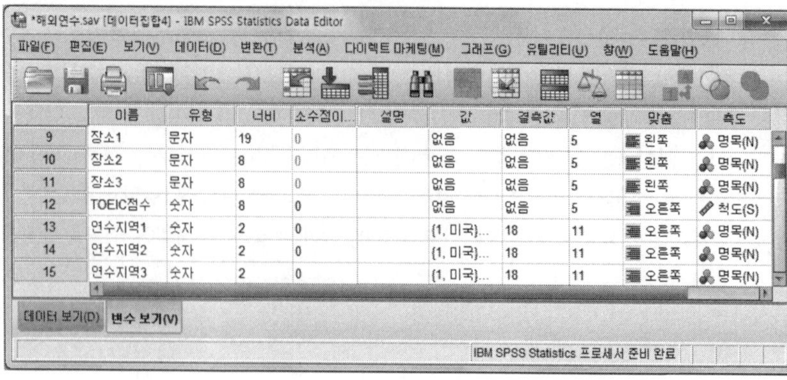

〈그림 16-54〉 변수보기 화면

(3) 연수지역 보고서 작성

■ 다중반응 변수군 정의

① **분석–다중반응–변수군 정의**를 선택한다.

② **변수군에 포함될 변수**에 **연수지역1, 연수지역2, 연수지역3**을 보낸다.

③ **변수들의 코딩형식**에서 **범주**를 선택하고 **범위**에 각각 **1**과 **3**을 입력한다.

④ **이름**에 '**연연수지역역**'을 입력하고 **추가, 닫기**를 클릭한다.

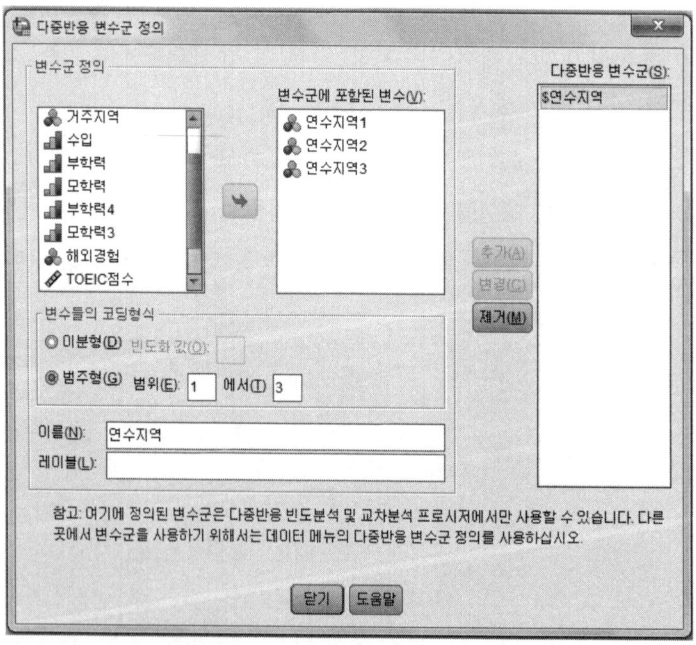

〈그림 16-55〉 다중반응 변수군 정의

■ 다중반응 빈도 분석

① **분석–다중반응–빈도분석**을 선택한다.

② **다중반응 변수군**에 있는 **연수지역**을 **표작성 반응군**으로 보내고 **확인**을 클릭한다.

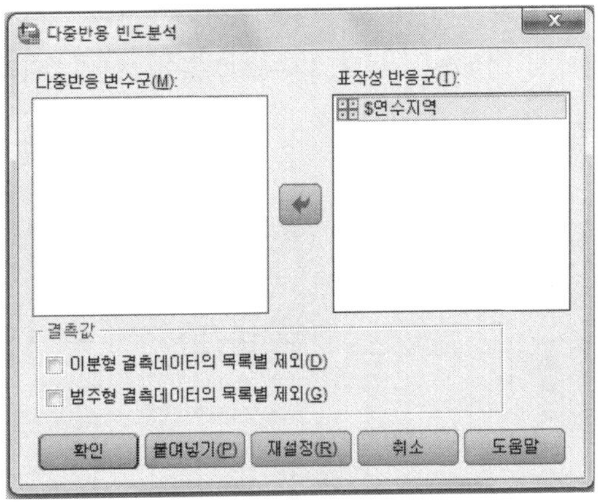

〈그림 16–56〉 다중반응 빈도분석

〈그림 16-57〉을 보면 연수지역에 응답을 한 케이스는 총 36명으로 그중 25.0%(9명)가 미국, 16.73%(6명)가 유럽, 83.3%(30명)가 아시아를 다녀온 것으로 조사되었다(케이스 퍼센트). 케이스 퍼센트의 합은 125%로 평균적으로 1.25개국을 방문했다. 그리고 방문한 국가는 총 45개국으로 미국이 차지하는 비율은 25.0%, 유럽이 16.7%, 아시아가 83.3%이다(응답 퍼센트).

케이스 요약

	케이스					
	유효		결측		전체	
	N	퍼센트	N	퍼센트	N	퍼센트
$연수지역[a]	36	16.7%	180	83.3%	216	100.0%

a. 범주형 변수 집단

$연수지역 빈도

		반응		케이스 중 %
		N	퍼센트	
$연수지역[a]	미국	9	20.0%	25.0%
	유럽	6	13.3%	16.7%
	아시아	30	66.7%	83.3%
전체		45	100.0%	125.0%

a. 범주형 변수 집단

〈그림 16–57〉 다중반응 빈도

■ **사용자 정의표-다중반응 변수군 정의**

다중응답 변수를 설정해 보자.

① **분석-사용자 정의표-다중반응 변수군**을 선택한다.

② **변수군에 포함될 변수**에 **연수지역1, 연수지역2, 연수지역3**을 보낸다.

③ **변수 코딩**에서 **범주형**을 선택, **변수군 이름**에 **'연연수지역역'**을 입력하고 **추가, 확인**을 클릭한다.

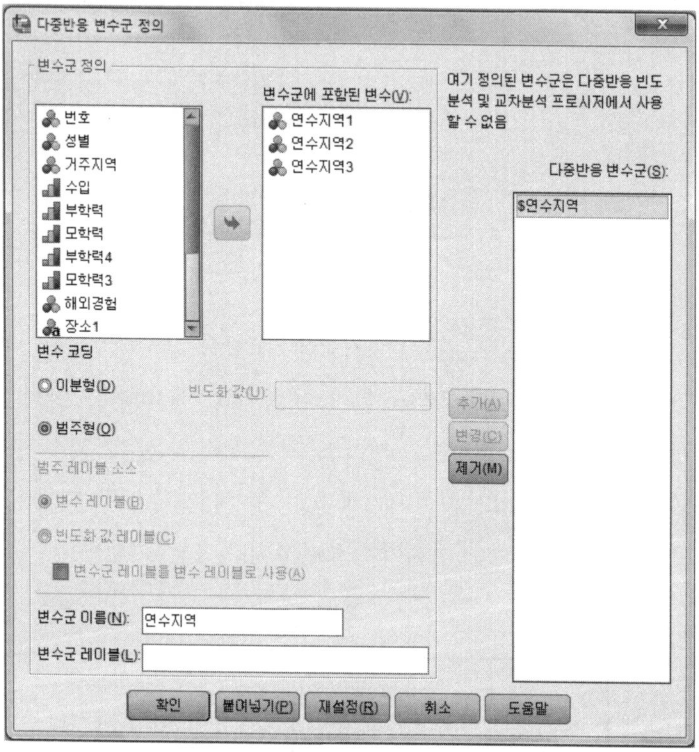

〈그림 16-58〉 다중반응 변수군 정의

통계표를 작성해 보자.

① **분석-사용자 정의표-사용자 정의 표**를 선택한다.

② 변수 속성 정의에 대한 창이 나오면 **확인**을 클릭한다.

③ **변수**의 **연수지역**을 **행**으로 보내고 **요약통계량**을 클릭한다.

④ **통계량**의 **열 N%**를 **표시**로 보내고 **형식**을 mmm.n으로 바꾼다.

⑤ **선택한 항목에 적용, 확인**을 클릭한다.

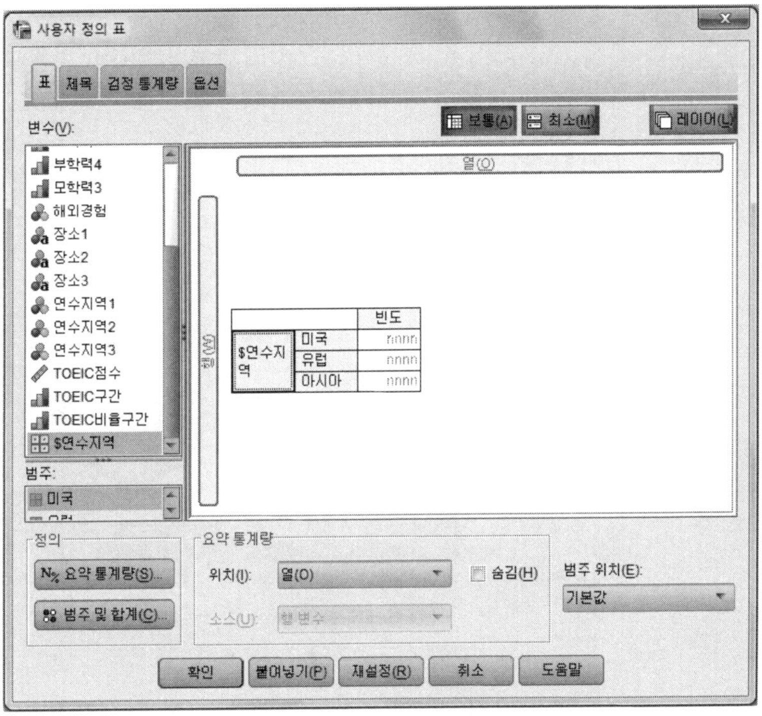

〈그림 16-59〉 통계표 작성

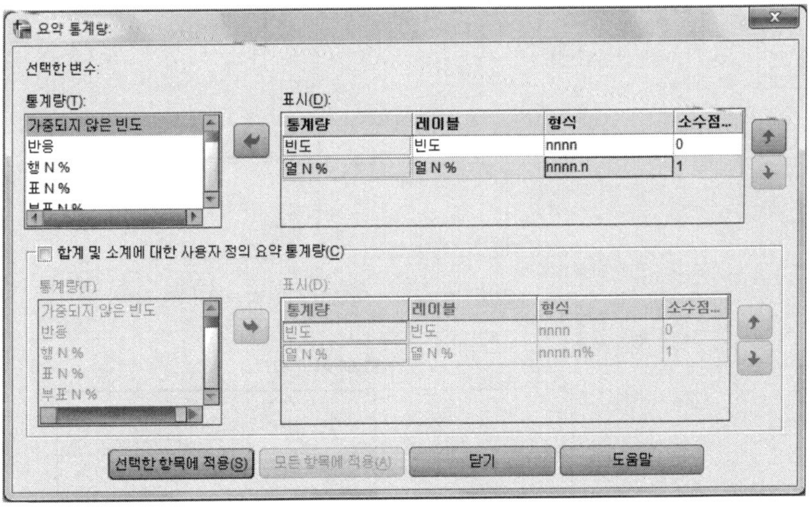

〈그림 16-60〉 통계표 작성 – 요약 통계량

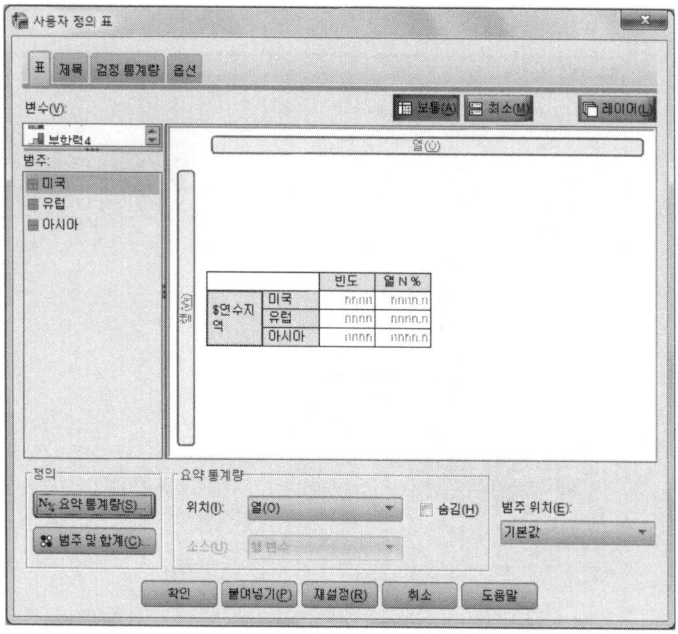

〈그림 16-61〉 사용자 정의 표

〈그림 16-62〉의 사용자 정의 표 결과를 보면 전체 연수지역은 38개국으로 미국을 방문한 경우가 9명으로 25.0%, 유럽은 5명으로 13.9%, 아시아가 24명으로 66.7%이다. 그런데 분석-다중반응으로 정리한 〈그림 16-63〉은 연수를 다녀온 전체 연수지역이 45개국으로 〈그림 16-62〉의 사용자 정의 표 결과와 차이가 난다.

		빈도	열 N %
$연수지역	미국	9	25.0
	유럽	5	13.9
	아시아	24	66.7

〈그림 16-62〉 분석 – 사용자 정의 표 결과

$연수지역 빈도

		반응		케이스 중 %
		N	퍼센트	
$연수지역[a]	미국	9	20.0%	25.0%
	유럽	6	13.3%	16.7%
	아시아	30	66.7%	83.3%
전체		45	100.0%	125.0%

a. 범주형 변수 집단

〈그림 16-63〉 다중반응 – 빈도분석 결과

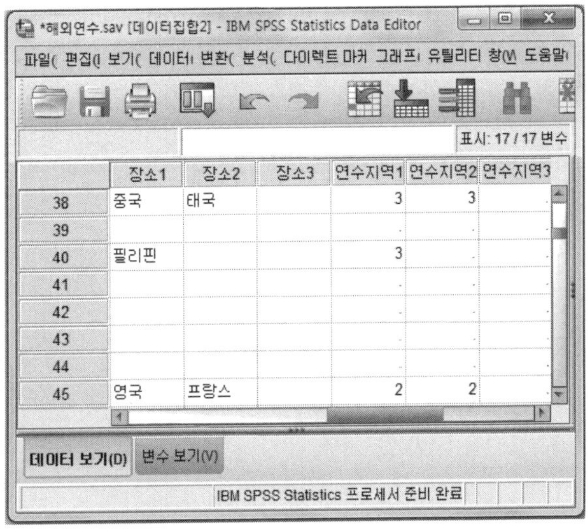

〈그림 16-64〉 데이터 보기 화면

〈그림 16-64〉의 38번째 행의 자료를 보면 방문한 국가가 중국과 태국으로 모두 아시아이고, 45번째 행의 자료는 영국과 프랑스로 모두 유럽으로 범주를 합하는 과정에서 응답이 중복되는 경우가 생겨서 중복된 경우를 처리하는 방식에 따라 결과값이 달리진다.

TIP

다중 응답의 경우 범주를 합하게 되면 동일한 케이스에서 동일한 값으로 중복응답이 된 경우가 생길 수 있다. 다중응답 변수 X1, X2, X3에 각각 1, 1, 2가 입력되어 있다고 하자.

분석-다중반응 : 1이 두 개, 2가 한 개로 중복된 응답을 모두 계산

분석-사용자 정의 표 : 1과 2를 모두 한 개로 중복된 응답은 한 번으로 계산

16.4 텍스트 파일 불러오기

사조사예제1.txt는 어느 대학교에서 졸업하는 (문과)계열과 (이과)계열의 졸업생 180명의 성적을 조사한 자료다.

〈표 16-6〉 자료설명

<table>
<tr><td>변수이름</td><td>아이디</td><td>졸업
평점</td><td>국어</td><td>영어</td><td>수학</td><td>사회</td><td>과학</td><td>수능
성적</td></tr>
<tr><td>변수유형</td><td>문자</td><td>숫자</td><td>숫자</td><td>숫자</td><td>숫자</td><td>숫자</td><td>숫자</td><td>숫자</td></tr>
<tr><td>값특성</td><td>일련번호
(1-3번째 자리)
성별(4번째 자리)
M : 남자
F : 여자
계열(5-6번째 자리)
1 : 문과
2 : 이과</td><td>4.5점
만점</td><td colspan="5">100점 만점(고등학교 성적)</td><td>400점
만점</td></tr>
</table>

자료 중 아이디는 세 자리로 이루어진 일련번호와 한 자리의 성별, 한 자리의 계열특성을 나타내는 수치의 조합으로 이루어졌다. 탭으로 구분된 텍스트(txt)파일을 SPSS로 불러오고, 아이디로부터 일련번호와 성별, 계열특성을 나타내는 변수를 생성해 보자.

〈표 16-7〉 아이디 내용

아이디	일련번호	성별	계열
001M01	001	M	1
002F01	002	F	2
…	…	…	…
080F02	080	M	2
…	…	…	…

(1) 자료파일 불러오기

탭으로 구분된 텍스트(txt) 파일을 불러오자.

① **파일-열기-데이터**를 선택한다.

② **파일 유형**을 **텍스트(*.txt, *.dat, *.csv)**로 바꾸고 **찾아보기**에서 파일이 있는 폴더를 지정한다.

③ **사조사예제1.txt**를 선택하고 **열기**를 클릭한다.

④ 1단계 : 자료가 입력된 형태를 확인할 수 있다. 사전에 정의된 형식이 없으면

다음을 클릭한다.

⑤ 2단계 : 자료가 입력된 형식을 설정해 준다. 사조사예제1.txt는 탭으로 구분된 자료로 **구분자에 의한 배열**을 선택하고 **다음**을 클릭한다.

⑥ 3단계 : 불러오려는 자료가 시작하는 행과 읽어올 케이스 수를 설정하고 **다음**을 클릭한다.

⑦ 4단계 : 변수 사이의 구분자에서 **탭**을 선택하고 자료의 형태가 바르게 읽혀 오는지 확인한다. **다음**을 클릭한다.

⑧ 5단계 : 변수이름과 형식을 설정할 수 있는데, 이 단계는 SPSS에서 작업해도 된다. **다음**을 클릭한다.

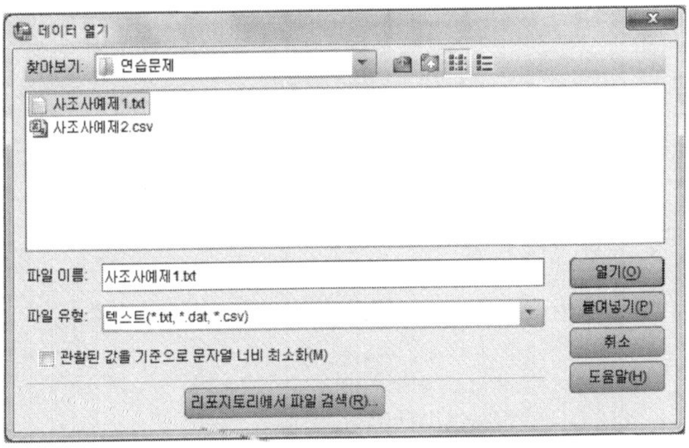

〈그림 16-65〉 텍스트 피일 열기

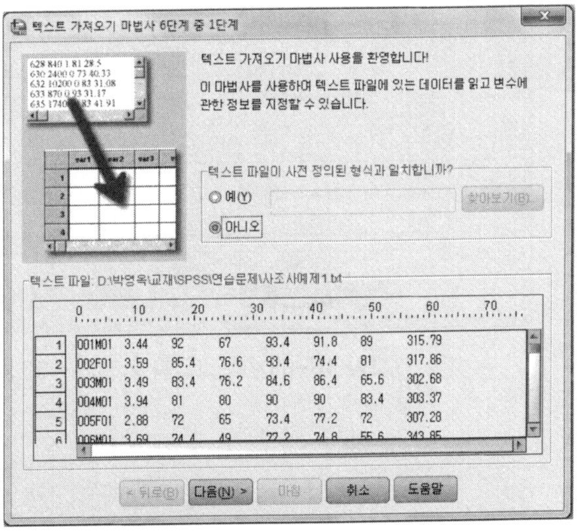

〈그림 16-66〉 텍스트 파일 열기 – 1단계

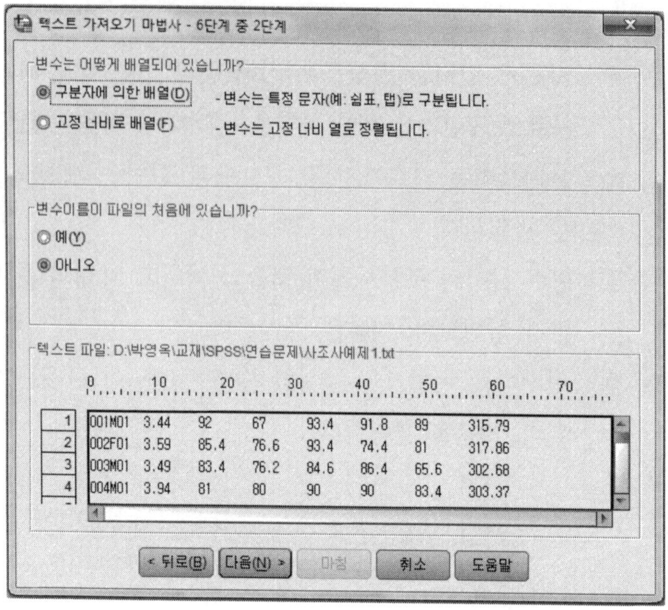

〈그림 16-67〉 텍스트 파일 열기 – 2단계

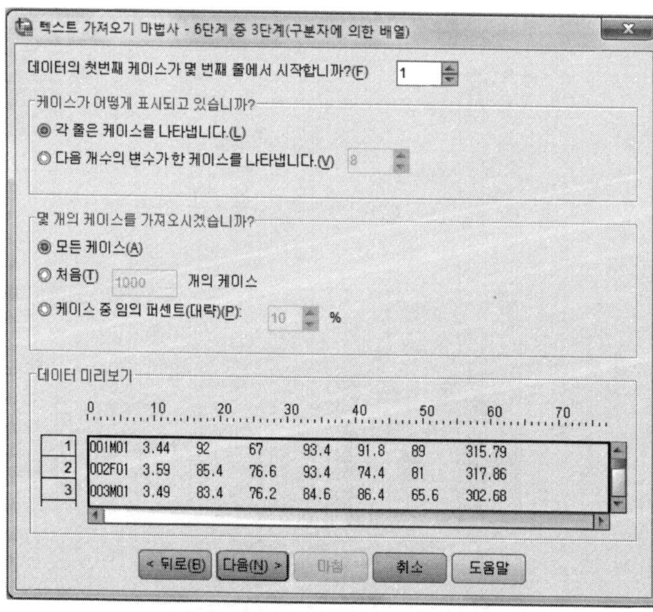

〈그림 16-68〉 텍스트 파일 열기 – 3단계

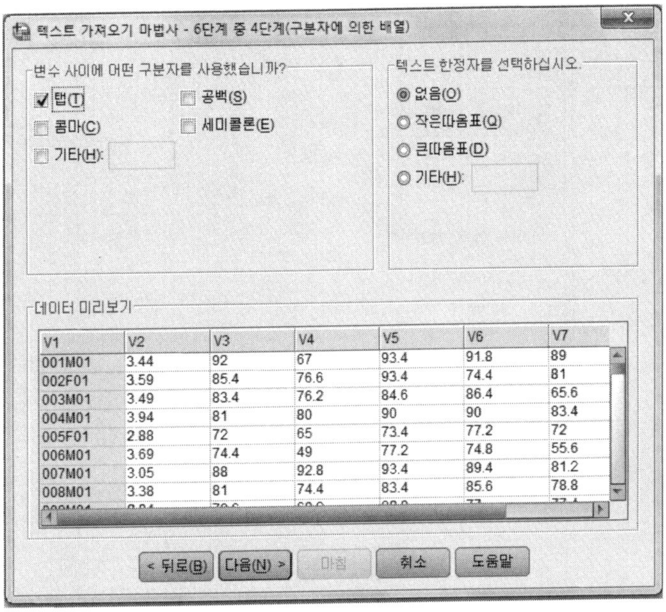

〈그림 16-69〉 텍스트 파일 열기 – 4단계

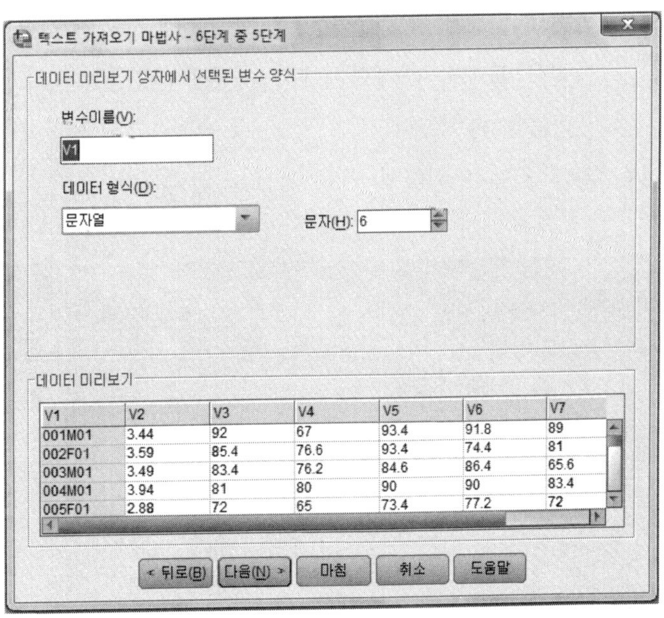

〈그림 16-70〉 텍스트 파일 열기 – 5단계

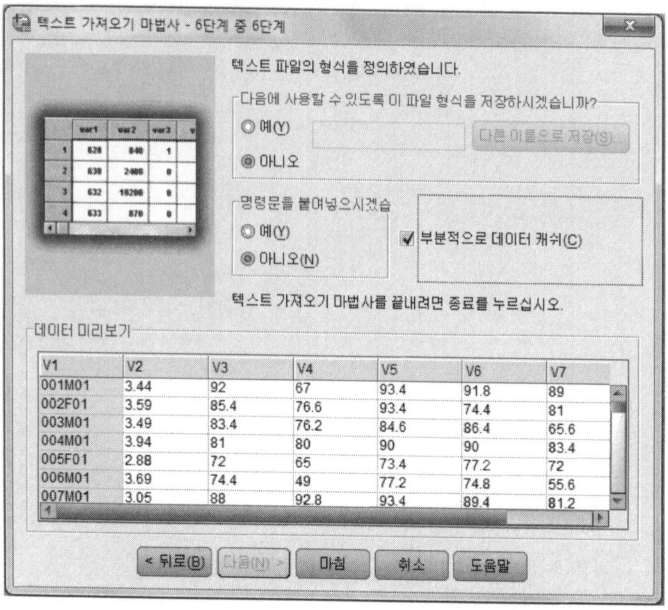

〈그림 16-71〉 텍스트 파일 열기-6단계

⑨ 6단계 : 필요한 경우 자료를 읽어온 형식을 저장하면 다음에 동일한 형태의 파일을 불러올 때 1단계에서 지정해 주면 중간 과정을 생략할 수 있다. **다음**을 클릭한다.

⑩ **변수보기** 화면에서 **이름**에 변수 이름을 입력한다.

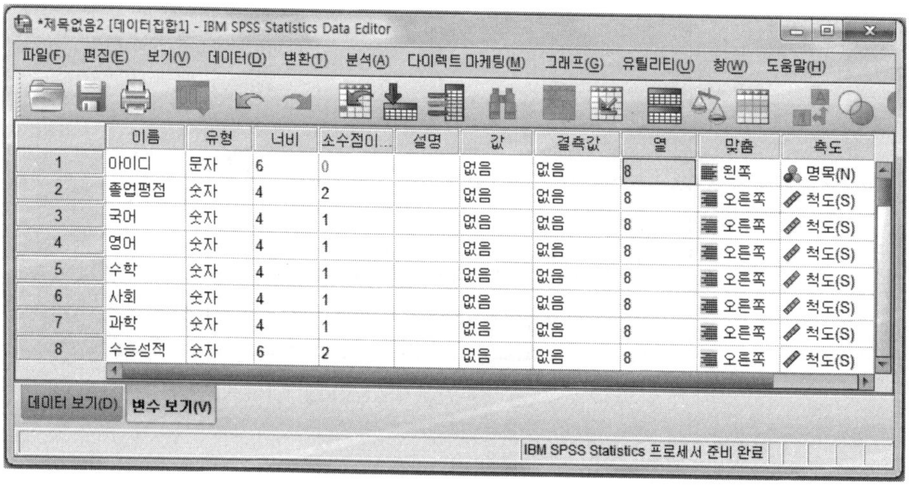

〈그림 16-72〉 변수보기 화면

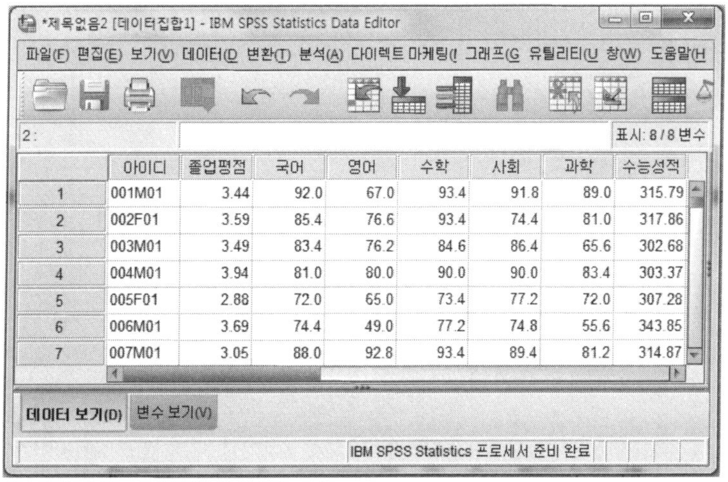

〈그림 16-73〉 데이터 보기 화면

(2) 아이디를 일련번호와 성별, 계열로 분리

〈표 16-8〉의 내용에 맞게 아이디로부터 일련번호와 성별, 계열을 계산해 보자.

〈표 16-8〉 아이디 내용

아이디	일련번호	성별	계열
001M01	001	M	1
002F01	002	F	2
…	…	…	…
080F02	080	M	2
…	…	…	…

① **변환-변수계산**을 선택한다.

② **목표변수**에 '일련번호', **숫자표현식**에 'CHAR.SUBSTR(아이디,1,3)'을 입력한다.

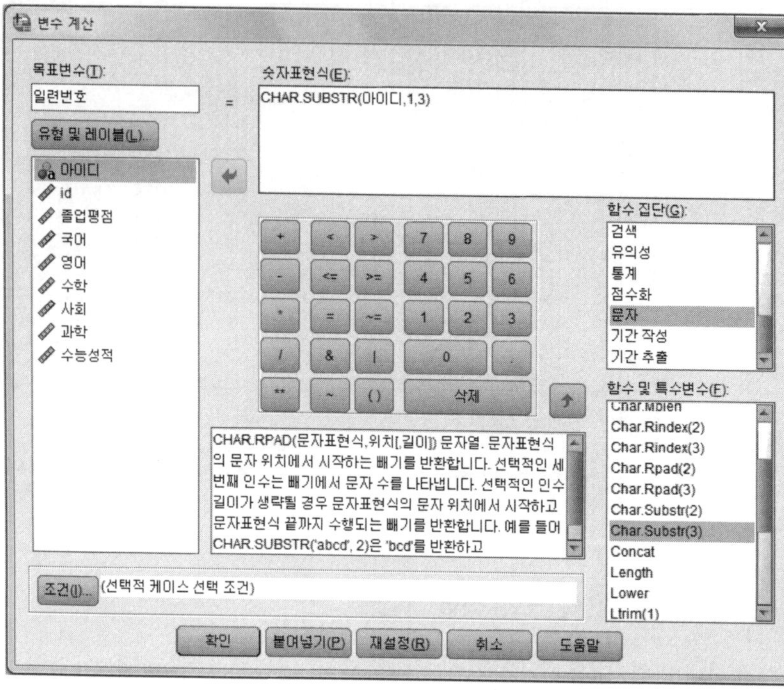

〈그림 16-74〉 변수계산 – 일련번호

변수계산 결과 생성되는 변수는 숫자변수로 문자관련 함수인 CHAR.SUBSTR 함수를 사용할 때는 유형의 변경이 필요하다.

③ **목표변수**의 **유형 및 레이블**을 클릭하고 **유형**에서 **문자열**을 선택한다.

④ **계속**, **확인**을 클릭한다.

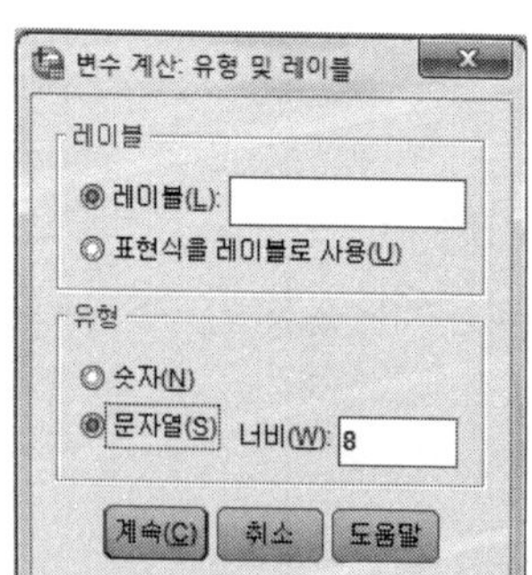

〈그림 16-75〉 변수 유형 설정

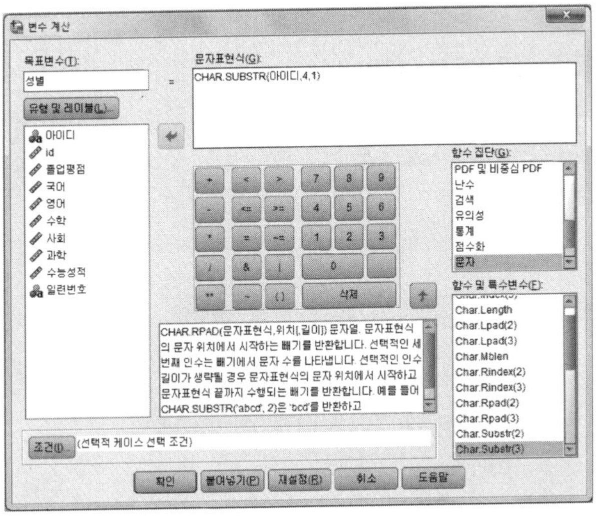

〈그림 16-76〉 변수계산 - 성별

⑤ **변환-변수계산**을 선택한다.

⑥ **목표변수**에 '**성별**', **숫자표현식**에 'CHAR.SUBSTR(아이디,4,1)'을 입력하고 **계속**을 클릭한다.

⑦ **확인**을 클릭한다.

⑧ **변환-변수계산**을 선택한다.

⑨ **목표변수**에 '**계열**', **숫자표현식**에 'CHAR.SUBSTR(아이디,6,1)'을 입력한다.

⑩ **계속**, **확인**을 클릭한다.

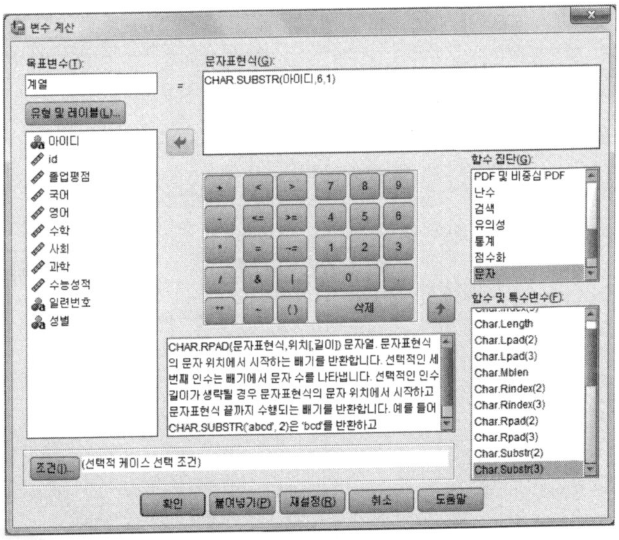

〈그림 16-77〉 변수계산 - 계열

> **TIP**
>
> **변수계산 : CHAR.SUBSTR**
>
> X = CHAR.SUBSTR(**문자변수**, a, b) : 문자변수 중 왼쪽부터 a번째에 해당하는 문자부터 길이 b만큼의 문자를 X에 할당, 변수 X는 대상변수의 유형 및 설명에서 유형을 문자로 설정

(3) 일련번호, 성별, 계열의 유형과 값 설명

변수 보기 화면에 일련번호와 성별, 계열이 문자변수로 입력되어 있다. 성별과 계열의 유형을 수정하고 값 설명을 입력한다.

① **변수 보기** 화면에서 **일련번호**와 **계열**의 **유형**을 **숫자**로 바꾼다.
② **변수 보기** 화면에서 **성별**과 **계열**의 **값**에 코딩값의 설명을 입력한다.

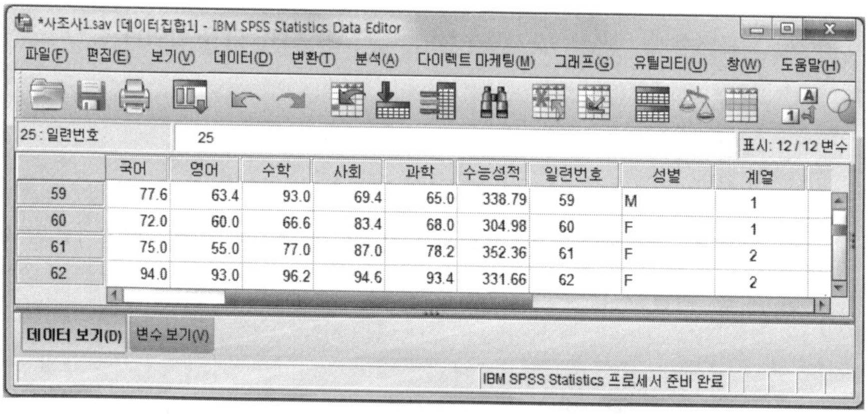

〈그림 16-78〉 데이터 보기 화면

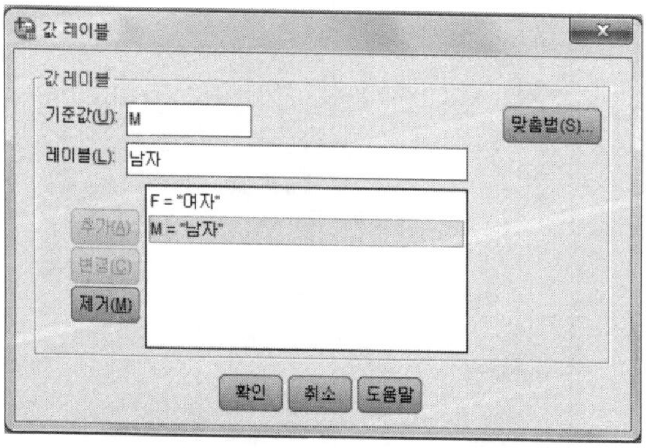

〈그림 16-79〉 값 레이블 – 성별

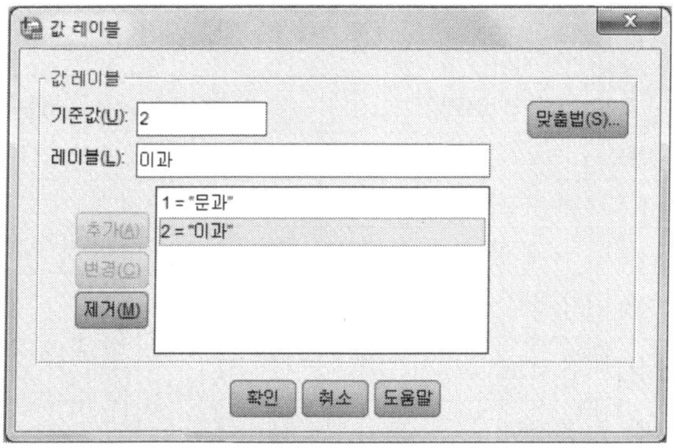

〈그림 16-80〉 값 레이블 – 계열

16.5 CSV 파일 불러오기

사조사예제2.csv는 쉼표로 구분된 CSV 형식의 파일로 20세 이상 남녀 350명을 대상으로 스포츠센타 이용 만족도를 조사한 자료이다.

쉼표로 구분된 CSV 형식의 파일을 SPSS로 불러오자.

① **파일–열기–데이터**를 선택한다.

② **파일 유형**을 **텍스트(*.txt, *.dat, *.csv)**로 바꾸고 **찾아보기**에서 파일이 있는 폴더를 지정한다.

③ **사조사예제2.csv**를 선택하고 **열기**를 클릭한다.

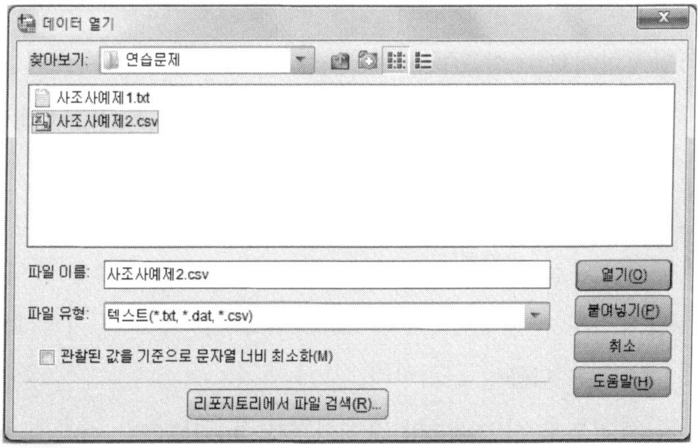

〈그림 16-81〉 텍스트 파일 열기

〈표 16-9〉 자료설명

변수 이름	변수 설명	칼럼수	변수 값 설명	무응답
V1	일련번호	3	1-300의 일련번호	
V2	문화센터 등록 프로그램 수	1	1: 1개 2: 2개 3: 3개 이상	
V3	일일 센터 이용량 (분)	3	30-600분 사이의 등간 척도	999
V4	헬스장 이용정도	1	1: 전혀 이용하지 않는다. 2: 별로 이용하지 않는다. 3: 보통이다. 4: 자주 이용한다. 5: 매우 자주 이용한다.	9
V5	수영장 이용정도	1		
V6	탁구장 이용정도	1		
V7	농구장 이용정도	1		
V8	헬스장 만족도	1	1: 매우 불만족 2: 약간 불만족 3: 그저 그렇다 4: 약간 만족 5: 매우 만족	9
V9	수영장 만족도	1		
V10	탁구장 만족도	1		
V11	농구장 만족도	1		
V12	전반적인 스포츠센타 이용 만족도	2	1-10점 사이의 등간척도	99
V13	성별	1	1:남자 2: 여자	
V14	연령	1	1: 20대 2: 30대 3: 40대 4: 50대이 상	
V15	학력	1	1: 중졸이하 2: 고졸 3: 대재/대졸이상	9
V16	가구 소득	1	1: 100만원 미만 2: 100-200만원 미만 3: 200-300만원 미만 4: 300만원 이상	9

④ 1단계 : 자료가 쉼표(,)로 구분되어 입력되어 있고, 자료의 첫줄에 변수 이름도 쉼표로 구분되어 입력되어 있다. 사전에 정의된 형식이 없으므로 **다음**을 클릭한다.

⑤ 2단계 : 자료가 입력된 형식을 설정해 준다. 사조사예제2.txt는 쉼표로 구분된 자료로 **구분자에 의한 배열을 선택**하고 **다음**을 클릭한다.

⑥ 3단계 : 첫 줄은 변수 이름으로 불러오려는 자료가 시작하는 줄에 **2**를 입력하고 **다음**을 클릭한다.

⑦ 4단계 : 변수 사이의 구분자에서 **쉼표**를 선택하고 자료의 형태가 바르게 읽혀오는지 확인한다. **다음**을 클릭한다.

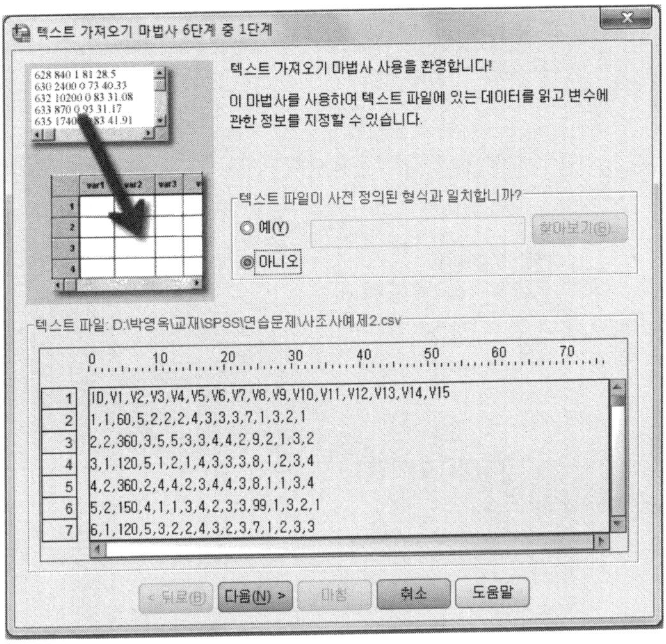

〈그림 16-82〉 텍스트 파일 열기 – 1단계

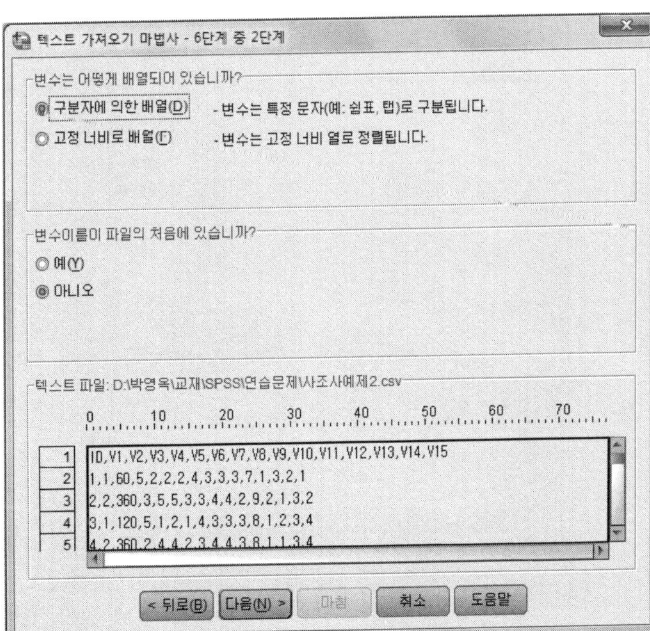

〈그림 16-83〉 텍스트 파일 열기 – 2단계

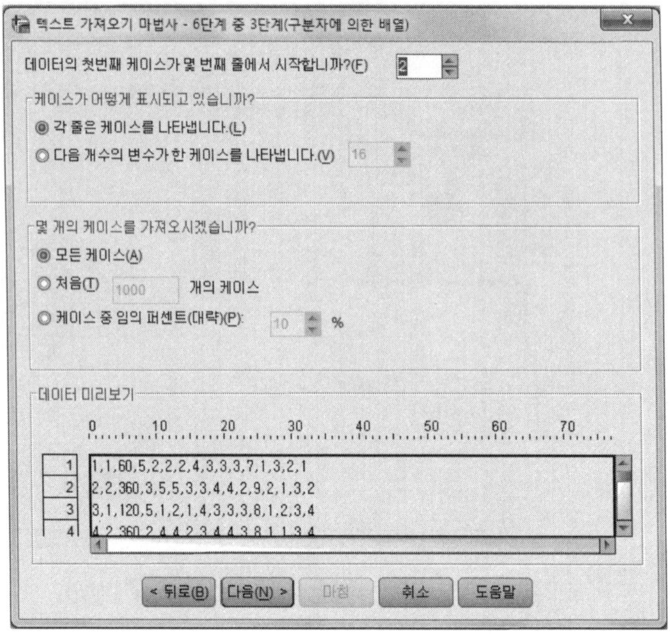

〈그림 16-84〉 텍스트 파일 열기 – 3단계

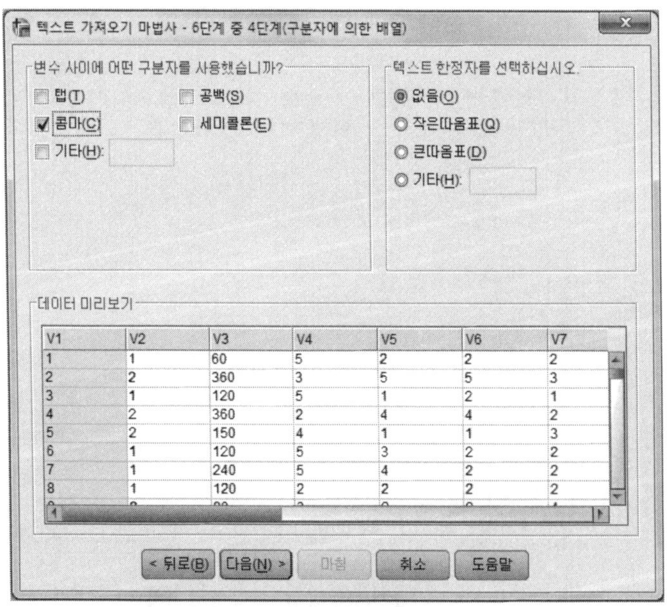

〈그림 16-85〉 텍스트 파일 열기 – 4단계

⑧ 5단계 : 변수이름과 형식을 설정할 수 있는데 이 단계는 SPSS에서 작업해도 된다. **다음**을 클릭한다.

⑨ 6단계 : 필요한 경우 자료를 읽어온 형식을 저장하면 다음에 동일한 형태의 파일을 불러올 때 1단계에서 지정해 주면 중간 과정을 생략할 수 있다. **마침**을 클릭한다.

⑩ 〈표 16-9〉의 자료 설명에 맞게 **변수 보기 화면**에서 **설명**에 변수이름을 입력하고, **값, 결측값, 측도**를 자료의 특성에 맞게 수정한다.

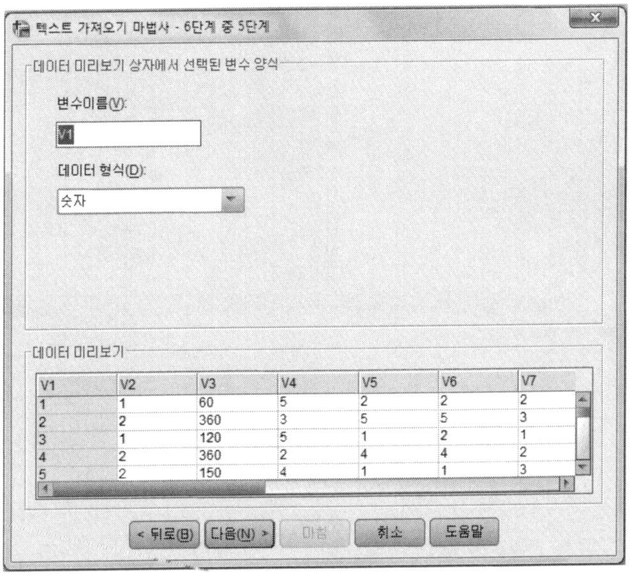

〈그림 16-86〉 텍스트 파일 열기 – 5단계

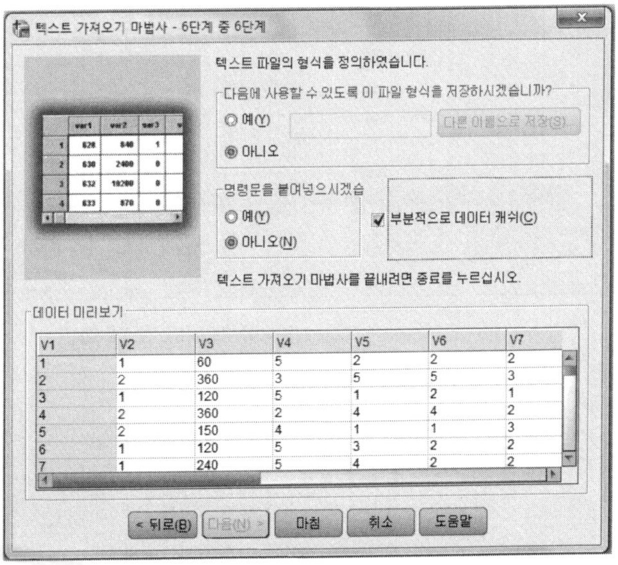

〈그림 16-87〉 텍스트 파일 열기 – 6단계

〈그림 16-88〉 변수 보기 화면

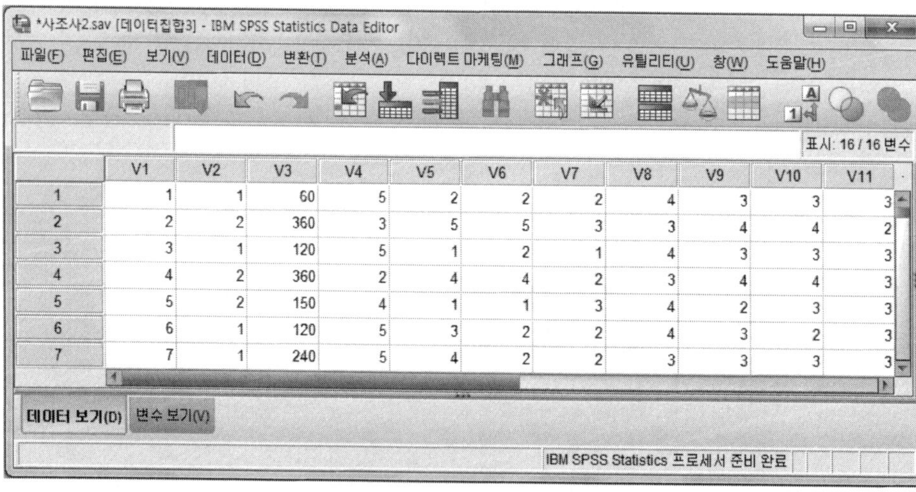

〈그림 16-89〉 데이터 보기 화면

17 CHAPTER

연습문제

17.1 우리 회사의 업무만족도는 어떤가?

연습문제1.sav는 임의의 323명의 회사직원을 대상으로 회사에 대한 만족도를 업무에 대한 만족, 복리후생에 대한 만족, 인사고과에 대한 만족의 3개 영역으로 조사한 자료다. 주어진 문제를 해결하자.

〈표 17-1〉 연습문제 2번 문항 설명

문항	문항 설명	결측값
일련번호	세 자리	없음
업무만족 관련 문항 6개 복리후생만족 관련 문항 5개 인사고과만족 관련 문항 5개	1 : 매우 불만족　2 : 약간 불만족 3 : 불만족하는 편　4 : 보통 5 : 만족하는 편　6 : 약간 만족 7 : 매우만족	9
성별	1 : 남　2 : 여	9
연령	두 자리	99
연령구간	1 : 20대　2 : 30대 초반 3 : 30대 후반　4 : 40대 이상	9
근무연수	두 자리 (년)	0
근무월수	두 자리 (월)	0

1. 근무연수와 근무월수를 이용하여 총 근무기간을 년 단위로 계산하고 총 근무기간을 4년 미만, 4년~7년 미만, 7년~10년 미만, 10년 이상으로 구분하는 변수

를 생성하라.

2. 관련된 개별문항을 결합하여 새로운 척도를 구성하고자 한다.
   (1) 업무만족도/복리후생만족도/인사고과만족도를 구성한 문항의 신뢰도를 구하고, 문항들의 평균으로 척도를 구성하라.
   (2) 새로운 척도인 업무만족도, 복리후생만족도, 인사고과만족도의 기술통계량을 구하라.

3. 이 회사의 업무만족도는 성별 및 연령, 근무기간에 따라 차이가 있다고 할 수 있는지 분석하라.

17.2 간호사의 감정노동, 자기 효능감, 소진이 업무만족도에 미치는 영향

연습문제2.sav는 간호사의 감정노동, 자기 효능감, 소진이 업무만족도에 미치는 영향을 알아보고자 간호사 316명을 대상으로 조사한 자료이다. 주어진 문제를 해결하라.

〈표 17-2〉 연습문제 3번 문항 설명

문항	문항 설명	결측값
일련번호	세 자리	없음
감정노동 관련 문항 9개	1 : 매우 그렇지 않다 2 : 그렇지 않다 3 : 보통 4 그렇다 5 : 매우 그렇다	없음
효능감 관련 문항 6개 (6번 역문항)		없음
소진 관련 문항 8개		없음
업무만족도 관련 문항 11개		없음

1. 위의 감정노동 관련 9개 문항, 효능감 관련 6개 문항, 소진 관련 17개 문항, 업무만족도 관련 20문항의 신뢰도를 각각 구하고 제외할 문항이 있는지 결정하라.

2. 신뢰도 분석 결과를 이용해서 새로운 변수를 생성하라.
   (1) 감정노동 관련 문항의 평균으로 「감정노동」이라는 변수를 생성하라.
   (2) 효능감 관련 문항의 평균으로 「자기효능감」라는 변수를 생성하라.
   (3) 소진 관련 관련 문항의 평균으로 「소진」이라는 변수를 생성하라.
   (4) 업무만족도 관련 문항의 평균으로 「업무만족도」라는 변수를 생성하라.

3. 감정노동 자기효능감, 소진, 업무만족도의 기술통계량을 구하라.

4. 감정노동 자기효능감, 소진, 업무만족도 간의 관련성을 분석하라.

5. 감정노동 자기효능감, 소진이 업무만족도에 어떤 영향을 미치는지 분석하라.

17.3 사회조사분석사 예제1

사조사예제1.sav는 어느 대학교에서 졸업하는 (문과)계열과 (이과)계열의 졸업생 180명의 성적을 조사한 자료이다. 다음 자료의 설명을 보고 물음에 답하라. 텍스트 파일을 SPSS 파일로 변환하는 과정은 16.4절을 참고하자.

〈표 17-5〉 자료설명

변수이름	아이디	졸업평점	국어	영어	수학	사회	과학	수능성적
변수유형	문자	숫자	숫자	숫자	숫자	숫자	숫자	숫자
값특성	일련번호 (1-3번째 자리) 성별(4번째 자리) M : 남자 F : 여자 계열(5-6번째 자리) 1 : 문과 2 : 이과	4.5점 만점	100점 만점(고등학교 성적)					400점 만점

1 고등학교 성적에 해당하는 국어, 영어, 수학, 사회, 과학점수에 가중치를 두어 내신성적을 계산하라. 이때 계열이 문과(1)인 경우에는 가중치를 5, 5, 2, 2, 1로 하고, 이과(2)인 경우에는 3, 4, 5, 1, 2로 하여 내신성적이라는 변수를 생성하라.

2. 계열(문과, 이과)에 따른 내신성적, 수능성적, 졸업평점이 차이가 있는지 유의수준 5%에서 검정하라.

3. 내신점수, 수능성적과 대학의 졸업평점 간의 상관관계를 구하라.

4. 성별, 내신점수와 수능성적이 대학의 졸업평점'에 영향을 미치는지 검정하라. 성별은 남자는 0, 여자는 1로 가변수를 생성하여 처리한다.

5. 계열(문과, 이과)중 문과인 경우에 성별, 내신점수, 수능성적이 대학의 졸업평점에 영향을 미치는지 유의수준 0.05에서 검정하라.

Appendix
부록

[표 1] 자료의 형태에 따른 분석기법

독립변수	종속변수	분석방법
질적변수	질적변수	χ^2 test, 동질성 검정, 독립성 검정 분석-기술통계량-교차분석
범주가 두 개인 질적변수	양적 변수	t test 분석-평균비교-독립표본 T검정 분석-비모수 검정-독립 2표본
	양적 변수 (2개)	Paired t test 분석-평균비교-대응표본 T검정 분석-비모수 검정-대응 2표본
범주가 세 개 이상인 질적변수	양적 변수	ANOVA (분산분석) 분석-평균비교-일원배치 분산분석 분석-비모수 검정-독립 K표본
두 개 이상의 질적변수	양적 변수	ANOVA(분산분석) 분석-일반선형모형-일변량
여러 개의 양적 변수	양적 변수	산점도 (Scatter Plot) 그래프-산점도 상관계수 (Pearson Correlation Coefficient) 분석-상관분석-이변량 상관계수 회귀분석 (Regression) 분석-회귀분석-선형

[표 2] 표준정규분포표

$$P\{Z \leq z\} = \int_{-\infty}^{z} \frac{1}{\sqrt{2\pi}} e^{-t^2/2} dt$$

표의 숫자는 z 보다 같거나 작을 확률을 나타낸다.

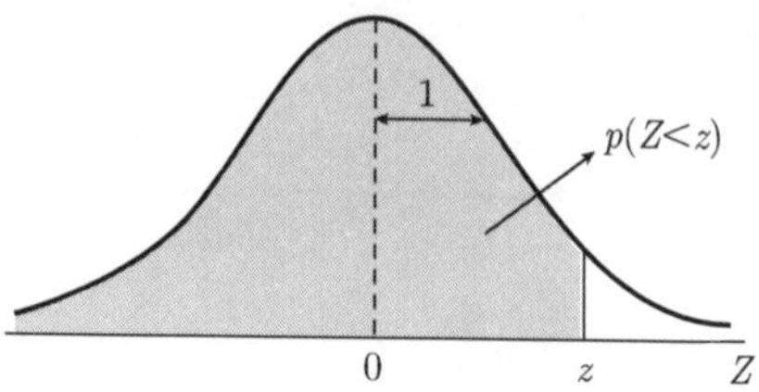

z	.00	.01	.02	.03	.04	.05	.06	.07	.08	.09
.0	.5000	.5040	.5080	.5120	.5160	.5119	.5239	.5279	.5319	.5359
.1	.5398	.5438	.5478	.5517	.5557	.5596	.5636	.5675	.5714	.5753
.2	.5793	.5832	.5871	.5910	.5948	.5987	.6026	.6064	.6103	.6141
.3	.6179	.6217	.6255	.6293	.6331	.6368	.6406	.6443	.6480	.6517
.4	.6554	.6591	.6628	.6664	.6700	.6736	.6772	.6808	.6844	.6879
.5	.6915	.6950	.6985	.7019	.7054	.7088	.7123	.7157	.7190	.7224
.6	.7257	.7291	.7324	.7357	.7389	.7422	.7454	.7486	.7517	.7549
.7	.7580	.7611	.7642	.7673	.7704	.7734	.7764	.7794	.7823	.7852
.8	.7881	.7910	.7939	.7967	.7995	.8023	.8051	.8078	.8106	.8133
.9	.8159	.8186	.8212	.8238	.8264	.8289	.8315	.9340	.8365	.8389
1.0	.8413	.8438	.8461	.8485	.8508	.8531	.8554	.8577	.8599	.8621
1.1	.8643	.8665	.8686	.8708	.8729	.8749	.8770	.8790	.8810	.8830
1.2	.8949	.8869	.8888	.8907	.8925	.8944	.8962	.8980	.8997	.9015
1.3	.9032	.9049	.9066	.9082	.9099	.9115	.9131	.9147	.9162	.9177
1.4	.9192	.9207	.9222	.9236	.9251	.9265	.9279	.9292	.9306	.9319
1.5	.9332	.9345	.9357	.9370	.9382	.9394	.9406	.9418	.9429	.9441
1.6	.9452	.9463	.9474	.9484	.9495	.9505	.9515	.9525	.9535	.9545
1.7	.9554	.9564	.9573	.9582	.9591	.9599	.9608	.9616	.9625	.9633
1.8	.9641	.9649	.9656	.9664	.9671	.9678	.9686	.9693	.9699	.9706
1.9	.9713	.9719	.9726	.9732	.9738	.9744	.9750	.9756	.9761	.9767
2.0	.9772	.9778	.9783	.9788	.9793	.9798	.9803	.9808	.9812	.9817
2.1	.9821	.9826	.9830	.9834	.9838	.9842	.9846	.9850	.9854	.9857
2.2	.9861	.9864	.9868	.9871	.9875	.9878	.9881	.9884	.9887	.9890
2.3	.9893	.9896	.9898	.9901	.9904	.9906	.9909	.9911	.9913	.9916
2.4	.9918	.9920	.9922	.9925	.9927	.9929	.9931	.9932	.9934	.9936
2.5	.9938	.9940	.9941	.9943	.9945	.9946	.9948	.9949	.9951	.9952
2.6	.9953	.9955	.9956	.9957	.9959	.9960	.9961	.9962	.9963	.9964
2.7	.9965	.9966	.9967	.9968	.9969	.9970	.9971	.9972	.9973	.9974
2.8	.9974	.9975	.9976	.9977	.9977	.9978	.9979	.9979	.9980	.9981
2.9	.9981	.9982	.9982	.9983	.9984	.9984	.9985	.9985	.9986	.9986
3.0	.9987	.9987	.9987	.9988	.9988	.9989	.9989	.9989	.9990	.9990
3.1	.9990	.9991	.9991	.9991	.9992	.9992	.9992	.9992	.9993	.9993
3.2	.9993	.9993	.9994	.9994	.9994	.9994	.9994	.9995	.9995	.9995
3.3	.9995	.9995	.9995	.9996	.9996	.9996	.9996	.9996	.9996	.9997
3.4	.9997	.9997	.9997	.9997	.9997	.9997	.9997	.9997	.9997	.9998
3.5	.9998	.9998	.9998	.9998	.9998	.9998	.9998	.9998	.9998	.9998

[표 3] 스튜던트 t 분포—오른쪽 꼬리 확률

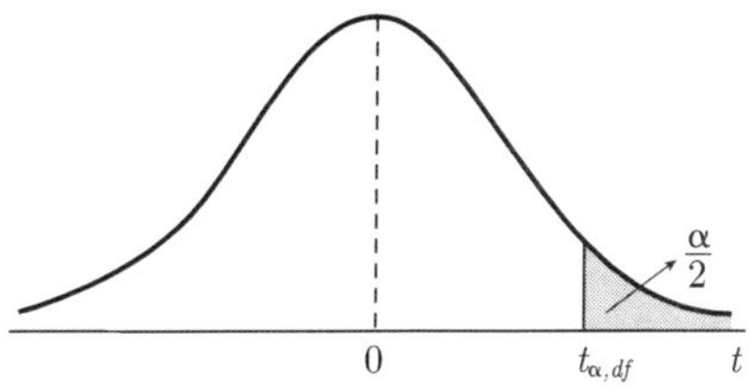

df \ $\frac{\alpha}{2}$	0.25	0.20	0.15	0.10	0.05	0.025	0.02	0.01	0.005	0.0025	0.001	0.0005
1	1.000	1.376	1.963	3.078	6.314	12.71	15.89	31.82	63.66	127.3	318.3	636.6
2	0.816	1.061	1.386	1.886	2.920	4.303	4.849	6.965	9.925	14.09	22.33	31.60
3	0.765	0.978	1.250	1.638	2.353	3.182	3.482	4.541	5.841	7.453	10.21	12.92
4	0.741	0.941	1.190	1.533	2.132	2.776	2.999	3.747	4.604	5.598	7.173	8.610
5	0.727	0.920	1.156	1.476	2.015	2.571	2.757	3.365	4.032	4.773	5.893	6.869
6	0.718	0.906	1.134	1.440	1.943	2.447	2.612	3.143	3.707	4.317	5.208	5.959
7	0.711	0.896	1.119	1.415	1.895	2.365	2.517	2.998	3.499	4.029	4.785	5.408
8	0.706	0.889	1.108	1.397	1.860	2.306	2.449	2.896	3.355	3.833	4.501	5.041
9	0.703	0.883	1.100	1.383	1.833	2.262	2.398	2.821	3.250	3.690	4.297	4.781
10	0.700	0.879	1.093	1.372	1.812	2.228	2.359	2.764	3.169	3.581	4.144	4.587
11	0.697	0.876	1.088	1.363	1.796	2.201	2.328	2.718	3.106	3.497	4.025	4.437
12	0.695	0.873	1.083	1.356	1.782	2.179	2.303	2.681	3.055	3.428	3.930	4.318
13	0.694	0.870	1.079	1.350	1.771	2.160	2.282	2.650	3.012	3.372	3.852	4.221
14	0.692	0.868	1.076	1.345	1.761	2.145	2.264	2.624	2.977	3.326	3.787	4.140
15	0.691	0.866	1.074	1.341	1.753	2.131	2.249	2.602	2.947	3.286	3.733	4.073
16	0.690	0.865	1.071	1.337	1.746	2.120	2.235	2.583	2.921	3.252	3.686	4.015
17	0.689	0.863	1.069	1.333	1.740	2.110	2.224	2.567	2.898	3.222	3.646	3.965
18	0.688	0.862	1.067	1.330	1.734	2.101	2.214	2.552	2.878	3.197	3.611	3.922
19	0.688	0.861	1.066	1.328	1.729	2.093	2.205	2.539	2.861	3.174	3.579	3.883
20	0.687	0.860	1.064	1.325	1.725	2.086	2.197	2.528	2.845	3.153	3.552	3.850
21	0.686	0.859	1.063	1.323	1.721	2.080	2.189	2.518	2.831	3.135	3.527	3.819
22	0.686	0.858	1.061	1.321	1.717	2.074	2.183	2.508	2.819	3.119	3.505	3.792
23	0.685	0.858	1.060	1.319	1.714	2.069	2.177	2.500	2.807	3.104	3.485	3.768
24	0.685	0.857	1.059	1.318	1.711	2.064	2.172	2.492	2.797	3.091	3.467	3.745
25	0.684	0.856	1.058	1.316	1.708	2.060	2.167	2.485	2.787	3.078	3.450	3.725
26	0.684	0.856	1.058	1.315	1.706	2.056	2.162	2.479	2.779	3.067	3.435	3.707
27	0.684	0.855	1.057	1.314	1.703	2.052	2.158	2.473	2.771	3.057	3.421	3.690
28	0.683	0.855	1.056	1.313	1.701	2.048	2.154	2.467	2.763	3.047	3.408	3.674
29	0.683	0.854	1.055	1.311	1.699	2.045	2.150	2.462	2.756	3.038	3.396	3.659
30	0.683	0.854	1.055	1.310	1.697	2.042	2.147	2.457	2.750	3.030	3.385	3.646
40	0.681	0.851	1.050	1.303	1.684	2.021	2.123	2.423	2.704	2.971	3.307	3.551
50	0.679	0.849	1.047	1.299	1.676	2.009	2.109	2.403	2.678	2.937	3.261	3.496
60	0.679	0.848	1.045	1.296	1.671	2.000	2.099	2.390	2.660	2.915	3.232	3.460
80	0.678	0.846	1.043	1.292	1.664	1.990	2.088	2.374	2.639	2.887	3.195	3.416
100	0.677	0.845	1.042	1.290	1.660	1.984	2.081	2.364	2.626	2.871	3.174	3.390
1,000	0.675	0.842	1.037	1.282	1.646	1.962	2.056	2.330	2.581	2.813	3.098	3.300
∞	0.674	0.841	1.036	1.282	1.645	1.960	2.054	2.326	2.576	2.807	3.091	3.291

[표 4] 카이제곱분포—오른쪽 꼬리 확률

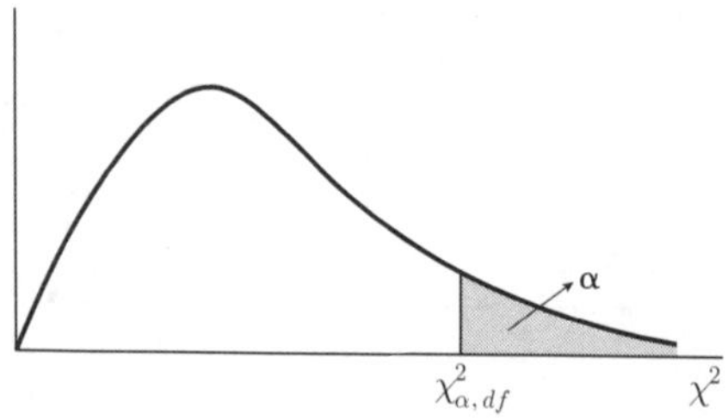

df \ α	0.9995	0.999	0.9975	0.995	0.990	0.975	0.950	0.900	0.750	0.500
1	0.00	0.00	0.00	0.00	0.00	0.00	0.00	0.02	0.10	0.45
2	0.00	0.00	0.01	0.01	0.02	0.05	0.10	0.21	0.58	1.39
3	0.02	0.02	0.04	0.07	0.11	0.22	0.35	0.58	1.21	2.37
4	0.06	0.09	0.14	0.21	0.30	0.48	0.71	1.06	1.92	3.36
5	0.16	0.21	0.31	0.41	0.55	0.83	1.15	1.61	2.67	4.35
6	0.30	0.38	0.53	0.68	0.87	1.24	1.64	2.20	3.45	5.35
7	0.48	0.60	0.79	0.99	1.24	1.69	2.17	2.83	4.25	6.35
8	0.71	0.86	1.10	1.34	1.65	2.18	2.73	3.49	5.07	7.34
9	0.97	1.15	1.45	1.73	2.09	2.70	3.33	4.17	5.90	8.34
10	1.26	1.48	1.83	2.16	2.56	3.25	3.94	4.87	6.74	9.34
11	1.59	1.83	2.23	2.60	3.05	3.82	4.57	5.58	7.58	10.34
12	1.93	2.21	2.66	3.07	3.57	4.40	5.23	6.30	8.44	11.34
13	2.31	2.62	3.11	3.57	4.11	5.01	5.89	7.04	9.30	12.34
14	2.70	3.04	3.58	4.07	4.66	5.63	6.57	7.79	10.17	13.34
15	3.11	3.48	4.07	4.60	5.23	6.26	7.26	8.55	11.04	14.34
16	3.54	3.94	4.57	5.14	5.81	6.91	7.96	9.31	11.91	15.34
17	3.98	4.42	5.09	5.70	6.41	7.56	8.67	10.09	12.79	16.34
18	4.44	4.90	5.62	6.26	7.01	8.23	9.39	10.86	13.68	17.34
19	4.91	5.41	6.17	6.84	7.63	8.91	10.12	11.65	14.56	18.34
20	5.40	5.92	6.72	7.43	8.26	9.59	10.85	12.44	15.45	19.34
21	5.90	6.45	7.29	8.03	8.90	10.28	11.59	13.24	16.34	20.34
22	6.40	6.98	7.86	8.64	9.54	10.98	12.34	14.04	17.24	21.34
23	6.92	7.53	8.45	9.26	10.20	11.69	13.09	14.85	18.14	22.34
24	7.45	8.08	9.04	9.89	10.86	12.40	13.85	15.66	19.04	23.34
25	7.99	8.65	9.65	10.52	11.52	13.12	14.61	16.47	19.94	24.34
26	8.54	9.22	10.26	11.16	12.20	13.84	15.38	17.29	20.84	25.34
27	9.09	9.80	10.87	11.81	12.88	14.57	16.15	18.11	21.75	26.34
28	9.66	10.39	11.50	12.46	13.56	15.31	16.93	18.94	22.66	27.34
29	10.23	10.99	12.13	13.12	14.26	16.05	17.71	19.77	23.57	28.34
30	10.80	11.59	12.76	13.79	14.95	16.79	18.49	20.60	24.48	29.34
40	16.91	17.92	19.42	20.71	22.16	24.43	26.51	29.05	33.66	39.34
50	23.46	24.67	26.46	27.99	29.71	32.36	34.76	37.69	42.94	49.33
60	30.34	31.74	33.79	35.53	37.48	40.48	43.19	46.46	52.29	59.33
80	44.79	46.52	49.04	51.17	53.54	57.15	60.39	64.28	71.14	79.33
100	59.90	61.92	64.86	67.33	70.06	74.22	77.93	82.36	90.13	99.33

[표 4] 카이제곱분포—오른쪽 꼬리 확률(계속)

df \ α	0.250	0.200	0.150	0.100	0.050	0.025	0.020	0.010	0.005	0.0025	0.001	0.0005
1	1.32	1.64	2.07	2.71	3.84	5.02	5.41	6.63	7.88	9.14	10.83	12.12
2	2.77	3.22	3.79	4.61	5.99	7.38	7.82	9.21	10.60	11.98	13.82	15.20
3	4.11	4.64	5.32	6.25	7.81	9.35	9.84	11.34	12.84	14.32	16.27	17.73
4	5.39	5.99	6.74	7.78	9.49	11.14	11.67	13.28	14.86	16.42	18.47	20.00
5	6.63	7.29	8.12	9.24	11.07	12.83	13.39	15.09	16.75	18.39	20.51	22.11
6	7.84	8.56	9.45	10.64	12.59	14.45	15.03	16.81	18.55	20.25	22.46	24.10
7	9.04	9.80	10.75	12.02	14.07	16.01	16.62	18.48	20.28	22.04	24.32	26.02
8	10.22	11.03	12.03	13.36	15.51	17.53	18.17	20.09	21.95	23.77	26.12	27.87
9	11.39	12.24	13.29	14.68	16.92	19.02	19.68	21.67	23.59	25.46	27.88	29.67
10	12.55	13.44	14.53	15.99	18.31	20.48	21.16	23.21	25.19	27.11	29.59	31.42
11	13.70	14.63	15.77	17.28	19.68	21.92	22.62	24.72	26.76	28.73	31.26	33.14
12	14.85	15.81	16.99	18.55	21.03	23.34	24.05	26.22	28.30	30.32	32.91	34.82
13	15.98	16.98	18.20	19.81	22.36	24.74	25.47	27.69	29.82	31.88	34.53	36.48
14	17.12	18.15	19.41	2.106	23.68	26.12	26.87	29.14	31.32	33.43	36.12	38.11
15	18.25	19.31	20.60	22.31	25.00	27.49	28.26	30.58	32.80	34.95	37.70	39.72
16	19.37	20.47	21.79	23.54	26.30	28.85	29.63	32.00	34.27	36.46	39.25	41.31
17	20.49	21.61	22.98	24.77	27.59	30.19	31.00	33.41	35.72	37.95	40.79	42.88
18	21.60	22.76	24.16	25.99	28.87	31.53	32.35	34.81	37.16	39.42	42.31	44.43
19	22.72	23.90	25.33	27.20	30.14	32.85	33.69	36.19	38.58	40.88	43.82	45.97
20	23.83	25.04	26.50	28.41	31.41	34.17	35.02	37.57	40.00	42.34	45.31	47.50
21	24.93	26.17	27.66	29.62	32.67	35.48	36.34	38.93	41.40	43.78	46.80	49.01
22	26.04	27.30	28.82	30.81	33.92	36.78	37.66	40.29	42.80	45.20	48.27	50.51
23	27.14	28.43	29.98	32.01	35.17	38.08	38.97	41.64	44.18	46.62	49.73	52.00
24	28.24	29.55	31.13	33.20	36.42	39.36	40.27	42.98	45.56	48.03	51.18	53.48
25	29.34	30.68	32.28	34.38	37.65	40.65	41.57	44.31	46.93	49.44	52.62	54.95
26	30.43	31.79	33.43	35.56	38.89	41.92	42.86	45.64	48.29	50.83	54.05	56.41
27	31.53	32.91	34.57	36.74	40.11	43.19	44.14	46.96	49.64	52.22	55.48	57.86
28	32.62	34.03	35.71	37.92	41.34	44.46	45.42	48.28	50.99	53.59	56.89	59.30
29	33.71	35.14	36.85	39.09	42.56	45.72	46.69	49.59	52.34	54.97	58.30	60.73
30	34.80	36.25	37.99	40.26	43.77	46.98	47.96	50.89	53.67	56.33	59.70	62.16
40	45.62	47.27	49.24	51.81	55.76	59.34	60.44	63.69	66.77	69.70	73.40	76.09
50	56.33	58.16	60.35	63.17	67.50	71.42	72.61	76.15	79.49	82.66	86.66	89.56
60	66.98	68.97	71.34	74.40	79.08	83.30	84.58	88.38	91.95	95.34	99.61	102.7
80	88.13	90.41	93.11	96.58	101.9	106.6	108.1	112.3	116.3	120.1	124.8	128.3
100	109.1	111.7	114.7	118.5	124.3	129.6	131.1	135.8	140.2	144.3	149.4	153.2

[표 5] ***F*** 분포–오른쪽 꼬리 확률

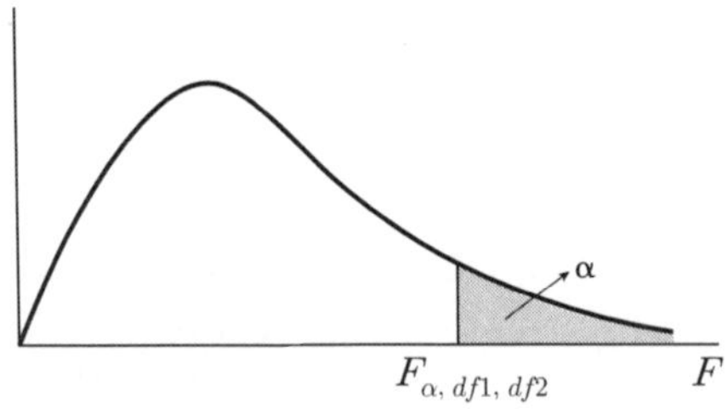

분모의 자유도(df2)	α	분자의 자유도(df1) 1	2	3	4	5	6	7	8	9	10
	0.100	39.86	49.50	53.59	55.83	57.24	58.20	58.91	59.44	59.86	60.19
	0.050	161.45	199.50	215.71	224.58	230.10	233.99	236.77	238.88	240.54	241.88
1	0.025	647.79	799.50	864.16	899.58	921.85	937.11	948.22	956.66	963.28	968.63
	0.010	4052.2	4999.5	5403.4	5624.6	5763.6	5859.0	5928.4	5981.1	6022.5	6055.8
	0.001	405284	500000	540379	562500	576405	585937	592873	598144	602284	605621
	0.100	8.53	9.00	9.16	9.24	9.29	9.33	9.35	9.37	9.38	9.39
	0.050	18.51	19.00	19.16	19.25	19.30	19.33	19.35	19.37	19.38	19.40
2	0.025	38.51	39.00	39.17	39.25	39.30	39.33	39.36	39.37	39.39	39.40
	0.010	98.50	99.00	99.17	99.25	99.30	99.33	99.36	99.37	99.39	99.40
	0.001	998.50	999.00	999.17	999.25	999.30	999.33	999.36	999.37	999.39	999.40
	0.100	5.54	5.46	5.39	5.34	5.31	5.28	5.27	5.25	5.24	5.23
	0.050	10.13	9.55	9.28	9.12	9.01	8.94	8.89	8.85	8.81	8.79
3	0.025	17.44	16.04	15.44	15.10	14.88	14.73	14.62	14.54	14.47	14.42
	0.010	34.12	30.82	29.46	28.71	28.24	27.91	27.67	27.49	27.35	27.23
	0.001	167.03	148.50	141.11	137.10	134.58	132.85	131.58	130.62	129.86	129.25
	0.100	4.54	4.32	4.19	4.11	4.05	4.01	3.98	3.95	3.94	3.92
	0.050	7.71	6.94	6.59	6.39	6.26	6.16	6.09	6.04	6.00	5.96
4	0.025	12.22	10.65	9.98	9.60	9.36	9.20	9.07	8.98	8.90	8.84
	0.010	21.20	18.00	16.69	15.98	15.52	15.21	14.98	14.80	14.66	14.55
	0.001	74.14	61.25	56.18	53.44	51.71	50.53	49.66	49.00	48.47	48.05
	0.100	4.06	3.78	3.62	3.52	3.45	3.40	3.37	3.34	3.32	3.30
	0.050	6.61	5.79	5.41	5.19	5.05	4.95	4.88	4.82	4.77	4.74
5	0.025	10.01	8.43	7.76	7.39	7.15	6.98	6.85	6.76	6.68	6.62
	0.010	16.26	13.27	12.06	11.39	10.97	10.67	10.46	10.29	10.16	10.05
	0.001	47.18	37.12	33.20	31.09	29.75	28.83	28.16	27.65	27.24	26.92
	0.100	3.78	3.46	3.29	3.18	3.11	3.05	3.01	2.98	2.96	2.94
	0.050	5.99	5.14	4.76	4.53	4.39	4.28	4.21	4.15	4.10	4.06
6	0.025	8.81	7.26	6.60	6.23	5.99	5.82	5.70	5.60	5.52	5.46
	0.010	13.75	10.92	9.78	9.15	8.75	8.47	8.26	8.10	7.98	7.87
	0.001	35.51	27.00	23.70	21.92	20.80	20.03	19.46	19.03	18.69	18.41

[표 5] F 분포-오른쪽 꼬리 확률(계속)

분모의 자유도	α	분자의 자유도 12	15	20	25	30	40	50	60	120	1,000
1	0.100	60.71	61.22	61.74	62.05	62.26	62.53	62.69	62.79	63.06	63.30
	0.050	243.91	245.95	248.01	249.26	250.10	251.14	251.77	252.20	253.25	254.11
	0.025	976.71	984.87	993.10	998.08	1001.4	1005.6	1008.1	1009.8	1014.0	1017.7
	0.010	6106.3	6157.3	6208.7	6239.8	6260.6	6286.8	6302.5	6313.0	6339.4	6362.7
	0.001	610668	615764	620908	624017	626099	628712	630285	631337	633972	636301
2	0.100	9.41	9.42	9.44	9.45	9.46	9.47	9.47	9.47	9.48	9.49
	0.050	19.41	19.43	19.45	19.46	19.46	19.47	19.48	19.48	19.49	19.49
	0.025	39.41	39.43	39.45	39.46	39.46	39.47	39.48	39.48	39.49	39.50
	0.010	99.42	99.43	99.45	99.46	99.47	99.47	99.48	99.48	99.49	99.50
	0.001	999.42	999.43	999.45	999.46	999.47	999.47	999.48	999.48	999.49	999.50
3	0.100	5.22	5.20	5.18	5.17	5.17	5.16	5.15	5.15	5.14	5.13
	0.050	8.74	8.70	8.66	8.63	8.62	8.59	8.58	8.57	8.55	8.53
	0.025	14.34	14.25	14.17	14.12	14.08	14.04	14.01	13.99	13.95	13.91
	0.010	27.05	26.87	26.69	26.58	26.50	26.41	26.35	26.32	26.22	26.14
	0.001	128.32	127.37	126.42	125.84	125.45	124.96	124.66	124.47	123.97	123.53
4	0.100	3.90	3.87	3.84	3.83	3.82	3.80	3.80	3.79	3.78	3.76
	0.050	5.91	5.86	5.80	5.77	5.75	5.72	5.70	5.69	5.66	5.63
	0.025	8.75	8.66	8.56	8.50	8.46	8.41	8.38	8.36	8.31	8.26
	0.010	14.37	14.20	14.02	13.91	13.84	13.75	13.69	13.65	13.56	13.47
	0.001	47.41	46.76	46.10	45.70	45.43	45.09	44.88	44.75	44.40	44.09
5	0.100	3.27	3.24	3.21	3.19	3.17	3.16	3.15	3.14	3.12	3.11
	0.050	4.68	4.62	4.56	4.52	4.50	4.46	4.44	4.43	4.40	4.37
	0.025	6.52	6.43	6.33	6.27	6.23	6.18	6.14	6.12	6.07	6.02
	0.010	9.89	9.72	9.55	9.45	9.38	9.29	9.24	9.20	9.11	9.03
	0.001	26.42	25.91	25.39	25.08	24.87	24.60	24.44	24.33	24.06	23.82
6	0.100	2.90	2.87	2.84	2.81	2.80	2.78	2.77	2.76	2.74	2.72
	0.050	4.00	3.94	3.87	3.83	3.81	3.77	3.75	3.74	3.70	3.67
	0.025	5.37	5.27	5.17	5.11	5.07	5.01	4.98	4.96	4.90	4.86
	0.010	7.72	7.56	7.40	7.30	7.23	7.14	7.09	7.06	6.97	6.89
	0.001	17.99	17.56	17.12	16.85	16.67	16.44	16.31	16.21	15.98	15.77

[표 5] ***F*** 분포-오른쪽 꼬리 확률(계속)

분모의 자유도	α	분자의 자유도									
		1	2	3	4	5	6	7	8	9	10
	0.100	3.59	3.26	3.07	2.96	2.88	2.83	2.78	2.75	2.72	2.70
	0.050	5.59	4.74	4.35	4.12	3.97	3.87	3.79	3.73	3.68	3.64
7	0.025	8.07	6.54	5.89	5.52	5.29	5.12	4.99	4.90	4.82	4.76
	0.010	12.25	9.55	8.45	7.85	7.46	7.19	6.99	6.84	6.72	6.62
	0.001	29.25	21.69	18.77	17.20	16.21	15.52	15.02	14.63	14.33	14.08
	0.100	3.46	3.11	2.92	2.81	2.73	2.67	2.62	2.59	2.56	2.54
	0.050	5.32	4.46	4.07	3.84	3.69	3.58	3.50	3.44	3.39	3.35
8	0.025	7.57	6.06	5.42	5.05	4.82	4.65	4.53	4.43	4.36	4.30
	0.010	11.26	8.65	7.59	7.01	6.63	6.37	6.18	6.03	5.91	5.81
	0.001	25.41	18.49	15.83	14.39	13.48	12.86	12.40	12.05	11.77	11.54
	0.100	3.36	3.01	2.81	2.69	2.61	2.55	2.51	2.47	2.44	2.42
	0.050	5.12	4.26	3.86	3.63	3.48	3.37	3.29	3.23	3.18	3.14
9	0.025	7.21	5.71	5.08	4.72	4.48	4.32	4.20	4.10	4.03	3.96
	0.010	10.56	8.02	6.99	6.42	6.06	5.80	5.61	5.47	5.35	5.26
	0.001	22.86	16.39	13.90	12.56	11.71	11.13	10.70	10.37	10.11	9.89
	0.100	3.29	2.92	2.73	2.61	2.52	2.46	2.41	2.38	2.35	2.32
	0.050	4.96	4.10	3.71	3.48	3.33	3.22	3.14	3.07	3.02	2.98
10	0.025	6.94	5.46	4.83	4.47	4.24	4.07	3.95	3.85	3.78	3.72
	0.010	10.04	7.56	6.55	5.99	5.64	5.39	5.20	5.06	4.94	4.85
	0.001	21.04	14.91	12.55	11.28	10.48	9.93	9.52	9.20	8.96	8.75
	0.100	3.23	2.86	2.66	2.54	2.45	2.39	2.34	2.30	2.27	2.25
	0.050	4.84	3.98	3.59	3.36	3.20	3.09	3.01	2.95	2.90	2.85
11	0.025	6.72	5.26	4.63	4.28	4.04	3.88	3.76	3.66	3.59	3.53
	0.010	9.65	7.21	6.22	5.67	5.32	5.07	4.89	4.74	4.63	4.54
	0.001	19.69	13.81	11.56	10.35	9.58	9.05	8.66	8.35	8.12	7.92
	0.100	3.18	2.81	2.61	2.48	2.39	2.33	2.28	2.24	2.21	2.19
	0.050	4.75	3.89	3.49	3.26	3.11	3.00	2.91	2.85	2.80	2.75
12	0.025	6.55	5.10	4.47	4.12	3.89	3.73	3.61	3.51	3.44	3.37
	0.010	9.33	6.93	5.95	5.41	5.06	4.82	4.64	4.50	4.39	4.30
	0.001	18.64	12.97	10.80	9.63	8.89	8.38	8.00	7.71	7.48	7.29
	0.100	3.14	2.76	2.56	2.43	2.35	2.28	2.23	2.20	2.16	2.14
	0.050	4.67	3.81	3.41	3.18	3.03	2.92	2.83	2.77	2.71	2.67
13	0.025	6.41	4.97	4.35	4.00	3.77	3.60	3.48	3.39	3.31	3.25
	0.010	9.07	6.70	5.74	5.21	4.86	4.62	4.44	4.30	4.19	4.10
	0.001	17.82	12.31	10.21	9.07	8.35	7.86	7.49	7.21	6.98	6.80

[표 5] *F* 분포-오른쪽 꼬리 확률(계속)

분모의 자유도	α	분자의 자유도 12	15	20	25	30	40	50	60	120	1,000
7	0.100	2.67	2.63	2.59	2.57	2.56	2.54	2.52	2.51	2.49	2.47
	0.050	3.57	3.51	3.44	3.40	3.38	3.34	3.32	3.30	3.27	3.23
	0.025	4.67	4.57	4.47	4.40	4.36	4.31	4.28	4.25	4.20	4.15
	0.010	6.47	6.31	6.16	6.06	5.99	5.91	5.86	5.82	5.74	5.66
	0.001	13.71	13.32	12.93	12.69	12.53	12.33	12.20	12.12	11.91	11.72
8	0.100	2.50	2.46	2.42	2.40	2.38	2.36	2.35	2.34	2.32	2.30
	0.050	3.28	3.22	3.15	3.11	3.08	3.04	3.02	3.01	2.97	2.93
	0.025	4.20	4.10	4.00	3.94	3.89	3.84	3.81	3.78	3.73	3.68
	0.010	5.67	5.52	5.36	5.26	5.20	5.12	5.07	5.03	4.95	4.87
	0.001	11.19	10.84	10.48	10.26	10.11	9.92	9.80	9.73	9.53	9.36
9	0.100	2.38	2.34	2.30	2.27	2.25	2.23	2.22	2.21	2.18	2.16
	0.050	3.07	3.01	2.94	2.89	2.86	2.83	2.80	2.79	2.75	2.71
	0.025	3.87	3.77	3.67	3.60	3.56	3.51	3.47	3.45	3.39	3.34
	0.010	5.11	4.96	4.81	4.71	4.65	4.57	4.52	4.48	4.40	4.32
	0.001	9.57	9.24	8.90	8.69	8.55	8.37	8.26	8.19	8.00	7.84
10	0.100	2.28	2.24	2.20	2.17	2.16	2.13	2.12	2.11	2.08	2.06
	0.050	2.91	2.85	2.77	2.73	2.70	2.66	2.64	2.62	2.58	2.54
	0.025	3.62	3.52	3.42	3.35	3.31	3.26	3.22	3.20	3.14	3.09
	0.010	4.71	4.56	4.41	4.31	4.25	4.17	4.12	4.08	4.00	3.92
	0.001	8.45	8.13	7.80	7.60	7.47	7.30	7.19	7.12	6.94	6.78
11	0.100	2.21	2.17	2.12	2.10	2.08	2.05	2.04	2.03	2.00	1.98
	0.050	2.79	2.72	2.65	2.60	2.57	2.53	2.51	2.49	2.45	2.41
	0.025	3.43	3.33	3.23	3.16	3.12	3.06	3.03	3.00	2.94	2.89
	0.010	4.40	4.25	4.10	4.01	3.94	3.86	3.81	3.78	3.69	3.61
	0.001	7.63	7.32	7.01	6.81	6.68	6.52	6.42	6.35	6.18	6.02
12	0.100	2.15	2.10	2.06	2.03	2.01	1.99	1.97	1.96	1.93	1.91
	0.050	2.69	2.62	2.54	2.50	2.47	2.43	2.40	2.38	2.34	2.30
	0.025	3.28	3.18	3.07	3.01	2.96	2.91	2.87	2.85	2.79	2.73
	0.010	4.16	4.01	3.86	3.76	3.70	3.62	3.57	3.54	3.45	3.37
	0.001	7.00	6.71	6.40	6.22	6.09	5.93	5.83	5.76	5.59	5.44
13	0.100	2.10	2.05	2.01	1.98	1.96	1.93	1.92	1.90	1.88	1.85
	0.050	2.60	2.53	2.46	2.41	2.38	2.34	2.31	2.30	2.25	2.21
	0.025	3.15	3.05	2.95	2.88	2.84	2.78	2.74	2.72	2.66	2.60
	0.010	3.96	3.82	3.66	3.57	3.51	3.43	3.38	3.34	3.25	3.18
	0.001	6.52	6.23	5.93	5.75	5.63	5.47	5.37	5.30	5.14	4.99

[표 5] F 분포-오른쪽 꼬리 확률(계속)

분모의 자유도	α	분자의 자유도 1	2	3	4	5	6	7	8	9	10
	0.100	3.10	2.73	2.52	2.39	2.31	2.24	2.19	2.15	2.12	2.10
	0.050	4.60	3.74	3.34	3.11	2.96	2.85	2.76	2.70	2.65	2.60
14	0.025	6.30	4.86	4.24	3.89	3.66	3.50	3.38	3.29	3.21	3.15
	0.010	8.86	6.51	5.56	5.04	4.69	4.46	4.28	4.14	4.03	3.94
	0.001	17.14	11.78	9.73	8.62	7.92	7.44	7.08	6.80	6.58	6.40
	0.100	3.07	2.70	2.49	2.36	2.27	2.21	2.16	2.12	2.09	2.06
	0.050	4.54	3.68	3.29	3.06	2.90	2.79	2.71	2.64	2.59	2.54
15	0.025	6.20	4.77	4.15	3.80	3.58	3.41	3.29	3.20	3.12	3.06
	0.010	8.68	6.36	5.42	4.89	4.56	4.32	4.14	4.00	3.89	3.80
	0.001	16.59	11.34	9.34	8.25	7.57	7.09	6.74	6.47	6.26	6.08
	0.100	3.05	2.67	2.46	2.33	2.24	2.18	2.13	2.09	2.06	2.03
	0.050	4.49	3.63	3.24	3.01	2.85	2.74	2.66	2.59	2.54	2.49
16	0.025	6.12	4.69	4.08	3.73	3.50	3.34	3.22	3.12	3.05	2.99
	0.010	8.53	6.23	5.29	4.77	4.44	4.20	4.03	3.89	3.78	3.69
	0.001	16.12	10.97	9.01	7.94	7.27	6.80	6.46	6.19	5.98	5.81
	0.100	3.03	2.64	2.44	2.31	2.22	2.15	2.10	2.06	2.03	2.00
	0.050	4.45	3.59	3.20	2.96	2.81	2.70	2.61	2.55	2.49	2.45
17	0.025	6.04	4.62	4.01	3.66	3.44	3.28	3.16	3.06	2.98	2.92
	0.010	8.40	6.11	5.19	4.67	4.34	4.10	3.93	3.79	3.68	3.59
	0.001	15.72	10.66	8.73	7.68	7.02	6.56	6.22	5.96	5.75	5.58
	0.100	3.01	2.62	2.42	2.29	2.20	2.13	2.08	2.04	2.00	1.98
	0.050	4.41	3.55	3.16	2.93	2.77	2.66	2.58	2.51	2.46	2.41
18	0.025	5.98	4.56	3.95	3.61	3.38	3.22	3.10	3.01	2.93	2.87
	0.010	8.29	6.01	5.09	4.58	4.25	4.01	3.84	3.71	3.60	3.51
	0.001	15.38	10.39	8.49	7.46	6.81	6.35	6.02	5.76	5.56	5.39
	0.100	2.99	2.61	2.40	2.27	2.18	2.11	2.06	2.02	1.98	1.96
	0.050	4.38	3.52	3.13	2.90	2.74	2.63	2.54	2.48	2.42	2.38
19	0.025	5.92	4.51	3.90	3.56	3.33	3.17	3.05	2.96	2.88	2.82
	0.010	8.18	5.93	5.01	4.50	4.17	3.94	3.77	3.63	3.52	3.43
	0.001	15.08	10.16	8.28	7.27	6.62	6.18	5.85	5.59	5.39	5.22
	0.100	2.97	2.59	2.38	2.25	2.16	2.09	2.04	2.00	1.96	1.94
	0.050	4.35	3.49	3.10	2.87	2.71	2.60	2.51	2.45	2.39	2.35
20	0.025	5.87	4.46	3.86	3.51	3.29	3.13	3.01	2.91	2.84	2.77
	0.010	8.10	5.85	4.94	4.43	4.10	3.87	3.70	3.56	3.46	3.37
	0.001	14.82	9.95	8.10	7.10	6.46	6.02	5.69	5.44	5.24	5.08

[표 5] *F* 분포–오른쪽 꼬리 확률(계속)

분모의 자유도	α	분자의 자유도 12	15	20	25	30	40	50	60	120	1,000
14	0.100	2.05	2.01	1.96	1.93	1.91	1.89	1.87	1.86	1.83	1.80
	0.050	2.53	2.46	2.39	2.34	2.31	2.27	2.24	2.22	2.18	2.14
	0.025	3.05	2.95	2.84	2.78	2.73	2.67	2.64	2.61	2.55	2.50
	0.010	3.80	3.66	3.51	3.41	3.35	3.27	3.22	3.18	3.09	3.02
	0.001	6.13	5.85	5.56	5.38	5.25	5.10	5.00	4.94	4.77	4.62
15	0.100	2.02	1.97	1.92	1.89	1.87	1.85	1.83	1.82	1.79	1.76
	0.050	2.48	2.40	2.33	2.28	2.25	2.20	2.18	2.16	2.11	2.07
	0.025	2.96	2.86	2.76	2.69	2.64	2.59	2.55	2.52	2.46	2.40
	0.010	3.67	3.52	3.37	3.28	3.21	3.13	3.08	3.05	2.96	2.88
	0.001	5.81	5.54	5.25	5.07	4.95	4.80	4.70	4.64	4.47	4.33
16	0.100	1.99	1.94	1.89	1.86	1.84	1.81	1.79	1.78	1.75	1.72
	0.050	2.42	2.35	2.28	2.23	2.19	2.15	2.12	2.11	2.06	2.02
	0.025	2.89	2.79	2.68	2.61	2.57	2.51	2.47	2.45	2.38	2.32
	0.010	3.55	3.41	3.26	3.16	3.10	3.02	2.97	2.93	2.84	2.76
	0.001	5.55	5.27	4.99	4.82	4.70	4.54	4.45	4.39	4.23	4.08
17	0.100	1.96	1.91	1.86	1.83	1.81	1.78	1.76	1.75	1.72	1.69
	0.050	2.38	2.31	2.23	2.18	2.15	2.10	2.08	2.06	2.01	1.97
	0.025	2.82	2.72	2.62	2.55	2.50	2.44	2.41	2.38	2.32	2.26
	0.010	3.46	3.31	3.16	3.07	3.00	2.92	2.87	2.83	2.75	2.66
	0.001	5.32	5.05	4.78	4.60	4.48	4.33	4.24	4.18	4.02	3.87
18	0.100	1.93	1.89	1.84	1.80	1.78	1.75	1.74	1.72	1.69	1.66
	0.050	2.34	2.27	2.19	2.14	2.11	2.06	2.04	2.02	1.97	1.92
	0.025	2.77	2.67	2.56	2.49	2.44	2.38	2.35	2.32	2.26	2.20
	0.010	3.37	3.23	3.08	2.98	2.92	2.84	2.78	2.75	2.66	2.58
	0.001	5.13	4.87	4.59	4.42	4.30	4.15	4.06	4.00	3.84	3.69
19	0.100	1.91	1.86	1.81	1.78	1.76	1.73	1.71	1.70	1.67	1.64
	0.050	2.31	2.23	2.16	2.11	2.07	2.03	2.00	1.98	1.93	1.88
	0.025	2.72	2.62	2.51	2.44	2.39	2.33	2.30	2.27	2.20	2.14
	0.010	3.30	3.15	3.00	2.91	2.84	2.76	2.71	2.67	2.58	2.50
	0.001	4.97	4.70	4.43	4.26	4.14	3.99	3.90	3.84	3.68	3.53
20	0.100	1.89	1.84	1.79	1.76	1.74	1.71	1.69	1.68	1.64	1.61
	0.050	2.28	2.20	2.12	2.07	2.04	1.99	1.97	1.95	1.90	1.85
	0.025	2.68	2.57	2.46	2.40	2.35	2.29	2.25	2.22	2.16	2.09
	0.010	3.23	3.09	2.94	2.84	2.78	2.69	2.64	2.61	2.52	2.43
	0.001	4.82	4.56	4.29	4.12	4.00	3.86	3.77	3.70	3.54	3.40

[표 5] *F* 분포-오른쪽 꼬리 확률(계속)

분모의 자유도	α	분자의 자유도									
		1	2	3	4	5	6	7	8	9	10
	0.100	2.96	2.57	2.36	2.23	2.14	2.08	2.02	1.98	1.95	1.92
	0.050	4.32	3.47	3.07	2.84	2.68	2.57	2.49	2.42	2.37	2.32
21	0.025	5.83	4.42	3.82	3.48	3.25	3.09	2.97	2.87	2.80	2.73
	0.010	8.02	5.78	4.87	4.37	4.04	3.81	3.64	3.51	3.40	3.31
	0.001	14.59	9.77	7.94	6.95	6.32	5.88	5.56	5.31	5.11	4.95
	0.100	2.95	2.56	2.35	2.22	2.13	2.06	2.01	1.97	1.93	1.90
	0.050	4.30	3.44	3.05	2.82	2.66	2.55	2.46	2.40	2.34	2.30
22	0.025	5.79	4.38	3.78	3.44	3.22	3.05	2.93	2.84	2.76	2.70
	0.010	7.95	5.72	4.82	4.31	3.99	3.76	3.59	3.45	3.35	3.26
	0.001	14.38	9.61	7.80	6.81	6.19	5.76	5.44	5.19	4.99	4.83
	0.100	2.94	2.55	2.34	2.21	2.11	2.05	1.99	1.95	1.92	1.89
	0.050	4.28	3.42	3.03	2.80	2.64	2.53	2.44	2.37	2.32	2.27
23	0.025	5.75	4.35	3.75	3.41	3.18	3.02	2.90	2.81	2.73	2.67
	0.010	7.88	5.66	4.76	4.26	3.94	3.71	3.54	3.41	3.30	3.21
	0.001	14.20	9.47	7.67	6.70	6.08	5.65	5.33	5.09	4.89	4.73
	0.100	2.93	2.54	2.33	2.19	2.10	2.04	1.98	1.94	1.91	1.88
	0.050	4.26	3.40	3.01	2.78	2.62	2.51	2.42	2.36	2.30	2.25
24	0.025	5.72	4.32	3.72	3.38	3.15	2.99	2.87	2.78	2.70	2.64
	0.010	7.82	5.61	4.72	4.22	3.90	3.67	3.50	3.36	3.26	3.17
	0.001	14.03	9.34	7.55	6.59	5.98	5.55	5.23	4.99	4.80	4.64
	0.100	2.92	2.53	2.32	2.18	2.09	2.02	1.97	1.93	1.89	1.87
	0.050	4.24	3.39	2.99	2.76	2.60	2.49	2.40	2.34	2.28	2.24
25	0.025	5.69	4.29	3.69	3.35	3.13	2.97	2.85	2.75	2.68	2.61
	0.010	7.77	5.57	4.68	4.18	3.85	3.63	3.46	3.32	3.22	3.13
	0.001	13.88	9.22	7.45	6.49	5.89	5.46	5.15	4.91	4.71	4.56
	0.100	2.91	2.52	2.31	2.17	2.08	2.01	1.96	1.92	1.88	1.86
	0.050	4.23	3.37	2.98	2.74	2.59	2.47	2.39	2.32	2.27	2.22
26	0.025	5.66	4.27	3.67	3.33	3.10	2.94	2.82	2.73	2.65	2.59
	0.010	7.72	5.53	4.64	4.14	3.82	3.59	3.42	3.29	3.18	3.09
	0.001	13.74	9.12	7.36	6.41	5.80	5.38	5.07	4.83	4.64	4.48
	0.100	2.90	2.51	2.30	2.17	2.07	2.00	1.95	1.91	1.87	1.85
	0.050	4.21	3.35	2.96	2.73	2.57	2.46	2.37	2.31	2.25	2.20
27	0.025	5.63	4.24	3.65	3.31	3.08	2.92	2.80	2.71	2.63	2.57
	0.010	7.68	5.49	4.60	4.11	3.78	3.56	3.39	3.26	3.15	3.06
	0.001	13.61	9.02	7.27	6.33	5.73	5.31	5.00	4.76	4.57	4.41

[표 5] F 분포-오른쪽 꼬리 확률(계속)

분모의 자유도	α	분자의 자유도 12	15	20	25	30	40	50	60	120	1,000
21	0.100	1.87	1.83	1.78	1.74	1.72	1.69	1.67	1.66	1.62	1.59
	0.050	2.25	2.18	2.10	2.05	2.01	1.96	1.94	1.92	1.87	1.82
	0.025	2.64	2.53	2.42	2.36	2.31	2.25	2.21	2.18	2.11	2.05
	0.010	3.17	3.03	2.88	2.79	2.72	2.64	2.58	2.55	2.46	2.37
	0.001	4.70	4.44	4.17	4.00	3.88	3.74	3.64	3.58	3.42	3.28
22	0.100	1.86	1.81	1.76	1.73	1.70	1.67	1.65	1.64	1.60	1.57
	0.050	2.23	2.15	2.07	2.02	1.98	1.94	1.91	1.89	1.84	1.79
	0.025	2.60	2.50	2.39	2.32	2.27	2.21	2.17	2.14	2.08	2.01
	0.010	3.12	2.98	2.83	2.73	2.67	2.58	2.53	2.50	2.40	2.32
	0.001	4.58	4.33	4.06	3.89	3.78	3.63	3.54	3.48	3.32	3.17
23	0.100	1.84	1.80	1.74	1.71	1.69	1.66	1.64	1.62	1.59	1.55
	0.050	2.20	2.13	2.05	2.00	1.96	1.91	1.88	1.86	1.81	1.76
	0.025	2.57	2.47	2.36	2.29	2.24	2.18	2.14	2.11	2.04	1.98
	0.010	3.07	2.93	2.78	2.69	2.62	2.54	2.48	2.45	2.35	2.27
	0.001	4.48	4.23	3.96	3.79	3.68	3.53	3.44	3.38	3.22	3.08
24	0.100	1.83	1.78	1.73	1.70	1.67	1.64	1.62	1.61	1.57	1.54
	0.050	2.18	2.11	2.03	1.97	1.94	1.89	1.86	1.84	1.79	1.74
	0.025	2.54	2.44	2.33	2.26	2.21	2.15	2.11	2.08	2.01	1.94
	0.010	3.03	2.89	2.74	2.64	2.58	2.49	2.44	2.40	2.31	2.22
	0.001	4.39	4.14	3.87	3.71	3.59	3.45	3.36	3.29	3.14	2.99
25	0.100	1.82	1.77	1.72	1.68	1.66	1.63	1.61	1.59	1.56	1.52
	0.050	2.16	2.09	2.01	1.96	1.92	1.87	1.84	1.82	1.77	1.72
	0.025	2.51	2.41	2.30	2.23	2.18	2.12	2.08	2.05	1.98	1.91
	0.010	2.99	2.85	2.70	2.60	2.54	2.45	2.40	2.36	2.27	2.18
	0.001	4.31	4.06	3.79	3.63	3.52	3.37	3.28	3.22	3.06	2.91
26	0.100	1.81	1.76	1.71	1.67	1.65	1.61	1.59	1.58	1.54	1.51
	0.050	2.15	2.07	1.99	1.94	1.90	1.85	1.82	1.80	1.75	1.70
	0.025	2.49	2.39	2.28	2.21	2.16	2.09	2.05	2.03	1.95	1.89
	0.010	2.96	2.81	2.66	2.57	2.50	2.42	2.36	2.33	2.23	2.14
	0.001	4.24	3.99	3.72	3.56	3.44	3.30	3.21	3.15	2.99	2.84
27	0.100	1.80	1.75	1.70	1.66	1.64	1.60	1.58	1.57	1.53	1.50
	0.050	2.13	2.06	1.97	1.92	1.88	1.84	1.81	1.79	1.73	1.68
	0.025	2.47	2.36	2.25	2.18	2.13	2.07	2.03	2.00	1.93	1.86
	0.010	2.93	2.78	2.63	2.54	2.47	2.38	2.33	2.29	2.20	2.11
	0.001	4.17	3.92	3.66	3.49	3.38	3.23	3.14	3.08	2.92	2.78

[표 5] *F* 분포–오른쪽 꼬리 확률(계속)

분모의 자유도	α	1	2	3	4	5	6	7	8	9	10
		분자의 자유도									
	0.100	2.89	2.50	2.29	2.16	2.06	2.00	1.94	1.90	1.87	1.84
	0.050	4.20	3.34	2.95	2.71	2.56	2.45	2.36	2.29	2.24	2.19
28	0.025	5.61	4.22	3.63	3.29	3.06	2.90	2.78	2.69	2.61	2.55
	0.010	7.64	5.45	4.57	4.07	3.75	3.53	3.36	3.23	3.12	3.03
	0.001	13.50	8.93	7.19	6.25	5.66	5.24	4.93	4.69	4.50	4.35
	0.100	2.89	2.50	2.28	2.15	2.06	1.99	1.93	1.89	1.86	1.83
	0.050	4.18	3.33	2.93	2.70	2.55	2.43	2.35	2.28	2.22	2.18
29	0.025	5.59	4.20	3.61	3.27	3.04	2.88	2.76	2.67	2.59	2.53
	0.010	7.60	5.42	4.54	4.04	3.73	3.50	3.33	3.20	3.09	3.00
	0.001	13.39	8.85	7.12	6.19	5.59	5.18	4.87	4.64	4.45	4.29
	0.100	2.88	2.49	2.28	2.14	2.05	1.98	1.93	1.88	1.85	1.82
	0.050	4.17	3.32	2.92	2.69	2.53	2.42	2.33	2.27	2.21	2.16
30	0.025	5.57	4.18	3.59	3.25	3.03	2.87	2.75	2.65	2.57	2.51
	0.010	7.56	5.39	4.51	4.02	3.70	3.47	3.30	3.17	3.07	2.98
	0.001	13.29	8.77	7.05	6.12	5.53	5.12	4.82	4.58	4.39	4.24
	0.100	2.84	2.44	2.23	2.09	2.00	1.93	1.87	1.83	1.79	1.76
	0.050	4.08	3.23	2.84	2.61	2.45	2.34	2.25	2.18	2.12	2.08
40	0.025	5.42	4.05	3.46	3.13	2.90	2.74	2.62	2.53	2.45	2.39
	0.010	7.31	5.18	4.31	3.83	3.51	3.29	3.12	2.99	2.89	2.80
	0.001	12.61	8.25	6.59	5.70	5.13	4.73	4.44	4.21	4.02	3.87
	0.100	2.81	2.41	2.20	2.06	1.97	1.90	1.84	1.80	1.76	1.73
	0.050	4.03	3.18	2.79	2.56	2.40	2.29	2.20	2.13	2.07	2.03
50	0.025	5.34	3.97	3.39	3.05	2.83	2.67	2.55	2.46	2.38	2.32
	0.010	7.17	5.06	4.20	3.72	3.41	3.19	3.02	2.89	2.78	2.70
	0.001	12.22	7.96	6.34	5.46	4.90	4.51	4.22	4.00	3.82	3.67
	0.100	2.79	2.39	2.18	2.04	1.95	1.87	1.82	1.77	1.74	1.71
	0.050	4.00	3.15	2.76	2.53	2.37	2.25	2.17	2.10	2.04	1.99
60	0.025	5.29	3.93	3.34	3.01	2.79	2.63	2.51	2.41	2.33	2.27
	0.010	7.08	4.98	4.13	3.65	3.34	3.12	2.95	2.82	2.72	2.63
	0.001	11.97	7.77	6.17	5.31	4.76	4.37	4.09	3.86	3.69	3.54
	0.100	2.76	2.36	2.14	2.00	1.91	1.83	1.78	1.73	1.69	1.66
	0.050	3.94	3.09	2.70	2.46	2.31	2.19	2.10	2.03	1.97	1.93
100	0.025	5.18	3.83	3.25	2.92	2.70	2.54	2.42	2.32	2.24	2.18
	0.010	6.90	4.82	3.98	3.51	3.21	2.99	2.82	2.69	2.59	2.50
	0.001	11.50	7.41	5.86	5.02	4.48	4.11	3.83	3.61	3.44	3.30

[표 5] F 분포-오른쪽 꼬리 확률(계속)

분모의 자유도	α	12	15	20	25	30	40	50	60	120	1,000
	0.100	1.79	1.74	1.69	1.65	1.63	1.59	1.57	1.56	1.52	1.48
	0.050	2.12	2.04	1.96	1.91	1.87	1.82	1.79	1.77	1.71	1.66
28	0.025	2.45	2.34	2.23	2.16	2.11	2.05	2.01	1.98	1.91	1.84
	0.010	2.90	2.75	2.60	2.51	2.44	2.35	2.30	2.26	2.17	2.08
	0.001	4.11	3.86	3.60	3.43	3.32	3.18	3.09	3.02	2.86	2.72
	0.100	1.78	1.73	1.68	1.64	1.62	1.58	1.56	1.55	1.51	1.47
	0.050	2.10	2.03	1.94	1.89	1.85	1.81	1.77	1.75	1.70	1.65
29	0.025	2.43	2.32	2.21	2.14	2.09	2.03	1.99	1.96	1.89	1.82
	0.010	2.87	2.73	2.57	2.48	2.41	2.33	2.27	2.23	2.14	2.05
	0.001	4.05	3.80	3.54	3.38	3.27	3.12	3.03	2.97	2.81	2.66
	0.100	1.77	1.72	1.67	1.63	1.61	1.57	1.55	1.54	1.50	1.46
	0.050	2.09	2.01	1.93	1.88	1.84	1.79	1.76	1.74	1.68	1.63
30	0.025	2.41	2.31	2.20	2.12	2.07	2.01	1.97	1.94	1.87	1.80
	0.010	2.84	2.70	2.55	2.45	2.39	2.30	2.25	2.21	2.11	2.02
	0.001	4.00	3.75	3.49	3.33	3.22	3.07	2.98	2.92	2.76	2.61
	0.100	1.71	1.66	1.61	1.57	1.54	1.51	1.48	1.47	1.42	1.38
	0.050	2.00	1.92	1.84	1.78	1.74	1.69	1.66	1.64	1.58	1.52
40	0.025	2.29	2.18	2.07	1.99	1.94	1.88	1.83	1.80	1.72	1.65
	0.010	2.66	2.52	2.37	2.27	2.20	2.11	2.06	2.02	1.92	1.82
	0.001	3.64	3.40	3.14	2.98	2.87	2.73	2.64	2.57	2.41	2.25
	0.100	1.68	1.63	1.57	1.53	1.50	1.46	1.44	1.42	1.38	1.33
	0.050	1.95	1.87	1.78	1.73	1.69	1.63	1.60	1.58	1.51	1.45
50	0.025	2.22	2.11	1.99	1.92	1.87	1.80	1.75	1.72	1.64	1.56
	0.010	2.56	2.42	2.27	2.17	2.10	2.01	1.95	1.91	1.80	1.70
	0.001	3.44	3.20	2.95	2.79	2.68	2.53	2.44	2.38	2.21	2.05
	0.100	1.66	1.60	1.54	1.50	1.48	1.44	1.41	1.40	1.35	1.30
	0.050	1.92	1.84	1.75	1.69	1.65	1.59	1.56	1.53	1.47	1.40
60	0.025	2.17	2.06	1.94	1.87	1.82	1.74	1.70	1.67	1.58	1.49
	0.010	2.50	2.35	2.20	2.10	2.03	1.94	1.88	1.84	1.73	1.62
	0.001	3.32	3.08	2.83	2.67	2.55	2.41	2.32	2.25	2.08	1.92
	0.100	1.61	1.56	1.49	1.45	1.42	1.38	1.35	1.34	1.28	1.22
	0.050	1.85	1.77	1.68	1.62	1.57	1.52	1.48	1.45	1.38	1.30
100	0.025	2.08	1.97	1.85	1.77	1.71	1.64	1.59	1.56	1.46	1.36
	0.010	2.37	2.22	2.07	1.97	1.89	1.80	1.74	1.69	1.57	1.45
	0.001	3.07	2.84	2.59	2.43	2.32	2.17	2.08	2.01	1.83	1.64

참고문헌

김응환, 이석훈, 「통계교육」, 경문사, 2007

김종우, 김주한, 김홍기, 박래현, 박석윤, 이낙영, 이석훈, 이주호, 「통계학 입문」, 정익사, 1999

남궁평, 「통계적 사고」, 박영사, 2005

성태제, 「타당도와 신뢰도」, 학지사, 2005

이부일, 신지은, 박영옥, 이석훈, 「엑셀을 활용한 통계자료분석」, 경문사, 2013

이석훈, 「통계적 사고방식」, 통계교육원, 2006

이석훈, 김응환, 「통계와 확률지도론」, 1999

통계청 홈페이지(http://nso.go.kr)

황인창, 이대용, 이청호, 「알기쉬운 통계학」, 비앤엠북스, 2006

허명회, 「통계적 개념 · 방법 · 응용」, 자유아카데미, 1998

허명회, 「통계적 사고」, 교우사, 2006

허명회, 문승호, 「탐색적 자료분석」, 자유아카데미, 2000

SPSS Korea 컨설팅팀, 「SPSS Statistics 데이터 핸들링」, 2010

SPSS Korea 컨설팅팀, 「SPSS Statistics 기술통계와 상관분석」, 2010

SPSS Korea 컨설팅팀, 「SPSS Statistics 표와 보고서」, 2011

SPSS를 활용한
통계자료분석 제3판

지은이 박영옥 · 신지은 · 이부일 · 이서현 · 황현식 · 이석훈
펴낸이 조경희
펴낸곳 경문사
펴낸날 2012년 3월 5일 1판 1쇄
2019년 9월 1일 3판 3쇄
등 록 1979년 11월 9일 제1979-000023호
주 소 04057, 서울특별시 마포구 와우산로 174
전 화 (02)332-2004 팩스 (02)336-5193
이메일 kyungmoon@kyungmoon.com
facebook facebook.com/kyungmoonsa

값 27,000원

ISBN 978-89-6105-965-7

★ 경문사 홈페이지에 오시면 즐거운 일이 생깁니다.
http://www.kyungmoon.com

한국과학기술출판협회 회원사